风景园林设计与理论译丛

# 城市公园设计

## （原著第二版）

［加］艾伦·泰特　玛塞拉·伊顿　著

贾培义　陆晗　李春娇　郭峥　蔡依吟　曹盛欣　译
贾培义　校

中国建筑工业出版社

著作权合同登记图字：01-2018-2615号

图书在版编目（CIP）数据

城市公园设计：原著第二版／（加）艾伦·泰特，（加）玛塞拉·伊顿著；贾培义等译. —北京：中国建筑工业出版社，2020.9
（风景园林设计与理论译丛）
书名原文：Great City Parks, 2e
ISBN 978-7-112-25358-6

Ⅰ. ①城…　Ⅱ. ①艾…　②玛…　③贾…　Ⅲ. ①城市公园－园林设计－研究　Ⅳ. ①TU986.2

中国版本图书馆CIP数据核字（2020）第151567号

责任编辑：董苏华　张鹏伟
版式设计：锋尚设计
责任校对：张　颖

风景园林设计与理论译丛

# 城市公园设计（原著第二版）

［加］艾伦·泰特　玛塞拉·伊顿　著
贾培义　陆晗　李春娇　郭峥　蔡依吟　曹盛欣　译
贾培义　校
\*
中国建筑工业出版社出版、发行（北京海淀三里河路9号）
各地新华书店、建筑书店经销
北京锋尚制版有限公司制版
临西县阅读时光印刷有限公司印刷
\*
开本：880×1230毫米　1/16　印张：20½　字数：496千字
2020年9月第一版　　2020年9月第一次印刷
定价：98.00元
ISBN 978-7-112-25358-6
（35980）

版权所有　翻印必究
如有印装质量问题，可寄本社退换
（邮政编码 100037）

# 目 录

# 致 谢

本书的成型要归功于5类人的贡献——书中提到的公园的设计者和管理者；为作者与上述人士牵线搭桥的亲朋好友；曼尼托巴大学（University of Manitoba）的同事们；拍摄照片和提供公园平面图的人们；出版商。更要感谢我的合作伙伴、同事、研究员、摄影师、审稿人和导师——玛塞拉·伊顿（Marcella Eaton），她的支持和贡献无可估量。

路易斯·福克斯（Louise Fox）、乔治娜·约翰逊·库克（Georgina Johnson Cook）以及劳特利奇出版社（Routledge）的制作团队，尤其是詹妮弗·伯蒂尔（Jennifer Birtill），在本书的研究和写作过程中提供了有力的支持，在本书的制作过程中也表现得非常专业。此外，也要感谢扬·贝顿（Jan Baiton）在书稿编辑、校对方面的贡献。

本书中的照片，除了玛塞拉和我自己拍摄的之外，还有马丁·琼斯（Martin Jones）的作品——遗憾的是，他在第一版面世前就已离世；纽约和温哥华的照片由贝琳达·陈（Belinda Chan）拍摄，以及帕特里克·海耶斯（Patrick Hayes）、波琳·博尔特（Pauline Boldt）和彼得·尼尔（Peter Neal）等。玛塞拉、贝琳达和波琳还做了大量工作，帮助从数千张照片中筛选出本书中最后选用的照片。第一版中的公园平面图——大部分在本书中再次被使用——由风景园林师彼得·西里（Peter Siry）绘制。第二版中的新平面图则由风景园林专业学生肖恩·斯坦科维奇（Shawn Stankewich）绘制，他的工作完成得很好。

我要感谢曼尼托巴大学建筑学院院长拉尔夫·斯特恩（Ralph Stern）的支持——他不仅在资金上支持了这个项目所需的大量旅行经费，也在我无暇应对学校的各种事务时提供了很多帮助。我还要感谢我的同事迪米特·斯特劳伯（Dietmar Straub），感谢他帮我安排在德国的采访；也感谢在曼尼托巴大学建筑和美术图书馆，为本书的写作提供了宝贵的资源。

我还要感谢我的堂兄理查德·塔特（Richard Tate），他曾长期居住在巴黎。他安排了我与巴黎公园的经理和设计师的访谈，并充当了翻译的角色；彼得·尼尔（Peter Neal）为我介绍了英国的设计师和公园经理；米雷娅·费尔南德斯（Mireia Fernandez）安排了在巴塞罗那的访谈；感谢伊尼戈·塞古罗拉（Inigo Segurola）和胡安·伊里亚特（Juan Iriarte）为介绍塞维利亚市政厅的关系。

每个公园的设计师、管理者和支持者都不吝时间，对其公园知无不言、言无不尽。特别感谢佩里公园（Paley Park）的帕特里克·加拉格尔（Patrick Gallagher）；约克维尔公园（Village of Yorkville Park）的斯蒂芬·奥布莱特（Stephen O' Bright）和米歇尔·里德（Michelle Reid）；高速公路公园（Freeway Park）的丹·约翰逊（Dan Johnson）、迈克尔·盐崎（Michael Shiosaki）和马克·米德（Mark Mead）；布莱恩特公园（Bryant Park）的丹尼尔·比德曼（Daniel Biederman）；高线公园（the High Line）的约书亚·戴维（Joshua David）、詹姆斯·科纳（James Corner）和丽莎·斯威特金（Lisa Switkin）；贝西公园（Parc de Bercy）的尼古拉斯·西拉吉（Nicolas Szilagyi）；西煤气厂公园（Westergasfabriek）的埃弗特·韦尔哈根（Evert Verhagen）和努拉·阿卜杜勒卡迪尔（Nurah Abdulkadir）；雪铁龙公园（Parc André–Citroën）的法布里斯·伊夫林（Fabrice Yvelin）和艾蒂安·范德博恩（Etienne Vanderbooten）；奎尔公园（Park Güell）的安娜·里巴斯（Anna Ribas）和乔迪·罗德里格斯·马丁（Jordi Rodrígez Martin）；肖蒙山公园（Parc des ButtesChaumont）的德尔菲·拜奥特（Delphine Biot）；圣詹姆斯公园（St James's Park）和摄政公园（Regent's Park）的科林·巴特利（Colin Buttery）、马克·瓦希勒瓦斯基（Mark Wasilewski）和尼克·比德尔（Nick Biddle）；玛丽亚·露易莎公园（Parque de María Luisa）的何塞·米格尔·雷纳·贝塞拉（José Miguel Reina Becerra）；路易丝公园（Luisenpark）的约阿希姆·柯尔驰（Joachim Költzsch）、斯特芬·奥尔（Stefan Auer）、雷纳特·费尔南多（Renate Fernando）和霍斯特·瓦根菲尔德（Horst Wagenfeld）；冯德尔公园（Vondel Park）的奎林·沃霍格（Quirijn Verhoog）和雷姆科·达德尔（Remco Daalder）；拉维莱特公园（Parc de la Villette）的弗洛伦斯·伯索特（Florence Berthout）；伯肯黑德公园（Birkenhead）的玛丽·巴格利（Mary Bagley）、安妮·利瑟兰（Anne Litherland）、亚当·金（Adam King）和罗伯特·李（Robert Lee）；伊丽莎白女王奥林匹克公园（Queen Elizabeth Olympic Park）的约翰·霍普金斯（John Hopkins）、菲尔·阿斯库（Phil Askew）和彼得·尼尔（Peter Neal）；格兰特公园（Grant Park）的茱莉亚·巴赫拉赫（Julia Bachrach）和埃德·乌利尔（Ed Uhlir）；汉堡城市公园（Stadtpark Hamburg）的海诺·格鲁纳特（Heino Grunert）；北杜伊斯堡景观公园（Landschaftspark Duisburg–Nord）的埃格伯特·博德曼（Egbert Bodman）、克劳迪娅·卡利诺夫斯基（Claudia Kalinowski）和克劳斯·海曼（Claus Heimann）；蒂尔加滕公园（Tiergarten）的克劳斯·冯·克罗西克（Klaus von Krosigk）、克劳斯·林格诺伯（Klaus Lingenauber）和贝蒂娜·贝尔甘德（Bettina Bergande）；展望公园（Prospect Park）的艾米莉·罗伊德（Emily Lloyd）、塔珀·托马斯（Tupper Thomas）、克里斯蒂安·齐默尔曼（Christian Zimmerman）和保罗·内尔森（Paul Nelson）；中央公园（Central Park）的萨拉·西德·米勒（Sara Cedar Miller）和莫拉·劳特（Maura Lout）；斯坦利公园（Stanley Park）的比尔·哈丁（Bill Harding）、布莱恩·奎因（Brian Quinn）、盖伊·波廷格（Guy Pottinger）和乔伊斯·考特尼（Joyce Courtney）；金门公园（Golden Gate Park）的埃里克·安德森（Eric Anderson）；波士顿翡翠项链公园系统（Emerald Necklace）的珍妮·诺克斯（Jeanie Knox）；圣路易斯森林公园（Forest Park）的比尔·雷宁格（Bill Reininger）、杰思敏·埃文斯（Jasmine Evans）、史蒂芬·申肯伯格（Stephen Schenkenberg）、戴夫·伦奇奇（Dave Lenczycki）和埃斯利·汉密尔顿（Esley Hamilton）；阿姆斯特丹森林公园（Amsterdamse Bos）的简–彼得·范德泽（Jan–Peter van der Zee）、阿斯特丽德·克鲁舍尔（Astrid Kruisheer）和埃弗特·米德尔贝克（Evert Middelbeek）；明尼阿波利斯公园系统（Minneapolis）的玛丽·德莱特（Mary de Laittre）和布鲁斯·张伯伦（Bruce Chamberlain）。

# 前　言

撰写本书的目的，是为从事城市公园建设的规划、设计、管理的人们提供一个参考，同时，相信本书也对风景园林及相关专业的教师学生，甚至市民有一定的价值。写这本书的想法，源于20世纪80年代，当时我与布莱恩·克劳斯顿（Brian Clouston）共同经营着一家设计事务所。当时我们得到沙田新区城市公园的设计委托，我们发现关于城市公园的文献和书籍寥寥无几。1986年，我与杰弗里·杰里科爵士（Sir Geoffrey Jellicoe）讨论城市公园的问题，他敏锐地指出，公园的主要功能应该是帮助人们超脱出他们的日常生活。他也提到撰写图书的艰辛，为了《人的景观》（the Landscape of Men）一书，他与苏珊·杰里科做了17年的研究。之后，我做了大量伦敦和中国香港的公园设计工作，也作为英国景观研究中心（United Kindom Landscape Institute）主席发起了呼吁政府重视城市公园的运动。1998年我在曼尼托巴大学（University of Manitoba）任教，因而有精力进行本书的撰写。

《城市公园设计》（第一版）出版于2001年，书中介绍了西欧、北美不同年代和尺度的20个重要城市公园。这本书得到广大读者的喜爱，因此2011年出版社邀请我撰写第二版，对内容进行扩充和提升。我基于三个原因同意了这项工作：第一，当前的公园设计产生了一些新的思潮；第二，限于篇幅，有5个项目在第一版出版时删去了，可以在第二版中呈现；第三，由于第一版早已售罄，按需印刷的书籍效果稍逊于传统印刷的书籍。

过去十余年间，大量的著作从不同的视角关注到公园的话题，如塞萨·洛（Setha Low）、达纳·塔普林（Dana Taplin）、苏珊·施勒德（Suzanne Schled）的《城市公园反思——公共空间与文化差异》（Rethinking urban parks，2005）、凯伦·琼斯（Karen Jones）和约翰·威尔斯（John Wills）的《公园的创造》（The Invention of the Park，2005）、朱莉娅·切尔尼亚克（Julia Czerniak）和乔治·哈格里夫斯（George Hargreaves）的《大型公园》（Large Parks，2007）、彼得·哈尼克（Peter Harnik）的《城市绿地》（Urban Green，2010）、阿莱克斯·加文（Alex Garvin）的《公共园林》（Public Parks，2011）、克莱门斯·斯滕贝根（Clemens Steenbergen）和沃特·雷（Wouter Reh）的《大都市景观》（Metropolitan Landscape Architecture，2011）、凯蒂·马龙（Catie Marron）的《城市公园》（City Parks，2013）等。

本书的书名《Great City Parks》*可能会令人疑惑，"伟大"（Great）的是"城市"，还是"公园"，抑或二者皆有。本书的确深入研究了全球主要城市的重要公园，也透露出这样一种信念——经过良好的融资筹备、规划、设计、管理的公园，将成为友好、宜居城市的无价财富。而是什么构成了公园的"伟大"？答案不易界定，如果说有答案，那么可以说这就像"爱情"，如人饮水，冷暖自知；又像"美"，"可以引发热爱、引起心心相印的品质"（Burke，1757）。伦敦伊丽莎白女王奥林匹克公园的主设计师哈格里夫斯（Hargreaves）说过，伟大的公园有着"永恒的特质，而且随着时间不断累积"（*Landscape Architecture*，September，2009）。诚然，"永恒"这种特质很难被人感知，更接近一种整体性的感受。或者，正如解释学家嘉德莫所说的那样，"艺术作品不能像花朵或装饰品一样以简单的美"来定义（Gadamer，1964），而应存在于每个人感受之后的表达之中。这也可用来解释城市公园的伟大。

为什么要选择书中这些公园来研究？为什么这些公园都分布在北美和西欧？可以先回答第二个问题，发达经济体正在经历后工业化的转变，这种转变深刻地影响了他们的城市及公园建设。发达国家的城市中心区正在经历人口增长的过程，而城市生活中休闲和工作时间的区分也越来越小，以放松、健身、娱乐为功能的公园正越来越受人们欢迎。所以，上述公园可以成为其他国家学习的对象。正如高线公园的设计者詹姆斯·科纳（James Corner）所说，公园正在"城市重要基础设施更新中扮演新的角色"，填补城市真空地带、修复被妄用的场地、重建社会关系等（*Landscape Architecture*，September，2009）。

而回到第一个问题，当初确定的选择标准，包括选择的项目一定是在规划设计方面有重要意义的、供公众使用的免费公园。最终选定的公园，有意识地囊括了不同时期、不同地域、不同尺度的各种公园。这有助于体现出项目的共性和差异性。

第一版采纳的20个项目，都在这一版中得到重新写作和优化，当然，也包括第一版未收录的5个项目。此外，还增加了5个新项目：纽约的高线公园（High Line）、阿姆斯特丹的西煤气厂公园（Westergasfabriek）和冯德尔公园（Vondel park）、伦敦的伊丽莎白女王奥林匹克公园（Queen Elizabeth Olympic Park），以及圣路易斯的森林公园（Forest Park）。这些项目是比较客观和折中的选择。有的审稿人会建议加上他们喜爱的项目，例如理查德·哈格（Richard Haag），建议将他的划时代杰作——西雅图煤气厂公园（建成于1975年，已被美国列入国家历史遗迹名录）列入，以及西雅图奥林匹克雕塑公园、纽约的布鲁克林桥园、慕尼黑的英国公园、波尔多的水镜广场等项目，都是非常有借鉴意义的项目。

也有人会问为何以面积大小来排列项目的顺序？第一版时就有位审稿人提出，这种排列方法与随机排列无异。但我认为，尺度是具体而准确的，不像其他依据，例如时间，到底是设计的时间、开放的时间，还是改造的时间？按照年代来排列容易带来太多争议和错误。而场地的尺度则对公园的功能和特征产生很大的影响。

为了便于对比，每个案例都是按照类似的模板来介绍。在本书写作过程中，我参考了大量文献、进行了实地调研。从2012年7月到2013年12月，我对所有项目进行了至少一次探访，并对公园的设计者和管理者进行了采访。公园的平面图

---

\*　本书英文书名为"Great City Parks"，直译为"伟大的城市公园"。——译者注

统一了风格和表达方式，便于各项目的对比；选取的照片都标注了拍摄时间，以便看出变迁的痕迹。

　　美国的公园都采用了英制单位，而加拿大和欧洲的项目则采用了国际标准单位。对历史性景观的界定遵循了《文化景观修复指南》（Guidelines for the Treatment of Cultural Landscapes，1996）中的分类："保护"、"复原"、"修复"、"重建"。文献引用采取了哈佛文献标注系统，在全书的最后部分按章列出。而章节末尾则列出了注释。

19世纪在欧洲和北美城市中出现的人口快速增长，使得为公众提供公园成为各级政府的重要关切。在美国，土地分配和使用的基础原则是土地的私有制，公有土地在美国基本上可以说是一个陌生的概念，政府的首要角色——即使在今天仍一定程度——被认为是保护私有财产，而不是提供无差别的公共服务。公有土地的原则更容易在欧洲得到认同，欧洲城市也得益于早期的皇家公园可以较为方便地转为公众使用。

本书检视和赞颂了风景园林专业对城市公园的缔造之功。风景园林师（Landscape Architect）这一称号是由弗雷德里克·劳·奥姆斯特德（Frederick Law Olmsted，1822—1903年）和卡尔弗特·鲍耶·沃克斯（Calvert Bowyer Vaux，1824—1895年）在设计纽约中央公园时首次使用的。[1]19世纪中期欧洲和北美城市出现的新城市公园热潮，促进了风景园林专业的发展。公园的发展预示了西方城市特征出现两个重大的变化，一是快速扩张的城市或附近地区的大片土地转为公共用途——在欧洲表现为皇家土地转变为公共用地；二是在城市地区出现了纯粹用于休闲目的的非生产性植物景观空间。现在，世界各地的城镇都可以看到不同形状、尺度、类型和用途的城市公园。本书采用了"尊重场地精神"的理论方法——这促使风景园林师更关注"场地的本底和脉络，而不是简单地添加自己的想法"（Greenbie，1986）——这也使风景园林师成为设计城市公园的不二之选。

"面向公众的、风景如画的公园……代表了三种不同社会力量的影响：改善工人生活条件的要求、加强社会各阶层与'自然环境'紧密联系的愿望以及提升公园周边土地和房产价值的愿望"（Jackson，1994）。奥姆斯特德在1865年8月4日的《旧金山晚报》上发表的一封信，也总结了公园的四个基本功能：提升房地产价值、促进经济繁荣；改善公共健康；提供友好的社交空间；促进和改善社会治安和秩序（Young，2004）。

奥姆斯特德的公园有益于房地产的观点来自中央公园的经验。英国土地信托基金会（the

Land Trust)*和得克萨斯州农工大学（Texas A&M University）的约翰·克朗普顿（John Crompton）对这一观点进行了实证研究。英国土地信托基金会的研究指出，绿色空间可以促进周边物业价值提升6%—35%；克朗普顿概括出"邻近原则"，认为"公园对相邻的物业可以提升20%以上的价值"（Crompton，2000）。他回顾到"在过去二三十年间有约20项针对这一问题的研究"，"有力地证明了这一原则的正确性"（Crompton，2007）。

公园对公共健康的价值仍有现实意义——不管是心理健康还是身体健康。环境心理学家雷切尔·卡普兰（Rachel）和斯蒂芬·卡普兰（Stephen Kaplan）发现，"平静、安宁、迷人、有机会与他人分享、做自己想做的事，这些对人类都非常重要，自然环境可以为人类满足这些需求提供条件，即便只是绿树的景观也可以给人们带来心理上的放松"，"与自然接触可以给人享受、放松……带来幸福，研究表明，更方便接触自然环境的人比其他人更健康"（Kaplan和Kaplan，1989）。多项后续研究支持了这一观点（Kellert等，2008）。沙玛（Schama）认为，"人类最强烈的渴望之一"，就是"在大自然中寻找到人生的慰藉"，"所以我们所有的景观，从城市公园到山间小道，都刻有人类顽强、不懈的追寻"（Schama，1995）。斯卡玛的观点得到了阿诺德树木园园长弗莱德曼（Ned Friedman）的支持，2013年波士顿马拉松爆炸案后，大量波士顿市民前往阿诺德树木园寻求心理安慰。[2]

第三个问题——公园提供友好的公共聚集空间和良好的社会秩序，则颇多争议。汤普森（Ward Thompson）指出，"今日的多元文化社会中，城市公园是仅有的少数陌生人可以不论经济状况、社会地位或种族而相聚在一起的

场所之一"（Ward Thompson，1998）。而罗森茨威格（Rosenweig）和布莱克马尔（Blackmar）则指出，即使在19世纪末的纽约中央公园，"社群自我隔离"的现象也在时空维度上普遍存在（Rosenzweig和Blackmar，1992）。伊利亚·安德森（Elijah Anderson）也有类似的研究结论，"城市公共空间在当前出现了前所未有的种族、社会分异"，"在许多非私人空间中，社交距离加大和陌生人带来的紧张感正在成为社会的普遍认知"（Anderson，2011）。令人安慰的一点，是不管公园受私人经济部门资助的程度如何，甚至有的公园对非市民收费，但对当地市民而言公园仍然是可以自由进入的。

19世纪大多数西方城市公园的设计都是基于在英国和德国等发展起来的自然田园风景的模式。丹麦出生的基尔大学（Kiel University）的哲学和美学教授克里斯蒂安·凯·洛伦兹·希施菲尔德（Christian Cay Lorenz Hirschfeld，1742—1792年）曾于1785年提出了公园的准则，他的学说对柏林蒂尔加滕公园（Tiergarten）的主设计师彼得·约瑟夫·莱内（Peter Joseph Lenné，1789—1866年）以及莱内的学生古斯塔夫·迈耶（1816—1877年）产生很大影响。汉弗莱·雷普顿（Humphry Repton，1752—1818年）在英国乡村的住宅作品，则被约翰·纳什（John Nash，1752—1835年）在伦敦的摄政公园和圣詹姆斯公园，以及约瑟夫·帕克斯顿（Joseph Paxton，1803—1865年）在伯肯黑德公园等项目的设计中加以吸收和转译，形成了典型的英国田园风的城市公园类型。之后，英国自然风景园被实践者进一步借鉴和应用，如奥姆斯特德、沃克斯和H. W. S.（Horace William Shaler）克利夫兰（1814—1900年）在美国城市快速发展的条件下的实践，形成

---

\* 土地信托基金会（the Land Trust），是一个致力于通过政府与社会合作模式（PPP）将棕地改造为公共开放空间的组织。——译者注

了美国风景园的风格；让-C. A. 阿尔方德（Jean-Charles Adolphe Alphand，1817—1891年）及其合作者对巴黎的改造等。到19世纪末，风景园风格逐渐让位于几何对称式的布局风格，如芝加哥的学院派风格的格兰特公园、轴线对称的汉堡城市公园和现代主义的先驱柏林人民公园等。

克兰茨（Cranz）将美国的城市公园设计和管理分为四个时代：游园时代，1850—1900年；休闲公园时代，1900—1930年；游乐设施时代，1930—1965年；开放空间系统时代，1965年以后（Cranz，1982）。后来，她和她的学生迈克尔·博兰德（Michael Boland）又划分出第五个时代：可持续公园时代，1990年以后（Cranz和Boland，2004）。扬（Young）在他对旧金山城市公园的研究中，提出公园发展只有两个阶段：20世纪20年代以前的浪漫主义时代，那时的"城市公园起到社会道德秩序的促进者作用"；20世纪20年代之后的理性主义时代，"其愿景在今天仍然主导着公园建设"（Young，2004）。我们将从本书中的案例研究中看到，不管上述分期是否精确，但都反映了19世纪的浪漫主义范式向20世纪的功能主义范式的转变过程。

"城市建设史见证了各种试图将城市融入自然的尝试"，"先是在城市中创造了公园和绿地，之后是进阶的花园城市，或在自然环境中创建的城市郊区"（Lachmund，2013）。可以说，城市公园的设计和管理经历了三个时期，也反映了城市设计的三种不同的方法：

- 1940年以前的工业城市时期，可以细分为两个阶段：1900年以前的浪漫主义阶段，以静态休憩为主的田园风景公园或游园为代表，以及1900年以后、第二次世界大战以前的，

以动态休憩为主的轴线性、新巴洛克风格及城市美化运动为代表。

- 第二次世界大战以后到1980年的快速城镇化时期，新城建设、高速公路建设、"白人大迁徙"*等造成税源下降、公园预算大幅削减。这一时期的逆城市化促进了远郊的发展，加上高速公路的发展，带来了区域交通系统节点的发展，特别是在北美形成了"节点城市"、"边缘城市"等城市形态（Garreau，1991）。[3]

- 1980年以后的后工业时代，随着美国里根政府和英国撒切尔政府的上台，城市发展进入所谓的"后都市时代"（Soja，2000），"白人大迁徙"得到逆转，低收入社群被挤向城市边缘。这一时期恰逢1980年纽约"中央公园委员会"（Central Park Conservancy）成立、展望公园改造等事件，反映出市中心的再城市化和许多传统城市公园复兴的趋势。城市公园的复兴在美国主要依靠的是政府-私人部门合作（PPP）的模式，而在欧洲则主要通过政府主导的公共投资。这一时期相继涌现了巴黎拉维莱特公园、北杜伊斯堡景观公园、阿姆斯特丹西煤气厂公园和伦敦伊丽莎白女王奥林匹克公园等工业遗址改造项目——上述项目均由政府投资主导——还有近期的纽约高线公园。这一时期的公园也如克兰茨（Cranz）和博兰德（Boland）指出的一样，更突出地展示了生态意识；同时，还表现出将公园划分为更小的花园组团，如巴黎贝西公园、雪铁龙公园、多伦多的约克维尔公园等；也出现大量展示草本植物景观的项目，如曼海姆的路易丝公园、纽约布莱恩特公园、高线公园、芝加哥格兰特公园中的洛里花园、伊丽莎白女王奥林匹克公园等。本书研究的

---

\* 所谓"白人大迁移"（White flight），过去是指美国社会、经济地位较高的白人迁离黑人聚集的市中心，移居城郊的好社区，以避免种族混居，并躲开城市日益升高的犯罪率和税收负担高的地区。——译者注

开展，乃是基于我们仍处于后工业时代的判断。时至今日，世界主要城市的状况更加明显体现出——城市中心仍旧混杂着富人和穷人、老人和年轻人以及游客，保持着多样性；而不断扩大的郊区仍然是低收入群体的聚集地。

本书撰写过程中，与公园设计者或管理者的访谈和会议，系按照以下提纲进行的：

### 历史/文献资料

- 你是否可以推荐一些详细反映公园建设和发展历史的文献或资料？
- 建设这个公园的决定，是由哪个人或机构做出的决策？
- 在确定建立公园之时，场地的条件是什么样的？
- 公园周边地区原来是什么样的？现在又是什么样的？

### 公园设计的平面图

- 是否能提供一张包含地形、植被区域、入口、道路和主要设施的公园平面图？
- 是否能提供一张现状或近期的、反映公园内土地利用类型情况的平面图（植被、水体、活动区、铺装区等）？

### 公园的管理和使用情况

- 由什么机构负责公园的管理，其行政归属情况如何？公众如何反馈对公园的意见？是否有改变现状机制的可能性？
- 公园现有的资金来源组成？
- 公园现状的年度运营维护预算是多少？
- 公园的资金来源和使用情况在过去20年间有什么样的变化？
- 公园维护养护方面的全职员工有多少？
- 是否可以提供能反映访客数量和来访目的的访客调查报告？

- 是否可以提供过去10年间公园中发生的犯罪情况记录？

### 对公园未来的展望和计划

- 是否有在有效期内的指导公园改造或建设的公园总体规划？是否能提供一份副本？
- 是否有在有效期内的公园管理计划？是否能提供一份副本？

本书的案例研究基本上都是按上述结构完成的，这一结构参考自马克·弗朗西斯（Mark Francis）在《景观杂志》（Landscape Journal）上发表的文章（Francis，2001）。

## 注释

1. 沃克斯的传记作者威廉·亚历克斯（William Alex）认为，纽约州立法机关在1860年4月提及奥姆斯特德和沃克斯时，首次使用了"风景园林师"（Landscape Architect）一词（Alex，1994）；维托尔德·雷布辛斯基（Witold Rybczynski）则认为，沃克斯首先在1865年与奥姆斯特德通信时使用这个名称（Rybczynski，1999）。而实际上，约翰·克劳狄斯·劳登（John Claudius Loudon）早在1840年出版的《晚年汉弗莱·雷普顿先生的园林和风景园林学》（the Landscape Gardening and Landscape Architecture of the Late Humphry Repton Esq.）一书中，就出现了"Landscape Architecture"一词。

2. 出自弗里德曼（Friedman）2013年11月12日在"翡翠项链"保护委员会（Emerald Necklace Conservancy）年会上的讲话。

3. 事实上，克拉克远远领先于韦伯（Webber）和加罗（Garreau），他认识到，以机动车为基础的城市扩张可能实际上是无止境的——在经济繁荣时期，雇主将工作地点搬到离居住地更近的地方，而雇员则会在经济低迷时期去更远的地方工作。他的（初步）结论是，交通"做得太好了"，将导致"城市的完全解体"（Clark，1958）。

纽约公园位置平面图

1. 新泽西州
2. 中央公园
3. 佩里公园
4. 布莱恩特公园
5. 高线公园
6. 曼哈顿岛
7. 长岛
8. 展望公园

1 km

# 第1章　佩里公园，纽约

（Paley Park，New York）

（4200平方英尺/390平方米）

## 1. 引言

佩里公园始建于1967年，在1999年根据原设计方案进行了重建。这个由私人拥有、建设、管理的公园，称得上是袖珍公园的典范。它位于曼哈顿中城的东53街北侧、第五大道和麦迪逊大道之间。修建佩里公园的概念是由风景园林师罗伯特·锡安（Robert Zion，1921—2000年）引发，并由威廉·S. 佩里（William S. Paley，1901—1990年）实现的。威廉·佩里是美国哥伦比亚广播公司（CBS）的创始人和董事长。为了纪念他的父亲塞缪尔·佩里（Samuel Paley，1875—1963年），他发起修建了这一公园。需要说明，佩里公园的产生与当时许多的公园广场不同。20世纪60年代初，纽约出台了激励性的分区规划法案，对在楼宇旁兴建广场公园的开发商，给予10∶1到6∶1的容积率奖励（Kayden，2000）。而佩里公园则是捐献给纽约公众的礼物，它获得了广泛的赞誉："曼哈顿的财富、优雅的杰作、让人难以忘怀"（Johnson，1991）；"游览佩里公园会让人想起约塞米蒂*"（Kim，1999）；"能产生克制而又十分丰富的游览体验"（Kim，2013）。

## 2. 历史

### 2.1 源起与追溯

1963年在纽约建筑联盟（Architectural League of New York）和纽约公园协会组织的"纽约公园"展览上，锡安提出了袖珍公园的概念。他展示了一些50—100英尺（15—30米）见方的、处于建筑之间的微型公园设计方案，这些公园可供附近工作的员工和购物者得到片刻休憩（Tamulevich，1991）。锡安设计的空置场地位于40街、52街、56街。袖珍公园的倡议引起了比较大的争议：一派以纽约市长约翰·林赛（John Lindsay，1966—1973年在任）、公园管理局局长托马斯·霍文（Thomas Hoving）、奥古斯特·赫克舍（August Heckscher）为代表，另一派则

---

\* 约塞米蒂（又译优山美地）国家公园，位于美国加利福尼亚州中部，以其优美风景而著称。1984年被列入联合国教科文组织《世界自然遗产名录》。——译者注

位于第53街的公园入口（1999年10月）

休憩空间，可能是我父亲最欣慰的了。"佩里在1965年设立了绿色公园基金会，并通过基金会在CBS总部附近拿到一块地。1966年2月1日，佩里公园开工建设，于1967年5月23日建成开放。

## 2.2 设计时的场地规模和情况

公园所在的场地在1929—1965年是"纽约最著名的夜店之一"——黑鹳俱乐部（Lynn和Morrone，2013）。场地宽42英尺，长100英尺（12.8米×30.5米）。场地开口朝西南，阳光条件非常好。虽然场地前面的人行道属于纽约市政府，但其也是公园的视觉延伸。

## 2.3 与公园相关的关键人物

佩里的父亲是俄罗斯移民，后来成为成功的雪茄商人。佩里从宾夕法尼亚大学沃顿商学院毕业后，加入他父亲的公司。他在费城电台打广告时对广播业产生了兴趣。佩里"惊人的富有和霸道专横"，使他在别人谨慎小心的事情上，取得不可思议的成功。他先买下一系列经营困难的广播电台，后在质疑者对"电视"抨击时对这一新媒体形式进行投资。他是一个"极度自我而又有着高雅品位"的人（Macleans Magazine，1990）。

罗伯特·锡安曾在哈佛大学获得商科和景观设计的硕士学位。1957年，他与哈佛大学毕业的风景园林师哈罗德·布林（Harold Breen）合伙开立事务所。锡安做了大量推广工作，包括向报纸、杂志编辑写信推荐事务所的作品，以及在美国建筑师学会期刊上发表论文，阐述如何让纽约变得更宜居的途径：包括增设沿街雨棚、微型公园、微型动物园等。他的这些理念也在1963年的纽约建筑联盟展览上得到体现。

以1934—1960年的纽约市公园管理局局长罗伯特·摩西（Robert Moses）\*为代表。摩西认为小于3英亩（1.2公顷）的开放空间，会"非常昂贵、无法管理"（Seymour，1969）。

佩里可能是受围绕袖珍公园的展览和论战影响，在1967年5月发表声明："作为一个纽约客，长久以来我一直坚信，在林立的高楼之间，应该为我们的居民和游客留出一些开放空间，便于大家从日常活动中停下来坐一坐、玩一玩。当我在寻找一种合适的纪念我父亲的方式之时，这个念头冒了出来：在伟大的纽约市中心创造这样的

---

\* 被称为"纽约的奥斯曼"，对纽约的城市发展贡献卓著。最多时，他曾兼任12项职务。他也曾力主将联合国总部放在曼哈顿，并帮助解决土地和资金问题。——译者注

20英尺（6米）高的瀑布（2011年11月）

# 3. 规划与设计

## 3.1　位置

佩里公园坐落在"曼哈顿中城最拥挤、最令人抓狂的区域之中"（Lynn 和 Morrone，2013），周围密布着商铺、写字楼、酒店，处于第五大道总是人潮涌动的纽约现代艺术馆（MoMa）对面。

## 3.2　最初的设计概念

1963年提出的最初原型"基于小型室外空间的概念……场地应有'墙体'、'地板'、'屋顶'的概念"（Zion，1969）。这个原型涉及了尺度——50英尺×100英尺大小；围合——可以躲避交通和喧嚣；目的——为成年人提供休息场所；家具——可移动、舒适、独立的座椅；材料——表面粗糙；墙体——相邻建筑、攀缘植物覆盖；地面——具有纹样肌理；屋顶——乔木茂密的树冠（12—15英尺间距）；水景——大胆而简约；摊位——售卖咖啡和食物。如威廉·怀特（William H. Whyte）所说，可以滚雪球一样地吸

公园改造时一半在施工，而另一半仍放置桌椅（2013年5月）

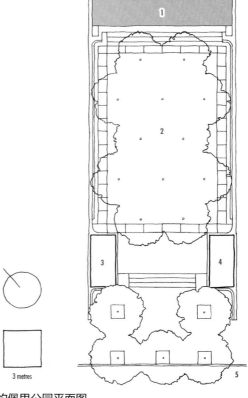

纽约佩里公园平面图
1. 瀑布　2. 北美皂荚　3. 门房/泵房　4. 门房/书报亭
5. 东53街

空中俯瞰佩里公园与53街（1999年10月）

引人群（Whyte，1980）。

## 3.3　布局和材料

公园中的北美皂荚没有像1963年的展览那样采用方格网种植，而是采用了五点梅花形排法。这种比较自然的布局一直延伸到街边，与入口平缓的台阶，一起营造出公园有序而轻松的氛围。大楼环绕和公园开口的朝向，也创造出宜人的小气候环境。从春天到秋天，中午都可以见到阳光。[1]而佩里公园最吸引人的景观，则是那条20英尺（6米）高的瀑布。那条瀑布布满整个场地的后墙，以每秒1800加仑（6800升）的速度倾泻而下。由此产生的巨大声响，遮盖住了城市环境的噪声。台阶、临路铺装、种植池等都使用了毛面的粉色花岗石。场地中央则使用了4英寸（100毫米）见方的棕色小料花岗石。60把可移动的白色座椅和20个大理石面的桌子，更营造了场地轻

松随意的氛围。单一的树种和墙上的常青藤，成为充满禅意的硬质景观的补充。场地周边布置草本花卉，特别是春天的黄色郁金香最让人印象深刻。[2]

1999年的改造包括瀑布水泵和地下灌溉管线的更换；所有的土壤和植物也重新替换；所有的硬质景观也得到修理和清洗，场地的室外家具也全部换新。花岗石铺装下重新浇筑了混凝土，树木周边也重做了树池。[3]公园首次建成时，包括土地购买在内共花费100万美元，而改造更新则花费了70万美元。

## 4.　管理和使用

佩里公园为绿色公园基金会所拥有，该基金会由佩里捐赠设立。在2013年，公园拥有三名维护人员。除了偶尔有人偷花之外，场地几乎没有

蓄意破坏的行为。早在多年前，"自开放以后，每个阳光灿烂的日子，公园总会有2000—3000人到访"（Birnie，1969）。怀特在1980年记述"两个纽约最受欢迎、人气最旺的地点，就是——佩里公园和格林埃克公园（Greenacre Park）"（Whyte，1980），他记录到佩里公园的使用密度是每1000平方英尺35人，提出是体贴的设计提升了场地容纳能力。目前，场地可以同时容纳200人，人最多的时候是上午11点—下午4点。公园每周开放7天，每天12小时，在感恩节、圣诞节、独立日和每年2月份关闭（2014年以前是1月）。[4]

## 5. 小结

微妙而精致的佩里公园是一个精心设计的，可以使人远离曼哈顿市喧嚣的休憩胜地。它禅意般的克制，创造了与城市环境的鲜明对比。这是一个集创造最佳微气候、使用灵活的座位来容纳密集人群、使用主动噪声来掩盖街道噪声、用小食摊形成吸引力、营造街道眼监控等于一体的优秀范例。佩里公园的尺度和功能是对曼哈顿这样城市环境的一种回应。它自成一派的影响力，可与中央公园交相辉映。

### 注释

1. 雅各布斯（1961）认为，封闭、复杂、集中和阳光是社区公园成功的主要条件。
2. 基于2000年4月24日与绿色公园基金会的小菲利普·A. 拉斯皮（Phillip A. Raspe Jr.）的会谈记录：佩里的妻子芭芭拉·库欣·佩里（Barbara Cushing Paley）在公园揭幕时，曾要求要永远在春天展示黄色郁金香。
3. 基于2013年5月20日与绿色公园基金会的帕特里克·加拉格尔（Patrick Gallagher）的会谈记录。
4. 基于2013年5月20日与绿色公园基金会的帕特里克·加拉格尔的会谈记录。

# 第2章 约克维尔公园，多伦多

（Village of Yorkville Park，Toronto）

（0.9英亩/0.36公顷）

## 1. 引言

约克维尔公园坐落于多伦多两条标志性大街——央街（Yonge）和布鲁尔街（Bloor）交叉口的西北侧，紧邻布鲁尔-丹福斯地铁线，是一块30米×150米的狭长地块。公园由一系列代表加拿大多样性景观的花园组成。每个花园的范围都与场地原有的19世纪建筑的坐落位置相一致。设计方案由来自旧金山的施瓦茨/史密斯/迈耶景观设计事务所（Schwartz/Smith/Meyer）与多伦多的奥尔森·沃兰德建筑师事务所（Oleson Worland）合作完成的，他们在1991年7月的设计竞赛中获得优胜。[1]公园在1992年春天开工，1994年春天完工，造价约250万加元。

该公园展示了多伦多这个北美第四大城市对公共领域进行投资的承诺（在当地业主的共同压力下）。经过漫长的酝酿之后，政府推动了设计竞赛，并将获胜方案予以实施。在公园建设过程中，政府经受住了当地和全国媒体的尖锐评论，特别是由切割和运输花岗石产生的花费引起的争议。[2]2012年，公园被美国风景园林师协会（ASLA）授予景观地标奖，代表了专业领域对公园的高度认可。

## 2. 历史

### 2.1 源起

在19世纪30年代，约克维尔村在布鲁尔街以北的约80公顷的农田上发展起来。[3]其在1853年成为独立的行政区，而后于1883年并入多伦多市。在20世纪30年代，约克维尔成为多伦多的商业和娱乐中心；60年代，约克维尔以咖啡馆和嬉皮文化著称。现在，约克维尔的旧日风情，可以通过狭窄的三车道道路、维多利亚时代的马房和如画的花园中找到（City of Toronto，1994）。坎伯兰街南侧的红砖房屋，在1954年因为修建地铁而拆除。地铁的港湾站（Bay Station）入口就位于公园中。随着地铁兴建，公园所在的场地被政府征用，原意是要修建成停车场。通过当地居民争取，市议会在1973年决定在此修建一座公园。1974年，一小块区域被设计为开放空间。但对于地方政府而言，停车场有一定的经济效益。而对于周边的商铺而言，他们也害怕停车场的关闭会影响他们的生意。1985年，多伦多市为了呼应巨大的商业、零售、居住和旅游增长，设立了布鲁尔-约克维尔商业发展区（BIA），进一步支撑了对于公园的需求。虽然场地征收和公园建设的费

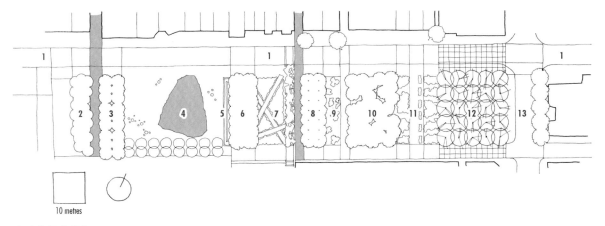

10 metres

**多伦多约克维尔公园平面图**
1. Cumberland Street 坎伯兰街；2. Amelanchier grove 唐棣园；3. Herbaceous border garden 宿根花境园；
4. Rock in canadian shield clearing 加拿大地盾区的岩石（展现当地地质而保留的裸露岩石——译者注）；
5. Water curtain 水帘喷泉；6. White alder grove 赤杨园；7. Ontairo marsh bc douglas fir boardwalks 花旗松栈道/湿地；
8. Crab apple orchard 海棠园；9. Fragrant herb rock garden 香草岩石园；10. River birch grove 水白桦园；
11. Prairie wildflower garden 野花花园；12. Former scots pine grove 欧洲赤松园；13. Bellair street 贝莱尔街

用早在1983年到1984年就得到批准，直到1991年才启动了公园的设计竞赛。

设计竞赛分为两个阶段，第一阶段是在国际上广泛地征求意向参与者，第二阶段则是八家入围设计公司的方案竞标。参赛说明精辟地将项目称为"创造新的城市绿洲的机遇"，"在这一生机勃勃的邻里为自然重新构建一片立足点，为多伦多的城市绿化、贯彻市议会环境和森林倡议做出贡献"。方案需要"基于生态系统的设计方法，保护当地和区域的生态完整性"，也需要（符合时代潮流）超越公园的尺度。竞赛还要求公园应"实现全季节、全天候的使用功能"，"要营造一种与周围环境和活动截然不同的宁静感"。竞赛要求设计方"考虑如何在设计中清晰地体现自然过程之美"，鼓励探索"在空间和时间维度上，深度体现自然过程的季相、色彩、材质、气味、声音、形式等方面的内容"（City of Toronto，1991）。诸如此类，对这样一个狭小、频受干扰的城市中心场地，提出了五花八门的要求。

## 2.2　设计时的场地条件

公园所在的场地几乎完全位于地铁隧道的上面，使得其实质上成为一个"屋顶花园"。设计竞标单位需要解决严重的污染问题，如包含汽油残留物、重金属、融雪剂的土壤污染问题，土壤污染的严重程度已经达到威胁植物正常生长的水平。现状建筑造成的阴影和北侧布鲁尔街的开发，也会对景观营造产生影响（City of Toronto，1991）。此外，竞标单位还需要考虑如何实现雨洪径流零外排的目标。

## 2.3　公园建立的关键人物

多伦多公园管理局的工作人员和局长赫布·波克（Herb Pirk），在面对非议时的坚持值得尊重。但同时，如果没有巴德·苏格曼（Budd Sugarman，1921—2004年）以及约克维尔的部分居民、商家和布鲁尔-约克维尔商业发展区（BIA）的奔走和活动，这个公园也不可能建成。苏格曼是一位室内设计师，他持续推动市议会同意在地铁修建完成后，修建这一公园；1973

年，他推动市议会选出了公园筹建委员会；后来，他成功入选筹建委员会，并在1991年参与了设计竞赛的评选。除了苏格曼外，筹委会的成员还包括记者阿德里安娜·克拉克森（Adrienne Clarkson，1999—2005年当选加拿大总督）*、建筑师卡洛尔·克莱菲尔德（Carol Kleinfeldt）、景观设计学教授沃尔特·凯姆（Walter Kehm）和莫拉·奎约（Moura Quayle）等。

多伦多市长菲尔·吉文斯（Phil Givens，1922—1995年，1963—1966年任多伦多市长）想购买亨利·摩尔（Henry Moore）的一件雕塑"弓手"（The Archer），放置在市政厅前。为了昂贵的雕塑筹集资金，吉文斯发起了募捐活动，而舆论则把这一事件变成一次政治风波。虽然摩尔最终同意以较低的价格将作品卖给多伦多，但吉文斯已民意尽失，在随后的选举中落败。《多伦多星报》的专栏作家皮埃尔·伯顿（Pierre Berton）写道："雕塑事件和市长竞选，是这个城市的一个重要转折……约克维尔公园正是多伦多成为世界级城市所最需要的"（Berton，1993）。

据说，中标方案团队的形成是受了建筑师戴维·奥尔森（David Oleson）和维尔弗莱德·沃兰德（Wilfrid Worland）的煽动。他们联系了玛莎·施瓦茨（Martha Schwartz），玛莎当时刚与PWP出来的肯·史密斯（Ken Smith）和戴维·迈耶（David Meyer）合作成立了事务所。

约克维尔公园的设计常常被归在玛莎名下——也许是因为她名声远播——但这一公园的设计工作实际上主要归功于史密斯。[4]项目的详细设计、设计说明、装配模型的测试以及现场配合，都是史密斯完成的。

水帘（2009年8月）

---

\* 阿德里安娜·克拉克森（Adrienne Clarkson），原名伍冰枝，生于中国香港，祖籍广东台山，杰出华裔，加拿大前任总督。她是加拿大首位华裔和第二位女性总督。——译者注

## 3. 规划与设计

### 3.1 位置

约克维尔公园是一个精品商业街上的精品公园，这一点在1993年（经济萧条时期）建设时因为使用奢侈的石材而引发的舆论声讨中被忽视了。公园成为南侧高层商业区与北侧高雅商业和高层住宅区之间的一个过渡。公园的影响"辐射周边地块，促进了临近的地产的升值"。[5]整个地区逐渐成为一个"高端购物和娱乐街区，深受电影明星喜爱（多伦多国际电影节在附近举办），也成为热门的置业居住地"（Hume，2012）。

### 3.2 设计概念

公园中的10个花园，代表了10种不同的加拿大景观。花园之间夹着三条人行横道。花园和人行道的范围，与场地上原有的19世纪建筑范围线相重合。史密斯将公园的目标定为：

- 对原有村庄尺度和特点的反映、强化、扩展。公园两侧的建筑立面、开发尺度有着很大的差异。花园的范围与原有建筑相重合。

坎伯兰街/安大略湿地/廊架（2009年8月）

- 在城市中心提供独特的生态机遇，介绍和展示乡土植物和社区。利用象征主义手法，像多宝箱一样，将花园排列组合在一起。[6]
- 提供丰富的空间和感官体验，提供高品质景观和公园功能。通过廊架、格子凉亭、随季节变换的水帘/冰帘、雾喷等设施，加上高密度的植物种植，强化了空间的场所感。
- 将公园与现有步道、相邻区域联系起来。场地上南北向排列的花园，成为展示景观多样性、整合步行空间的关键（Smith，1999）。

### 3.3 设计评价

约克维尔公园正如一幅画卷，沿坎伯兰大街舒展延伸；它是一个公园，但又是许多个花园。设计方案是对一个辽阔大国的自然景观的高度凝练。项目场地条件极为苛刻，设计方案是对场地深入思考的结果；在处理周围建筑物的尺度及展现场地历史方面，方案非常成功；同时，利用气候的季节性变化，也产生了戏剧性的效果。从周边各个方向甚至空中，都能看到约克维尔公园的开放、可进入，它是"与后奥姆斯特德时代的原则——公园就是要遮挡一切外部环境——反其道而行的杰作"（Griswold，1993）。无论从哪种角度而言，约克维尔公园都可谓高密度城市环境中的一块绿岛。在公园两边是繁忙的大街，而另外两边是私人住宅的出入通道，唯一可以穿过这个小岛的道路，是南北向的人行道。

公园的细部设计展示了坚固与繁茂之间的巧妙平衡。凉棚电镀的钢梁、水帘上不锈钢的钢丝绳、大块岩石，传递出有力、粗犷的气质。[7]而松树、赤杨、白桦等专类园，均是高大乔木，其天然的状态与草坪、宿根花境等花园的繁茂形成对比。这是对自然景观的有力抽象，特别是对不同季节中观赏草花园中的野性、宿根花园中的芳香、沼泽花园的活力和花境的繁茂的对比。公园难以置信地密集展示了丰富的视觉形象、历史遗

海棠园和廊架（2009年8月）

加拿大地盾区的岩石（2013年11月）

迹和代表性的景观。这种丰富度有可能太密集、太明显，场地的南北布局也似乎过于呆板。但在这样一个狭长、可一眼望穿、又位于地铁上方的场地，也许这样的安排是真正合适的。公园呈现的效果与周围完全人工的环境形成了丰富的对比关系。

## 4.  管理和使用

公园由多伦多市政府拥有，而由公园、森林休憩管理局负责管理。[8]具体负责维护的机构是管理局下属的多伦多和东约克分局。在公园建立和施工刚结束的时期，管理部门特别安排了人员对公园进行管理。即使到现在，该公园也比"一般公园"需要更多的管理和维护。主要有两个原因，一是公园全天候、全年的高强度使用频次；二是其中的专类花园比一般宿根花园需要更高水平的维护。布鲁尔-约克维尔商业发展区（BIA）在公园的维护过程中也发挥了非常积极的作用，包括购置了可移动的家具，以及在其主持活动之后安排的清洁工作等。

在过去的10年间，公园的使用频率有了巨大的提高，部分是因为附近的高层公寓数量大为增加，导致大量养犬人士的遛狗需求跃升。虽然公园并非以此为目的设计，也不太适合这一活动，

尽管如此，公园没有出台规定禁止遛狗的行为，遛狗也没有导致什么严重的破坏。显然，在如此开放、受关注的空间，大家都比较自觉。

公园维护的开支全部来源于多伦多市的税收。专类花园的养护费用也从没间断。据观察，公园吸引了从儿童到成人的各类人群，但对公园的使用者尚未有过正式的调查。BIA仍旧为公园感到自豪，并不断保护着公园的发展，当地的议员也强调公园对地区商业价值的贡献，也使该地区更成为适合居住的宜居社区。

## 5.  公园的展望

约克维尔公园的首要目标，是维护设计者的原始设计意图。[9]这要求对植物材料进行额外的关注，及对设备的养护、更换等。这有着气候条件和微气候环境的原因。2013年年底，公园东侧的欧洲赤松，由于恶劣的微环境以及道路融雪剂的影响而生长状况很差，只能砍伐后重新栽植。林中的雾喷设备也出现了故障，水帘和灌溉设备也由于强烈的暴风雨而损坏。因此，多伦多市财政在2014年拨付了用于维修、更换上述设备的经费。公园也仍然与奥尔森·沃兰德建筑师事务所保持咨询关系，便于保持原设计方案的延续性。

公园中的河桦林（River birch grove）（2013年11月）

欧洲赤松林与雾喷设备（2009年8月）

## 6.  小结

约克维尔公园在1996年获得了美国风景园林师协会（ASLA）的优秀设计奖，在2012年获得ASLA评选的地标景观奖。该奖仅授予建成15—50年以上的经典项目。ASLA评奖委员会将该公园描述为，展现了强烈的加拿大气质。公园成为一个罕见的、四季皆宜的项目，是一件了不起的作品，随着时间增长而越来越好的公园。公园的设计是在对环境的回应、用智慧和真诚描绘场地历史、展现国家景观的经典。决策者在方案竞赛、选定方案和实施设计的过程中展现出坚定的态度，即使在设计方案受到诸多批评的压力下，仍然保持了方案的完整。

## 注释

1.  设计竞赛曾以坎伯兰公园（Cumberland Park）的名义进行，名字取自公园北侧的街道。这个名字一直使用到1992年9月。

2.  岩石的费用据报道约282933加元。

3.  1991年和1994年在多伦多市调研时得知。

4.  基于与多伦多市公园及游憩管理局的史斯蒂芬·奥布莱恩特（Stephen O'Bright）及大卫戴维·奥尔森（David Oleson）在1999年10月12日的会谈记录。

5.  基于1999年10月12日与斯蒂芬·奥布莱特及戴维·奥尔森的会谈记录。

6.  设计竞赛评审员沃尔特·凯姆（Walter Kehm）指出："当谈论生态系统时，我们应当在城市环境中，以隐喻的方式思考。"

7.  岩石产自安大略省格雷文赫斯特的马斯科卡（Muskoka）花岗岩矿。在矿场被切分为135块——重量在225—900公斤之间，然后用平板拖车运输到现场再重新拼装。这在1993年也引起了广泛的媒体争议。

8.  基于与多伦多市公园、林业和游憩管理局的斯蒂芬·奥布莱特和米歇尔·里德（Michelle Reid）在2013年11月18日的会议记录。

9.  基于2013年11月18日与斯蒂芬·奥布莱特及米歇尔·里德的会谈记录。

# 第3章 高速公路公园，西雅图

（Freeway Park，Seattle）

（5.2英亩/2.1公顷）

## 1. 引言

与约克维尔公园类似，高速公路公园也是一个建立在交通设施之上的屋顶花园。高速公路公园位于西雅图市，横跨5号州际公路（I-5）。5号州际公路从位于西雅图北侧176公里的美加边境起，穿过西雅图市中心，一直向南延伸到美墨边境，全长超过2000多公里。公园位于高速公路靠近西雅图市中心的一段，范围约460米长，宽度覆盖高速公路的10个车道。5号州际公路西雅图段于1959—1965年修建。公园的兴建主要在20世纪70年代到80年代之间分三个阶段修建，其中两个阶段伴随着周边重要建筑的建设活动。高速公路公园是高速公路上空开发利用最著名的一个案例。

混凝土峡谷中的雷鸣瀑布（2012年9月）

西雅图高速公路公园平面图
1. Convention center 会议中心
2. East plaza 东广场
3. 1-5 freeway south 1-5高速公路以南
4. 1-5 freeway north 1-5高速公路以北
5. Pigott memorial corridor 皮戈特通道
6. First hill district 福斯特山邻里
7. Eighth avenue 第八大道
8. Parking garage 停车楼
9. Apartment building 公寓
10. Park place 帕克广场
11. Concrete canyon 混凝土峡谷
12. Seneca street 塞内加街
13. Naramore fountain 纳拉莫尔喷泉
14. Sixth avenue 第六大道
15. Spring street 斯普林街

25 metres

混凝土峡谷（2012年9月）

5号州际公路之上的会议中心和公园（2012年9月）

　　高速公园之所以备受瞩目是因为两个原因。一方面，美国有许多城市被高速公路穿城而过，而这个项目成为在高速公路上加"盖子"、降低噪声来成功开发的先例。20世纪50—60年代，美国许多城市都修建了穿城而过的高速公路。风景园林师劳伦斯·哈普林（Lawrance Halprin，1916—2009年）在他1966年的专著《高速公路》（Freeways）一书中，也提出了处理上述问题的若干原则，而高速公路公园正应用了这些原则。另一方面，公园的中心景观是一个混凝土的瀑布峡谷，每分钟27500加仑（104000升）的水倾泻而下，流入场地中间一个深潭。这一设计出于哈普林的合伙人安吉拉·达娜耶娃（Angela Danadjieva，1931—），是对她与哈普林合作的早期作品"伊拉·凯勒喷泉广场"的一个升级。伊拉·凯勒喷泉广场是位于俄勒冈州波特兰市占据一个街区的水景广场，其设计受到美国西部的悬崖峭壁和平顶山丘的启发而来。高速公路公园以其棱角分明的、块状清水混凝土和规则式布置的常绿乔木，成为现代主义野兽派的浪漫注脚。

　　某种角度而言，高速公路公园微不足道，仿佛I-5高速上的创可贴；而从更宏大的角度而言，它是对二战后美国高速公路建设狂潮的反动，标志着城市复兴的肇始。这一项目也成为"大开挖"（Big Dig）项目的先声——1991—2006年，波士顿实施了贯穿市中心的大型综合改造"大开挖"。

## 2.　历史

### 2.1　源起

　　关注环境问题的西雅图市民发起了一项运动，要求在高速公路经过市中心段增加上盖，并在其上修建一座公园。他们的呼声开始被拒绝了——"高速公路的修建已经花费太多"（Marshall，1977）。弗洛伊德·纳拉莫尔（Floyd A. Naramore，1879—1970年）（美国NBBJ建筑设计公司的创始合伙人之一）也一直呼吁在高速公路上方修建一座公园。但公园诞生的真正推动力直到1968年才形成。

　　1968年，西雅图市投票通过了一项"前进推力计划"（Forward thrust program）\*，决定发行3.34

---

\*　前进推力计划（Foward Thrust Program），由詹姆斯·埃利斯（James Ellis）发起，1968—1970年间向西雅图都会区政府（Metro）、金县、西雅图市政府发起12个项目计划，其中7个获批通过，其中之一便是高速公路公园项目。——译者注

亿美元公债用于相关项目，其中6500万美元用于公园建设。计划的主要发起人是来自西雅图的律师詹姆斯·埃利斯（James R. Ellis，1921—）。州高速公路局最终同意在公园现址上修建上盖；与此同时，西雅图市政府也在选址修建一处停车库，以便于缓解离开高速的车辆对市中心交通的影响。此外，开发商哈德林（R. C. Hedreen）正在寻找场地修建一座21层的办公楼，他希望开发高速公路西侧、面对塞内加街（Seneca street）的一块地。高速公路局想把上盖工程的跨路结构放在这个场地中。最终双方达成协议，哈德林在地块的西北角兴建了公园广场大厦，停车场修建在了大厦东侧。这避免了高速公路公园的中心区被公园广场大厦的楼体遮阴，也使公园可以修建在停车场上方。

公园于1972年开始兴建，在1976年7月4日美国独立两百周年纪念日那天开放。工程建设总共花费了1379万美元。覆盖高速公路的上盖花费了553万美元，资金来源于联邦和州。停车场造价420万美元，由市议会拨款，作为经营性设施，有望从停车场的经营中回收投资。公园建设本身花费407万美元，其中的大头——280万美元——来自"前进债券"（Foward thrust bond）*；其余部分主要来自联邦和当地的各种基金。综合来看，整个空中公园每平方英尺的造价大约45美元，而在当时市中心的土地价格大约50美元/平方英尺（Marshall，1977）。更有甚者，公园广场大厦每年的物业税约17.5万美元，而该场地之前建筑的物业税每年只有5万美元。

高速公路公园在20世纪80年代又得到两次扩建。第一次是1984年，市政府将其向东扩展，与福斯特山社区（First Hill neighborhood）相邻。通过所谓的皮戈特纪念廊道（Pigott Memorial corridor），将公园原有部分与一个养老社区相连接。第二次是1988年，公园跨高速公路向北扩建。这次扩建作为占地4.9万平方米的华盛顿州会议中心项目的一部分，而会议中心项目也是由詹姆斯·埃利斯发起的。这次扩建后，高速公路公园覆盖高速路的范围由120米增加到460米。

## 2.2　公园建立的关键人物

显然，公园建立和扩建的关键人物就是詹姆斯·埃利斯，是他发起的"前进推力计划"最终使公园的建设成为现实，也得以吸引大量高水平建筑师、设计师［如NBBJ建筑设计事务所、劳伦斯·哈普林及其合伙人安吉拉·达娜耶娃、爱德华·麦克劳德（Edward McLeod）联合景观设计事务所等］与这个项目产生联系。"当哈普林面对城市景观设计的问题时，他开始关注过程而不是结果"……"他发现了艺术家的新角色，不是独自起舞，而是通过设计来激发和引导人与社区的活动"（Walker和Simo，1994）。

艾达·哈克斯特波（Ada Louise Huxtable）将俄勒冈州波特兰的伊拉·凯勒喷泉广场（也是由哈普林和达娜耶娃设计）形容为"文艺复兴以来最重要的城市空间"（Thompson，1992）。哈普林被拿来与奥姆斯特德相提并论，"他的非凡成就源于他调和他人工作的惊人技巧"。而达娜耶娃确信她获得了"能想象的所有得到创意的机遇"，"她的设计意象源自在哈普林事务所工作期间的一次西部大峡谷的旅行"。她在保加利亚索菲亚、巴黎等地受教育成为建筑师。1965年，在旧金山市民中心广场的国际设计竞赛中获得第一名，然后她移民到美国。1977年，达娜耶娃离开哈普林事务所，与托马斯·柯尼格（Thomas Koenig）合作开业成立了自己的事务所。他们的

---

\* "前进推力计划"发行（Foward Thrust Program）的债券。——译者注

防止人们躺在长椅上的设计（2012年9月）

5号州际公路上空的公园（2012年9月）

事务所后来完成了20世纪80年代高速公路公园两次扩建的设计。

## 3. 规划与设计

### 3.1 位置

5号州际公路由北向南插入西雅图市，穿过团结湖（Lake Union）、煤气厂公园，连接到远处的太空针和西雅图中心城区，沿途美景令人窒息。5号州际公路向市中心延伸，在福斯特山脚下转向入第六、第七大道之间。福斯特山是一个居住区，高速公路公园起到了连通居住区和市中心的作用。虽然高速公路公园位于二者之间的连接点上，但这里却总被有意回避，特别是第八大道上的詹索尼亚酒店（Jensonia Hotel）还存在的时候。该酒店为一家廉价酒店，更加深了高速公路公园"流离失所目的地"的印象；由于数次失火，该酒店于2004年3月被拆除。公园西侧的高层办公楼也对场地形成围合，严重影响采光，而与会议中心的空间联系也形成了脱节。

### 3.2 场地形状与自然地貌

场地为狭长的带状，目前近460米长。西雅图的一大特点就是竖向高程的剧烈变化，包括山丘、道路切割和高楼大厦等原因（Danadjieva，1977）。公园与第九大道的高差有15米，而公园内部最高点和最低点的高差更是达到27米。

### 3.3 设计

公园的焦点无疑是中央的混凝土峡谷，其巧妙利用和弥合了高速公路的高差，倾泻的水流声遮盖了道路的噪声。达娜耶娃从三个角度解释了其设计思路，一是从微气候条件角度；二是对自然峡谷的隐喻；三是考虑人在场地中的活动情况。她围绕公园大厦的位置来布置场地要素，将最令人激动的区域（峡谷、跌水）布置为南向，使湖边的清新微风可以直接吹入公园。同时，也设计了墙体来阻挡高速公路上的汽车尾气。公园边缘也设计了墙体和种植槽，以起到隔声降噪的作用。

除了峡谷的设计外，基于运动的设计也是本项目的一大亮点。结合哈普林对编排人的行为的兴趣，以及届米的拉维莱特公园设计，达娜耶娃根据自己担当电影艺术指导的经验说道："运动会改变人对城市尺度的感知"，"驾车的视角和行人的视角就会造成尺度感的不同。"她在设计中寻求将两种印象联系起来，她把公园骨架做得感觉很重，而里面的元素尺寸则相对小很多。这种意图在种植设计中也有反映，大型乔木（以雪松为主）种在高处，从道路上看公园感觉郁郁葱葱一片。在公园内看，也可以遮挡周边的高楼（Robertson，2012）；公园中大量种植的落叶乔木如豆梨、红枫、北美枫香，以及鸡爪槭、常春藤、枸子等强化了这种氛围。

哈普林、达娜耶娃和西雅图的合伙人麦克劳德在设计说明中充分考虑了胁迫条件下的土壤、灌溉、肥料问题，也选用了抗性强的树种，结果植物果然生长得很茂密。但公园的种植过于茂密，也带来了一些问题，1985年和1995年都进行了疏间苗木的工作，1999年100多棵乔木被移除。后来15年间苗工作也一直没停，还在2007—2011年间开展了由来自华盛顿大学的伊恩·罗伯特森（Iain Robertson）和西雅图市的泰德·霍顿（Ted Holden）（两人都是风景园林师）主持的植物景观升级工作。

植物过于茂密的公园被认为比较危险。罗伯特森和霍顿的种植改造以保持场地特征、尊重原有设计功能和适应场地环境条件变化、迎合当代社会需求为原则。也就是"为公园换上新装"。新的植物景观主要以组团、树岛和低矮地被植物为主。沃克（Walker）和西莫（Simo）认为高速公路公园"可能过于夸张"，"种植设计丰富、令人联想起该地区的原始森林"（Walker和Simo，1994）。他们称这里为"透着庄严的绝美之地……混凝土墙体极富摄人的气势"。但对于这样一个复杂的场地而言，戏剧化的表达并不为过。就如高线公园一样，原设计的张力为公园弥合城市发展、缓解高速路对城市的影响带来了动力。

## 4. 管理和使用

高速公路公园由西雅图公园和游憩管理局管理，并与公园大厦所有方、西雅图会议中心董事会来协同管理。管理局的负责人由西雅图市的市长任命。同时，市长和市议会还会委任一个由志愿人士组成的公园理事会（任期三年）。理事会负责顾问及向管理局提出关于公园规划、发展等方面的建议。公园的日常维护人员都是公园和游憩管理局的雇员，而公园大厦、会议中心广场则由相应的养护公司来负责。

会议中心建设时，在广场安装了紧急报警设备和大门，广场在夜间关闭。1993年时有记载这里会被"无家可归者和瘾君子"占据，行乞"司空见惯"，还偶有暴力袭击事件（Roberts，1993）。一个邻里团体——高速公路公园邻里联合会（FPA）——在当时非常活跃，试图解决公园缺乏安全感的问题。他们1994年在公园增加照明设施和1995年拓宽第八大道地下通道的项目中做出不少贡献。尽管如此，迷宫式的设计和茂密的植被有太多的治安隐患。20世纪90年代末，FPA在公园的管理特别是大型活动的组织中起到更积极的作用。

公园管理局没有做过使用者调查，但他们知道公园使用率最高的时间是在工作日的午餐时间，许多人在公园里吃午餐。同时，公园的安全问题也到了非解决不可的程度，2002年1月公园的一个公厕中发生过一件谋杀案。虽然近年来违法活动已经减少，但市政府还是委托公共空间项目组织（PPS）提供建议。他们识别的主要问题包括：缺少公共活动；公众不了解；与周边建筑的联系薄弱；入口不明显；标识牌不足；缺乏全面的管理。他们提出的目标包括，公园应该得到良好的管理和投资；改造要尊重原有设计；成为区域的目的地；更具活力、更多活动；视线更通透、可达性更好等（PPS，2005）。

从会议中心进入公园的台阶（1999年11月）

## 5. 展望

西雅图已对所有的城市公园提出5年的"公园遗产规划"（2014—2019年），致力于解决基础设施和服务的问题。PPS对高速公路公园提出的建议也带来一系列的改善，包括照明的增加、灌溉、景观设备的更新，导视系统的增加，以及植物景观的重建等。罗伯特森和霍顿的建议还包括正在实施的为期5年的植物景观改造工作。但公园管理的核心，仍然是保持哈普林–达娜耶娃的设计——"城市中的自然之路"（McIntyre，2007）。目前运行的项目主要包括"户外午餐"、"大众舞蹈"和"艺术公园"的活动，使公园变得更安全、更开放、更舒适。

## 6. 小结

西雅图以波音、微软总部和多雨气候闻名，也被认为是美国最宜居的城市之一。詹姆斯·埃利斯1977年评论道："高速公路公园是一个由富有想象力的私人业主和敏锐的高速管理机构共同合作的项目，也是一座城市营造宜居环境的努力"，"事实证明公园不仅是一项成功的投资，也成为其他城市的榜样"。高速公路公园已经经历过若干次艰难时期（特别是20世纪初），虽然设计方案为管理维护带来了很多问题，但在努力改进的同时，西雅图也持续地坚持和保护了原有的设计。它展示了市民和设计者化逆境为良机的努力，也证明了设计的伟大力量。

# 第4章　布莱恩特公园，纽约

（Bryant Park, New York）

（6英亩/2.43公顷）

## 1. 引言

布莱恩特公园位于曼哈顿中城，在第40至42街、第五和第六大道之间，紧邻纽约公共图书馆（与图书馆一起占据两个街区）。公园的历史可以划分为五个阶段。1822年，该区域纳入纽约的管辖，直到1840年之前都被陶器厂占据。从1842年开始，场地上建设了一座4英亩的地上水库。1899年，水库因为修建图书馆而被拆除。20世纪30年代，整个地块被重新设计，并在1988年至1992年之间彻底更新。[1]更新之后，公园转为私人管理，并将其从一个被称为"针头公园"的"贩毒天堂"改造成曼哈顿中城最具人气的公共开放空间。布莱恩特公园的复兴是20世纪90年代纽约城市复兴的重要标志。

这次翻修遵循了威廉·H. 怀特（William H. Whyte，1919—1999年）提出的原则。怀特是一名城市规划学家，在20世纪70年代，他投入了很多精力研究、分析纽约人如何使用城市空间。他在1980年指出"布莱恩特公园是危险的，它已经成为毒贩子和抢劫犯的领地，因为它很容易被人忽视。布莱恩特公园被围墙、篱笆和灌木丛与街道隔离，入口很少，公园内外的视线被严重阻隔。只有被完全打开之后，人们才能真正使用这个公园"（Whyte，1980）。

布莱恩特公园恢复组织（Bryant Park Restoration Corporation，BPRC）成立于1980年。当时的执行董事丹尼尔·比德曼（Daniel Biederman，1954—）是怀特的"提倡高度关注，事件的驱动管理"理念的忠实拥护者，他主持了公园的"开放"工程。如果说佩里公园是私人袖珍公园向公众开放的模范，那么布莱恩特公园就是私营小型公共公园管理的典范。根据当前的约定，BPRC（2006年更名为Bryant Park Corporation，BPC）将在2024年之前租赁这座城市公园，并将每五年重新谈判一次管理协议。

## 2. 历史

### 2.1 源起

1842年，靠近图书馆的地块被指定为一个公共空间，命名为水库广场（Reservoir Square）。[2] 1884年，公园以《纽约邮报》编辑威廉·卡伦·布莱恩特（William Cullen Bryant，1794—1878年，纽约中央公园的主要缔造者）的名字重新命名。由于修建了纽约中央公园水库而使得该水库变

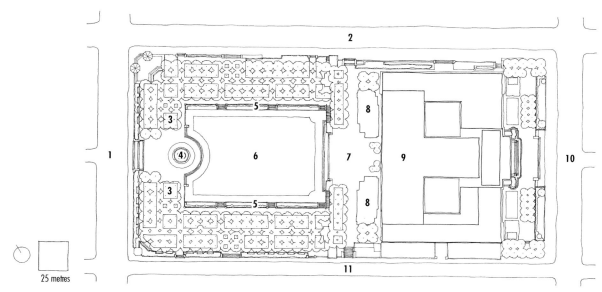

**Bryant Park，New York——纽约布莱恩特公园平面图**

1. Sixth Avenue 第六大道；2. 42nd Street 第42街；3. Food kiosk 食物售卖处；4. Lowell Fountain 洛厄尔喷泉；
5. Herbaceous Perennial Beds 多年生花坛；6. Great Lawn 大草坪；7. Library Terrace 图书馆平台；
8. Restaurant and Grill 餐馆和烧烤吧；9. New York Public Library 纽约公共图书馆；10. Fifth Avenue 第五大道；
11. 40th Street 第40街

得多余，同时，为给图书馆腾出空间，水库于1899年被拆除。在20世纪20年代，这座公园变成了挖掘第六大道地铁弃土的堆土场。"在20世纪20年代和30年代初，提出了100多个布莱恩特公园修复计划"（Thompson，1997）。1934年罗伯特·摩西（Robert Moses）成为第一个全面管理纽约市公园部门的负责人（覆盖了曼哈顿、布鲁克林、皇后区、斯塔顿岛和布朗克斯区五个大区）。摩西擅于利用罗斯福新政下的联邦基金。布莱恩特公园的重建是他当年发起的众多项目之一。

设计委托是通过建筑师紧急委员会（Architect's Emergency Committee，应对大萧条成立的一个组织）组织的一项竞赛来完成的。最后得到委托的是建筑设计师卢斯比·辛普森（Lusby Simpson）和风景园林师吉尔莫·克拉克（Gilmore Clark）。克拉克是摩西的朋友，他后来还为纽约市公园管理局做了很多项目。辛普森和克拉克的设计方案包括大草坪和悬铃木大道，同时，方案

也给公园的后来带来一些问题。摩西要求原地铁弃土保留在场地上，这导致场地高于周边人行道，需要在该场地边缘处建护栏和绿篱。在它的周边只有五个狭窄而陡峭的楼梯作为公园的入口（Kahn，1992）。

## 2.2　公园的复兴

1974年，布莱恩特公园与中央公园一同被列为风景地标。但是在那时，布莱恩特公园已经再次陷入严重衰退。1979年，洛克菲勒兄弟基金会曾考虑支持翻修纽约公共图书馆。但他们的条件是公园先重建，否则不准备支持该项目。图书馆和基金会向怀特和公共空间项目组织（Project for Public Space，PPS）征求意见。他们在1979年11月的报告上提到，公园的问题关键是可达性。他们建议取消铁栏杆，清除灌木，改善第六大道对公园的可视性，在第42街的现状条件下修建开阔、宽大台阶的入口，打通公园和图书馆的联系，恢复洛厄尔喷泉（Thompson，1997）。

公园一端，靠近第六大道的洛厄尔喷泉（2013年5月）

1980年1月，图书馆馆长安德鲁·海斯凯尔（Andrew Heiskell，1915—2003年）雇佣了当时26岁的哈佛大学工商管理硕士丹尼尔·比德曼（Daniel Biederman）。他们成立了非营利性管理公司——BPRC，其首要任务是制定一个可行的公园复兴计划。比德曼的策略是同时解决公园所有问题而不是逐个击破。这种策略的主要障碍是缺乏资金。因此，BPRC建立了一个商业促进区（BID）。BID可以提供政府服务以外的公共服务，然后根据评估每年向区域内商业物业收取一定的费用。

风景园林师汉娜和欧林（Hanna/Olin）因其在图书馆正门改造项目（第五大道临街部分）中的表现，在1982年加入了公园改造项目的团队。1985年，该图书馆宣布其书架已满时，图书馆曾考虑搬离这栋大楼，设计工作一度中断。直到图书馆决定在大草坪下建造可以容纳300万册图书、书架总长达84英里（135公里）的书库，

这才打破僵局。实际上，这个大草坪已经变成一个巨大的屋顶花园（Beren，1997，www.asla.org/2010awards）。1988年7月当局批准了对该公园进行比较保守的改造方案。同年启动建设，并于1991年完工。1991年到1995年5月公园分三期开放。工程耗资1769万美元。[3]三分之二的资金由市里承担，三分之一的资金来自私营部门。

## 2.3　公园复兴的关键人物

许多参与布莱恩特公园复兴的人都把它看作是"霍利·怀特愿景的纪念碑"（Thompson，1997）。怀特曾被称为"开放空间的哲人王"（Goldberger，1999）。正如锡安提出的原则使佩里公园成为经典一样，怀特也早已制定出适用改造布莱恩特公园的原则。这些原则对公园复兴最终方案的影响，很大程度上归功于比德曼对它的推崇。比德曼在1980年推动建立BPRC的同时，还担任了当地社区规划委员会的主席。他

曾在1975年担任过怀特"街道生活项目"的志愿者助理。自1980年以来，比德曼一直深度参与公园的管理。2000年，他成立了比德曼再开发公司（BRV），在美国和海外许多国家提供私人开发、市中心再开发和管理的咨询服务（www.brv.crop.com）。在2010年，美国风景园林师协会（ASLA）向布莱恩特公园颁发了美国景观地标奖。

## 3. 规划和设计

### 3.1 位置

19世纪40年代水库初建时，公园位于曼哈顿建成区的边缘。城市向北部的扩张导致公园被城市所包容，却没有被城市所接纳。甚至在水库让位给图书馆后，公园并没有表现出重大的意义——直到1979年图书馆董事会坚持认为应该对此采取一些措施。那时，布莱恩特公园是处于一片摩天大楼海洋中的开放空间岛屿。公园重新开放两年后，1994年前8个月第六大道的租赁活动比1993年增加60%（Berens，1997）。位于公园附近的美国银行大厦于2010年完工，他们将大厦地址定为布莱恩特公园一号，这反映了公园持续的商业影响力。到2013年，紧邻公园已有十几家餐饮外卖店为公园游客提供餐饮服务。[4]

### 3.2 场地形状和地形

场地长170米，宽140米。改造后的大草坪长82米，宽55米。大草坪是公园的主要特色，但占地面积不到20%。公园比周边街道高约1.2米，这是由于在第六大道地铁开挖的挖方堆积造成的，图书馆的平台比草坪两旁的林荫道高数英尺，草坪就像是长廊下的一个巨大的中央舞台。

### 3.3 设计概念

辛普森/克拉克的设计方案是一个大型的学院派花园，以图书馆轴线为中心对称布置，"可

午餐时间的布莱恩特公园（2013年5月）

公园中可移动的桌椅（2013年5月）

称之为美国最好的古典花园"（Lynn和Morrone，2013）。这反映了摩西希望营造城市中世外桃源的偏好。公园边缘有如堡垒——大乔木的浓荫下遍布墙壁、树篱和灌木，中心是由修剪绿篱围合

的草坪。公园所有的座椅都是固定的，规则排列。在怀特为公园的重建提出原则时，比德曼对巴黎的公园，特别是杜伊勒里公园，也留下了深刻的印象。砾石小路和可以移动的椅子就是很好的证明。在悬铃木树下的常春藤花坛也被保留下来，原有的大乔木可以提供良好的遮荫，也得以保留。[5]

怀特和比德曼的想法首先是使这个公园尽可能地提高可达性、降低危险性——尤其是对女性而言。[6]其次是通过提供设施和举办活动来吸引公众——并从中获得收益来维持公园运转。在公园靠近第六大道的地方建了两个售货亭，而在靠近图书馆一侧建了如今非常火爆的布莱恩特公园烧烤吧和咖啡馆。烧烤吧在1981年被提出后，最终于1995年5月正式开业。同期，布莱恩特公园陆续周期性地举办了一系列重要活动——包括大型时装秀和露天电影放映等。20世纪90年代中期，BPRC每年收到5—6次在公园举办活动的申请。到2000年左右，他们每天要处理10个申请。[7]2010年以后，BPC已经在公园引入了大量的活动，包括百老汇演出的歌剧集锦和花絮。但它不再举办纽约时装周。2013年，公园使用者将周一晚上的电影、草坪和阅览室列为公园最受欢迎的活动或去处。公园举办的活动不断丰富，包括便于单身人士线下相亲的广场舞会或概念性艺术展等。[8]

## 3.4  改造工作

改造工作包括对许多历史元素的修复和复位，包括洛厄尔喷泉，（大部分）外墙和铸铁栏杆，以及许多人行道。开辟了五个新的入口，现有入口被加宽，更加平缓。树下的青石板路被拓宽了，图书馆的平台修建了坡道。在图书馆地下书库顶上6英尺（1.8米）的土地上，重建了一个更大的大草坪。草坪周围由花岗石镶边，再向外是一圈砾石步道；现在，花岗石镶边加宽后可以

从第六大道一侧鸟瞰布莱恩特公园和纽约公共图书馆（2013年5月）

公园中的女性访客（2013年5月）

作为座椅，当椅子都坐满后，这里也可以供人休憩。在砾石小径外侧，增加了多年生花坛。这些已经成为区分布莱恩特公园和曼哈顿其他开放空间的特征。但是布莱恩特公园最主要的特征仍然是绿色、木头和金属的可移动椅子。

## 4. 管理和使用

### 4.1 管理机构

在1988年，BPRC（现在的BPC）与纽约市签订了一个15年协议，获得了公园的负责管理权。BPC和第34街的BID共用一个管理团队，第34街的BID是比德曼管理的另一个商业促进区（BID）。[9]BPC和第34街的BID在2013年时拥有37名员工，负责商业活动、安全和运营、资本运作、园艺、零售服务、设计、公共活动、财务和信息（www.bryantpark.org）。它的使命是"将公园变成世界上最伟大的公共空间"，"为纽约人和游客创造丰富而充满活力的视觉、文化和知性的户外体验……提高地区的房地产价值……提供一个精心维护的免费娱乐场所……预防公园里的犯罪和混乱，全天候吸引成千上万的游客，建立一个安全的环境"。

1991年后，公园里每年发生的严重罪案平均不到一起。这是通过吸引大量访客人群而不是加强治安来实现的。到2013年初，公园的战略性隐忧包括当前公私共管的模式是否在未来还能得到持续的政治支持；游客过多给公园带来的压力（这在高线公园和邻近的时代广场也面临同样的问题）；还有当草坪上挤满了游客的时候面临的潜在恐怖主义袭击。[10]2013年11月一个深夜在溜冰场发生的一起罕见的、随机性的抢劫枪击案，还是提醒即便在一个人流密集的公园里，安保措施仍有必要。

冬季的公园（2011年11月）

## 4.2　资金

BPRC在2000年的预算为370万美元，包括组织活动和管理费用。[11]到2013年，这一数字已经达到1100万美元，不包括主办纽约时装周的300万美元，也没有纽约市政府的公共资金。收入主要来自商业促进区的税收、举办活动的收费、赞助商和特许权出售，以及来自烧烤吧（将近1300万美元营业额）和咖啡馆（将近400万美元营业额）经营。

## 4.3　使用情况

和怀特一样，比德曼将公园游客人数视为衡量公园损益的唯一标准。因此，BPC在每天下午1：15和6：00按性别对访客数量进行统计。这些数据与天气状况、正在举办的活动以及草坪是否开放来对比分析。根据怀特的计算，这座公园的容量每天在5000人左右，这个数据仍被当作基准。女性用户比例对气温非常敏感；每周不同时间、大草坪是否开放、空气湿度高低都会对访客人数产生影响。2013年5月21日——当年气温超过80℉（26.7℃）的第一天，也是草坪开放的第十天——在午餐时，公园里有4407人，其中2282人（52%）是女性，一切都证明了公园的成功！

## 5.　展望

BPC依次列出了公园未来的重点工作，安保、卫生、特许经营权、卫生间、椅子和桌子、照明、园艺、活动安排、设计和管理等。[12]布莱恩特公园的计划仍然是以"世界上最伟大的公共空间"为"终极目标"（www.bryantpark.org）。

## 6.　小结

不可避免的，布莱恩特公园的运作被支持

和反对公共领域私有化的双方都当作例证。20世纪90年代初关于BPRC的典型评论是，"从长远来看，城市政府将相当大的控制权移交给私人机构，可能不能很好地实现最大限度惠及民众的初衷。"（Carr等，1992）当时的纽约记者们则不这么认为，《纽约时报》的建筑评论家保罗·戈德伯格（Paul Goldberger）在公园改造后指出，"这座公园比过去几十年的任何时候都更名副其实。"同年11月，《华尔街日报》的建筑评论家伊芙·卡恩（Eve Kahn）形容，在布莱恩特公园散步"就像遇见一个曾经麻烦缠身的朋友，他改掉了所有的坏习惯，找到了一份很棒的新工作。"

尽管如此，在2004年，PPS的领导者弗莱德·肯特（Fred Kent）评价"私人机构取代了毒品贩子的统治"（Kent，2004）。欧林（Olin）则反驳道，PPS这个"曾经才华横溢、富有创新精

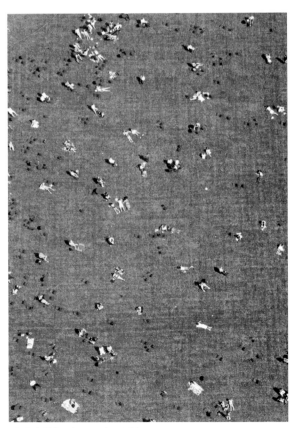

公园大草坪（2013年5月）

神的组织已经变成一个兜售秘方的江湖游医"（Olin，2007）。BPC的价值，应该放在将公共负担变为公共资产、削减地方税收的语境下来看待。布莱恩特公园的经验可被视为小型城市空间对怀特法则的运用，也可被视为商业法则在公共领域合理运用的成功。也许这些经验会被认为仅适用于大城市的商业核心区。的确，布莱恩特公园是独特的，不管是公园本身还是对那座城市，但它的经验则是拥有普遍价值的。

## 注释

1. 查尔斯·A. 伯恩鲍姆（Charles A. Birnbaum）在《文化景观设计导则》（Guidelines for the Treatment of Cultural Landscapes）中将对历史文化景观的处理分为四类：保护（Preservation）、修复（Rehabilitation）、更新（Restoration）和重建（Reconstruction）。

2. 出自Berens，1997；Thompson，1997和www.bryantpark.org等资料。

3. 工程造价包括修复工程——595万美元；场地租赁、遗迹整修和园艺景观——976万美元；税费——198万美元（Berens，1997）。

4. 基于2013年5月21日与丹尼尔·比德曼（Daniel Biederman）的会谈记录。

5. 基于2013年5月21日与丹尼尔·比德曼的会谈记录，指出过去若干年来，每年都会有1—2棵悬铃木死于炭疽病，而其他剩余树木的树冠可以很快填充上死树的缝隙。但浓密的树冠也会抑制补植树木的生长。现存的悬铃木每年都会进行定期检查和根部施肥。

6. 怀特曾提出"公园是否成功可以用女性使用者的比例来衡量。当女性在一个空间中感到安全时，她们可能会更频繁地使用它"（Berens，1997）。

7. 基于2000年4月25日与丹尼尔·比德曼的会谈记录。

8. 基于2013年5月21日与丹尼尔·比德曼的会谈记录。

9. 基于2000年4月25日及2013年5月21日与丹尼尔·比德曼的会谈记录。比德曼负责的第34街BID在1999年完成了哈罗德广场（Herald and Greeley Squares）的翻新项目，他非常高兴地看到广场的新使用者"主要是是黑人、西班牙裔和亚裔人群，包括许多妇女和家庭"，而不只是附近的办公人群。

10. 基于2013年5月21日与丹尼尔·比德曼的会谈记录。

11. 基于2000年4月25日与丹尼尔·比德曼的会谈记录。

12. 基于2000年4月25日与丹尼尔·比德曼的会谈记录。

# 第5章　高线公园，纽约

（The High Line，New York）

（一期、二期：1.6公里；三期：0.8公里；面积总计：6.7英亩/2.7公顷）

## 1. 引言

作为"世界上最具话题性的景观空间"（Richardson，2012）和"美国最有原创性的公共空间"（LaFarge，2012），从锈迹斑斑的荒废铁路转变为空中漫步天堂，高线公园（High line）转变的故事可谓壮阔非凡。由社会活动家约书亚·戴维（Joshua David，1963—）和罗伯特·哈蒙德（Robert Hammond，1969—）创立的"高线之友"（Friends of High Line），领导了广泛的倡议和宣传，最终推动了高线公园的产生。

高线公园在许多方面可与中央公园相比。公园获得了非凡的政治和慈善支持，它重新定义了人与城市的关系；它成为人们停留观看、欣赏植物、社交互动的空间——"唤回了纽约的旧日时光"（Gordinier，2011）；它也对房地产带来了惊人的刺激效应；高线之友的作用与"中央公园委员会"（Central Park Conservancy）的作用类似。公园的主要捐赠者丽莎·法尔考（Lisa Falcone）

对这种相似性有过总结："她住在中央公园附近，常常想到那些促成中央公园产生的人们，为这个城市做了多么伟大的事情。而总有一天，纽约人会以同样的态度回想造就高线公园的人们"（David和Hammond，2011）。

高架铁路位于曼哈顿西区，克拉克森街到第34街之间。高线铁路建设于1931—1933年间，目的是解决货运列车与地面交通之间的冲突。这条高架线高出道路地面约9.14米（30英尺），其布置选线没有完全在道路上方修建，而是穿过若干座大楼。高线最繁忙的时段在1934年到1960年间，那之后就慢慢地沉寂了。其中位于克拉克森街和毕顿街之间的一段（约10个街区），在20世纪60年代被拆除。1980年货运彻底停运，高架铁路的去留也成为问题。联合铁路公司［The Consolidated Rail Corporation（'Conrail'）]*、若干民间团体围绕其未来展开了激烈的争论。1983年通过的联邦法案《铁路临时利用法案》**，给高线这条高架铁路带来了生机。

---

\* 联邦政府组建的一家铁路公司，专门从事破产铁路公司重组、私有化业务。——译者注

\*\* 1983年通过，核心内容是允许废弃的铁路转作为道路小径的同时，继续保留未来回复为铁路线的潜在可能。——译者注

甘斯沃特街的高线公园端点（2011年11月）

　　甘斯沃特大街以南的一段于1991年被拆除（长约5个街区）后，高线铁路剩下约22个街区，1.5英里（2.4公里）长（LaFarge，2012）。1999年，铁路的控制权转到CSX铁路公司手中，CSX宣称愿意考虑把高线铁路改造为轻轨或绿道（David和Hammond，2011）。这使得建设公园成为可能。接下来的十年中，拆除高线铁路的呼声仍不时兴起。高线之友成功地把高线铁路的去留转变为一个公共事件，其资金募集活动也大获成功。高线之友在2003年发起了一个关于高线的国际创意竞赛和展览；2004年又举办了一次专业的设计竞赛，遴选出詹姆斯·科纳景观设计事务所（James Corner Field Operations）、DS+R建筑设计事务所（Diller Scofidio+Renfro）、植物景观设计师皮耶特·奥多夫（Piet Oudolf）的联合团队来作为设计团队，以尊重原有场地杂草丛生的特点，提供安全、大容量公共漫步道为原则开展设计工作。这是一项风景园林专业主导的设计项目，旨在建立高线与外界的联系，展示纽约令人赞叹的全景风貌。

　　不可避免的，该项目也带来了一些非议，包括这是个消除"悲凉"遗迹的形象工程；耗资巨大；导致附近地区的高档化、高密度开发；总是挤满外地人等（Moss，2012）。尽管如此，高线之友推动高线公园产生的过程，还是为这一屡受威胁的工业遗产获得了一个光明的未来（Bowring，2009）。同时，不管高线公园是否存在，肉库区、切尔西市场、画廊区、哈德逊车场等后工业遗址的再开发压力，都是无可回避的。

## 2. 历史

### 2.1 源起

　　戴维和哈蒙德的第一次见面是在1999年8月的一次"高线社区听证会"上（David和Hammond，2011）。当时的纽约市长朱利安尼（Giuliani，1944—；1994—2001年在任）正希望拆除高线铁路，以为片区开发让路。当时纽约正在争取2012年夏季奥运会的举办权，因此计划在哈德逊车场原址上修建一座体育场。朱利安尼希望拆除议案在他任期结束前通过（2001年12月31日前）。而同期的CSX铁路公司，也在8月的听证会上提出了高线铁路未来的各种可能性。CSX铁路公司对高线铁路的拆除与否并不关心，只是希望尽快脱离这个泥潭。

　　戴维和哈蒙德的策略有两个主线——对外宣传和"铁路临时利用"。二人都深谙媒体之道，戴维是杂志专栏作家，哈蒙德曾为不少初创企业工作，他们把各自的经验加上巨大的热情和精力，投入到高线铁路的保护中来。他们抓住每一个机会说服政治人物和政府，游说从名人明星到当地居民的每一个跟高线项目扯得上关系的人。同时，两人对设计的理解也很深，这些因素和努力的结果，是聘请著名摄影家乔尔·斯特恩费尔德（Joel Sternfeld，1944—）花费14个月拍摄了一组高线铁路的照片。照片的主题大多是阴沉天空之下，人迹罕至的高线铁路。正是这组照片烘托了高线的神秘感，让鲍灵（Bowring）对高线发出"悲凉之美"的挽歌。这组照片在《纽约客》发表后，引发了大量支持保留高线的支持和呼声。正因此，哈蒙德称斯特恩费尔德是高线之友的第三个创始人（David和Hammond，2011）。

　　"铁路临时利用计划"（railbanking）的适用，需要联邦路面交通运输委员会（STB）的许可。《铁路临时利用法案》规定，在可以改变回铁路的情况下，允许铁路地役权被用于道路小径（使用期不做规定）。这似乎很简单，但STB在1992年时已出台了一系列附加条件和解释条款。高线之友只能在一系列不利条件之下开始这场抗争。他们还需要解决分区规划的问题，以及保留高线后周边用地开发权的问题。最后一个问题导致高线之友必须面对高线铁路土地的所有者联盟——切尔西业主联盟（Chelsea Property Owner），以及开发商爱迪生地产。他们都希望朱利安尼任期结束前批准拆除令。

　　高线之友也有三个优势，第一是他们发起了一项法律上的质疑，要求拆除高线的政令必须经过纽约的土地使用审核程序。第二，他们游说了所有的市长候选人——其中包括后来继任市长的迈克尔·布隆伯格（Michael Bloomberg，1942—，2002—2013年间任纽约市长），候选人们都宣布支持保留高线。布隆伯格更是表态"保

第十大道广场（2013年5月）

第十大道广场北侧（2013年5月）

留高线是理所应当"。第三，"9·11"世贸中心的被毁，动摇了新开发项目的信心，也降低了纽约人搞拆迁的兴趣。的确，哈蒙德提出高线是"积极的"，使"人们可以继续前行，给生活带来轻松"。尽管如此，朱利安尼还是在卸任前签署了高线的拆除令。好在市长的更替也标志着高线命运的改变。

2002年12月，新一届市政府表现出对高线的高度支持，向STB提出了改造高线的申请。申请最终在2005年6月获得批准，市政府随即撤销了拆除高线的命令。6月15日举办市议会的听证会，听证会前的协商和沟通使得大多数利益团体达成了各自的目的。协议主要包括：高线土地所有者将其高线上空的开发权转让给第十大道和第十一大道沿街的地块所有者；在切尔西历史街区附近仍保持建筑限高；但在南端和北端的开发限制则大为减少。这些协议已足够刺激土地所有者撤销对高线改造的反对。

6月13日，高线之友获悉STB已经批准高线的改造申请。这也是"铁路临时利用"这一法案首次用于将一座高架铁路转变为城市公园（Ulam，2004）。此后，CSX与纽约市达成协议，将第30街以南的一段捐给纽约市用于公园建设；2011年11月，CSX将哈德逊车场附近的环线也捐赠给市政府，后来建设为公园的第三期（LaFarge，2012）。

## 2.2　设计时的场地规模和条件

在1999年，纽约城市规划局的前局长约瑟夫·罗斯（Joseph Rose）将高线称为"高架铁路的越南"，高线被周边业主和政府官员视为"荒芜"的标志和发展的阻碍（Ulam，2009）。实际上，它处于一种贫乏的状态，"一条破烂荒凉的地带"（Gerdts，2009）。社区成员谢丽尔·库珀（Cheryl Kupper）在2001年将其描述为："这里不是巴比伦的空中花园，而是鸽子野鸟筑巢之所，

第23街的台阶和草坪（2013年5月）

与铁轨结合、延伸入草丛的预制铺装（2013年5月）

除了巨大、丑陋、肮脏、危险的桥体和监狱一样的围墙，什么也没有"（LaFarge，2012）。

在2006年2月开工时，桥体必须要拆除部分结构、修复混凝土板、更换排水设施，以及清除原有涂装。桥体20世纪30年代以来只有过两次粉刷，几乎已不存。大多数人谈及高线能想到的颜色只有"锈色"（David和Hammond，2011）。而当时"桥下的空间是非常戏剧性的，漆黑、粗糙、工业化的质感，也有教堂般神圣的感觉"。排水系统四处渗漏，是人们"诟病"高线的一个重要原因。清除桥体原有铅基的油漆和重新涂装是工程花费最多的部分，约花费1640万美元。

第十大道广场（2013年5月）

阳光露台北侧（2013年5月）

阳光露台上的日光浴椅子（2013年5月）

　　高线桥上的现状是这个项目真正吸引人的地方——一条贯穿曼哈顿、远眺哈德逊河，布满自播繁衍野花的草径。"这里是野花和植物的王国……在曼哈顿之中的世外桃源，第一眼看到它如此美丽往往令人震惊……大多数人都会被其感动。我们常带人上来，他们一看到高线之上的景象，就都被它折服。"2003年，植物学家理查德·斯塔特（Richard Stalter）调查了高线的植被，记录了122个属的161种——82个种为乡土植物，79个种为外来植物（包括广为人知的野胡萝卜花）。考虑到高线比周边土地干得更快、也冷得更快（与屋顶花园类似），能有这么多植物真是令人赞叹。斯特恩费尔德所拍摄的照片正是这样杂草丛生、铁轨锈迹斑斑的景观。他的照片"推动了整个项目愿景的形成"

（LaFarge，2012），也激发了人们关于失落的"弥漫着辛酸、脆弱的衰退、荒凉之地"的怀旧感叹（Bowring，2009）。高线代表着昔日工业时代的辉煌，当代的人们总是对这类遗迹迷恋不止。但正如戴维所说，"在纽约这样的城市，没有人会为无法触及的22个街区的废墟辩护"。[1]然而，戴维和哈蒙德仍然敏锐地意识到，将高架线改造成公园可能会破坏其野性。

## 2.3　公园创立过程中的关键人物

　　在戴维和哈蒙德之前，切尔西区的居民彼得·奥布莱茨（Peter Obletz，1946—1996年）就阻止过高线的拆除。奥布莱茨成立了一个名为"铁路西区发展基金会"的组织。他住在宾夕法尼亚车站附近，也会在两节改造过的火车车厢中居住。在1984年他花10美元从联合铁路公司买下了高线的所有权，后来因受到切尔西业主联盟的激烈反对而作罢。奥布莱茨一直为高线的复活而奔走，1987年他还提出高线可以改造为一条休闲路线（www.the highline.org）。他某种意义上可被称为高线保护活动的"精神之父"（Goldberger，2011）。高线之友的创立者戴维和哈蒙德坦承奥布莱茨的抗争对高线的保护发挥了重要作用。

至少在一开始，戴维和哈蒙德根本不知道他们为高线所做的事意味着什么。开始他们只是热情的拥护者，随着事情的发展才形成深刻的理解。他们的特质包括极高的热情和激情；对设计有天生的良好品位；高度的亲和力和说服力（可以争取广泛的支持）。有人告诉哈蒙德，高线之友的运作不像非营利组织，更像是竞选活动：短时间内动员很多人以完成某事（David和Hammond，2011）。帮助和支持高线公园的政治人物、政府官员、影视明星、慈善家包括：吉福德·米勒（Gifford Miller，1969—），哈蒙德的大学校友，1996年成为纽约上东区议员，2002—2005年间任纽约市议会议长，"没有吉福德提供的政治支持和公共资金，高线公园永远不可能实现"；阿曼达·波顿（Amanda Burden，1944—，威廉·佩里第二任妻子的女儿），朱利安尼政府城市规划委员会的委员，布隆伯格政府时期任纽约城市规划委员会主席；克里斯汀·奎因（Christine Quinn，1966—），当地的纽约市议员，2006年以后任纽约市议会议长；丹·多克罗夫（Dan Doctoroff，1958—），2001—2011年间担任纽约负责经济发展的副市长，他"一步一步将高线纳入铁路站场的规划过程"；阿德里安·贝内普（Adrian Benepe，1957—），纽约市公园管理局局长（2002—2012年在任），他将高线公园视为"一件艺术品"；当然，更不用说时任的纽约市市长的布隆伯格。

来自高线之友团队的则包括摄影家斯特恩费

尔德；地产开发商菲尔·阿隆斯（Phil Aarons），他曾任纽约前市长埃德·科赫（Ed Koch，1924—2013年，1978—1989年任纽约市长）的助理、公共发展集团的主席，曾主管过南街海港市场项目（1979—1983年）等大型项目，也是高线之友的首任主席。他"提供了大量战略指导，带来了信心，是高线之友的指南针"；政治说客吉姆·卡帕利诺（Jim Capalino，1950—），曾是科赫两次竞选市长的竞选主管；地产顾问约翰·阿什库勒（John Alschuler，1950—），完成了初版的可行性研究，有着"将复杂事情深入浅出的讲述"的能力。阿什库勒在2009年继任为高线之友的主席，把高线之友"从一个游说组织转变为公园管理组织"。

名人支持者中的主要人物有演员爱德华·诺顿（Edward Norton，1969—），他的父亲是创立"铁路改造步道"的创立者之一，他的外祖父是公共项目开发商詹姆斯·劳斯（James Rouse，1914—1996年）。另一位是凯文·贝肯（Kevin Bacon，1958—），他的父亲是规划师埃德蒙德·贝肯（Edmund Bacon，1910—2005），曾是费城城市规划委员会的主席和《设计城市》（Design of cities，1976年）一书的作者。捐赠者中最引人瞩目的是两对夫妇——商人菲利普·法尔考（Philip Falcone）和他的慈善家妻子丽莎（Lisa），以及时尚设计师黛安—冯·弗斯滕伯格（Diller-von Fürstenberg）及其丈夫、影视大亨巴里·迪勒（Barry Diller）。他们都在2008年向高线公园捐出1000万美元。2011年，黛安–冯·弗斯滕伯格家族基金会又向高线公园捐赠2000万美元，这是纽约历史上向公园捐赠的最大一笔捐款。

## 2.4　公园设计过程中的关键人物

改造高线的第一个设计提案是在纽约开业的著名建筑师史蒂芬·霍尔（Steven Holl，1947—）在1981年提出的。那只是一个文字性提案。霍尔后来还入选、参与了最终的设计竞赛。高线之友

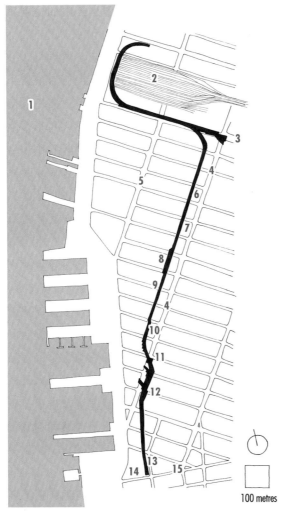

**纽约高线公园平面图**

1. Hudson river 哈德逊河
2. Hudson yard 哈德逊车场
3. West 30<sup>th</sup> stree 西30街
4. Tenth ave 第十大道
5. Eleventh ave 第十一大道
6. Wildflower field 野花草地
7. Falcone flyover 法尔考立交桥
8. 23rd Street Seating Steps and Lawn 第23街看台和草坪
9. Chelsea thicket 切尔西灌丛
10. Chelsea Grasslands 切尔西草地
11. Tenth Avenue Square 第十大道广场
12. Diller-von Fürstenberg Sun Deck 冯·弗斯滕伯格阳台
13. Gansvoort Woodland 甘斯沃特林地
14. High line headquarters and whitney museum 高线总部和惠特尼博物馆
15. Gansvoort Street 甘斯沃特街

最早与设计扯上关系，还是在2003年春季举办的高线创意大赛。就在大赛前后，当地社区团体投票支持保留高线（David和Hammond，2011）。这次大赛得到了来自36个国家的720个作品，审视了高线的各种可能性；而大赛本身作为一次公共宣传成效更是卓著——在纽约中央火车站举办了大型展览。但竞赛也产生了两个重要的共识：一是"大家最重要的共识是人们对现有景观的欣赏和喜爱"；二是如哈蒙德所说"如果高线公园与其他公园一样，我们就失败了"（David和Hammond，2011）。

创意大赛之后的2004年进行了最终的景观设计竞赛。设计竞标是由市政府和高线之友共同主办的，设计原则是：创造一个公众高度可达的空间，其景观要如现存风景一样独特。资格预审的申请来自由建筑师、风景园林师、规划师、工程师及艺术家组成的团队。最终收到51份申请，其中7个联合体进入面试，最终4家联合体受邀提交方案，包括：扎哈·哈迪德（Zaha Hadid）、戴安娜·巴尔莫里（Diana Balmori）*；詹姆斯·科纳事务所（James Corner Field Operations）、DS+R建筑设计事务所、皮耶特·奥多夫；史蒂文·霍尔（Steven Holl）和乔治·哈格里夫斯（George Hargreaves）；迈克尔·范·瓦尔肯伯格（Michael van Valkenburgh）、朱莉·巴格曼（Julie Bargman）、D. I. R. T. 工作室、拜尔·布莱德·贝尔（当时他在TerraGRAM事务所）。

哈蒙德指出，如果再次举办设计竞标，他会要求"由风景园林师来主导项目"（David和Hammond，2011）。而《大都会》杂志的特约编辑菲利普·诺贝尔（Philip Nobel）则对詹姆斯·科纳颇有微词："把整个项目变成心理游戏的舞台，而忽略了高架道路的主题"（Nobel

---

\* 戴安娜·巴尔莫里（Diana Balmori）是一名西班牙裔美国风景园林师，美国ASLA资深会员，耶鲁大学设计教授。1990年她成立了致力于景观与城市实践的事务所Balmori Associates。——译者注

2004）。詹姆斯·科纳（1961—），曾于2000年到2012年任宾夕法尼亚大学风景园林系的系主任。他有很强的理论背景，但在北美的实践项目相对较少，这可能是菲利普·诺贝尔提出批评的原因。高线公园的全部三期项目都是由詹姆斯·科纳事务所的合伙人兼项目总监丽莎·斯威特金（Lisa Switkin）直接负责的，她毕业于宾大，曾获美国罗马学会奖（风景园林领域）。斯威特金从2005年起与科纳共同开始这一项目，她将高线视为所有后工业遗产的引领，拥有后工业遗产的城市都应该珍视这种未被充分利用的场地。风景园林是一个理论与实践紧密结合的专业[2]，科纳终其职业生涯都在推动这一专业内涵、外延的拓展和提升。他的作品"缺少鲜明的设计风格"，原因正如他所说"每个场地都是独一无二的"（Ulam，2009）。

## 3.　规划与设计

### 3.1　位置

高线公园贯穿于西切尔西、地狱厨房区（又称西中城）[*]、肉库区（又称米特帕金区）[**]、下西城等几个区域。曼哈顿西部的这几个城区经历了一个漫长而缓慢的转变，从港口、铁路相关的运输和食品加工区域，转型为画廊、艺术、夜店和性服务业为主的产业。简而言之，是不那么安全的"边缘地带"。高线本身就是区域复兴的障碍——至少在从前的朱利安尼市长的眼中来看是这样的。而西切尔西则曾是纽约市51个行政区中开放空间数量倒数第四的区（Ulam，2004）。仅这一

项就成为市政府支持高线改造为公园的主要动因。高线的保留同样也为这个区域邻里的创造性规划提供了机遇。

2005年，阿曼达·波顿（Amanda Burden）及纽约城市规划局曼哈顿分局的维夏·查克拉巴提（Vishaan Chakrabarti）领导的一个团队，将在纽约中央火车站和剧院区历史建筑保护中的方法和原则，在高线周边区域进行应用。同时推动高线铁路之下的物权所有者向第十大道、第十一大道沿线的业主出售开发权。波顿和查克拉巴提也希望保留原有的画廊，大多数画廊位于街区的中心，波顿和查克拉巴提便尽量避免在街区中心的住宅开发。此外，在临近高线的地方，他们也制定了一些限制措施，以保护公园的光照、视野，为公园提供阶梯和电梯等。

布隆伯格市长在高线公园二期的揭幕式上讲到"从2000年到2010年，更新区内的人口增长了60%多。从高线公园开工以来，该区域的私人投资额超过20亿美元……新建住宅2558套，新增就业岗位12000多个、酒店客房1000余间、办公面积39300多平方米、画廊7900多平方米"（www.nyc.gov）。2015年，在公园南端，在惠特尼博物馆内，又有一间面积4600平方米的画廊开业（www.whitney.org）。

### 3.2　场地的形状和自然地形

高线公园长约2.4公里（分为3期建设），宽约在9.14米到26.8米。公园的大部分都坐落在9.14米宽的高架桥上，在北部延伸到地面上。与许多公园一样，高线公园植物景观的营造非常困

---

[*]　地狱厨房，正式行政区名为克林顿，又俗称为西中城，是美国纽约市曼哈顿岛西岸的一个地区，大体上是南北以第59街与第34街为界、东临第八大道、西抵哈德逊河的一个长方形区域。地狱厨房早年是曼哈顿岛上一个著名的贫民窟，主要由爱尔兰裔移民的劳工阶层聚居，以杂乱落后的居住品质、严重的族群冲突与高犯罪率而闻名。——译者注

[**]　米特帕金区，又译肉类加工区，是位于纽约市曼哈顿的一个地区。其范围南起西14街，北至冈萨沃特街，西起哈德逊河，东至哈德逊街，不过在一些定义中范围会扩大。米特帕金区自19世纪中期开始开发，曾是一个度假胜地。19世纪后期，这里成为一个肉类和农产品加工中心。——译者注

高强度的养护（2013年5月）

难。高线公园本质上与桥类似，冬冷夏热、干旱缺水。此外，可达性也是公园的一大严重挑战。

## 3.3　设计概念

　　高线公园的设计构思，是希望营造一个空中的漫步空间，同时将周边的城市景观呈现出来。重点不只是高线本身，更是周围的城市，高线上可以看到周边许多激动人心的景色。公园被设计成一个从南到北往复的感知城市的旅程。[3]设计团队提出的口号是："保持简单、保持朴野、保持安静、保持缓慢"（David and Hammond 2011）。高线公园从南向北，组织了不同类型的景观形成的序列：甘斯沃特林地、华盛顿草坪、阳光露台、第十大道广场、切尔西草坪、切尔西灌丛、猎鹰天桥、野花草地等。

　　公园设计的主要挑战，是如何在保障公众使用安全的情况下，唤起人们高线上植物自生繁衍原始状态的感受。设计师用尖端渐细、模拟铁轨

穿入草丛的预制混凝土板铺装，来达到这一目标。斯威特金指出预制铺装板的使用，"既可以保持设计的一致性，也可以使植物得到生长的空间"，这也是詹姆斯·科纳认为他们能赢得竞赛的一个重要原因。[4]同样地，戴维也将预制铺装板的设计视为"将步道与植物景观交融的最佳方案"。同时，他认为穿行城市的高线公园中，阳光平台（在第14到第15街）是"最壮观的景象"，而哈德逊河的景色则是"最佳景观"。[5]建筑师查尔斯·伦弗罗（Charles Renfro）则谈到："从没将高线视为公园，而是纽约的博物馆"（Minutill，2011）。

## 3.4　空间布局、交通系统、地形、材料和种植设计

　　正如哈蒙德所说："高线公园的成功之处，在于它可以很好地让人体会纽约这个城市"（Hammond和David，2011）。所以虽然公园有自

已的空间布局，但对其结构的解读离不开周遭的城市环境，重要的城市景观视点都由步道连接，并设置观景台或座椅。只要宽度足够，交通系统都会分成人流通行的主路和供人们欣赏植物的小路（Ulam，2009）。

宽30厘米的实木座椅，与铺装混凝土板很好地结合在一起，就如铺装混凝土板生长出来一样。与扶手、护墙结合的向下的泛光照明，聚焦在植物景观之上，而不形成光污染。科纳赞赏高线之友对待设计的态度，[6]他们联手抵制了来自纽约公园与游憩管理局的很多可能影响设计的要求，包括护栏的样式、种植区的铁轨、覆盖物的选择等。

奥多夫的种植设计考虑了高线沿线景观特色和城市环境的要求，选择了大约250种多年生花卉、观赏草、灌木、藤本和乔木。以城市景观为背景，植物景观形成了前景，也许造就了世界上最长的花境。而最有气势的植物景观可能是大片的观赏草区，它们可以清晰地反映季节的变换，令人想起斯特恩费尔德当初拍摄的废弃、朴野的高线景观。一开始，奥多夫希望只在乔木下铺设灌溉设施，其他植物材料都用人工浇灌。但第一年的夏天很多雨，而第二年夏天则干旱，于是在二期建设时全部植物都采用了设施灌溉，同时也对一期进行了改造。2013年夏天，奥多夫每一个半月都会到现场一次，来观察植物景观的生长情况，并给出建议。

# 4. 管理、资金和使用

## 4.1 管理机构

高线公园归纽约市所有，而其运营维护则与中央公园类似，由高线之友这样的机构来承担。高线之友还承担大部分运维费用的筹措，同时其相关活动接受纽约公园和游憩管理局的管辖。高线之友大约负担公园每年预算90%的资金（包括人员薪资、日常维护支出）。高线公园需要约100名运营人员，其中30人从事办公室管理，70人从事现场维护（主要是多年生植物养护）。管理机构和养护站位于公园南端。

## 4.2 资金

2002年的可行性研究报告中估算，高线公园的建设大约要花费6500万美元，而在建成后的20年间可以增加税收1.4亿美元。后来的税收增加估算则达到9亿美元（Gillette，2013）。公园一期、二期实际花费的资金达到约1.53亿美元（一期8620万美元，二期6680万美元）。其中1.122亿美元来自纽约市政府，2070万美元来自联邦政府，70万美元来自州政府。其余的资金由高线之友募集。当时高线之友已经从民间筹集了大约5000万美元，主要用于保留高线铁路的活动，还建立了一个以公园扩建和长期运维为目的的基金会。

根据2013年的数据，高线公园每年的运维费用约700万美元，其中500万美元用于公园的直接维护养护，200万美元用于管理运营。除高线之友自筹90%外，市政府还拨款10%（全部用于养护）。《纽约邮报》2009年报道，高线公园每英亩的养护费为671741美元，为纽约养护最贵的公园（第二名是布莱恩特公园，每英亩养护费为479166美元）。高线之友的收入大约分为两部分，50%来自事件活动、餐馆和商品销售的收益；另外50%则来自直邮募捐、大额捐赠、企业捐赠（不确定性较高）和基金会捐赠。"每一笔捐款都不容易，需要辛苦的工作，但在纽约这样一个对慈善很慷慨的城市，对于高线公园还是很有利的。"[7]未来，高线之友的收益主要来自三个途径，税收（餐馆、商业）、慈善捐赠、基金增值。潜在的第四条途径是建立包含37个街区的高线商业促进区（BID），与布莱恩特公园的情况类似。二者的区别是布莱恩特公园周边均为商业地块，而高线公园周边则大多为居住区，无法从

公园中可移动的椅子（2011年11月）

大量游人和游客中受益。

## 4.3　使用情况

公园的访问者数量远超预期，有时还需要采取限流措施。2009年6月一期开放的时候，高线之友预测每年的访客数量约30万人次。但在6月的一个周末，就有超过10万人入园。在设计建设期间，没有人预料到高线公园会成为旅游目的地。但现在高线几乎在所有的"必看"旅游清单上，吸引的访客数量超过原计划的10倍以上（David，2013）。2011年的访客量约370万人次，2012年达到440万人次，2013年则达到450万人次。显然，访客量的增长也带来了养护量的提升。这也带来了一些争议，如吉列特（Gillette）提出高线公园到底是"服务于社区邻里的城市公园，还是给当地居民带来不便的旅游景点？"（Gillette，2013）同样，也引发了关于过于拥挤

会影响人们情绪的担忧（Moss，2012）。但预计访客数量可以如"地铁站台"一样自我调节，人太多了自然会有人走开；[8]戴维很有信心，"高线是修来用于运载满载的列车的，不会有安全问题"（David和Hammond，2011）。

## 4.4　治安情况

高线公园的每个入口都有监控摄像头，但公园内部没有。公园游客较多的好处，就是像简·雅各布斯提倡的那样，形成街道眼的效果。任何涂鸦都会被第一时间清除。一期开放以后的四年里，还没有犯罪行为需要出警的情况。[9]

## 5.　展望

2013年的时候，公园面临的主要问题是三期的建设和建设资金筹集的问题（三期造价预算为9000万美元），以及日常运维费用的筹集。三期与一期和二期有很大不同。它是东西向而不是南北向的，比较直、窄，与哈德逊河的关系也不一样。高线三期将与在哈德逊车场上新建的1110万平方米的高层建筑开发相结合，而后三期将逐渐下降到地面。斯威特金将高线公园的三个部分视为过去（肉店区）、现在（切尔西公寓区）和未来（哈德逊车场再开发）的代表。[10]三期已于2014年9月开放。对高线公园而言，现在最大的挑战，是将访客数量限制在可接受的水平。

## 6.　小结

高线公园的故事，集合了童话、城市浪漫故事、老派政治争斗、热血社区运动和名人募资等诸多元素（Gerdts，2009）。如布莱恩特公园一样，这样的故事只能发生在纽约这样的城市。这样的私人慈善捐款和对市中心新开发项目的需求，与其他城市大不相同。将废弃的铁路花费巨

资改造成公园，可能其他城市都无法效仿，但高线公园一定是一个关于承诺、智慧、活力的案例。经受"9·11"事件的打击，高线公园还是纽约城市复兴的一个鼓舞人心的案例。正如阿曼达·波顿所说，纽约"是一座建立在梦想之上的城市"（David和Hammond，2011）。

在工业遗址改造的角度，高线公园与西雅图煤气厂公园、北杜伊斯堡景观公园一样，成为工业遗址改造的范例。高线公园是一个"朴野而又精致、闲适而又生动、亲密而又开放的场所，简单说，保留其本真——可以逃离街道的地方"（Gerdts，2009）。高线公园是一个拓展人们对"风景园林概念"的项目（Ulam，2009）。从更广泛的角度来说，高线公园的经验包括正在转变的城市与公园的关系、勇于抓住机会的重要性、怀旧的局限性，以及媒体宣传的重要性。高线公园表明了公园与城市的关系在于融合，而不是提供避世之所；它揭示了为各类被遗弃的工业场地寻找新未来的重要性；它展示了与废弃拆除相比，综合性设计是更好的选择。

## 注释

1. 基于2013年5月20日与约书亚·戴维（Joshua David）的会谈记录。

2. 基于2013年5月20日与丽莎·斯威特金（Lisa Switkin）的会谈记录。

3. 基于2013年5月20日与詹姆斯·科纳（James Corner）的会谈记录。

4. 基于2013年5月20日与丽莎·斯威特金的会谈记录。

5. 基于2013年5月20日与约书亚·戴维的会谈记录。

6. 基于2013年5月20日与詹姆斯·科纳的会谈记录。

7. 基于2013年5月20日与约书亚·戴维的会谈记录。

8. 基于2013年5月20日与丽莎·斯威特金的会谈记录。

9. 基于2013年5月20日与詹姆斯·科纳的会谈记录。

10. 基于2013年5月20日与丽莎·斯威特金的会谈记录。

**巴黎公园位置平面图**

1. Bois de Boulogne 布洛涅森林公园
2. River Seine 塞纳河
3. Parc André -Citroën 雪铁龙公园
4. Jardins de Trocadero 特罗卡德罗花园
5. Champs-de-Mars 战神广场
6. Champs Elysées 香榭丽舍大街
7. Jardins des Tuileries 杜伊勒里乐丽花园
8. Canal St Martin 圣马丁运河
9. Parc de la Villette 拉维莱特公园
10. Parc des Buttes-Chaumont 肖蒙山公园
11. Parc de Bercy 贝西公园
12. Bois de Vincennes 万塞讷森林公园

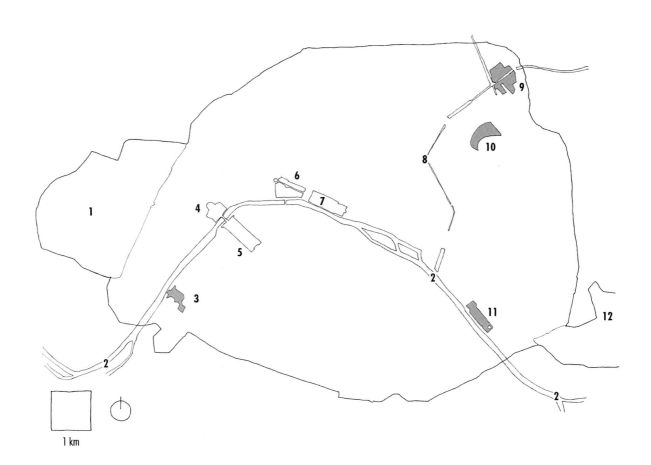

1 km

# 第6章 贝西公园，巴黎

（Parc de Bercy, Paris）

（33英亩/13.5公顷）

## 1. 引言

  贝西公园是20世纪90年代在巴黎市中心的前工业用地上建成的三个大型公园之一。另外两个分别是，由法国政府修建的拉维莱特公园，以及和贝西公园一样，由巴黎市政府修建的雪铁龙公园。它们是继19世纪60年代肖蒙山公园建成后，在巴黎市中心建设的大型公园。这三个新公园的设计方案都是来自公开的国际竞赛。拉维莱特公园和雪铁龙公园的设计和发展，变成了左翼总统弗朗索瓦·密特朗（Francois Mitterand，1916—1996年，1981—1995年任法国总统）和右翼巴黎市长雅克·希拉克（Jacques Chirac，1932—，1977—1995年任市长，1995—2007年任法国总统）之间的角力场。而贝西公园的设计和建设更为低调。赢得比赛的建筑师伯纳德·于埃（Bernard Huet）摒弃了纪念式手法，而是使用了花园式的手法来完成方案。

## 2. 历史

### 2.1 缘起

  直到17世纪以前，贝西公园所在的区域都是

巴黎东部沙朗通勒蓬市镇（Charenton-le-Pont）乡村景观的一部分。[1]17世纪时，沿着贝西街建造了许多私人庄园，所附带的花园多面向塞纳河布局。在庄园和花园建好之后，又出现了木材场；而到19世纪初，葡萄酒仓库发展起来。这个区域18世纪最主要的建筑——贝西城堡，在法国大革命（1789年）后被废弃，在拿破仑三世时期（1852—1870年）被完全拆毁。原有的庄园逐渐被与葡萄酒贸易有关的建筑和仓库替代。贝西区因位于巴黎城外而免收酒税，勃艮第地区的葡萄酒可以通过水运而来，再通过公路或铁路运输分发，因而成为葡萄酒的集散中心。

  到19世纪初，贝西地区已成为欧洲葡萄酒和烈酒的主要市场之一。1859年，作为奥斯曼男爵（Baron Haussmann）的巴黎大改造的一部分，这个地区被并入巴黎市。这导致葡萄酒贸易不再免征城市税。政府任命建筑师尤金-伊曼纽尔·维奥莱-勒-迪克（Eugène-Emmanuel Viollet-le-Duc，1814—1879年）负责"制定一个合理的仓库规划"（Mairie de Paris，1999）。一些官方仓库是按照他的规划建造的。但他对街道网络以及风格各异的建筑并没有做什么改变。这一区域包含了早期遗留下来（现在是）倾斜的路网，新建

花圃中的园艺之家博物馆（2011年9月）

的道路垂直于改造后的塞纳河（如贝西大道和贝西桥）。现状来看，该地区每一个发展时期的痕迹都得以保留，清晰地展现出历史的轨迹。

到20世纪70年代初，葡萄酒交易已经停止，贝西已经"不再是一个旧酒库；而成为一个鲜为人知的葡萄酒庄园"（Diedrich，1994）。当时出现了以建立一个公园为中心带动城市发展新区的提议。1977年的"巴黎建筑和规划导则"（Plan of the Director of Architecture and Planning，SDAU）将这一想法变为现实。SDAU提出：这个地区应该由"公园及其周边的住宅和其他活动场地组成，并在贝西大道附近布置大型公共建筑"（Michelon，1993）。同样在1977年，巴黎建立了基于市民直选的、市长领导的市政府制度。从而导致了次年巴黎城市规划局（Atelier Parisien d'Urbanisme，APUR）的角色发生了重大转变——从"一个细化土地和开发总体规划的咨询机构"，转变为"负责掌控市中心发展的机构"（Dumont，1994）。突然之间，这些"思考"城市发展的人，直接变成了"创造"城市的人。皮埃尔–伊夫·里根（Pierre-Yves Ligen），当时的

巴黎城市规划局局长，叫停了所有的大规模城市发展区（Zones d'Aménagement concerté，ZACs）的建设。在随后的两年里，为18个区制定了修改的总规划。

贝西城市发展区（ZAC de Bercy）建立于1979年。当时就提出把建设公园作为整个区域开发的重点。贝西公园的目标是：

- 在以前处于城市边缘的市场及工厂用地中，为形成居住及其他功能混合的区域创造条件。
- 创造一个城市尺度的、连通塞纳河沿岸的公共空间。
- 建立明显区别于周围环境、具有吸引力的开放空间（Starkman，1993）。

同样在1979年，举行了巴黎贝西公园体育中心（Parc Omnisports de Paris Bercy，POPB）（位于贝西林荫道南侧，贝西公园北侧）的设计竞赛。POPB又称八角体育馆，可容纳17000人，该体育馆以外立面为45°的覆草斜坡而著称。随后在1983年，在贝西林荫道北侧修建了财政部大楼——这是密特朗总统的"大建设计划"之一。*这两个主要的建筑赋予了贝西区新的身份，并将其作为一个主要的开发区域。它们也预示了，巴黎市议会在1983年11月启动他们的巴黎东部发展计划。这个计划主要目的是建设大型的公园和开放空间，包括拉维莱特公园和贝西公园。

## 2.2　设计时公园所在地的规模和条件

贝西城市发展区占地面积约为40公顷。1973年时，贝西公园的面积约8—10公顷，后来又增加到13公顷多。葡萄酒贸易时代的遗存，除了原

---

\* 1982年，密特朗总统宣布了巴黎大型工程计划（Grand Projegts），入选的共有九个工程项目（拉德方斯大拱门、卢浮宫改建、奥尔赛博物馆、阿拉伯世界研究中心、财政部大楼、巴士底歌剧院、拉维莱特公园、科学与工业博物馆、音乐中心）。——译者注

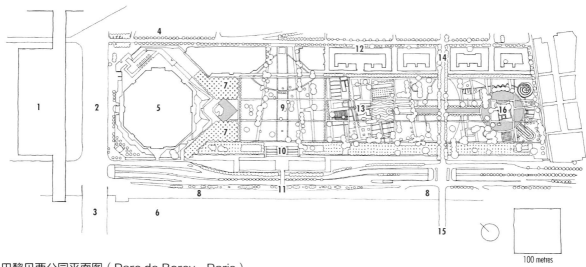

**巴黎贝西公园平面图（Parc de Bercy，Paris）**

1. Ministry of Finance 财政部；2. Boulevard de Bercy 贝西林荫道；3. Pont de Bercy 贝西桥；
4. Rue de Bercy 贝西街；5. Parc Omnisports de Paris Bercy，POPB 贝西公园体育中心；6. River Seine 塞纳河；
7. Bosque of Tulip Trees 鹅掌楸树林；8. Quai de Bercy 贝西码头；9. Grandes Pelouses 大草坪；
10. Grande Terrace and Cascade 大台阶和叠水；11. Line of Footbridge to National Library 通往国家图书馆的人行天桥；
12. Cinémathèque Française 法国电影资料馆；13. The Parterres 花圃；14. Rue Joseph Kessel 约瑟夫·凯塞尔大街；
15. Pont de Tobiac 托比克桥；16. Jardin Romantique 浪漫花园

有的街道格局外，还有散布的500多棵大树，主要是悬铃木（mainiy planes）和七叶树，树龄大多超过100年，且大部分长势良好。贝西区是一个与城市其他部分"截然不同的世界"——这种"对自然的浪漫再现和场地的乡村氛围在巴黎是独一无二的"（Ferrand等，1993）。

## 2.3　公园建立过程中的关键人物

然而，雪铁龙公园是时任巴黎市长希拉克针对总统密特朗的拉维莱特公园的反击，贝西公园的建立就更为低调。但希拉克确实对这个项目颇为关注。例如，他颁布了一项规定，要尽可能多地保留整个地区现状树木。而此项目中，在专业领域媒体最受关注的人则是建筑师伯纳德·于埃（Bernard Huet，1932—2001年）。于埃是由三个专业团队组成的联合体的负责人，另外两个团队为FFL建筑师事务所*和风景园林师伊恩·勒·凯恩［Ian Le Caisne于1991年去世，由菲利普·拉甘（Philippe Raguin）接任］。FFL建筑师事务所的合伙人都是伯纳德在巴黎贝尔维尔建筑学院（Paris-Belleville School of Architecture）的学生。勒·凯恩和FFL建筑师事务所曾被邀请参加1985年举办的雪铁龙公园设计竞标。

与此同时，于埃因其负责的斯大林格勒广场**而声名鹊起，这座广场位于巴黎拉维莱特盆地的西端。1992年2月，他曾写道："他是一个建筑

---

\* FFL建筑师事务所由马利勒内·费朗（Marylène Ferrand）、吉恩-皮埃尔·福加（Jean-Pierre Feugas）以及伯纳德·勒·罗伊（Bernard Le Roy）合办。——译者注
\*\* 斯大林格勒战役广场（Place de la Bataille-de-Stalingrad）是巴黎第19区的一个广场，得名于第二次世界大战的主要战役之一斯大林格勒战役。该广场坐落于乌尔克运河（Canal de l'Ourcq）和圣马丁运河的交汇处。——译者注

师，过去他对景观的厌恶不亚于对城市规划的厌恶。"尽管如此，于埃指出，"城市本质上是一个持续的过程。由于时空尺度和条件的关系，城市项目与建筑设计完全不同。"于埃遵循保守的古典主义态度，他认为绿色空间是"现代功能主义城市化解构城市的结果，但你又不得不根据亟待解决的问题作出折中的选择"。他将"公园"视为"对阿卡狄亚（Arcadia）*的怀旧渴望"，希望公园成为城市的世外桃源。于埃的作品本质是实用的城市设计。

## 3. 规划与设计

### 3.1　位置

　　1978年9月，巴黎议会批准了SDAU提出的，改善塞纳河岸和城市运河的计划。在贝西区和雪铁龙-塞文区的新公园都被视为加强了塞纳河在城市中的轴线作用——始于贝西公园，终于雪铁龙公园。它们将在巴黎市中心对应着另外两个大型外围公园——845公顷的布洛涅森林公园（Bois de Boulogne）和995公顷的万塞讷森林公园（Bois de Vincennes）—— 一个多世纪前，在奥斯曼的领导下，这两个公园曾被重新设计用于大众娱乐。1981年，巴黎城市规划局（APUR）对巴黎的城市公共开放空间进行了战略研究。这项研究基于两个原则建立了城市开放空间系统，一是居民人均公园面积，二是公共空间的品质和设施情况。研究报告呼吁建立新的公园，"这将极大地提升滨河地区的公共服务功能，例如，贝西和雪铁龙-塞文城市发展区"（Mairie de Paris，1981）。这些公园主要服务于当地居民，但也能为整个城市和邻近社区服务。

　　影响贝西区发展的主要限制因素是较差的交通条件，其东北部和东南部被铁路围合，西南侧

是塞纳河的右岸，岸边已有一条高速公路。塞纳河的左岸则是法国国家图书馆（Bilbliotbeque Nationale），该地块也被铁路环绕，切断了其与城市的联系。由于周围受到这种限制，贝西区的发展采取了多项举措来提升活力。这包括修建像弗兰克·盖里（Frank Gehry）设计的"美国中心"［现在的法国电影资料馆（Cinémathèque Française）］，包括办公、酒店和餐饮在内的商业开发，以及兴建1500间公寓。坐落于贝西区西北侧的贝西公园体育中心于1984年开业，由原有的葡萄酒仓库改建的圣埃米利翁庭院餐厅（Cour Saint Émilion restaurant）和商业区于1998年开业——把东南边隔离起来。建筑师让-皮埃尔·布菲（Jean-Pierre Buffi）负责了新建建筑设计的统筹协调工作；建筑师穆里尔·帕热斯（Muriel Pagès）负责设计了贝西区的公共空间。布菲的方案，实现了在建筑之间留出一系列的空地，形成贝西公园在空间上的延续。

### 3.2　场地形状及自然地貌

　　贝西公园占地13.5公顷，长710米，宽190米，与塞纳河平行。它被约瑟夫·凯塞尔街［Rue Joseph Kessel，后改称第戎大街（Rue de Dijon）］分割为两部分，西北部8.5公顷，东南部5公顷。场地整体非常平整，唯一显著的高差变化是第戎大街，比公园平地高2米。

### 3.3　方案竞标过程

　　1982年启动的一项政策规定，要求所有耗资超过18万法郎（约27500欧元）的公共项目都要进行竞标（Dumont，1994）。贝西公园的设计竞赛由巴黎城市规划局（Atelier Parisien d'Urbanisme，APUR）负责组织，于1987年2月

*　阿卡狄亚，意为世外桃源。——译者注

葡萄园的花坛（2011年9月）

叠水（2007年6月）

正式启动。项目吸引了欧洲范围内许多景观设计和建筑设计的团队参加。总共收到106份竞标方案，60份来自法国，46份来自其他国家。评审委员会筛选出其中10个团队，并要求在1987年12月前提交方案。竞赛大纲要求参赛者从整个巴黎市的角度构思的同时，将公园设计为日常生活服务的场所；解决因公路和铁路而造成场地隔绝的问题，并在设计中融入当地独有的传统和历史特征。大纲还提醒设计方注意场地的约束条件，包括如何保留现状生长较好的大树、第戎大街对场地的营销以及地下水位高度。设计方案还需要为贝西公园体育中心提供额外的停车场，并考虑到河上未来的人行天桥（直到2006年才建成开放）。

### 3.4　设计概念

于埃团队的设计概念是"回忆的花园"（Jardin de la Memoire）。它"符合项目大纲要求，清楚地表达了这个地方的历史和形态"。其设计手法采取了"复写本"的方式，方案保留了场地的现状道路肌理，在此基础上叠加了一个新的路网。新的路网将贝西大街和第戎大街所形成的格局反映在场地中。这使得设计能够解决体育中心和公园东部新开发区的问题。保留旧有的、倾斜的路网有助于保护现状成年树，以及"铁路、罐

子、木桶、仓库地基和来自18世纪庄园花园的遗存"。于埃评论道，"方案的路网加强了公园与城市的连续性。这里的连续性言之有物，既指其与城市的街道、路网的连续，也包括了时间层面，是城市遗迹的延续"（Huet，1993）。

### 3.5　空间结构、交通系统、地形、材料、种植设计

贝西公园由五个主要区域组成：

- 第一个区域是贝西公园体育中心（POPB）周边，体育中心周边钻石形喷泉以及梅花形排布的鹅掌楸树阵。
- "大草坪"（The Grandes Pelouses），在POPB和花圃（the Parterres）之间起过渡作用的区域，位于贝西大街入口到大台阶（The Grande Terrace）之间。它也几乎是平的——开敞的草坪上点缀着成排保留的现状树，和9个九宫格排布的新的石亭。
- 花圃（the Parterres）位于公园的中心，由九个开放式的花园组成。八个花园均有各自的主题。这些主题花园分别象征着厨房、果园、香水、月季和四季。中央花园被保留下来的园艺之家博物馆（Maison du Jardinage）

浪漫花园（2013年9月）

花圃中的运河和柱廊（2011年9月）

所占据——这座18世纪的庄园，被改造成一个花园展览和教学中心。

- 陡峭的河堤以及横跨约瑟夫·凯塞尔街的两座步行天桥，把花圃和"浪漫花园"联系在一起。两个区域的轴线关系，也通过一条水道得以体现。

- 大台阶（the Grande Terrace）的标高比公园高出7.5米，比贝西码头（Quai de Bercy）高出8.5米——是一个巨大而简单的减噪装置，沿河道贯穿整个公园。沿着河流，它完成了将公园与城市规模联系起来的任务：它拱卫着公园，并包含了停车场、仓库和安全设施等多种功能。

公园保留的200多棵现状成年树，使得公园绿意盎然。配上1200多棵新栽的大树和30000多株灌木，公园更是郁郁葱葱。公园设计是一个在现状大树和保留建筑之间安插布置花园的精细过程。一些风景园林师对公园失去了乡村的魅力、铺装简单、成本高昂、场地缺乏竖向变化、复古古典主义以及种植设计等提出批评。尽管如此，设计尊重了原场地的特点，它从这个地区的历史中汲取养分，利用现状树木覆盖，把场地和城市联系起来。该设计反映了一种新的模式，即通过使用网络化的结构来提供分散而不是集中的活动场地。

直到1992年12月公园的建设工程才正式启动——距离于埃和他的团队赢得比赛已经过去了5年。工程从西北向东南依次完成。公园建设的最后一段——"浪漫花园"的东南端——于1997年9月开放。紧随其后的是1998年的圣埃米利翁庭院餐厅和2006年的跨河天桥，把贝西公园和塞纳河左岸的新图书馆连接起来。

## 4. 管理、资金和计划

巴黎城市公园的设计、管理和维护由两个独立的机构负责。设计和管理由巴黎公园和绿化管理局（The Direction des Espaces Verts et l'Environnement of Mairie de Paris）负责。养护管理费用由政府按地区（Arrondissement）拨款，并由地区政府直接雇用维护人员。据报道，贝西公园1994年公布的工程预算费用为3.9亿法郎（约6000万欧元）（Diedrich，1994）。公园里唯一重大的变化是在南角增加一个新的游戏区。此外管理工作一直将继续保持设计的布局和花园规模为目标，并小心避免破坏原有的特征。[2]

## 5. 小结

与巴黎市另一边稍早和稍大的雪铁龙公园相比，贝西公园显得更紧凑、更生活化，也更像花

贝西发展区的田园和住房（2013年9月）

约瑟夫·凯塞尔街的人行天桥（2013年9月）

园。贝西公园反映了巴黎对这个外围绿地更加平实的期望，以及设计师伯纳德·于埃及其团队更为大胆的尝试。正如于埃所说"城市里住着许多人，你不必对他们咄咄逼人"（Huet，1993）。他们把自己的设计方案叫作"回忆花园"，并认为这是一件城市古迹。它是历史记忆与现代性之间的一种协调。设计大纲的要求，通过将原有道路格局和现状树分布的叠加得以实现。

公园整体非常平坦，只有约瑟夫·凯塞尔大街和河边的高速公路是例外。然而，于埃和他的团队设法将这两个障碍都视作机遇。他们克服了第一个障碍，修建了一座引人注目的陡坡和两座人行天桥，后来又有一个可以俯瞰整个城市的巨大的露台。"浪漫花园"中的风景地貌在某种程度上是精心设计的——尤其是圆锥形的观景楼——花园需要高水平的维护才能保持其吸引力。总的来说，贝西公园是一个令人愉快的、清晰的、安全的、和平的地方，你可以在花圃或"浪漫花园"散步，也可以在大草坪（Grandes Pelouses）上漫步。

## 注释

1. 主要参考自Micheloni，1993；Mairie de Paris，1999；Diedrich，1994等文献。

2. 基于2013年9月12日与巴黎市绿色空间与环境局的尼古拉斯·西拉吉（Nicolas Szilagyi）会谈记录。

## Location of Amsterdam Parks——阿姆斯特丹公园位置平面图

1. Westpoort Harbour Area 西港湾区域
2. The IJ IJ*湾
3. Westergasfabirek and Westerpark 西煤气厂文化公园和韦斯特公园（西部公园）
4. Old amsterdam 老阿姆斯特丹
5. Vondelpark 冯德尔公园
6. Oosterpark 奥斯特公园（东部公园）
7. Schiphol airport 阿姆斯特丹国际机场（阿姆斯特丹史基浦机场）
8. Amsterdamse bos 阿姆斯特丹森林公园

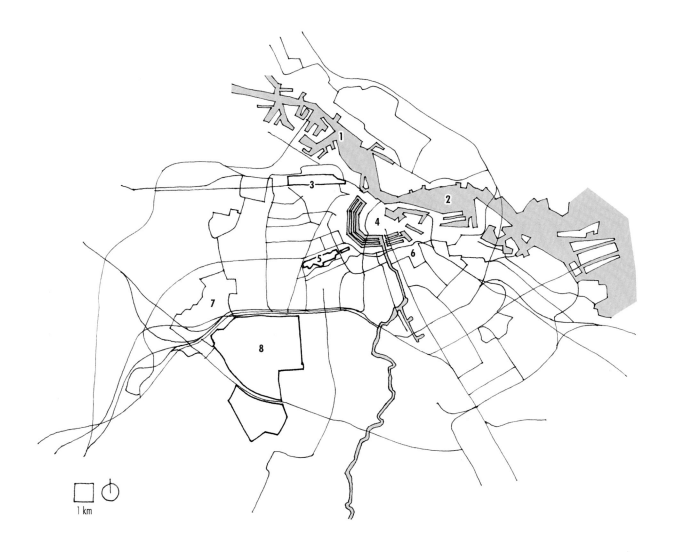

* IJ 在古荷兰语中意为水。——译者注

# 第7章　西煤气厂文化公园，阿姆斯特丹

（Westergasfabriek，Amsterdam）

（36英亩/14.5公顷）

## 1. 引言

西煤气厂文化公园是由污染严重的煤气厂复兴而来，它将东侧19世纪兴建的西部公园（约6公顷）与北侧的欧沃布雷克（Overbraker）圩田连接起来。附近约50公顷范围的行政建制称为西部公园（Westerpark）地区（有西部公园区议会），其西部的老城区一部也被称为西部公园邻里。如整个荷兰一样，西部公园地区也是一个融自然脆弱性及文化先进性为一体的混合体。而西煤气厂则因其融合室内外文化、商业、娱乐功能而呈现出令人兴奋的吸引力。

煤气厂于1885年到1967年运行，1959年格罗宁根气田的发现使煤气厂变得多余。把这样一个棕地改造为城市中心的公园是一个很复杂的过程，需要非凡的财力和高超的组织能力。该项目面临诸多挑战，需要对土地污染进行有效的修复，小心处理复杂的地下水条件，对历史建筑进行保护和再利用，在人工场地上再次进行人工景观营造，满足广泛的公众需求，构建文化创新的管理模式等。公园内的建筑和运营由一家私营企业负责，设计由凯瑟琳·古斯塔夫森（Kathryn Gustafson）事务所完成。整个公园开放于2003

年，由阿姆斯特丹市政府管理和维护。[1]

## 2. 历史

### 2.1 缘起

时任阿姆斯特丹首席工程师（City Engineer）的范·尼夫特里克（J. G. van Niftrik）在1867年提出了一个《城市扩张规划》(Uitsbreidinsplan)，第一次明确提出了阿姆斯特丹的城市公园计划（Chadwick，1966），其中包括冯德尔公园（Vondelpark），但没有西部公园。市议会认为计划"不切实际"，否决了计划。1875年，城市建设主管卡尔弗（J. Kalff）提出了更实用主义的《阿姆斯特丹总体发展规划》（General Expansion Plan for Amsterdam），这一规划试图"融合已在进行的开发，而不是为了开发而规划"，提出了很多服务那些开发项目的街道（Hall，1997）。这一规划只在环路里的高密度城区规划了两个小型公园：市中心南部的萨法蒂公园（Sarphatipark，1886）和东南部的东部公园（Oosterpark，1891）。两个公园是高密度城市中的孤岛（Chadwick，1966）。位于新建铁路及中心城边缘、田园风的西部公园（1890年），

议会大楼及嬉水池（2012年7月）

由风景园林师莱昂纳多·施普林格（Leonard Springer，1855—1940年）设计（Steenbergen和 Reh，2011）。

在1875年的一幅老地图上发现，在建设煤气厂之前，这块土地"本就是规划中的西部公园的一部分"（Koekebakker，2003）。但在1883年，建设煤气厂（为路灯提供煤气）的特许经营权被授予伦敦的帝国大陆煤气公司。他们很快建设了两座煤气厂——西煤气厂及另一座位于城市东部的煤气厂。现地块因其周边取水、道路、铁路条件俱佳而被选中（www.drawingtimenow）。市政府在1898年收回了授权，接管了煤气厂，并于1905年增建了一座焦煤气厂。煤气生产在1967年3月才停产，1992年之前，工厂的许多建筑仍被市政能源公司使用着。

煤气厂停产之后，对于场地的未来有许多设想。比如用作火车库、火车清洗场或用于哈勒姆路（Haarlemmerweg）扩建。最后一个提议需要

破坏西部公园的很大一部分，因此受到附近居民的强烈抗议，周边人口密集，人们呼吁将场地改为"绿色功能"。

最终在1978年末，在民众对新建铁路破坏圩田的抗议之后，市政府提出征集欧沃布雷克圩田的景观方案。这最终使得西煤气厂定位为休闲游憩功能（Koekebakker，2003）。公园在2003年9月正式以"西煤气厂文化公园"的名称开放。

## 2.2　设计时的场地条件及规模

场地在长期的煤气生产中已经被严重污染。残留的有毒废物包括氰化物、石棉、焦油等。场地的生态修复成为项目的先决条件。土地修复的措施和方法，需要由西部公园区议会（成立于1990年）及荷兰住房、规划和环境部共同审批决定。开始时，住房、规划和环境部希望场地修复为全功能的地块，适合各类用途。这将要求大量干净的客土替换场地的污染土壤，这会带来两个问题，一是污染土壤的存放、二是造价过于高昂。

最终在1996年，阿姆斯特丹环境局局长扬·克雷（Jan Cleij）说服市议会采用"限制功能""隔离+"的方法来改造场地（www.project-westergasfbriek）。这要求两个重要的设计原则——防止人群接触到污染物；防止污染物渗漏到地下水中（Koekebakker，2003）。最终场地引入了3万立方米的客土（来自轨道交通挖方），并造成场地比旁边相邻圩田的标高高了2米。

土壤修复工程最终耗资2000万欧元，主要由中央政府和市政府负责；区议会负责公共空间的建设和管理，大约也花费了2000万欧元。市政府坚持认为对剩余建筑的整修和运营应交由私营企业承担，实际上当时已有许多遗存建筑被用于文化活动。1999年12月，区议会与一家地产开发商MAB（Meijer Aannemers Bedrijf）签订协议，以1荷兰盾的价格将园区遗留建筑出售给该公司，由其负责运营，并确保维持文化艺术功能。

嬉水池（2012年7月）

许多古老、坚固的砖石结构、荷兰新文艺复兴风格的建筑是由建筑师艾萨克·戈斯沙尔克（Isaac Gosschalk，1838—1907）设计的，其中包括净化楼（1885年）、设备楼和锅炉房（1903年）、变压器室（1904年）和管理用房等。主要的储气罐体积为3000立方米，由德国工程师奥古斯特·克勒内（August Klönne，1849—1908）于1902年设计。这些建筑都在1997年被列入荷兰国家级保护建筑。[2]在许多保留建筑之下都发现了污染物，土壤修复工作一直持续到2001年，建筑的翻新工程于2007年完工（de Kruijk，2012）。

## 2.3　建立公园的关键人物

公园建立的关键组织包括荷兰中央政府、阿姆斯特丹市政府、西部公园区议会（建立于1990年，于2010年被纳入范围更大的西阿姆斯特丹区）、地产开发商MAB。MAB为管理15000平方米的保留建筑、运营公园，专门注册了子公司WBV（Westergasfabriek BV）。MAB在2004年与Bouwfonds*合并时，WBV并未被纳入并购。1990年西部公园区的设立为公园的发展带来了全新的动力，MAB被并购以后，西部公园区接过了场地和公园的管理权。

埃弗特·韦尔哈根（Evert Verhagen，1955—）作为水文专家和城市规划专家在1990年到2004年间担任区的公共工程主管，主导了场地修复和公园开发建设的工程。在韦尔哈根的主导下，由备受尊敬的荷兰风景园林师汉斯·瓦努（Hans Warnau，1922—1995）于1991年完成了公园的首版设计方案。由于缺乏有关土壤污染的数据，这一版方案被认为是不成熟的。尽管如此，它与最终古斯塔夫森的方案"惊人的相似"，特别是节事草坪及其北部的圆形剧场的位置（Koekebakker，2003）。由于一些建筑被临时用于音乐活动，因此一直有计划把建筑改造为音乐中心，直到1995年这一方向被否定，西部公园区得以放开手脚决定场地的未来。

还有两个对公园有重大影响的政府人物，一是前文提到过的阿姆斯特丹环境保护局的扬·克雷；另一个是市议员埃德加·皮尔（Edgar Peer），他有丰富的经济事务经历。皮尔被任命为市议会对项目进行督察的代表。在1990年建区放权后，阿姆斯特丹市仍然有责任实施重大基础设施项目，对治理场地巨大的后工业污染责无旁贷。市政府希望确保地块审慎发展，皮尔则要求由开发商来负责建筑的翻新和运营。

MAB为项目专设的子公司WBV于2000年初在利斯贝斯·詹森（Liesbeth Jansen）的指导下建立。詹森曾经在阿姆斯特丹剧院的舞台上活跃着，1993—2000年她是场地利用文化艺术活动的负责人。WBV成立后，她作为总经理负责公司运营，直到2010年年底。2004年MAB被Bouwfonds并购后，MAB的创始人之一、文化企

---

*　荷兰最大的地产商。——译者注

储气罐拆除后营造的水花园1（2012年7月）

储气罐拆除后营造的水花园2（2012年7月）

业家唐·梅耶尔（Ton Meijer）夫妇仍旧保留了WBV的控制权。梅耶尔早在1970年就开始从事富有挑战的城市文化项目。但西煤气厂项目的建筑翻新改造面临的挑战，远超预期。由于土壤污染、更严格的建筑保护法规、不断攀升的建设成本造成了项目的严重推后，资金超支严重。2003年，矛盾最终通过由区议会担保，向荷兰国家修复基金会贷款2650万欧元来解决。

同时，基于1996年达成的"限制功能"改造原则，以及持续的旧建筑暂时用作文化艺术活动，区议会组建了一个工作小组——包括3位当地居民——来选择公园设计的风景园林师。第一轮邀请了12位风景园林师参与项目，然后从中筛选出5位开展设计竞赛。入选的5位设计师包括4名荷兰风景园林师：迈克尔·范·格塞尔（Michael van Gessel）、来自Bureau B+B事务所的洛德维克·维格斯玛（Lodewijk Wiegersma）、Buro Sant en Co. 设计公司的埃德温·桑达肯扎（Edwin Sandakenza）和West 8的阿德里安·格兹（Adriaan Geuze），此外还有美国风景园林师凯瑟琳·古斯塔夫森（Kathryn Gustafson，1951—）与建筑师弗朗辛·霍本（Francine Houben）（参与项目前期，来自Mecanoo Architects设计公司，负责了后来的建筑更新改造项目）、建筑师尼尔·波特（Neil Porter）（参与项目后期，

Gustafson Porter事务所的创始合伙人）。最终古斯塔夫森赢得了竞赛。她的方案"转变"（Changement）是5个方案中设计最简化但最有序的一个。

## 3.　规划与设计

### 3.1　位置

西部公园占据了欧沃布雷克圩田的一部分，欧沃布雷克圩田是由于1632年开凿哈勒姆运河切割出的一块飞地。1839年，地块由于阿姆斯特丹–哈勒姆铁路的修建被进一步分割，铁路就位于西煤气厂的北部。公园东南方向2.5公里就是阿姆斯特丹中央火车站，使得公园距城市中心、大量人口的可达性非常高。公园西部2.5公里则是斯劳特戴克（Sloterdijk）铁路枢纽，地铁、阿姆斯特丹到鹿特丹的铁路、到机场的铁路等轨道交通在此交会。而A10高速公路就在场地西侧，场地交通区位优良。

西煤气厂文化公园既是广泛区域人口的目的地，也是附近韦斯特帕克社区的重要附属绿地。公园服务的人口为西阿姆斯特丹的13万居民。北侧的斯巴恩戴莫居住区（Sparndammer）进入公园的入口，被哈勒姆线（Haarlem）和赞斯塔德线（Zaanstad）两条铁路限制在两个地方，一个

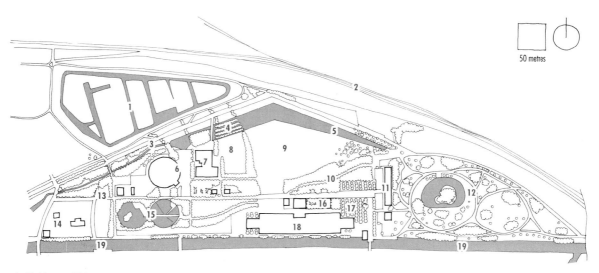

**阿姆斯特丹西煤气厂文化公园平面图**

1. Waternatuuruin and ring speelterrein 水自然花园和环形跑道；2. Amsterdam-haarlem rail line 铁路线（阿姆斯特丹-哈勒姆）；
3. Water gardens 水花园；4. Grid of toxodium 落羽杉树阵；5. Paddling pool 嬉水池；
6. Main gasometer and klonneplein 储气罐改造建筑及科隆广场；7. Transformer buiding 变压器房；
8. Korfball court 荷式篮球场；9. Events field 节事草坪；10. Broadway 百老汇街；
11. Stadsdeelkantoor 办公楼（前议会办公室）；12. Westerpark 韦斯特公园（西部公园）；
13. Gosschalklaan 荷斯赫库兰大街；14. City of arts 艺术之城；
15. Water gardens in excavated gasometers 水花园（原址为储气罐）；
16. Ketelhuis 锅炉房；17. Market square 集市广场；18. Converted industrial building 改造过的工业建筑；
19. Haarlemmervaart canal 哈勒姆运河

位于环形跑道北侧，另一个则位于原西部公园的北侧。皮尔议员要求的大型活动事件会带来大量人流，部分公园特别是节事草坪也会偶尔由于人流过多而关闭。当地居民要求人员密集活动的数量要经过协商来确定。2012年，共有六项重大活动可以在节事草坪上举办。

西煤气厂文化公园重要的区位，使其可以作为西部公园、周边居住区和西北侧开放空间的转换和连接中心。西部公园、西煤气厂、韦斯特帕克社区等组成了一条向西延伸10公里的绿色廊道。

## 3.2 场地形态及自然地貌

西煤气厂的场地大致是一个不等边三角形，其斜边向外拉形成了第四个角。南侧沿着哈勒姆运河河岸，长约800米；西北、东北两侧长约600米和270米；东侧为原西部公园，长230米。场地

位于圩田之上，比较平整，但由于铁路、公路等交通设施建设，以及后来的污染土壤掩埋工程，导致原地貌被严重改变。这导致在瓦努的方案中，将挖方土壤堆高在煤气厂的北侧。在古斯塔夫森的方案中，"地面被塑造成斜坡、缓坡、波浪形等多种形式"（Hinshaw，2004），并在北侧营造了一处露天剧场。由于地下隔离填埋了污染土壤，方案实际上等于是一个巨大的屋顶花园。

## 3.3 原设计概念

瓦努在1991年的方案，继承了原西部公园的英国自然风景园的特征。古斯塔夫森的最终方案"转变"中，也冥冥中采取了类似的思路。古斯塔夫森的投标方案中，对于转变这一基本概念从三个角度进行了表达：从地块东侧向西侧依次表现城市-花园-景观-自然；政治-游戏/体育-艺

术；组织-自由（Amidon，2005）。

这一概念绝不新颖，事实上，可以说类似的概念支撑了近几十年城市景观的发展——从城市秩序向自然荒野的亲近，反映了人类对利用开发地球方式的反思。该场地的被污染，反映了人类毫无顾忌的肆意挥霍；而方案在北部设计的自然水花园，则反映出人类尊重自然的意愿。不管如何，整个场地都是人类发明和干预的后果，但"文化公园"设计方案的优点在于，在对场地条件进行切实回应的同时，还通过设计形态和概念传递了对自然和文化概念的探索和感悟。

## 3.4  空间布局、交通系统、地形和材料

西煤气厂公园的空间结构，主要受三方面因素影响：留存建筑和储气罐的位置和处理方式、如何利用地形将访客与掩埋的污染土壤隔离开来、荷兰政府对地下水保护的严格要求。土壤掩埋工程为场地提供了一个极有价值的景观特征，古斯塔夫森的竞标方案中将其作为独特的场地条件来加以利用——被细长的嬉水池围绕的、面积2公顷的节事草坪。

尽管整个公园的面积相对有限，但节事草坪却非常宽阔，成为公园的一个核心。它可容纳16000人，如其名字一样，节事草坪是从音乐节到网球赛在内的各类大型社会、文体活动的场所。这个场地持续提供了两大功能，第一，为城市居民提供了巨大、灵活、功能多样的户外聚集空间；第二，在没有大型活动时，开阔的场地与周边城市环境形成巨大反差，为人们提供休闲场地。与节事草坪一样，露天剧场、嬉水池、周边茂密的植被与水花园、改造的储气罐形成对比。草坪南侧的树林中布置了座椅，鼓励访客自由走入草坪。

与场地结合的水景也是古斯塔夫森方案的一大亮点，黑色池底、倒影涟涟的嬉水池中，布置了分布式的水净化系统；在嬉水池西侧、储气罐

改造建筑北侧的水花园，其水文系统相对独立。嬉水池的水经过落羽杉树阵、芦苇净化、人工净化床，流入东侧的水花园中。水景周边种植大量蕨类植物和观叶植物，营造了一系列繁茂和亲切的空间。整个水景的水在内部循环、净化，水量的丰歉则通过与附近的圩田来抽调或排出。在公园南部，有两个储气罐拆除形成的圆形大坑，也被改造成水花园，周边环绕钢板围墙，内部设置木平台及栈道，营造了相对幽静的场所感。

步行系统很好地回应了地形竖向变化和保留建筑、构筑的位置。从"市场广场"到东南侧主入口有一条主路，铺装采用了回收钢筋混凝土制作而成的砖块，两侧是树冠丰满的北美鹅掌楸作为行道树，道路逐渐向西延伸至"艺术之城"，形成公园的中轴线。轴线南侧是保留建筑改造利用的商业、文化建筑和水花园，西北侧则是节事草坪、嬉水池、露天剧场和储气罐改造的音乐文化建筑。

蜿蜒曲折、草木环绕的百老汇街（因其神似纽约百老汇大街而命名），从东边西部公园入口的广场遗址延伸到西边的储气罐水花园。另一条主交通线是北侧露天剧场外围到南侧运河边的环绕场地的外环道路。道路旁皆有草坪和休憩座椅。需要注意的是公园各部分之间皆有道路相连，但只有嬉水池没有道路横穿，使得公园中最大的两块草坪被分隔开，这也是设计师的匠心为之。

公园的种植设计由古斯塔夫森与园艺家皮耶特·奥多夫（Piet Oudolf，1944—）共同设计。共使用了62种乔木、100种灌木、130种草本植物、19种湿生植物、14种蕨类植物和23种球根植物（Koekebakker，2003）。设计的目标大体上达到了，小困难包括遮荫植物的生长、碱性土壤对杜鹃花生长的影响、土壤较为贫瘠不适于植物生长等。但总体上，植物景观的成型非常迅速，特别是在这样的修复场地使用如此多的植物种类，民众对公园的植物景观也非常认可。

# 4. 管理和使用

## 4.1 管理机构及资金来源

市议会将会接管西煤气厂文化公园及周边区域的管理和维护职责，也包括公园内各类活动的组织协调。原有建筑由WBV公司租赁并负责维护，他们向外转租，并管理着公园中大多数的节事活动。WBV公司有一位总经理和10名专业雇员（de Kruijk，2012）。随着韦斯特帕克区在2010年5月被并入西阿姆斯特丹地区，每年的财政拨款被削减到15万欧元。这就要求在其他方面增加收入来源，也就导致公园设施使用强度升高，对当地居民和公园的植物景观带来更多的干扰。

## 4.2 使用情况

之前没有进行过全面的使用者调查，因此访客量的估算并没有权威准确的来源。据估计，在1995年场地处于"临时利用"阶段时，每年有近25万访客（Bonink和Hitters，2001）。现在每年公园的访客估计超过500万人次，建筑使用者则约70万人次。如果每年可举办的大型活动能超过限定次数（节事草坪可举办大型活动6次、大型聚会4次），那么访客人次将远超上述数据。与之相对比，储气罐改造建筑中每年不限定举办活动的次数（容量3000人），每年举办的活动超过

250场（de Kruijk，2012）。

# 5. 公园未来计划

据公园建设工程的项目经理埃弗特·韦尔哈根观察："公园位于城市中……城市中年轻人的比例高，并且有较高的可支配收入……年轻人需要娱乐……而公园正是娱乐产业的重要组成。"[3]这反映出创立西煤气厂文化公园时提出的初衷。被称为"褐皮书"的发展计划中提出"公园应成为三重焦点：公共空间、文化和活动"（Westergasfabriek，2011）。这一目标在2011年被"绿色宣言：西煤气厂愿景2025年"的计划所取代。宣言强调继续促进公园的商业、文化功能，而这恰与皮尔议员的愿望相符；提出营造一个为每个人服务的公园，"在增强社会凝聚力和加强阿姆斯特丹宽容、创新的城市形象方面发挥重要作用"（Westergasfabriek，2011）。基于五个方面的要素："多样性……强化绿色、工业和文化的结合；源自商业社区和政府的持久创新；所有层面可及性、可进入性的透明度；设计、政策、可达性的可持续性，以及发展的公私合作的重要性"（Westergasfabriek，2011）。

为了将宣言转化为具体的"行动计划"，宣言的制定者——运营公司和议会——强调了"新

西北侧的水花园（2012年7月）

水花园周边的步道（2012年7月）

型公私合作"的重要性。这包括统筹考虑"当地环境和人口";在整个韦斯特帕克区的尺度上看待项目,"保留公园现有的核心布局";保留"现有的零交通/低交通政策"。计划的近期目标包括建立零售网点;试行更宽松的大型活动许可体系;原议会建筑的重新利用;在运河上方修建一座人行天桥;修建一条通向斯帕恩达姆波特(spaarndammerbuurt)的隧道;改善公共交通;在公园北侧增加停车场等(Westergasfabriek,2011)。

由于涉及利益相关者,这份清单公开而谨慎地探讨了一系列可能引发争议的问题。从议会的角度,他们希望维持一个既能满足当地居民,又能从活动中获取收益的健康的公园;从公司的角度,则希望在通过举办活动获取合理回报时,不对当地居民形成干扰;对于当地居民,则希望公园得到良好的维护、高度可达、限制嘈杂的群体活动;对于保留建筑的租用者,希望维持他们的隐私、方便车辆进入自己使用的建筑,同时从"热点"区域受益。显然这是一个矛盾重重的问题。WBV是这个博弈的主导者,值得赞扬的是,他们的商业计划识别到组织现场事件活动的细节的重要性——着力于提升组织运营质量、支持赞助艺术活动、技术创新、如何提升人们的户外体验。例如,在2012年西煤气厂文化公园成为荷兰第一个提供免费wifi的公园(de Kruijk,2012)。

## 6. 小结

西煤气厂公园本质上是一个人工景观重构的项目。从生产煤气的污染场地转变为文化公园,证实了下述论断——即城市公园所占用的土地,往往是那些房地产价值最低而开发成本最高的用地。但很少有案例可以在隔离污染物、控制地下水与创造饱含生机的景观之间做到完美的平衡。公园与西部公园形成补充,而又具有鲜明的风格;虽然节事草坪被视为对自然风景园的复古,但其使用频率很高,很好地支持了大型户外活动的开展,在阿姆斯特丹森林公园的情况也类似,证明了阿姆斯特丹对这类场地的偏好。

西煤气厂文化公园还包括比较复杂的、脆弱的、亲人的花园和水景区域。对于相对局限的场地面积而言,在处理极具挑战性的水文和历史条件的同时,营造了如此多的景观类型,可谓一个巨大的成就。在西雅图煤气厂公园、德国北杜伊斯堡景观公园的启发下,西煤气厂公园也成为煤气厂改造项目的经典。但与北杜伊斯堡景观公园相比,西煤气厂文化公园在商业活动和经营方面走得更远。其运营管理模式可与纽约布莱恩特公园相媲美。二者的企业运营模式很好地促进了文化活动,支持了公园的社会效益。二者的区别主要在于保留建筑的数量和规模有很大不同。西煤气厂文化公园已经建立了作为位于市中心的"目的地"的形象,必将持续为民众提供娱乐、公众参与、商业机会、技术创新和园艺发展等综合服务。有评价称之为"休闲时间的商业化"范式;也有人认为这顺应了日益增长的户外娱乐需求。

## 注释

1. 阿姆斯特丹在1990年成立的14个区议会于2014年合并为一个市议会。

2. www.vanderleelie.hub的网页显示为13个建筑;www.archined则显示为16个;辛绍(Hinshaw,2004)的论文中则记录为21个。

3. 基于与埃弗特·韦尔哈根(Evert Verhagen)在2012年7月5日的会谈记录。

# 第8章　雪铁龙公园，巴黎

（Parc André-Citroën, Paris）

（37英亩/15公顷）

## 1. 引言

雪铁龙公园坐落于巴黎市中心的西南角，塞纳河的左岸，以曾经占据过该场地的雪铁龙汽车公司的名字命名。1985年由右翼市长雅克·希拉克（Jacques Chirac，生于1932年，1977—1995年任巴黎市长，1995—2007年任法国总统）发起的设计竞赛，将其称为"献给21世纪的公园"。这与位于巴黎市中心东北角由左翼总统弗朗索瓦·密特朗（Francois Mitterand）主持建设的拉维莱特公园（Parc de la Villette）形成鲜明对比。拉维莱特公园是一座多元文化国家级城市公园，其定位也是用来"献给21世纪"。

雪铁龙公园的最终设计方案由两个设计团队完成——风景园林师阿兰·普罗沃斯特（Allain Provost，1938—）与建筑师让-保罗·维吉耶（Jean-Paul Viguier）组成的团队，以及风景园林师让-弗朗索瓦·乔德利（Jean-François Jodry）、吉尔·克莱门特（Gilles Clément，1943—）与建筑师帕特里克·伯格（Patrick Berger）组成的团队。两个团队提出的设计思路十分相似，因此他们被邀请共同完成最终设计。他们的中标方案有一个共同点（也是公园的中心特征），就是在公园中心设置一个面向塞纳河开敞的，有水渠围绕的矩形绿地。公园与河流垂直，是为了遵循战神广场（The Champs de Mars）、荣军院广场（the Esplanade des Invalides）和巴黎植物园（Jardin des Plantes）的纪念式传统。这块大草坪长300米，宽100米，微微倾斜，一条步道从其一角斜穿而过。这部分由普罗沃斯特设计，为这个地方定下一个直线形的极简主义基调。在公园的边缘，克莱门特设计了六个充满活力的色彩主题花园和一个运动公园——"流动花园"（Garden in Movement）。公园里有面积约1公顷的各种形式的水景。在中央草坪的尽端点缀着两座温室；主题花园的外侧规则式地布局着六间明亮高大的玻璃房子。

## 2. 历史

### 2.1 缘起

就像贝西区\*一样，贾维尔区（Javel area）也是在奥斯曼对巴黎进行大改造时被并入巴黎

---

\*　贝西区在1859年作为奥斯曼男爵（Baron Haussmann）巴黎大改造的一部分，并入巴黎市。——译者注

中央草坪和温室（2013年9月）

的。阿尔托伊斯伯爵（Count d'Artois，狂热的气球爱好者）曾于1784年在贾维尔区建立了一家化工厂。当时这个面积80公顷的区域中，只有不到75个居民，当时这个区域只有河边的码头得到开发。直到19世纪末，才在公园所在地段北侧修建了米拉波桥（the Pont Mirabeau）。同时也修建了三条从桥开始向外呈45°放射状的道路。南向的路是伯拉德大街（Rue Balard），它一直延伸到公园的东面。整个地区在1915年建设雪铁龙汽车厂之前，都以种植甜瓜为主。除了汽车制造车间的建设外，现场几乎没有太多改变。这些车间在第一次世界大战期间用于制造炮弹（www.equipement.paris）。这里的汽车装配线是法国的第一条汽车生产线，是由安德烈·雪铁龙（André Citroën，1879—1935年）在1920年建立的。雪铁龙于20世纪70年代初迁至巴黎郊外的欧奈苏布瓦（Aulnay-sous-Bois）。继1977年巴黎市建立了直接选举的市政府之后，1979年成立了雪铁龙综合发展区（ZAC）。与贝西区一样，人们提议在这里建立一个公园作为开发区的中心。除了建公园外，雪铁龙区还将建一座医院、一些办公室和2500套新公寓。

## 2.2　成为公园时的场地条件

在1970年被收购后不久，该场地被设想为"1989年世界博览会的一部分"——这届世博会也是法国大革命200周年纪念活动的一部分（Bédarida，1995）。到1985年，该地区已完全清除了原有的建筑物。场地北面几座废弃的市政仓库被清理干净，为由理查德·迈耶（Richard Meier）设计的"Canal+"电视公司总部大楼让路。20世纪90年代巴黎城市规划局（APUR）的主管内森·斯塔克曼（Nathan Starkman）把该场地描述为"一张供创作者发挥想象力的白纸"（Starkman，1993）。场地清除非常有效，以至于"60年的工业生产在该地没有留下任何痕迹。由于雪铁龙工厂的规模阻碍了这个区域的城市化进程，对城市规划有着负面影响，因此，场地的历史记忆被抹去了"（Bédarida，1995）。

## 2.3　公园建立过程中的关键人物

正如密特朗总统推动建立拉维莱特公园一样，希拉克市长则力推雪铁龙公园的建设。他们之间的政治竞争在他们发起的项目竞争中表现得很明显。密特朗主导了国家的"重点工程"，而希拉克在巴黎启动了对街道、广场、公园和花园的建设和修复工程规划，并自夸其"规模之大是奥斯曼时代*以来从未见过的"。雪铁龙公园是希拉克对密特朗的拉维莱特公园做出的强有力的回应。拉维莱特公园设计竞赛曾呼吁建设一个"展现21世纪多元文化的城市公园"；而雪铁龙公园设计竞赛则要求建立一个公园——作为沿河绿地的一部分，并且要"反映出巴黎在国内外的影响力，最重要的是在园林史上留下一个真正代表当代设计潮流的印记"。拉维莱特公园的设计方案

---

\*　拿破仑三世时期，奥斯曼男爵主持了对巴黎进行的大规模的总体规划，规划改造了主要的街道、建筑、城市绿地和公园。——译者注

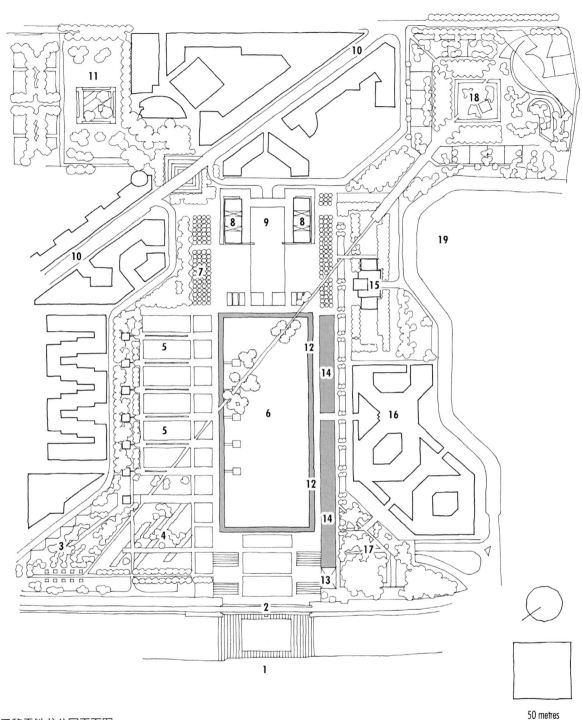

50 metres

**巴黎雪铁龙公园平面图**

1. River Seine 塞纳河；2. Railway Viaduct 高架铁路桥；3. Jardin d'Ombre 奥布雷公园；

4. Jrdin en Mouvement "流动花园"；5. Serial Gardens 系列公园；6. Central Lawn 中央草坪；

7. Peristyle of Magnolias 排成柱列式种植的木兰；8. Conservatories 温室；

9. Peristyle of Water Jets 排成柱列式布置的喷泉；10. Rue Balard 伯拉德大街；11. White Garden 白色公园；

12. Line of Nymphees 线形荷花池；13. Cascades 叠水；14. Elevated Canal 抬高的水渠；

15. 1.1-hectare Extension to Park 1.1公顷公园扩建区；16. Commercial Buildings 商业建筑；

17. Jardin de Roches 岩石花园；18. Black Garden 黑色公园；19. Hopital Europeen Georges Pompidou 蓬皮杜欧洲医院

最终是两个建筑师方案之间的对决，而雪铁龙公园设计方案最终则是风景园林师与建筑师合作的成果。这么做是因为"普遍认为项目中应有一位植物方面的专家"（Bédarida，1995），纯粹是建筑师的视角。

在这次事件中，巴黎市政府——就像拉维莱特公园的评委们一样——将审议范围缩小到两个方案。公园的最终设计方案反映了两位风景园林师的想法。普罗沃斯特称自己最初是《雅典宪章》的拥护者，倾向于使用几何手法解决设计问题，后来转变为环保主义者，而在1980年以后又转向"拥护和保护传统"（Provost，2003）。克莱门特则是一位具有农业背景和丰富的花园设计经验的、以园艺为设计方向的风景园林师。在最初的克莱门特–伯格设计方案中，"流动花园"（Jardin en Mouvement）是布置在矩形绿地的中央的。克莱门特和伯格的合作（伯格最终设计了公园的北部），被比作是石匠和园丁的合作。克莱门特哀叹道"对传承和改变的追求已让位于对形式的追求"（Clement，1995）。不出所料，克莱门特和伯格之间的合作"更多的是一种和平，而不是一种思想交融"，他们的共同点恐怕只剩下对写作的热情（Garcias，1993）。

# 3. 规划与设计

## 3.1 公园的位置

雪铁龙公园本来将在雪铁龙区起核心作用，但巴黎城市规划局（APUR）在设计竞赛开始前所做的决定，降低了公园起到核心作用的能力。特别是公园南部现在坐落着蓬皮杜欧洲医院（Hopital Europeen Georges Pompidou），而公园周围的开发规划导致"公园被困在了这个区域内，

从城市望向公园的视线被严重遮挡"（Bédarida，1995）。这些开发项目中最引人注目的是中央草坪南面的玻璃幕墙建筑。然而，雪铁龙公园是"巴黎唯一一个真正能濒临塞纳河的公园"。此外，附近原有的2.5公里的小型铁路，也将被改造为一条连接东南方向乔治·布拉森公园的生态步道。

## 3.2 设计竞赛概要

雪铁龙公园和贝西公园一样，都是由巴黎城市规划局（APUR）组织的一场全欧洲范围的设计竞赛（与拉维莱特公园的全球竞赛不同）。雪铁龙公园的设计竞赛开始于1985年7月，总共有63个设计团队（其中45个来自法国以外）递交了申请。最后有10个由风景园林师和建筑师组成的团队脱颖而出，他们被要求提交符合"当代城市公园要求"的方案。竞赛的基本要求是"以双重尺度来看待这个新公园，同时要形成统一的总体形象"。一方面，它要作为巴黎广大开放空间的一部分，特别是塞纳河沿岸的开放空间；另一方面是作为新区和第15区其余地区日常生活的一部分。参赛者须以新颖的空间、活动及主题充实其设计方案，并要对公园如何融合和处理周边新建筑提出解决方案。它既不是"一个新解构主义的游乐场\*，也不是一个'英式'或'法式'公园——新公园一定要展现其独特的风格"（Garcias，1993）。尽管如此，参赛者们仍然不得不为这个本质上"很小气的"空间来做设计（Bédarida，1995）。

## 3.3 设计概念

普罗沃斯特团队和克莱门特团队提出的设计方案在形式上的相似性大于内容上的相似性。两

---

\*  可被视为对拉维莱特公园的讽刺。——译者注

岩石花园（2013年9月）

中央草坪北角（2013年9月）

个方案都聚焦于中心由水渠围合的矩形广场；都有设计一系列在北侧呈南北排列的矩形花园。但这也是仅有的共同点。普罗沃斯特团队的方案借鉴了勒诺特式（Le Nôtre）园林的几何形态设计手法，将植被种植控制在外围的规则地块中，继而强化了面向塞纳河的中央巨大草坪。相比之下，克莱门特的方案避免了"静态的视觉秩序……支持对自然植被进行动态管理的想法"（Bédarida，1995）。克莱门特设计的"流动花园"占据了中央地块的大部分。在公园的大部分边缘位置设置一系列独立的、线性的"主题"花园。

在后来的综合方案中，设计师分别完成了公园的一部分：

- 普罗沃斯特/维吉耶+乔德利：包括中央草坪及其周围的水道和沿着水道排成队列的塔状建筑在内的公园南部区域；最西端三角区的岩石花园（Jardin de Roches）；东南角的黑色公园。普罗沃斯特负责总体的地形设计。维吉耶和乔德利负责铁路高架桥和滨河广场的设计。
- 克莱门特/伯格：负责位于中央草坪附近温室在内的公园东部区域、白色花园和伯拉德大街东侧的运动区、"流动花园"和其他一系列

花园，以及花园之间的水渠等。克莱门特负责灯光照明的设计，而伯格负责室外家具的设计（包括一些弯曲精美的凳子和躺椅）。

### 3.4　空间结构、交通系统、地形、材料和种植

公园始建于1987年，于1992年9月正式开放。但直到2000年夏天，中央草坪与滨河之间的部分连通后，其空间结构才完全成形。这使得由东到西——两个大温室及其之间的喷泉、较陡的坡过渡到大草坪、缓坡的大草坪、塞纳河的景观序列得到完善。这个景观序列通过朝向塞纳河的水道和水景得以进一步强化。2013年位于温室和勒布朗街（Rue Leblanc）之间1.1公顷的地块建设完成，标志着公园的完全建成。

中央草坪是一个独特而壮观的景观，温室、白色弧线形的高架桥、公园的整体地形和周围的建筑强化了草坪的壮观。中央草坪东侧的两个温室各高15米，长45米，其唯一可见的结构是柚木的柱子。温室坐落于抬高的场地上，设计师可能希望它们能够在视觉上控制草坪。虽然它们是公园中的焦点，但并没有过分的压迫感。温室之间以程序控制的喷泉也强调了它们的重要性。周边六个斜向南侧的花园、花园之间的水渠、花园上面的玻璃房、草坪北面的树阵，以及花园对面灰

黑色大理石的装饰线条都强化了中央草坪的围合感和中心地位。

中央草坪之上，有一条850米长的直线斜穿而过，几乎与伯拉德大街（Rue Balard）平行，打破了草坪过于规整的构图。克莱门特的种植设计——尤其是在系列主题花园中——创造了碎片化的空间，这是对过于几何化构图的一种平衡。系列花园"展示了炼金术中铅转化为金的不同阶段出现的金属，每个花园都代表一种金属，花园的名字以金属的颜色来命名。花园名字的颜色和质感决定了植物的选择"（Clement，1995）。系列花园可与约克维尔公园（Yorkville Park）里肯·史密斯（Ken Smith）设计的花园相媲美，反映出人们对公园里的小型花园的热爱，这种花园能让人们迅速体会不同的世界。"流动花园"的种植材料"会不断变化，类似于土地轮休"，"体现的是大自然主导、人工仅仅参与调节的状态"。最初播种的组合采用的是40%适合干旱地的野生草本植物，40%适合于潮湿土地的野生草本植物，以及20%干湿兼可的观赏植物。"流动花园"与同样位于公园北侧入口附近的"阴影花园"（Garden of Shade）一起，展现了在城市环境中人与自然的和谐关系。同时，上述花园也起到了城市和中央草坪之间的过渡作用。

中央草坪轴线上的一个令人印象深刻的升降气球是后来增加的，将作为永久性设施存在，让人想起阿尔托伊斯伯爵（the Count d'Artois）对项目场地的初衷。占地1.1公顷的扩建项目基于原总体规划方案建成，造价约400万欧元。[1]其设计延续了原设计风格和标准，包括原有的斜向道路。同时，在此也增加了一系列为青少年服务的运动设施，以及咖啡馆、餐馆和大量植物景观。这个片区将可容纳中央草坪满负荷时外溢的大量访客。

柱列式布置的喷泉（2013年9月）

系列花园中的橙色花园（2013年9月）

## 4. 管理、使用和计划

　　与贝西公园一样，雪铁龙公园的设计、管理和维护是由两个独立的组织来承担的。公园的设计和管理由巴黎市公园和园林管理局来负责；而维护是按行政区来负担，由公园直接雇用的雇员来具体实施。据报道，公园主体部分的建设造价达到3.88亿法郎（约合6000万欧元）（Schafer，1993）。

　　雪铁龙公园访客情况未见统计。据介绍，公园的访客受天气影响很大，在夏季阳光明媚的周末，人流非常大。然而，基于某个7月的周六早晨的观察，公共空间项目组织（Project for Public Space，PPS）的凯西·麦登（Kathy Madden）和弗莱德·肯特（Fred Kent）认为雪铁龙公园的设计存在很大问题，"拆掉重做可能是更好的选择"（Madden，2006）。公园在2013年确实饱受经费不足的折磨——巴黎有轨电车系统为城市财政带来的危机——但幸运的是，巴黎市并没有听从PPS的建议。在这样人口密集的住宅区，雪铁龙公园仍然是非常重要的公共空间。

## 5. 小结

　　在工业衰退和法国总统密特朗和巴黎市长希拉克对抗的背景下，20世纪的最后20年里，巴黎的中心地带开发了三个大型的新公园。雪铁龙公园和拉维莱特公园的立意就是成为"21世纪城市公园的典范"。如果没有布洛涅森林公园、万塞讷森林公园以及中心城市其他古老的公园和开放空间提供空间的平衡，它们就不可能有条件在设计中尽情发挥。

　　雪铁龙公园是混杂的结果，抒情几何大师阿兰·普罗沃斯特——他设计了公园的整体结构；植物景观专家吉尔·克莱门特——其花园设计是整个项目最有魅力的部分。通过与建筑师合作，他们共同创造出了一个20世纪晚期极简主义的一座丰碑。公园仍保留了精细的细节和有趣的氛围，雪铁龙公园仍旧保留了巴黎重要开放空间与塞纳河垂直相交的传统。但这也没有改变其空间的内向性，不管政府和政治人物希望赋予它多少意义，也无法改变其为周边区域服务的本质。

### 注释

　　1. 基于2013年9月6日与巴黎市绿色空间与环境局的法布里斯·伊夫林（Fabrice Yvelin）和艾蒂安·范德博恩（Etienne Vanderbooten）的会谈记录。

# 第9章　奎尔公园，巴塞罗那

（Park Güell，Barcelona）

（42英亩/17公顷）

## 1. 引言

古怪而神秘的奎尔公园是在1900年到1914年间兴建的一个铺张华丽的私人园林。巴塞罗那是西班牙加泰罗尼亚地区的首府，奎尔公园位于巴塞罗那市区的科尔赛罗拉（Collserola）山下。它最早作为一个拥有60套花园洋房的居住区的中心花园，后来则变成所有人欧塞比·奎尔伯爵（Count Eusebi Güelly Bacigalupi，1846—1918年）、建筑师安东尼奥·高迪（Antonio Gaudí，1852—1926年）、陶艺家何塞普·玛丽亚·朱约尔（Josep Maria Jujol，1879—1949年）等人的试验场。奎尔花园被塑造成充满结构性、装饰性符号的幻想世界，遍布着天主教、古典主义、神话、炼金术、占星术、加泰罗尼亚地区主义的隐喻和寓言。

尽管如此，场地的设计充满着对自然地形的尊重，使得公园更像是一件可触摸的雕塑，而不是一系列结构的堆砌。花园于1922年被巴塞罗那市接收，并于1923年作为公园开放。公园主要分为两个部分，原来的部分作为历史遗产，1984年被联合国教科文组织（UNESCO）列入世界遗产名录；另一部分为原花园西北侧高处的森林公

园。两部分现在一同被视为历史遗产公园，并作为沿科尔赛罗拉山脚的"山地公园带"（Hill Park）的一部分。

## 2. 历史

### 2.1　缘起与追溯

19世纪50年代，巴塞罗那的扩张超越了中世纪的城墙，伊德丰·塞尔达（Idlefons Cerdà，1815—1876年）制定的"城市扩展区规划"——紧靠城市西面平坦土地上的网格化开发——于1860年被采纳，并迅速得以实施。19世纪的后半叶，巴塞罗那的人口翻了4倍，从15万增加到60万。但城市生活的条件依然非常差。公园所在的街区建设于1864年，1870年发生了一场瘟疫，于是在该街区建了一个避难所，随后很快演变为上流住宅区（Carandell和Vivas，1998）。奎尔在19世纪90年代获得了公园所在区域的土地，原计划是按照埃比尼泽·霍华德（Ebenezer Howard）1898年出版的《明天：通往真正改革的和平之路》（Tomorrow：A Peaceful Path to Real Reform）[1]中描绘的一样，兴建一个"田园城市"般的住宅区。由于加泰罗尼亚拥挤的生活环境，奎尔希望

奥洛特街入口处的大台阶（1999年6月）

通过他的工商业实力，把公园打造成一个避风港、一个私人世界（Kent和Prindle，1993）。

奎尔和高迪在1904年10月向市议会提交了他们建造公园的计划。建设始于一系列公共服务设施：入口、市场、广场、道路等。场地根据地形地貌，被划分为60个三角形地块，计划建造60栋房屋。建筑的占地面积限制在地块面积的1/6以内，目的是保护观看城市和海洋的视线，避免建筑密度过大造成遮挡。但最终只建设了3栋房屋，整个项目在商业上失败了。当时的社会形势颇为动荡，以至于奎尔当时还在公园附近引进了国民警卫队驻军（Gabancho，1998）。尽管如此，有一种观点认为比起开发一个商业化的地产项目，奎尔对于修建一个私人天堂——一个天主教共济会的个人花园——更感兴趣（Carandell和Vivas，1998）。工程一直持续到1914年，1922

年巴塞罗那市购买了这块地。

## 2.2　场地条件

场地位于科尔赛罗拉山（所谓的"秃山"）南侧山坡。科尔赛罗拉山海拔约400米，可以俯视巴塞罗那以及远处的地中海（de Solamorles，1991），山势陡峭，土壤瘠薄，山上树木稀少，大多只有草本植物覆盖（Gabancho，1998）。

## 2.3　建立公园过程中的关键人物

奎尔伯爵是欧洲建筑和设计史上最著名的赞助人之一。[2]他的父亲霍安·奎尔一世（Joan Güell I Ferrer）从西班牙所属的安的列斯群岛起家，参与了包括奴隶贸易在内的多种生意而获得巨富。他回到西班牙后，投资于纺织业。欧塞比·奎尔的岳父安东尼·洛佩兹（Antonio López），则是起家于古巴，同样带回大笔家产。西班牙国王阿方索十二世（Alphonso XII，1857—1885年，1874—1885年在位）统治时期，大力支持工商业发展，使得洛佩兹和霍安·奎尔这样的人社会地位迅速上升。

欧塞比·奎尔在法国尼姆和英格兰学习过，他被描述为"一个画家、语言学家、建筑师和医学家"（Carandell和Vivas，1998）。他也游历广泛、博学多才、积极参与政治。在30岁时，他当选了市议员，后来还当选了西班牙国会议员。他与洛佩兹的女儿伊莎贝尔（Isabel）成婚，后于1884年与妻兄克劳迪奥（Claudio）共同成为宫廷大臣。许多新贵的工商业家族在1835年到19世纪50年代中期的没收教堂财产运动中获利颇丰。而到19世纪晚期，这些家族的继承人们则寻求修复与教会之间的关系（Kent和Prindle，1993）。因此奎尔和洛佩兹都成为加泰罗尼亚复兴运动（主要目的是复兴地域性的文化和宗教传统）的主要人物，而这在公园的建设中得到明显的体现。

安东尼奥·高迪有时被神化，有时则被漫画

化，但他是公认的天才。[3]他出生在加泰罗尼亚的小城雷乌斯（Reus）附近，他的父亲是一个铜匠，他从小就熟悉金属加工。1868年，他来到巴塞罗那，进入巴塞罗那省立建筑学院学习，1873年毕业。1878年，他获得执业资格。同年，他为一位参加巴黎世界博览会的巴塞罗那手套生产商设计展示陈列窗的时候，与奎尔相识。高迪于1883年被委任为圣家族大教堂（Sagrada Familia Cathedral，也称圣家堂）的建筑师。高迪与奎尔合作的第一个重要项目，是位于圣科洛马德塞尔韦略（Santa Coloma de Cervelló）的奎尔纺织村（Colonia Güell），距离巴塞罗那30公里的一个现代化工业镇。但他们最重要的合作，还是奎尔公园。

奎尔公园于1904年开工，持续了10年之久。原计划要修建60所住宅的项目，只修建了3座，1906年高迪搬入其中一座，直到1925年搬到圣家堂之前，他一直居住在那里。1926年6月，高迪被一辆有轨电车撞伤，三天后去世。公园中高迪居住过的房屋，现在成为高迪博物馆。奎尔自1906年起住在市场大厅（Market Hall）附近的拉拉德住宅（Larrard House）——后来变为省立学校——直到1918年他去世。公园的第三栋住宅自1906年起就被特里亚斯（Trias）家族居住，他们的祖辈是奎尔家族的密友。阿方索十三世国王（1886—1941年，阿方索十二世之子，1886—1931年在位）在1908年册封奎尔为伯爵。

与公园有关的第三位重要人物是陶艺家何塞普·玛丽亚·朱约尔，他是马赛克拼贴艺术（Trencadís）[*]的创始人。在结识高迪时，朱约尔还是建筑学院的学生。在两人的合作关系中，朱约尔的创意更加天马行空，在大楼梯、百柱厅以及百柱厅顶广场边缘的座椅等设计上更多体现了

他的想法。朱约尔的工作是这个公园最有特色、也是最广为人知的景观。

## 3. 规划与设计

### 3.1 城市中的位置

19世纪末的巴塞罗那工业发展迅速、城市快速扩张，奎尔公园最初是被定位于远离城市的低密度私人居住区中心花园的，[4]而现在奎尔公园早已被高密度的居住区所包围。公园北侧的厄尔卡梅尔区域（El Carmel）平均收入水平相对较低，但相比佛朗哥时代末期（20世纪70年代）已有所增加；公园另外三个方向区域的居民平均收入水平则更高。因此，除了它的文化、历史意义，奎尔公园还为周边住区居民提供重要的休憩功能。

### 3.2 设计概念

奎尔公园可被视为典型的新艺术派［Art Nouveau，在西班牙被称为（Modernisme）[**]］作品。加泰罗尼亚的新艺术运动在建筑领域还杂糅了加泰罗尼亚-罗马风格到希腊古典主义等多种风格。奎尔公园的设计被认为与巴西设计师罗伯托·布雷·马克斯（Roberto Burle Marx）设计的花园有共同之处，也被视为花园城市的一个西班牙版本。当然，原因并不是高迪设计的曲线化的形式，而是"一个风景如画的花园与大都市相连，是为实现使人民与他们的土地、文化紧紧相连的共同愿景"，这与英国自然风景园运动的精神一脉相承（Kent和Pringle，1993）。肯特（Kent）和普林格（Pringle）还表示，"对加泰罗尼亚艺术家特别是高迪而言，挑战在于将当代基

---

[*] "Trencadís"在加泰罗尼亚语中有"断裂"的意思，它是由大小不同的碎瓷片、大理石碎片或玻璃碎片拼贴成马赛克抽象图案的艺术。——译者注

[**] 也被称为加泰罗尼亚现代主义，旨在增强地区自豪感和认同感的艺术运动。——译者注

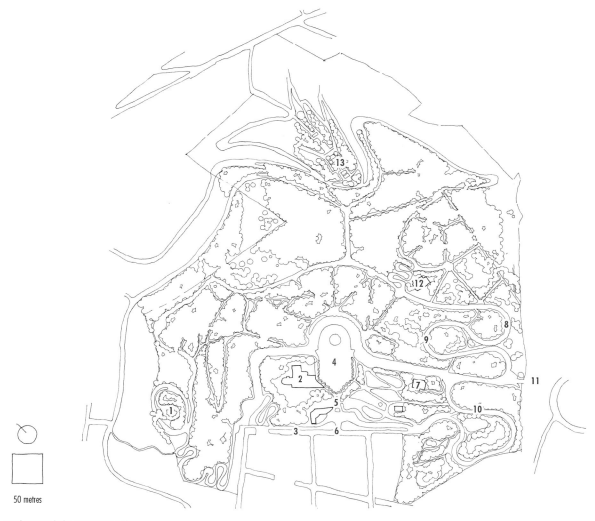

**巴塞罗那奎尔公园平面图**

1. Les Menes Hill and Crosses 十字架山；2. Güell's House/School 奎尔住宅/学校；3. Carrer d'Olot 奥洛特街；
4. Plaza over Hypostyle Hall 百柱厅屋顶广场；5. Main Stariway with Salamander and Shaded Seat 大台阶和蜥蜴喷泉；
6. Carrer d'Olot Entrance and Pavilions 奥洛特街入口大门及小楼；7. Gaudi's House / Museum 高迪博物馆；
8. High viaduct 廊桥；9. Middle Viaduct 廊桥；10. Low Viaduct 廊桥；11. Camel Gate 卡梅尔门；
12. Trias House 特里亚斯住宅；13. Fountain of Sant Salvador 圣萨尔瓦多喷泉

督教艺术提高到崇高水平的同时，将其扎根于本土文化中。"

　　从东侧卡梅尔门到西侧十字架山的旅程，值得从细节上关注其隐喻与象征意义。[5] 显然，天主教的象征是设计概念的重要来源。但并不是全部，"共济会对奎尔和高迪也产生了巨大的影响，以及其对促进天主教和加泰罗尼亚主义宣传的影响"（Carandell和Vivas，1998）。在卡兰德尔（Carandell）的分析中，公园围墙上的红白条纹采用的是腓尼基人*海军的纹样配色，寓意公

---

\* 腓尼基人（Phoenician）是一个古老的民族，生活在今天地中海东岸沿海一带。腓尼基人善于航海与经商，在全盛期曾控制了西地中海的贸易。——译者注

公园各部分之间的栏杆（2013年7月）

园是一座岛屿或一艘船；入口门房的平面形似蛇头，寓意为神使墨丘利*神杖的双蛇缠绕；马车房的形状为大象足底（反映奎尔童年在印度生活的印象）；百柱厅广场的形状为斧头，而斧头正是共济会的象征（象征工业）；座椅形似蘑菇，反映出高迪对真菌学的兴趣；入口大台阶上加泰罗尼亚徽章上的蛇头，寓意对瘟疫的抵抗，以及奎尔伯爵在免疫学方面的造诣；色彩斑斓的火蜥

蜴象征着火，降雨时其口中喷出的水象征抵御火灾的能力。也有说法说百柱厅形状像花瓣，是对圣母玛利亚的纪念，而入口的灵感来自作曲家英格伯特·汉普丁克（Engelbert Humperdinck，德国作曲家）1893年的作品——歌剧《汉泽尔与格勒太尔》（Hansel and Gretel）。[6]

卡兰德尔认为6米高的多立克式柱支撑的百柱厅，是利用数字象征的手法，形成对古典秩序的戏谑。百柱厅应有90根柱，高迪故意省略了4根，实际只有86根柱，因为百柱厅上的广场宽度为86米（Carandell和Vivas，1998）。省略的4根大柱的位置，高迪以石头、陶瓷和玻璃的天花顶板来象征，象征不同季节的太阳。卡兰德尔认为（百柱厅）大广场的希腊意象是奎尔和高迪为了展示《俄狄浦斯王》**的悲剧而使用的。

他还认为大广场边缘的长椅象征着一条蛇，它被折为三部分，寓意"自然、世界和上帝三位一体"；波浪形的长椅是对大海波涛的模拟。他接着把山边倾斜的门洞与红海的浪花和红酒酒杯联系起来，他把主路上点缀的大石头比作念珠，把整个公园视为朝圣的隐喻，还说高迪可能成为炼金术士。更实际的说法是，整个公园可被视为对混凝土和硅酸盐水泥性能的全面展示——这正是奎尔当时商业经营的核心事业。

## 3.3 空间结构、交通系统、地形和植物景观

整个公园就是一个朝圣之旅的设想，这在公园的布局中得到证实。奥洛特街的入口被营造得非常有趣，如歌剧院一般，本身即自成一景。到达百柱厅广场后，可以俯瞰巴塞罗那全景，将圣家堂以及远处的海景一览无余。

---

\* 墨丘利（拉丁语：Mercŭrius；英语：Mercury），是罗马神话中众神的使者，以及畜牧、小偷、商业、交通、旅游和体育之神，罗马十二主神之一。——译者注

\*\* 俄狄浦斯，西方文学史上典型的悲剧人物。《俄狄浦斯王》（Oedipus Rex）被视为古希腊最高的悲剧成就，是十全十美的悲剧，悲剧的典范。——译者注

百柱厅广场（2013年7月）

　　从卡梅尔门开始，左右各有一条"朝圣"路线。第一条是以相对宽阔、平坦的石铺路面为起点，以公园南侧的十字架山为终点，沿百柱厅广场外围延伸。这条路线整体较为平坦，一直到十字架山附近才有较大的地形变化。因而这部分的道路极尽蜿蜒曲折之能事，以迎合竖向变化营造较为平缓的路径。

　　另一条路线原是为了进入住宅区设计的马车道。这条路与廊桥巧妙结合，"利用了修筑道路时挖掘开采的石块，与山体良好的结合"（Kent和Prindle，1993）。这条廊桥是一个在陡峭地形下最小化填挖方建设的精彩案例。异曲同工的是，为了营造百柱厅广场的绝对平面，高迪设计了一套具有净化功能、与百柱厅立柱相结合的排

水系统，可以将雨水排入地下的蓄水池。直到今天，蓄水池仍可用于景观灌溉，以及大台阶上火蜥蜴雕塑口中的滴水喷泉。

　　公园的交通系统可分为四级。第一级是从卡梅尔门开始的10米宽的廊桥路；第二级是5米宽的马车道，坡度可达6%；第三级则是3米宽的人行道，坡度可达12%；第四级则是联系曲折路径的台阶、支路等。[7]高迪利用实验性的石砌砂浆桥梁以及倾斜的柱廊，将马车道的网络盖满山坡。设计师还创造了许多岩穴空间，岩穴在加泰罗尼亚文化中具有神圣的地位。[*]高迪用一种戏谑的方式实现了尊重现状地形和令人惊奇的结构之间的巧妙平衡。他尊重地形地势的微妙之处，也体现在大台阶顶端的遮荫座椅上，座椅巧妙地

---

\* 西班牙所在的伊比利亚半岛上的地中海盆地岩画，1998年被列入世界文化遗产名录。在加泰罗尼亚境内，有多达27处保存有原始岩画的洞穴。——译者注

东侧远眺十字架山（2013年7月）

百柱厅厅顶的装饰（2013年7月）

奥洛特街入口的小楼（2013年7月）

被设计成冬季可被阳光照射，其他季节则形成遮荫。

　　同样，高迪的种植设计也是基于当地树种——以松树、角豆树、棕榈、夹竹桃和金雀花为主。甚至有人说，高迪"预见了半个世纪以后的生态主义运动"（Goode和Lancaster，1986）。

## 4. 管理和使用

### 4.1 管理组织

　　巴塞罗那环境绿地管理局负责城市公园的管理指导。[8]具体的管理职责被分为10个区，每两个区有一名公园经理。奎尔公园位于加西亚区。由于其重要性，奎尔公园还有一名园长（有的公园没有）；同时，作为历史遗迹，公园还配有一名在现场工作的遗址保护人员。2013年时，公园配有10名全职的维护人员。遗址保护人员在奥洛特街入口的门房中工作。公园中咖啡馆和书店的经营者向巴塞罗那环境绿地管理局支付特许经营费。20世纪90年代以来，奎尔公园一直在维护养护上追求可持续的园艺养护方式。这也决定了公园的植物景观主要以乡土的地中海植物为主。

### 4.2 使用情况

　　在1999年时，估计每年大约有200万人参观奎尔公园。到2013年，这一数字已达到900万人。同时，经过公园经理的长期努力，从2013年10月开始，凡是没有巴塞罗那图书馆卡的参观者，进

百柱厅广场上的廊桥（从东向西看）（2013年7月）

奥洛特街入口的台阶及火蜥蜴（2013年7月）

从南部俯视公园（2013年7月）

入公园历史遗迹部分都需购买价格为8欧元的门票。公园的犯罪率也极低，游客的抱怨主要集中在众多无照经营的纪念品商贩的推销行为上。[9]

## 5.　公园的计划

在伊德丰·塞尔达的"城市扩展区规划"中提出的许多开放空间都被用于开发，因此在1953年制定的规划中，将奎尔公园纳入城市西部一系列连续的开放空间中（Kent和Prindle，1993）。20世纪90年代，这一方案重新以"三山公园"之名出现，这一提法一直延续至今。具体是指奎尔公园及其东侧的吉纳德公园（Parc del Guinardó）及北侧的卡梅尔山，以及西侧的城堡公园（Parc de la Ciutadella）相连而成的绿地系统。康巴洛（Can Baro）区的圣萨尔瓦多喷泉于1984年重建，奎尔公园的制高点——塔楼于20世纪90年代晚期翻新，这些都成为标志性的景观。奎尔公园的修复工程则主要是在1984年其入选世界文化遗产以后开展的。

1985年开始了奎尔公园的保护战略（Broughton，1996），措施包括改善公园北侧的交通状况，以减少对廊桥、建筑等结构的影响；在百柱厅附近提供游客服务设施；对公园门房进行修复；修建了公园的围墙，并在夜间关闭公园；对廊桥的支柱进行修缮；对百柱厅进行全面翻新等。第一阶段的修复工程于1996年完工，耗资约10亿比塞塔（约合600万欧元），还包括了对高迪设计的排水系统进行改造——更换PVC防水膜，以及对缺乏伸缩缝造成的瓷片拼贴的裂缝进行修补等。

当前的修复策略试图展现高迪原本的设计意图——这项任务很艰巨，因为高迪没有留下任何相关的资料——以及缓解气候和大量游人造成的破坏。[10]目前的公园管理基于三个分区——历史保护/纪念性区域、纪念性/森林区域、森林区等三部分。近年的修复工作主要聚焦于纪念性/森林区域，包括铺设灌溉排水系统，在种植区增加小径以减少对植物的踩踏，更换高迪时代可选用的乡土树种等。除了三山公园系统的建设外，有关部门还提出了加强奎尔公园与圣家堂之间的步行交通联系的项目。

# 6. 小结

巴塞罗那漫长的城市扩张史——包括1860年伊德丰·塞尔达的规划、1933年勒·柯布西耶的规划，以及后佛朗哥时代凭借公园、开放空间建设推动的城市复兴运动——产生了反映"对有规划和随机开放空间、铺装或自然空间、人造及植物材料、严肃而轻松的体验的需求"的一系列公园网络（Luiten，1997）。奎尔公园正提供了这一系列特征。此外，奎尔公园还对风景园林师启发良多。它展示了在公园设计中寓意和象征可以达到的极致——"高迪似乎将奎尔公园视作天堂的化身，视作花园和城市的神圣原型……不是简单地营造一个田园幻境，而是将庄严的真相与感官的愉悦以高迪特有的方式展示出来"（Kent和Prindle，1993）。奎尔公园同样是在陡峭场地上营造交通系统的典范，如美第奇别墅一样经典。它是技术、气质与环境的非凡融合。

虽然它作为公共设施已有百年，但这没有掩盖它是一个个人梦想的产物。这也是其独特到难有其他相似的公园可与比拟的原因。

# 注释

1. 此书1902年再版时更名为《明日的田园城市》，这个名字更为人熟知。这也是奎尔公园在西班牙语中也使用"Park"（"公园"的英语意思）拼写的原因。

2. 关于奎尔的事迹，主要参考自以下论文：Carandell和Vivas，1998；Gabancho，1998；Kent和Prindle，1993。

3. 关于高迪的事迹，主要参考自以下论文：Fleming et al.，1999；Gabancho，1998；Kent和Prindle，1993。

4. 这一段主要参考了1999年6月4日与巴塞罗那环境绿地管理局的里韦罗（Monser Rivero）的谈话。

5. Kent和Prindle（1993）将奎尔公园的游览视为朝圣之旅。

6. 参考自2013年7月1日与公园管理员安娜·里巴斯（Anna Ribas）和巴塞罗那环境绿地管理局的乔迪·罗德里格兹·马丁（Jordi Rodrígez Martin）的会谈。

7. 数据来源于Kent和Prindle，1993；Gabancho，1998。

8. 这一段主要是基于2013年7月1日与安娜·里巴斯和乔迪·罗德里格斯·马丁的会谈。

9. 这一段主要是基于2013年7月1日与安娜·里巴斯和乔迪·罗德里格斯·马丁的会谈。

10. 这一段主要是基于2013年7月1日与安娜·里巴斯和乔迪·罗德里格斯·马丁的会谈。

# 第10章 肖蒙山公园，巴黎

（Parc des Buttes-Chaumont，Paris）

（61英亩/24.7公顷）

## 1. 引言

　　无可非议，肖蒙山公园是工程师阿尔方德（Jean-Charles Adolphe Alphand，1817—1891年）带领设计团队完成的广为称道的作品。设计团队成员包括园艺师让-皮埃尔·巴里耶-德尚（Jean-Pierre Barillet-Deschamps，1824—1875年）、建筑师加布里埃尔·达维乌（Gabriel Davioud，1824—1881年）以及风景园林师爱德华·弗朗索瓦·安德烈（Edouard François André，1840—1911年）。阿尔方德及其团队成员的设计任务为重新整合布洛涅森林公园（Bois de Boulogne）及万塞讷森林公园（Bois de Vincennes），连通香榭丽舍大街（Champs-Elysees）。除此之外，还设计了蒙苏里公园（Parc Montsouris）及战神广场（Champs de Mars）中的若干花园，以及巴黎市内的其他24个花园或广场。这些公园是拿破仑三世（Napoléon Ⅲ，1808—1873年，法兰西第二帝国1852—1870年）发起的巴黎大改造计划的一部分，工程由曾任塞纳省省长（1853—1860年）及巴黎市长（1860—1869年）的乔治-欧仁·奥斯曼男爵（Baron Georges-Eugène Haussmann，1809—1891年）主持实施。

　　奥斯曼的改造计划提出了林荫大道、建筑街区、散步道以及行道树等设计措施，这些理念形成了巴黎无与伦比的城市特色。此外还规划了整个城市范围的给排水系统改造提升，以应对城市扩张的需要。阿尔方德及其团队在肖蒙山创造了一个错综复杂的公园，公园被新建道路围合，铁轨从中穿过。多层次的平台和落水、异域风情的植物、蜿蜒曲折的散步道，这些元素在一个被采空的石膏矿区内通过重塑地形进行叠加组合。质朴的景观构件、混凝土和金属小品设施散布在公园内，反映了当时工程工艺与园艺的发展水平。公园风景别致生动而富有诗意，庄严而魅力迷人，在欧洲城市公园风格发展中，处于后浪漫主义与早期现代主义风格之间。[1]公园在1867年4月开放，以响应同年召开的巴黎世界博览会。在此之后的19世纪至20世纪，公园保持最初设计，几乎没有任何改变。直到1999年，政府宣布修复计划，其后于2013年开始公园的修复工作。

## 2. 历史

### 2.1 缘起与追溯

　　拿破仑三世于1852年开始其巴黎大改造计

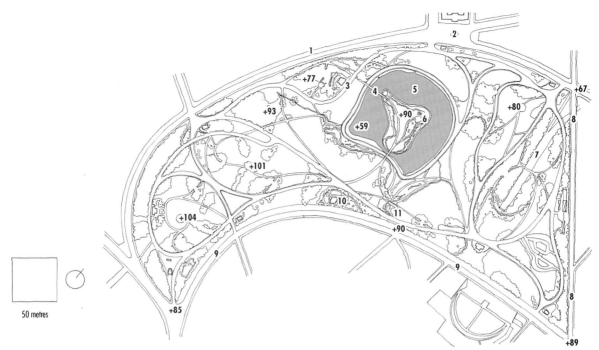

**巴黎肖蒙山公园平面图**

1. Rue Marin 曼尼街；2. Hotel de Ville/Place Amand Carrel 阿尔芒·卡莱尔广场；3. Restaurant/Café 餐馆/咖啡馆；
4. Suspension Bridge 吊桥；5. Lake 湖；6. Temple of Sibyl 女先知庙；7. Railway cutting 穿越场地的铁轨；
8. Rue de Crimée 克里米街；9. Rue Botzaris 博茨里斯街；10. Park Office 公园管理办公室；11. Cave 山洞

+59 = elevation in metres above sea level 海拔高度（米）

划，当时拿破仑三世将布洛涅森林公园作为城市公共空间赠予巴黎市。依照伦敦的皇家公园，尤其是海德公园的风格[2]，公园被设计为提供市民使用的公共空间。1853年，奥斯曼受命主持改造工作，而拿破仑三世在此之前对改造计划已经有了成型的思路。确实，当拿破仑三世召唤奥斯曼时，可谓"万事俱备，只待工程顺利实施"（Loyer，1989）。拿破仑三世和奥斯曼采用的改造思路最初由路易十六（1754—1793年，1774—1792年在位为法国皇帝）开创。路易十六试图将罗马的辐射式轴线对称规划布局引入巴黎，这种布局方式由意大利建筑师多梅尼科·丰塔纳（Domenico Fontana，1543—1607年）为教皇西克斯图斯五世（Sixtus V，1585—1590年任教皇）规划建造。1784年，法国政府颁布建筑限高要求，建筑檐口高度不得高于17.54米——9突阿斯

（toises）（法国测量单位，1突阿斯约等于1.95米）（Loyer，1989），因而保证了巴黎中心城区的统一风格。

1789年法国大革命爆发，1793年路易十六被送上断头台。在此之后，巴黎学术界的艺术家们呼吁为城市发展出谋献策。而后由艺术家设计的规划方案也延续了原有古典风格和布局，并把规划重点放在塞纳河两岸。

从1800年到1860年间，巴黎的城市人口从约55万增长到超过100万。政府在1841年和1848年立法通过了土地强制征购令（征用权），拿破仑三世和奥斯曼对城市改造的力度和速度皆属非凡。尽管如此，直到1860年，贝尔维尔（Belleville）、贝西（Bercy）、拉维莱特以及其他外围居住社区才被正式纳入巴黎市的范围。1863年，肖蒙山区域被巴黎市征收，用来为急速增长的城市人口规

划公园。公园从1864年开始着手设计建造，并于1867年向公众开放，但是其建造工作一直到1869年才全部结束（www.equipment.paris.fr）。

拿破仑三世修建的公园表明了他对法国子民的仁爱，尤其也因为当时正处于1848年欧洲大革命的尾波时期。这些公园同时也反映了设计师们对于社会和经济复兴的热忱。而肖蒙山公园则体现了拿破仑三世对于"军事、经济、公共卫生、社会和艺术的政策"（Komara，2004），同时也展现了他的"讴歌法国人民的勇气热情和造园艺术能力的意识形态策略"（Komara，2009）。而与之相比，路易十四（Louis XIV）则使用凡尔赛式景观作为展现法国高超造园技术的手段（Beneš，1999）。

## 2.2　设计之初的场地条件

公园名字"Buttes–Chaumont"体现了场地的自然状况。"Buttes"意为土堆或小丘；"Chaumont"一词来源于"chauve mont"——光秃的山丘。这里曾是石膏采矿区，主要向美国出口。采石场荒废后，因为地处城市外围，这里被用作垃圾倾倒场和屠马场。当土地征收完成时，场地上"废弃采石场、巨大的尺度、周边被垃圾包围……场地的三个边都被切割，另外一边拥有最高的地势和别致的景观，这部分场地完整无缺，也以此为基础形成了公园后来的面貌"（Robinson，1883）。

阿尔方德这样描述场地：这个山丘地因曾是蒙福孔（Montfaucon）绞刑场而拥有"悲伤的特质"（Vernes，1984）。1999年的文献记录显示：场地保留了三个不同高程的地下采矿通道，通道已被填埋。场地遗留了采矿形成的一个岩石岬角，以此为基础，以磨碎的水泥修复断崖和山峰，并重新塑形，形成了现在的外观。重新塑造

悬崖上的女先知庙（2010年9月）

的斜坡上铺上一层黏土垫层，用以保护地下的石灰岩以及地上的植被生长。场地共运进了20万立方米土方（Hôtel de Ville，1999）。

## 2.3　公园建造过程的关键人物

拿破仑三世的宏伟工程通常被称为"奥斯曼的巴黎大改造"。但韦尔纳（Vernes）将拿破仑三世对城市改造的兴趣归根于他对英格兰的怀念，他曾在1837—1840年以及1846—1848年在英国生活；此外，他也是圣西门主义\*的信徒（Vernes，1989）。[3]奥斯曼被描述为一个"无情残忍、狡猾精明、固执的人"（Fleming等，1999），"一个最令人讨厌的人"（Russell，1960）。奥斯曼出生于巴黎，他的家族来自阿尔萨斯的科尔马镇，是信仰法国新教的纺织品制造商。奥斯曼起初以律师为业，1831年成为政府公职人员，此后22年里，他在外省的宦海沉浮，历任多个省的省长，并以"从不妥协"而闻名。他成功对付了瓦尔省的社会主义者，也曾处理欧塞尔（Auxerre）周边地区的共和主义者。1851年到1852年，拿破仑三世征召他进行巴黎改造计划之前，奥斯曼出

---

\*　圣西门主义，即空想社会主义。——译者注

任吉伦特省（Gironde）省长，也可能是在那里，18世纪的波尔多大改造给他留下了深刻的印象。

自1853年一直到奥斯曼辞职的1869年，在他主持下，巴黎城市结构和风貌产生了翻天覆地的变化。具体反映在城市交通、卫生水平的提高，以及提供了崭新的、统一种有行道树的城市公共空间。"通过征收土地，原来起义骚乱的据点被拆除，新的街区产生，建起庞大的道路交叉口、大桥、街区，开挖城市上下水管道"（von Joest，1991）。巴黎新建了超过90公里的林荫大道，有50多公里的老旧街道被拓宽，整个城市具备了可靠的供水系统（Garvin，1996）。所有宽度在26米以上的街道都种植成排的行道树。查德韦克（Chadwick）评价奥斯曼为"城市绿地系统的创始者"（Chadwick，1966）。卢瓦耶（Loyer）也曾提到：奥斯曼主义不仅仅是巴黎历史上的一个篇章，而是通过以实践而非理论为引导，创造了一个经历多重的社会经济变革仍然保持活力的"样板城市"（Loyer，1989）。

对于巴黎大改造计划的反对声音逐渐增长，而奥斯曼的强硬却丝毫不减，这成为他日后辞职的主要原因。虽然不少投机者都在大改造中大发横财，但奥斯曼则非常清廉（Russell，1960）。1854年，他慧眼识人，任命阿尔方德为新成立的巴黎绿化管理处的工程师。阿尔方德出生于格勒诺布尔（Grenoble），之后毕业于道桥学院成为一名工程师。1840年被分派到波尔多，负责吉伦特省的海港管理工作。在此之前，他在其他几省均有过工作经历。1857年，阿尔方德被任命为总工程师，1861年任政府公共服务局长官；到1867年，他也同时兼管城市道路部门。1870年，拿破仑三世退位后，阿尔方德拒绝了第三共和国塞纳省省长的职务，而成为巴黎工程总监。其工作范围包括高速公路、垃圾、步行道、植物、建筑及绿化等方面，使巴黎拥有健康优美的城市外部环境。1878年，他还负责了城市给排水的管理工

广受欢迎的女先知庙（2009年9月）

作。阿尔方德担任此职位直至1891年去世。

阿尔方德的任命，以及建立公共服务局都受到奥斯曼反对者的质疑。但是他的第一项工作，即改造布洛涅森林公园（Bois de Boulogne），以及之后的一系列工作消除了质疑声，获得普遍赞誉。而后阿尔方德负责万塞讷森林公园、肖蒙山公园和蒙苏里公园的建设以及蒙梭公园（Parc Monceau）的重新设计。从1854年到1870年，他负责设计了林荫道系统中的24个广场。阿尔方德还参与了1867年、1878年和1889年的世博会筹建工作。在1867年的世博会，他在战神广场设计了迷宫，其茂盛的植物，层层的水面和道路，整个迷宫布局复杂而令人眼花缭乱（Marceca，1981）。阿尔方德极其热爱国家，并孜孜不倦地默默工作，"他以为国家奉献自己的事业而骄傲"（Merivale，1978）。韦尔纳说，"他比律师出身的奥斯曼更加严谨，作为一名工程师，他能将城市管理所需要的工程技术提升到充满艺术性的完成效果"（Vernes，1989）。

1860年，阿尔方德把同样来自波尔多的园艺师让-皮埃尔·巴里耶-德尚带到巴黎，请他担任城市总园艺师。他将其在私人花园方面的造诣用于城市环境，使他与阿尔方德成为城市园林景观的先驱。建筑师加布里埃尔·达维乌也加入城市公共服务部，与阿尔方德和巴里耶-德尚共同

工作，完成布洛涅森林公园的设计任务。阿尔方德规划地形、水体和园路；巴里耶–德尚设计树林、用迷人的岛状花圃点缀波浪起伏的草地；而达维乌设计了充满创意的凉亭、木屋、餐馆、酒吧、咖啡馆和鸟舍。这些建筑充满乡村风格，同时参考了哥特建筑和瑞士农舍的风格。1860年，风景园林师爱德华·弗朗索瓦·安德烈也作为实习生加入城市公共服务部。1867年，他在利物浦塞夫顿公园（Sefton Park）的设计竞赛中胜出。

# 3. 规划设计

## 3.1 位置

奥斯曼的早期项目之一是营建了斯特拉斯堡林荫道，林荫道从火车北站向南伸展，跨过塞纳河向城市南部延伸。它形成了城西的富人区和城东的平民区之间的新的边界，这也是深思熟虑的结果。奥斯曼清楚地意识到，这个方案会征用大面积私有林地，可以促进道路两侧居民对庭院植物景观的关注。奥斯曼面临两个选择：要么形成两到三个较大的公园；要么创造沿城市轴线展开的大量小型公园。他选择了后者。奥斯曼和阿尔方德规划了城北的肖蒙山公园和城南的蒙苏里公园，与城西的布洛涅森林公园和城东的万塞讷森林公园相呼应。肖蒙山公园所在的巴黎第19区同

湖岸边日光浴的人们（2009年9月）

样为奥斯曼一手规划创建，城区一直属于巴黎市相对贫穷、高密度以及多人口的区域。

## 3.2 场地形状和地貌

公园坐落在巴黎贝尔维尔区的一处面向西南的坡地上，用地呈涡旋形。公园最南端的锐角顶点处的高程为85米。公园沿克里米街南端高程为89米，北端高程为67米。场地经过采矿活动和阿尔方德的地形重塑，形成从南部至东北方向穿越公园的五个高地——高程分别为104米、101米、93米、77米和80米。这些区域都以草地或种植进行了绿化。而公园内富有戏剧性的焦点是女先知庙（Temple of Sibyl）。它坐落在高程为90米的陡峭岩石岛屿上，比岛屿下1.5公顷大的盾形湖面高30米。另一个主要地标是位于波扎里路的最高点（高程96米）和湖面之间的洞穴。在公园建设时扩大了洞穴，使之达到20米高度，宽14米，内部有8米长的人工钟乳石，给公园设计带来雄伟壮丽、令人赞叹的景观元素。

## 3.3 设计理念

在马塞卡（Marceca）对阿尔方德的作品研究中提到，"19世纪公共公园的创立发展因不同学科的技术结合而被极大地丰富：植物学、农学、水利学和测绘学等。"她提出，阿尔方德将肖蒙山公园看作是"科技和机械技术的赞歌"，并指出他"大量使用金属，展示了他对于新材料应用有着深度的理解"。伯纳德·屈米（Bernard Tschumi）认为19世纪的城市公园就像纯粹的微缩世界的乌托邦，隔绝于肮脏的现实世界。对此，贝特·迈耶（Beth Meyer）认为，肖蒙山公园从来没有被构想或认为是自然的复制品，它从一处伤痕累累的遗迹转变为绿意盎然、连绵起伏的风景画，需要巧妙而独创性的技术。与之相关的努力非但没有被掩盖，相反，精确施工的流线形地形和道路线型的对应使之更加突出强调。

从女先知庙看蒙马特城区（2000年6月）

同样，科马拉（Komara）也提到土方工程设计，称之为"第一个有资料记录的使用等高线设计的经典案例，等高线设计作为整个项目的基础，将从项目前期设计贯穿至后期挖填方和重塑地形的工程建设。"土方工程占整个工程预算的70%。她称公园为"经设计的风景"，科斯塔·迈耶（Costa Meyer）也做出类似的评价，"设计师并非模仿自然，而是基于现代化资金运营规则的建设。"她使用"量产的风景"一词，使人联想到迪士尼主题公园，同样也是以精确严谨的创造展现完美的景观。总之，肖蒙山公园的设计源于功能主义，而非田园主义。

### 3.4　空间结构，交通体系，地形，材料和植物

阿尔方德的设计过程包括以下部分顺序组成：地形和水体，植物，而后是道路；道路的布局服从于以上其他部分。地形当然是肖蒙山公园空间结构的主要元素。公园的制高点拥有俯瞰整个城市的视野；较低的区域，尤其是水体周边，提供了完全的围合感和远离城市的感觉；而陡坡使得局部区域可以整天都有阳光。与巴黎市其他主要公园不同，肖蒙山公园少有平地，公园内跌宕起伏的地形地势弱化了场地的局促感。

位于阿尔芒·卡莱尔广场（Place Armand Carrel）的公园主入口的对面正是岛屿峭壁上的女先知庙，因而这里呈现出令人惊叹的庄重雄伟的景观视线。悬崖峭壁、洞穴和通往岛屿的令人心惊胆战的吊桥，这些都会激发人的冒险精神，并使公园拥有令人眼花缭乱的不同观景视点。

阿尔方德和巴里耶–德尚进行种植设计的精华要素就是以大叶植物作为背景，如泡桐、梓树、玉兰树等。而树叶景观效果突出的植物作为前景，如爵床、秋海棠、美人蕉等。其他有异域

埃菲尔设计的通向小岛的吊桥（2013年9月）

阳光坡地（2014年3月）

步道和草坪修整（2013年9月）

风情的植物如香蕉和竹子，被组团式或单独成丛式种植。阿尔方德更喜欢本土物种，但也避免单一物种大量种植。[4]肖蒙山公园的乔木种植具有另一个鲜明的特征，就是园内随处可见的银叶雪松、黄叶刺槐和铜色树叶的山毛榉树，它们互相辉映，与坡地草坪共同形成了公园丰富的景观效果。

梅里韦尔（Merivale）指出，阿尔方德对道路设计的规则是以连续的曲线形成不断变化的视野。道路一般以锐角相交，且稍稍凹陷使之在视线中隐藏起来，这与帕克斯顿（Paxton）在伯肯黑德公园（Birkenhead Park）中所使用的方式非常相似。但罗宾逊的观点与之不同，他认为法国公园中"园路过多"，而且"这种对称旋转的方式极其荒谬"。针对类似的案例，罗宾逊认为"公园应为道路而存在，而非道路完全服从于公园"（Robinson，1883）。马塞卡认为"曲折蜿蜒的路线具有工程技术和有机自然曲线两方面的象

征隐喻"（Marceca，1981）。迈耶提到公园的车辆交通系统最初是为马车设计的，因此车行道路削平土丘从地形底部穿过，而步行道路系统可到达公园的最高点。公园设计的最后部分是室外家具，包括很多阿尔方德式的典型元素。如大量使用的灰浆和水泥涂刷在岩石结构上，混凝土仿木的扶手栏杆，强化混凝土等。

## 4. 公园管理和发展计划

巴黎的公园设计和管理由两个独立部门负责。设计工作由巴黎市政厅的绿色环境空间部门承接，公园维护分区进行，直接雇用员工负责完成。公园接访人数没有官方记载，但坊间证据表明公园参观量非常大。巴黎市于1999年宣布了公园修复计划，最终于2013年正式开始修复工作。而讽刺的是，接下来巴黎城市公共预算的大部分

配额分给了有轨电车系统，这引来了公众长时间的不满。总之，公园的修复工作的目标在于如何精确地表达设计师的设计精神，并使修复后的公园成为现代景观设计的实践案例。[5]

修复工作重点在于提升公园简洁统一的风格，尤其需要重新建立园内道路体系。一期工作主要包括：

- 给跌水增加水循环系统，目前跌水落下后流入塞纳河，这一措施可为公园每年节约100万立方米的水。
- 为大面积的草坪加装自动喷灌系统，目前公园灌溉水来自乌尔克运河（Canal de l'Ourcq），并通过重力分散引流。
- 虽然19世纪巴黎城区市政管理政策抵制砍伐大树，但公园仍要有选择性的间伐密林，还原原有的植物景观。

二期工作包括重新修整4.5公里长的车行道路以及4公里长的步行道，主要有拆除抬高的路边步行道；重建道路边缘，明确草地边界；重新安装阿尔方德式的室外小品家具和细部构件，结构钢的种植池边缘全部从梅斯（Metz）一家铸造厂定制。

1999年宣布修复计划时的工程预算是4.47亿法郎（约合6800万欧元），但2013年工程开始时，整体预算却只有1750万欧元。预算包括修整埃菲尔设计的通往岛屿的吊桥，同时也在寻找昂贵预算项目的赞助商，如重修一直被损坏的岩石。回顾工程开始的2013年，还有一个具有战略意义的问题，即对于穿过公园的巴黎环城铁路如何进行重新利用。

## 5. 小结

肖蒙山公园起源于奥斯曼不顾一切追随拿破仑三世重建巴黎以及建设英式风格城市公园的意志，最终肖蒙山公园更像是法式曲线风格的挽歌。公园最显著的特色是地形设计，其根源在于非凡高超技艺的土地修整工作，也成为以地形设计展示优美伸展的景观视线的经典案例。公园拥有俯瞰巴黎城市全貌的景观视野，同时以相对有限的场地给市民提供远离城市喧嚣的感受。这种逃离城市的感觉通过大草坪、茂密的植物和质朴的细节得到提升加强。肖蒙山公园既遗世独立、与众不同，同时也与拿破仑三世、奥斯曼和阿尔方德的巴黎融于一体，是其重要的组成部分。公园至今仍被超负荷使用，其价值远远超过最终启动的低预算的修复计划。

## 注释

1. 这里使用的"庄严"不是尤维达尔·普赖斯（Uvedale Price）对"超越凡人的存在"的定义，而更接近于埃德蒙·伯克（Edmund Burke）对"激发痛苦和危险想法的感觉"的定义。

2. 伦敦的公园和广场对拿破仑三世在巴黎修建公园的计划产生了重大影响，但伦敦并未先有公园系统的概念，因而阿尔方德所建立的"公园系统"并非借鉴于英国（Vernes，1989）。

3. 圣西门（Saint-Simon，1760—1825年）是法国的社会改革家和哲学家，他主张社会应该由产业领袖来组织，由科学家来给予精神指导。

4. 基于2013年9月5日与巴黎市绿地与环境管理局的风景园林师德尔菲·拜奥特（Delphine Biot）的会谈。

5. 基于2013年9月5日与德尔菲·拜奥特的会谈。

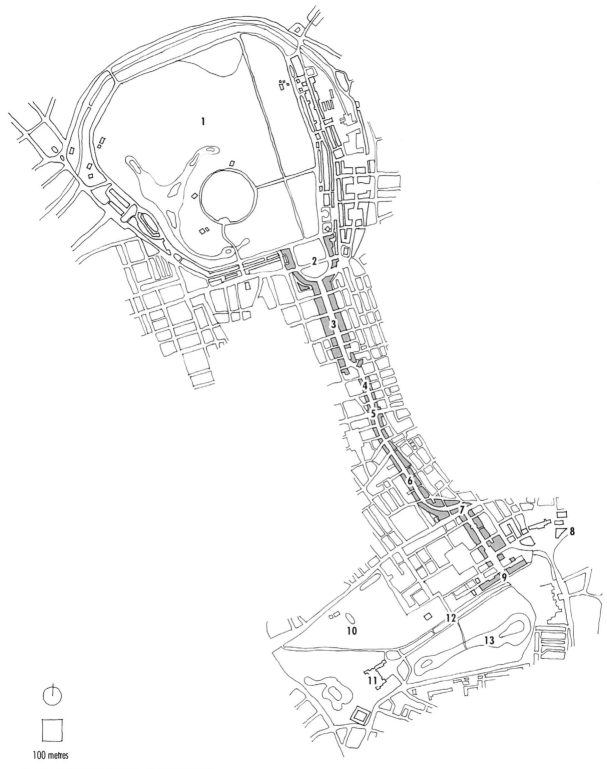

100 metres

伦敦圣詹姆斯公园和摄政公园的位置图

1. Regent's park 摄政公园；2. Park square and park crescent 公园广场和新月花园；3. Portland place 波特兰大街；
4. Langham place 朗豪坊；5. Oxford circus 牛津广场；6. Regent street 摄政街；7. Piccadilly circus 皮卡迪利广场；
8. Charing cross 查令十字街；9. Carlton house terrace 卡尔顿联排屋；10. Green park 绿园；
11. Buckingham palace 白金汉宫；12. The mall 林荫路大道；13. St james park 圣詹姆斯公园

# 第11章　圣詹姆斯公园，伦敦

（St James's Park，London）

（86英亩/35公顷）

## 1. 引言

　　尽管坐落于世界上最有活力的城市，圣詹姆斯公园拥有着最典型的田园风景。在1827年得到彻底重新设计的圣詹姆斯公园，成为"花园"由私人别墅园林到公共设施转变的代表，可谓现代公园出现的标志。虽然当时仍为私人所有，但圣詹姆斯公园"可能是英国第一个完全基于公共使用需求设计的城市公园"（Chadwick，1966）。因此，其也在西方风景园林设计史上从为私人设计的"景观园艺"转变为公众设计的"风景园林"的过程中，占据着关键的地位。[1]圣詹姆斯公园由约翰·纳什（John Nash，1752—1835年）设计——他的设计风格受汉弗莱·雷普顿（Humphry Repton，1752—1818年）的强烈影响——并且成为兰斯洛特·布朗（Lancelot Brown，1716—1783年）、雷普顿的作品及"英国风景园运动"（English landscape movement）向约瑟夫·帕克斯顿（Joseph Paxton，1803—1865年）的伯肯黑德公园转变的关键转折点；此

外，也间接影响了弗雷德里克·劳·奥姆斯特德（Frederick Law Olmsted，1822—1903年）在纽约和波士顿等的一系列作品。

　　圣詹姆斯公园由两部分组成：纪念性严肃的外区和浪漫的内区。在更为正式的外区，特别是靠近白金汉宫和海军拱门（Admiralty Arch）之间的林荫大道的部分，经常成为国家盛大庆典的地标。[2]面积约23公顷、状似碗形的内区，则在中央有一细长水面，外有"8"字形的环路围绕，内则水面两端均有小岛。公园内外两区的体验，会受大型落叶乔木和重量级国家建筑组成的天际线（西侧的白金汉宫，以及东侧的国会、白厅*等周边建筑）而得到提升。圣詹姆斯公园，与格林公园（Green Park）、海德公园（Hyde Park）及肯辛顿花园（Kensington Gardens）等一定程度上组成了一条公园带，拱卫着18世纪时代的伦敦城区。另外两个城中的皇家公园，摄政公园和樱草山公园（Primrose Hill），则位于圣詹姆斯公园以北几公里的位置。19世纪初，时任摄政王的乔治四世（1811—1820年间任摄政王）要求纳什，

---

\* 白厅（Whitehall）是英国伦敦市内的一条街，它连接议会大厦和唐宁街。在这条街及其附近有国防部、外交部、内政部、海军部等一些英国政府机关设在这里。因此人们用白厅作为英国行政部门的代称。——译者注

将摄政公园与圣詹姆斯公园用摄政街（Regent Street）及波特兰大街（Portland Place）连系起来。这一卓越的城市设计和彻底的交通规划在伦敦西部以东西向为主的路网中，创造了一条南北向的重要干道。

位于伦敦中心的6个皇家公园和外围的3个皇家公园［格林尼治公园、里士满公园、布希公园（Bushey Park）］，目前仍属英国王室所有。但这些公园主要通过基金维持来为公众提供服务，其运营维护的资金则不完全来自政府。这些皇家公园和基金的管理有皇家公园管理局（Royal Parks Agency），该机构向内阁的文化媒体体育大臣负责。

巡警和卫兵在公园中（2013年7月）

## 2. 历史

### 2.1　源起

公园所在的场地早在11世纪就有记载，当时的《土地赋税调查书》*中，该地块与现在海德公园所在的地块相邻，当时还是"农民和佃户赖以生存和耕种的土地与草地"。直到12世纪中叶之前，地块常被泰晤士河的洪水淹没。圣詹姆斯公园的发展分为三个阶段。[3]第一阶段是"公园"的初步形成，当时这一区域被国王亨利八世（King Henry Ⅷ，1509—1547年在位）围禁起来，原本目的是进行打猎。虽然园内圈养了大量的鹿，但这更多是为了观赏而非猎杀。后来，查理二世（King Charles Ⅱ）在1660年即位之后，对公园进行了全面的改造，并将之向公众开放。第三阶段是1827年1月，财政部下令［根据乔治三世（King George Ⅲ）的要求］根据公众使用的需求，对公园进行了彻底的修整。

在1529年，亨利八世从沃尔西大主教手中接管约克坊（York Place），将其改名为白厅（Whitehall）。两年后王室得到了相邻的65公顷土地（包括公园所在的场地在内）。这块土地原是伊顿公学（Eton College）所有的一家麻风病人救济院，伊顿公学将其进献给王室。1532年，这块场地周边修筑了砖墙，将公园封闭起来。16世纪到17世纪初，有许多关于公园中水体的记载，这反映出场地较差的自然排水条件，也可能是该地块一直未被开发的一个主要原因。还有一些资料记载了在1660年查理二世复辟之前的几任国王和奥利弗·克伦威尔（Oliver Cromwell，1653—1658年间执政）**等对公园实施的少量工程。

查理二世于1660年结束放逐归来，实现复辟。查理二世放逐的大部分时间在法国度过，见证了法国文艺复兴式花园的兴起，以及伟大的古典花园式大师安德烈·勒诺特（André Le Nôtre，1613—1700年）的出现。当时勒诺特已

---

\* 《土地赋税调查书》（Domesday Survey，1086年），由称为《末日审判书》（Doomsday Book）或"最终税册"，英王威廉一世时期的全国土地调查情况的汇编。——译者注

\*\* 奥利弗·克伦威尔，英国政治家、军事家、宗教领袖。17世纪英国资产阶级革命中，资产阶级新贵族集团的代表人物、独立派的首领。曾逼迫英国君主退位，解散国会，并建立英吉利共和国，出任护国公，成为英国事实上的国家元首。——译者注

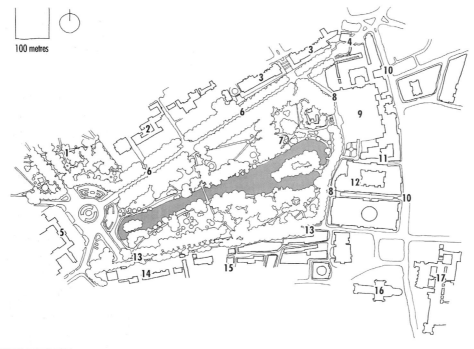

**伦敦圣詹姆斯公园平面图**

1. Green park 格林公园；2. St jams palace 圣詹姆斯宫；3. Carlton house terrace 卡尔顿联排屋；
4. Admiralty arch 海军拱门；5. Buckingham palace 白金汉宫；6. The mall 林荫大道；7. Inn the park 咖啡馆；
8. Horse guards road 皇家骑兵卫队大道；9. Horse guards parade 皇家骑兵卫队阅兵场；10. Whitehall 白厅；
11. Downing street 唐宁街；12. Foreign and commonwealth office 外交和联邦事务部；13. Birdcage walk 鸟笼道；
14. Wellington barracks 威灵顿军营；15. Former home office building 前内政部大楼；
16. Westminster abbey 威斯敏斯特大教堂；17. Houses of parliament 国会大厦

于1657年成为皇家营造总监（contrôleur général des bâtiments du roi）。在查理二世登基后，他马上命令对公园进行彻底的建设，设计出自"圣詹姆斯公园监护者"——安德烈·莫莱特（Andre Mollet），以及他的侄子加布里埃尔·莫莱特（Gabriel Mollet）。他们早在克伦威尔时期——1658年——就参观过场地。场地中心开挖了一条东西向的850米长、33米宽的运河（基本位于当今湖泊的中轴线上），与林荫大道成30°角。运河向东指向白厅宫，并以白厅为中心构成放射性的布局。

白厅宫于1698年烧毁，王宫被迁往圣詹姆斯宫。五年之后，也就是1703年，白金汉公爵开始在林荫大道西端的空地修建"白金汉府邸"。乔治三世（1760—1820年在位）认识到其场地的重要性，并于1761年购买了"白金汉府邸"，作为王室居所之一。1764年，兰斯洛特·布朗被任命为"圣詹姆斯公园皇家园艺师"，他准备了一个公园改造的方案（未具时间）（Stroud，1984）。方案建议保持林荫大道和鸟笼道（Birdcage Walk）原状，而对"内园"进行彻底改造：将运河扩大改造成一个弓状的、东侧有一个湖心岛的人工湖。但不知为何，改造方案未能实施，整个18世纪公园都没有太大变化，内园保持了围禁的草地用于养牛，公众的活动现在在外园。直到1827年，内园才根据纳什的设计进行了彻底改建。

## 2.2　纳什方案时代的场地条件

1825年，英王乔治四世（1811—1820年任摄政王，1820—1830年在位）决定拆除卡尔顿别墅，这是他成年（1783年）之前在伦敦的居所。同年，他开始重建白金汉府邸，并将其作为皇宫。卡尔顿别墅在纳什的设计方案中，作为连接圣詹姆斯公园和摄政公园道路的交点，这个轴线关系还决定了皮卡迪利广场的位置。卡尔顿别墅的拆除导致这个地块出现空白（Summerson，1980），纳什认为应该在这一位置补建一个建筑。卡尔顿联排屋（Carlton House Terrace）的兴建于1827年开始，也就是财政部下令全面改造圣詹姆斯公园和拓宽林荫大道的同一年。萨默森（Summerson）这样描述1825年的圣詹姆斯公园："就是一条运河横穿一片空地，与白金汉宫以及其他任何场地都没有联系。"他指出，"纳什的方案明显脱胎于布朗的方案，但种植设计更像雷普顿（Repton）的风格"（Summerson，1980）。

公园改造的总体目标为"全面提高步行的可进入性，用引向湖面的倾斜步道和观赏灌丛，营造一个令人愉悦的花园"（Colvin和Moggridge，1996）。公园改造进展迅速，人工湖的开挖在1828年就宣告完成。公园整体的改造于1835年竣工。据记载，整个项目花费19253英镑，包括支付给纳什的费用（Lang，1951）。卡尔顿联排屋于1832年完工。作为王宫的白金汉宫于1837年维多利亚女王加冕时正式启用。

## 2.3　公园规划设计相关的关键人物

约翰·纳什自1797年由雷普顿引荐给摄政王之后，就担任摄政王的私人建筑师。1813年，纳什被任命为木材、森林和土地收入部的三名御用建筑师之一（Summerson，1980）。这很大程度上是因为他参与了摄政公园（1811—1826年）和摄政街（1812—1819年）的开发。尽管约翰·纳什被认为是圣詹姆斯公园和摄政公园当前方案的设计师，但雷普顿和尤维达尔·普赖斯（Uvedale Price，1747—1829年）对纳什景观作品的影响不可低估。杰弗里·杰里科（Geoffrey Jellicoe）

甚至将这些设计完全归功于雷普顿（Jellicoe，1970）。

## 2.4　规划与设计

圣詹姆斯公园还保留了19世纪改造后的大部分原样——"蜿蜒的道路以及如画的植物景观仍然高度接近纳什的设计意图"（Summerson，1980）。而公园周边发生的改变主要包括：

- 在鸟笼道的西端建设了威灵顿军营。
- 1857年增建了一座吊桥，"与原有环境完美结合"（Lang，1951）；而在100年后的1957年，这座桥被一座"不和谐"的混凝土平桥所取代（Goode和Lancaster，1986）。
- 1887年公园向马车开放；1903年对林荫大道再度拓宽；1916年骑兵大道开放时，内园被大路围合在内。
- 建设了一系列新的政府建筑，如外交部大楼（1868年）、海军拱门（1912年）、野兽派风格的原内政部大楼（1976年）等。
- 2000年建设了伦敦眼，改变了公园的天际线景观。
- 2004年，设有屋顶花园的咖啡馆开业。

自从1532年诞生以来，圣詹姆斯公园一直在空间上以及政治意义上，作为英格兰和英国的中心。其与白金汉宫、海军拱门等呈等腰三角形排列。顶点是白金汉宫，代表王权；两个底角，一个是海军拱门，代表军队（于2011年租给私营机构）；另一个是议会，代表民权。政府各部在海军拱门和议会之间的连线上一字排开。所以不难猜想，公园的一个重要功能就是作为大型国家活动的背景和休息区。公园经常被政治人物和公务人员、附近的办公职员和游客使用。同时，公园狭长的形状使得南北方向穿越公园的距离非常短。

林荫大道（2013年7月）

从湖西侧看白厅与伦敦眼（2013年7月）

纳什对公园的设计在城市中展现了英国风景运动成果。他设计方案的主要特征即人工湖，人工湖在查理二世时代即展示充满异国情调的珍禽异兽。其作为公园的焦点，与周边的大乔木及周边的各大地标建筑，分别形成了前景、中景和背景的景观层次，成为"世界上最佳城市景观之一"（Chadwick，1966）。公园内的景观以向外望的景观，被巧妙地通过道路组织成"8"字形的布局；在内园，通过缓和但有效的地形围合，与巨大成熟的悬铃木一起创造出非常独特的空间。

公园的空间结构、交通系统和景观系统高度依赖于湖中之桥。这反映了雷普顿对人工湖中桥梁重要性的重视，"保持河流的概念，没有什么比桥更有效的了；它不是把水分开，而是通过联系穿越河流，而桥的两端则融入大地"（Repton，1803）。即便是当代的设计师也会安慰自己，公园里最好的风景就是从桥上看。简而言之，这个湖解决了排水问题，创造了公园的核心，并提供了重要的野生动物栖息地。

库伦（Cullen）也指出，"把湖的尽头隐藏在岛屿后面，就会产生无尽的联想"（Cullen，1971）。也许正是这种不规则的浪漫处理手法，加上公园外部正式、严肃的环境，营造了圣詹姆斯公园迷人的魅力——一种朴实无华的浪漫和政客王侯繁华紧张生活的对比。公园通过流畅的地形与地平线，以及巨大连续的乔木树冠，营造出非凡的空间感受。公园在保持亲密感的同时，避免了"繁琐和细碎"的感觉（Lang，1951）。

## 3. 管理和使用

### 3.1 管理组织

根据1851年的《皇家土地法案》（Crown Lands Act），皇家公园的管理权已由英国王室转移给政府部门。而从1993年以来，皇家公园统一由英国皇家公园管理局来负责，该局作为英国政府的执行机构，先隶属于国家遗产部（DNH），后隶属于英国文化、传媒和体育部（DCMS）。国家遗产部于1992年组建，当时从环境部手中接过皇家公园的管理权。在环境部管理时期，皇家公园某种程度上是由一些公务员秘密经营，他们的上级很少干涉（Darley，1985）。

以前的"皇家公园执行官"现在由皇家公园管理局局长的职位所取代。这一职位被视为皇家荣誉，常授予退役的军方人物，而主管级别的职位则多由园艺家担任。公园的养护人员则在各皇家公园的主管管理下完成园艺养护等运营工作。随着1997年托尼·布莱尔的工党政府上台，国家遗产部的职能被整合进文化、传媒和体育部（DCMS）。

1985年首相撒切尔夫人提议将一大批政府服务"私营化"，包括皇家公园的养护在内。但在那时，根本没有关于公园运营的公共咨询组织，也没有供当地居民或其他公园使用者与公园管理者沟通的正式机制。人们普遍认为，私有化作为降低公园维护成本的手段，没有考虑是否会对公园品质产生影响。这导致了一系列"某某公园之友"组织的出现——基本上每个公园都有一个。一旦人们接受了由外部承包商以竞争性招标方式提供公园养护服务的形式后，人们原本担心公园品质下降的忧虑也就消除了。那些公园之友组织——通常由乐于发声的当地居民组成——仍然活跃，并充当非官方的咨询机构。发展的下一个阶段是2003年成立了皇家公园基金会（Royal Parks Foundation），这是一个以捐赠为基础的慈善机构，其资金主要应用于公园新的基建工程（www.supporttheroyalparks.org）。

在皇家公园管理局建立的同时，由詹妮弗·詹金斯夫人（Dame Jennifer Jenkins）担任主席的一个机构——皇家公园评估小组也在1991年7月成立，这一机构的责任是向环境部部长（后来是国家遗产部部长）提供关于公园未来发展方向的建议。该组织于1997年提交了最终报告，这个报告为皇家公园管理局早期的许多工作提供了依据，特别是为每个公园编制和定期更新管理计划奠定了基础。在2012年，为了"倾听伦敦市民对于皇家公园的管理和发展的意见"，成立了一个"皇家公园委员会"，委员会由12名委员组成，委员由伦敦市长任命（www.london.gov.uk）。[4]

人行桥（2013年7月）

## 3.2    运营经费

1997年以来，文化、传媒和体育部（DCMS）一直寻求降低政府对皇家公园的拨款比例。在1998—1999财年，圣詹姆斯公园82%的运营开支由政府负担，其余18%来源于活动和服务收费。同年，圣詹姆斯公园的工程和维护费用约160万英镑。1999—2000财年，各皇家公园的补贴总额，一次性地从540万英镑上调到2640万英镑。在2005年之前，政府对皇家公园年度预算的支持度达到80%，在2005—2010年之间逐年降低到70%。皇家公园管理局计划在接下来的5年继续降低25%。2013—2014财年的皇家公园经费配额为1572万英镑，2014—2015财年则为1505万英镑（DCMS，2013）。2015—2016财年希望进一步削减8—10个百分点，而皇家公园的总体运维费用则希望保持在3000万—3500万英镑/每年。

政府补贴之外的差额是通过增加收入和降低成本来弥补的。收入包括每年的"冬季幻境节"（Winter Wonderland Festival）、2013年7月在海德公园的滚石乐队（Rolling Stones）演唱会，以及公园中木屋出租的收入等。降低成本的举措包括减少雇佣人数等。然而景观维护和清理的费用（每年约700万英镑）以及机电维护费用（每年约500万英镑）是无法减少的开销大头。因此，当前的改造设计思路是材料的标准化，减少水景、灯具和可移动设施。

## 3.3    使用情况

皇家公园管理局定期对所有皇家公园的使用情况进行调查。1995年，圣詹姆斯公园接待了约550万人次，附近的格林公园也有约340万人次的到访量，两者相加约每年900万人次。到2013年，这些数据分别增加到670万人次和630万人次，总计1300万人次。在1995年，所有皇家公园（总面积约2000公顷）的参观总人次为2900万人

皇家公园极具特色的躺椅（2013年7月）

次；到了2013年，这一数据上升到4000万人次，使用密度和维护需求最高的是位于城市中心的公园。[5]2009年的访客调查报告显示，前往中心区域公园的人中，男性占51%，女性占49%（外围公园的比例是男性43%/女性57%）；75%的访客在20—50岁之间，一般属于较高的收入阶层。[6]前往中心区域公园的访客中，37%来自国外，而中心公园的游览时间短于外围公园。对于圣詹姆斯公园的抱怨，主要在于卫生间的数量和卫生状况——这也反映出游客数量的显著上升（www.royalparks.org）。

## 3.4    犯罪行为

2004年，伦敦警察厅从皇家公园安保局手中接过了皇家公园的治安管理工作。皇家公园的治安通常非常好，也归功于其非常高的使用频率。同时，皇家公园管理局每年要为公园中举办的大型活动，额外支付约700万英镑的安保费用。

## 4.    未来展望

皇家公园管理局的框架计划（1993年4月）设定的一个主要目标，是"皇家公园应为使用者提供享受宁静、休憩、娱乐的感受"——一个相对模糊的目标。而现在，公园的发展方向更清晰了，皇家公园基金会提出公园应"帮助访客在

伦敦市中心享受自然"；2013年4月，文化、传媒和体育部（DCMS）同意了管理局（RPA）提出的总体目标："为多元化的人群和未来世代保护，提升公园的自然和人工环境、历史景观和生物多样性"，"通过更加经济的方式和探索商业化发展，加强管理，提升管理效益"（DCMS，2013）。

科尔文（Colvin）和莫格里奇（Moggridge）在1996年为圣詹姆斯公园制定的管理计划，提出了长远的发展战略。该计划赞同"皇家公园评估小组"的看法，"圣詹姆斯公园与国家、王室、议会和人民的历史交织着，是宫殿、公园、历史建筑和节庆大道的舞台"。他们的策略包括保护历史景观、保护和优化周边的天际线、强化公园边界、步行交通优先、继续将外园作为国家大型节庆的重要场地，同时保持内园轻松宁静的状态。对外园的植物景观和道路进行优化，以复原其历史格局；对内园的植物景观进行梳理，以营造如画的花灌木景观，保护内园的自然感，控制雕塑和纪念碑的增加，保护人工湖河流般的感觉。

后来的管理和运营计划一直坚持上述原则，并与绿旗奖（Green Flag Awards）的评奖标准相结合。该奖致力于改善公园及开敞空间的管理维护，解决公园的吸引力、维护、市场开发、安全和可持续性等问题。这些重要问题在圣詹姆斯公园等皇家公园中，都得到定期的评价和检查。尽管如此，公园的管理者们还是很认可用"一百年的"远见看待公园的保护和提升。[7]

## 5.　小结

圣詹姆斯公园被视为英国风景园运动中第一个为公众使用而设计的案例。它代表了景观设计从18世纪的营造郊野私园到19世纪营造城市公园的转变过程，其最大的区别在于城市公园的公共性和城市特征（Woodbridge，1981）。虽然公园是由约翰·纳什设计的，但表现出雷普顿作品和理论的鲜明特征。圣詹姆斯公园是一个田园牧歌式的乡野景观插入城市环境的再造，是宁静自然的景观与（外部）严肃规整的景观形成鲜明对比。它证明了在大城市中央可以营造"花园漫步"的可行性，也证明了可以通过相对小的地形和植物调整获得惊艳的视觉效果。

圣詹姆斯公园的特点既来自其设计，也来自其独特的位置。它正式的官方场景、国家庆典与普通人随意的生活已融为一体。它已成为一个广受欢迎的开放空间，一个富有吸引力的景点，一个令人愉悦的消遣之处。公园的挑战在于，如何做到迎合伦敦市民和游客的期望，与保护其历史资源、植物资源、景观资源之间获得平衡。

## 注释

1.《韦氏大词典》（1987年，第9版）将"景观园艺"（landscape gardening）一词的起源定为1763年，将"风景园林"（landscape architecture）一词的起源定为1863年。

2. 林荫大道是国家庆典传统路线的一部分，包括往返白金汉宫的巡游。公园东端的皇家骑兵卫队阅兵场是每年6月举行皇家阅兵式的地方，这是英国皇室每年一度的重要庆典；此外，此地也是（夏季）每日举行卫兵换岗仪式的地方。

3. 主要参考文献有Colvin和Moggridge，1996；Goode和Lancaster，1986；土地开发（Land Use Consultants），1981年第7期。

4. 12名委员中包括皇家公园所在的四个行政区（威斯敏斯特、卡姆登、格林威尼治和里士满）的领导人；四位具有丰富商业经验的委员；一位皇室成员；两名是皇家公园管理局的代表，以及另外两名委员。

5. 根据2013年6月的数据，圣詹姆斯公园一个周末就要清理了9吨垃圾。

6. 基于2013年7月16日，与皇家公园管理局的科林·巴特利（Colin Buttery）、马克·瓦西莱夫斯基（Mark Wasilewski）和尼克·比德尔（Nick Biddle）的会谈。

7. 基于2013年7月16日与巴特利、瓦西莱夫斯基和比德尔的会谈。

# 第12章　玛丽亚·露易莎公园，塞维利亚

（Parque de María Luisa, Seville）

（96英亩/39公顷）

## 1. 引言

　　玛丽亚·露易莎公园在20世纪早期由皇家公园转变为面向公众的公园，其现状的样式系由法国风景园林师让-克劳德-尼古拉斯·福雷斯蒂尔（Jean-Claude-Nicolas Forestier，1861—1930年）设计的。公园以玛丽亚·露易莎公主*而命名，她在1893年捐出了公园所在地的土地。公园的转变非常成功，原有的林地得到很好的保留，并成功地转变为世博会的展览场地和公共园林。为了实现这一转变，福雷斯蒂尔坚持了两条基本原则：尊重场地现状条件，尊重地域性的设计、场地历史和当地气候条件。福雷斯蒂尔的设计使场地最终成为具有浓烈摩尔风格和地中海风情的公园。公园强烈的轴线式构图中，点缀着贴有西班牙瓷砖的方形纪念园，其中布置着当地文化和历史人物的雕像，周边环绕着高大落叶乔木，以遮挡安达卢西亚地区**强烈的阳光。在公园的南侧和东侧的西班牙广场（Plaza de España）和

美洲广场（Plaza de América），由建筑师阿尼巴尔·冈萨雷斯（Aníbal Gonzaléz）设计，其风格为西班牙古典风格，迥异于公园整体精细的设计。这两个广场是为1929年伊比利亚-美洲博览会而修建的。福雷斯蒂尔的公园设计方案于1911年完成，原计划为1914年的博览会而修建，但由于第一次世界大战而推迟。[1]

## 2. 历史

### 2.1 缘起与追溯

　　在被选定做博览会举办地的若干年前，场地就被定为一块公园用地。其首要原因，是为了加强西侧的瓜达尔基维尔河和东北侧的火车站之间的联系；次要目的是为公众提供更健康的生活条件和休憩娱乐空间。塞维利亚早在19世纪30年代就兴建了第一批公园，在瓜达尔基维尔河和现在玛丽亚·露易莎公园之间的场地，修建了动植物园、欢乐花园（Jardines de las Delicias）等。欢

---

\* 玛丽亚·露易莎公主（María Luisa de Borbóny Borbón，1832—1897年），蒙彼利埃公爵夫人、伊莎贝拉女王二世（Queen Isabella Ⅱ，1830—1904年，1843—1868年在位）的妹妹。——译者注
\*\* 安达卢西亚，是位于西班牙最南的历史地理区，历史悠久。该地区日照充足，盛产橄榄油。——译者注

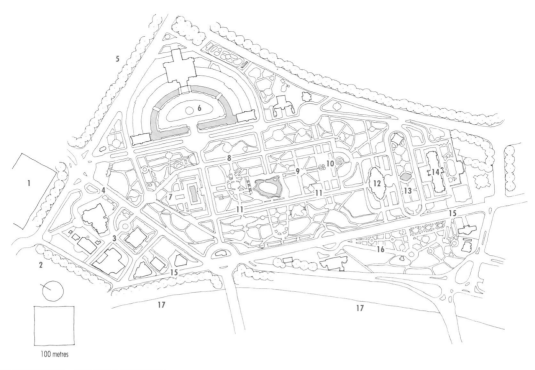

**塞维利亚的玛丽亚·露易莎公园平面图**

1. Tobacco factory/university 皇家烟厂/塞维利亚大学；2. Palacio de san telmo 圣特尔莫宫；
3. Exposition pavilion（now used as offices）世博会展示馆；4. Avenida de maria luisa 玛丽亚·露易莎大道；
5. Jardin de prado de san Sebastian 圣塞巴斯蒂安公园；6. Plaza de espana 西班牙广场；
7. Glorieta de la infangta maria luisa 玛丽亚·露易莎纪念坛；8. Avenida Hernan cortes 埃尔南·科尔特斯大道；
9. Fuente de las ranas 青蛙喷泉；10. Monte gurugu 谷鹿谷山；11. Calle de pizarro 皮萨罗大道；
12. Mudejar pavilion 塞维利亚艺术与民俗博物馆；13. Plaza de amrica 美洲广场；
14. Archaeological museum 塞维利亚考古博物馆；15. Paseo de las delicias 欢乐大道；
16. Jardines de las delicias 欢乐花园；17. River Guadalquivir 瓜达尔基维尔河

乐花园在1869年根据法国园艺师让-皮埃尔·巴里耶-德尚的方案进行了扩建，面积达到7.5公顷。同欧洲其他城市一样，塞维利亚在19世纪经历了人口快速增长的过程。与西班牙其他城市一样，都出现了对皇家土地进行利用的迫切需求。[2]

公园所在的场地曾是圣特尔莫宫（Palace of San Telmo）的一部分，这座宫殿最初是伊莎贝拉女王二世在1849年赐予蒙彭谢尔公爵的。1893年3月，塞维利亚市政府同玛丽亚·露易莎公主达成协议，她保留宫殿及其花园，而市政府则

获得宫殿以南区域的所有权。当时的协议中写道"这块场地捐赠给塞维利亚，目的是建设一座满足现代生活需求的公园"（García-Martin，1992）。1894年的地图显示，当时计划的公园和林荫大道总面积约20.7公顷。

## 2.2　场地的历史和状况

安达卢西亚地区，位于西班牙南部，在公元前200年到公元500年之间是罗马帝国的一部分。摩尔人[*]在公元710年前后征服了西班牙南部，直

---

[*]　今摩尔人多指在中世纪时期居住在伊比利亚半岛（今西班牙和葡萄牙）、西西里岛、马耳他、马格里布和西非的穆斯林。——译者注

纪念坛的典型标识（2011年7月）

美洲广场（2013年7月）

到1492年在格拉纳达的最后一个穆斯林堡垒臣服于新近统一的基督教西班牙王国，期间安达卢西亚地区均以穆斯林统治。与新大陆的贸易使得塞维利亚成为欧洲大陆"首屈一指的经济和贸易中心"（Mantero，1992），直到18世纪早期，贸易中心转移到瓜达尔基维尔河口的加的斯*，塞维利亚才开始衰落。

公园西北侧的区域称为圣特尔莫（San Telmo），自中世纪以来一直归摩洛哥大主教所有。1560年，该块土地被移交给教廷。当时计划在此修建一所航海学院。尽管航海学院于1628年创立，但直到1681年才开始在这里建设大学校舍。现在的圣特尔莫宫直到1724年才完成大部分的建设工作，直到18世纪70年代末期才陆续完成后续的建设。紧邻圣特尔莫宫的烟厂也于18世纪70年建成，著名戏剧家比才（Bizet）的名作《卡门》（Carmen，1875年）的故事背景就是这个烟厂，是西班牙最大的单体建筑之一——现在，该建筑已成为塞维利亚大学的一部分。

1847年之前，圣特尔莫宫一直作为海运大学的校舍，之后短暂成为铁路公司的办公室，在蒙彭谢尔公爵1849年获得所有权前，还曾作为文学大学（Literary University）的一部分。成为公爵府邸后，其原有建筑通过巨大的果园和花园，与南侧的圣地亚哥修女院相接。当时，圣特尔莫宫占地约150公顷[3]，据记载，法国园林设计师勒克兰特（Lecolant）为公爵设计了"拥有丰富景观元素的浪漫花园……这些花园延伸到现在的美洲广场"（Gimeno等，1999）。[4]1890年波旁公爵去世后，就开始讨论将圣特尔莫宫移交给塞维利亚市政府的事宜，协议在1893年达成。宫殿本身仍由玛丽亚·露易莎居住，直到1897年她去世。从那之后直到1990年，圣特尔莫宫一直作为塞维利亚神学院的校址。为了1992年的世界博览会，圣特尔莫宫于1990年开始整修，并在之后成为安达卢西亚自治区政府的所在地。

从1890年时的塞维利亚城市规划中可以发现，玛丽亚·露易莎公园所在场地当时的布局是相对规整的（García-Martin，1992）。但也有记载，"圣特尔莫宫原有的英国自然风景式的植物景观，使福雷斯蒂尔不得不面对现状不规则布局的成年大树"（Imbert，1993）。福雷斯蒂尔自己也写道："一些林荫道是不规则的，因为原有美丽、古老的大树界定了林荫道的位置，破坏这些

---

\* 加的斯（Cadiz），位于西班牙西南沿海加的斯湾的东南侧，是西班牙南部主要海港之一。临大西洋，在狭长半岛顶端，三面十余公里为海洋环绕，仅一方与陆地相连。——译者注

大树会是不可饶恕的错误"（Forestier，1924）。公园从1893年起，到1910年西班牙国王阿方索十三世决定在此举办西班牙-美洲博览会之前，处于事实上的荒废状态。有记载当时出现将公园里的树木挖卖给私人花园或砍伐出售给家具厂，公园中的鸽子被捕猎等现象，也有驯兽师希望租赁公园作为动物博览园，或将公园改建为体育场等种种提议（García-Martin，1992）。1911年1月，塞维利亚世博会组委会邀请福雷斯蒂尔对公园进行改造设计，目标是为了在此地举办1914年的塞维利亚世博会。[5]公园改造于1914年完成，但由于第一次世界大战的爆发，博览会推迟到1929年才得以举办。

## 2.3　公园建立过程中的关键人物

虽然早在1893年，玛丽亚·露易莎就同意为建设公园捐赠土地，但直到1909年，塞维利亚工业大亨罗得里格兹·卡索（Rodriguez Caso）提出在此举办一次博览会时，这块土地才得以真正被利用。卡索认为"西班牙在19世纪失去美洲殖民地之后，举办博览会是加强本国与美洲的文化、经济联系的有效途径"（Assasin，1992）。在公园设计过程中，最重要的人物是福雷斯蒂尔，他于1880年毕业于巴黎综合理工大学，曾在南锡（Nancy）研究森林学。1887年，他作为让-C-A·阿尔方德（Jean-Charles-Adolphe Alphand，当时的巴黎市总工程师）的助手参与巴黎改造。之后，福雷斯蒂尔终生受雇于巴黎市政府。他的早期作品包括万塞讷森林公园（Bois de Vincennes）的部分区域，以及从1905年布洛涅森林公园（Bois de Boulogne）的巴加泰勒（Bagatelle）改造设计，1908—1928年他完成的巴黎战神广场的一系列花园设计。[6]

设计玛丽亚·露易莎公园的时候，福雷斯蒂尔已届知天命之年，这也是他第一个法国以外的项目。1915年，他受画家何塞·玛丽亚·塞特

（José Maria Sert）之邀，赴巴塞罗那设计了蒙特惠奇公园（Parque Montjuich）。卡萨·瓦尔德斯侯爵（Marquesa de Casa Valdés）认为，设计方案是"西班牙最好的公园之一"，指出福雷斯蒂尔"开创了西班牙园林的新阶段"（Casa Valdés，1973）。福雷斯蒂尔后来还在摩洛哥的许多城市设计了许多项目（1912年以后），规划了布宜诺斯艾利斯的公园系统（1924年），完成了古巴哈瓦那的城市总体规划（1925—1930年）。他的哈瓦那总体规划受到城市美化运动（City Beautiful Movement）的影响，但"与阿尔方德或奥姆斯特德的设计相反，他们的公园或花园是基于对城市整体的理解；而福雷斯蒂尔的项目则显示出他对具体问题的反馈，基于场地的地理、文化和城市环境条件来设计"（Lejeune和Gelabert-Navia，1991）。

英伯特（Imbert）观察到"福雷斯蒂尔根据气候及相应植物搭配的考虑衍生出其设计风格，而不是刻板地按照功能的要求"；他也有能力"在追求细节的园艺匠师与大尺度的城市规划师之间构建沟通的桥梁"（Imbert，1993）。实际上，"他推动了公园成为高速发展的现代城市的基本要素之一"（Lejeune，1996）。福雷斯蒂尔身处现代主义发展的时期，但他的作品并非典型的现代主义——功能决定形式，而是从环境中衍

位于槐树浓荫下的皮萨罗大街（2011年7月）

生而成，可以说，在20世纪初的风景园林发展史
上，他的地位被低估了。

## 3. 规划与设计

### 3.1 位置

　　玛丽亚·露易莎公园的位置，紧依塞维利亚
老城城墙的南侧。其尺度和距市中心的距离，使
其成为市民和游客显而易见的步行目的地。公园
与市中心之间，由一系列相连的花园和开放空间
连通，包括面积均为6公顷的圣特尔莫宫花园、
阿尔卡萨城堡花园（gardens of the Alcazar），以及
西班牙广场北侧、1996年完成的3.5公顷的圣塞巴
斯蒂安公园（Jardin de Prado de San Sebastian）。公
园所在的场地大部分被交通量较大的高速公路和
精美的围栏包围。

### 3.2 场地的形状和自然地貌

　　公园的中央部分大致是一个偏西北–东南的
600米×300米的长方形。玛丽亚·露易莎大道
在长方形北侧将公园围合出一个等边三角形。
西班牙广场是一个直径180米的半圆形，而公园
南侧则是美洲广场，向南延伸300米。欢乐花
园（Jardines de las Delicias）形状则为狭长的三
角形，依靠在瓜达尔基维尔河边，东边的欢乐大
道将花园和玛丽亚·露易莎公园阻隔开来。场地
总体平坦，南侧有一高点——谷鹿谷山（Monte
Gurugu），福雷斯蒂尔将其作为月季园的背景来
使用。场地的原有土壤整体排水性较好，植被需
要较高频度的浇灌。

### 3.3 设计概念

　　福雷斯蒂尔的设计即使在当今仍是设计与环
境融合的经典案例。其设计拓展了摩尔人花园设
计的传统，并与场地现状特征良好结合，形成
了气候主导、功能主义的一种范式。首先，他

廊架（2013年7月）

青蛙喷泉（2013年7月）

在整个场地范围内构建了一个林荫道网络，为
了利用现状大树或绕开一些场地的设施（如池
塘），这些林荫道中有很多是歪斜或不规则的。
林荫道体系形成了公园的基础框架，其间点缀了

花园、水景以及异域风情的植物景观。林荫道体系还提供了塞维利亚炎热、潮湿气候中可以有效提高人体舒适度的浓密树荫。公园中的纪念坛（Glorietas）犹如圣坛，让人想起英国白金汉郡的英国圣贤堂（Temple of British Worthies），也与屈米的拉维莱特公园中的"癫狂亭"（Folie）*有异曲同工之处。福雷斯蒂尔原设计方案中亲切的尺度和小地块划分，与后置入公园的西班牙广场、美洲广场形成鲜明的对比，也与体现安达卢西亚地域风情的圣特尔莫宫花园明确地区别开来。

福雷斯蒂尔的设计被认为"代表了地中海花园的风格，是20世纪首次出现可与（流行的）自然风景园一决高低的一种风格"（Lejeune，1996）。玛丽亚·露易莎公园的设计形式与同时期的汉堡城市公园亦有相似之处（参见第20章），"将巨大的场地转变为摩尔风格的花园，花园之间由绿篱分隔，每个花园都有独特的喷泉、长椅或瓷砖，每个花园都被赋予隐秘感，真是天才的杰作"（Casa Valdés，1973）。摩根索·福克斯（Morgenthau Fox）在她给福雷斯蒂尔的著作《花园》（Jardins）写的序中评价道："福雷斯蒂尔在他西班牙的设计作品中，拓展了色彩、芳香、私密性在设计中的运用"（Forestier，1924）。福雷斯蒂尔在设计中也使用了他标志性的元素——廊架，以实现划分空间或展示植物的功能。

玛丽亚·露易莎公园的第一印象，往往是排列整齐的大树形成的浓密树荫，特别是福雷斯蒂尔有意保留的宏伟的悬铃木大树。悬铃木林荫大道与西班牙广场、美洲广场生硬而炎热的空间，形成鲜明的对比。在大树之下的第二层空间，纪念坛体现了尺度上的进一步缩小。在纪念坛中，摩尔人文明的元素——瓷砖、水景以及象征主义

的雕塑、座椅和场地标志性的遮天大树得到更多展示。

## 4. 管理和使用[7]

公园由塞维利亚市议会直接资助，由市公园和花园事务局直接管理。公园的建设工作则由城市公共工程局负责。虽然玛丽亚·露易莎公园早在1983年就被正式列为安达卢西亚的历史保护公园，但公园并未获得额外的资金支持。公园目前既没有专职的保护专员（如奎尔公园那样），也没有独立的信托基金（如相邻的阿尔卡萨城堡花园），因此只能获得零星的资助。塞维利亚的政治圈似乎也并未认为公园有何政治价值。

公园管理者面临的首要问题是对大树的保护——悬铃木受到真菌的侵袭，而棕榈类植物（特别是加拿利海枣）则受椰棕象虫的威胁。以及对纪念坛、步道和灌溉系统的维修。公园没有开展过游客调查，估计每年有大约300万人次。公园夜间会闭园，也无人值守。公园中偶尔会有毁坏公物的事件，但极少有严重的犯罪行为。

## 5. 展望

公园管理者的主要目标是"维持公园作为一个鲜活的博物馆而存在"，在维持高强度的公共使用同时，保护好3500多株（超过100种）大型乔木（许多种植于1929年），1000多株棕榈类植物和1000多株塞维利亚橙子树，以及纪念坛。公园大量的绿篱也是一项重要的维护工作，2014年对公园的绿篱进行了全面的修整。

为了迎接1992年的世界博览会，政府组织了对公园的全面维修和修复；1995年到2002年间，还进

---

\*　钢结构的红色小型建筑，多为10米见方的立方体。——译者注

塞维利亚考古博物馆（2013年7月）

西班牙广场（2011年7月）

行了针对17个纪念坛和美洲广场的专项修复工程。21世纪初进行的欢乐花园修复项目花费约260万欧元，安装中央控制的灌溉系统花费约150万欧元。

## 6. 小结

法国园林的风格，经常被简单地归类于勒诺特式的长方形设计，福雷斯蒂尔在他早期的西班牙项目中，也体现出"对流行的勒诺特作品的欣赏"（Chadwick，1996）。如玛丽亚·露易莎公园的方案中，明显是基于长方形的构图来布局的，但该公园并不是法国园林在西班牙的呈现。严格意义上讲，玛丽亚·露易莎公园是早期现代主义风格与摩尔人花园风格的结合。福雷斯蒂尔的设计更多是环境、文化驱动，而不是形式驱动。在设计玛丽亚·露易莎公园时，他的设计风格早已成熟，因而迅速地整合了场地条件、地域性的设计传统和使用需求。玛丽亚·露易莎公园是回应气候条件和创造性的转译文化、环境条件的景观设计。如今，公园可以继续传递这些价值，要归功于高度投入的管理和维护人员。公园也值得更高的文化认同和政治支持。

## 注释

1. 博览会最终在1922年召开，葡萄牙参与共同举办，因此由西班牙–美洲博览会改为伊比利亚–美洲博览会（Imbert，1993）。

2. 马德里的雷蒂洛公园（Parque del Retiro）也在1868年伊莎贝拉女王二世 女王（Queen Isabella Ⅱ）流亡期间向公众开放。但其并未像玛丽亚·路露易莎公园进行大的改造。

3. 数据参考自1999年5月31日与塞维利亚公园管理局的何塞·伊利亚斯·博内斯（Jose Elias Bonells）的会谈。

4. 文献显示勒克兰特（Lecolant）设计了谷鹿谷山（Monte Gurugu）和鸭岛（the Duck Island）（Gimeno等，1999；Lejeune和Gelabert-Navia，1991）。

5. 《自由报》的相关报道是1911年1月27日登载的（García-Martin，1992）；而英伯特（Imbert）指出，福雷斯蒂尔的任命是在1911年4月1日（Imbert，1993）。

6. 福雷斯蒂尔曾希望加入海军，但由于一次骑马事故导致右臂受伤留下终身残疾，因而改变了初衷（Imbert，1993）。

7. 参考自2013年7月4日与何塞·米格尔·雷纳（Jose Miguel Reina）的会谈。

# 第13章　路易丝公园，曼海姆

（Luisenpark，Mannheim）

（101英亩/41公顷）

## 1. 引言

曼海姆是一个拥有31.5万人口的工业城市，位于德国西南部莱茵河和内卡河的交汇处。从1606年开始，其中心城区独特的棋盘格形态便已形成，1720年到1777年，它曾作为帕拉廷选帝侯（Electors Palatine）*的居住地。但"在1799年的时候，（这座城市的格局）基本上只是一个简单而缺乏想象力的几何构成练习"（Morris，1994）。在1971年对德国12个工业城市进行的调查之中，曼海姆的（环境质量）排名明显落后（Panten，1987）。很少能有访客对这座城市的城市环境、绿地质量或者休闲娱乐设施留下印象。1975年4月至10月间举行的德国联邦花园展（Bundesgartenschau），便旨在改善这一局面。

德国联邦花园展是从"稀有异域植物展览"演变而来，第一届展会召开于1833年。自从1866年5月"伦敦国际园艺博览会"大获成功之后，这一展会的内容与形式也变得愈加充实丰富。1869年，德国第一届国际园艺展在汉堡召开，被

视为如今两年一届的德国联邦花园展的正式发端，展会的会址直到1953年仍保留着大部分的原貌（Schmidt-Baumler，1975）。1907年曼海姆组织了一场园艺节以庆祝建市300周年。在第三帝国统治下，园艺节也时有举办，比如1936年在德累斯顿，1938年在埃森，直到1939年在斯图加特举办时才由于战争而中断。第二次世界大战结束后，中央园艺协会（Zentral Verband Gartenbau，ZVG）重新开始委托不同的城市——从1951年的汉诺威开始——来筹办每两年一届的花园展。花园展除了用作展示园艺，还作为战后重建的一种举措，使城市有机会重新设计及建造公园。主办城市通常有十年的时间作场地准备，但1975年的主办城市卡尔斯鲁厄（Karlsruhe）于1969年决定中途退出，因而作为它的接棒者，留给曼海姆只有6年的筹备时间。

这届展会由三个主要板块组成：（1）重新设计了位于内卡河（Neckar）左岸的路易丝公园（总共53公顷）中的两个区域；（2）重新设计了位于内卡河右岸的赫尔佐根里德公园

---

\*　选帝侯（德语"Kurfürst"，复数为"Kurfürsten"；英语"Elector"）是德国历史上的一种特殊现象。这个词被用于指代那些拥有选举罗马人民的国王和神圣罗马帝国（德国和奥地利的前身）皇帝的权利的诸侯。——译者注

库策池塘上的小游艇（摄于2012年7月）

（Herzogenriedpark，27公顷）；（3）提升了整个城市尤其是市中心区域的景观质量。在展览期间，两个公园（路易丝公园和赫尔佐根里德公园）由"空中巴士"——一条跨越内卡河的空中缆车所连接。这种设计主要出于管理需求，就像从前的大多数公园一样，（收费区域）用围栏圈起来，在展出期间凭票入场，展会关闭后便可以自由出入。曼海姆的这届展会出乎意料地成功，创纪录地售出了18.6万张季票，公园吸引了810万人次前来参观——这是除了1983年慕尼黑国际园艺展的1100万人次外，所有同类型展览中参观人数最多的一次。在展会即将闭幕之前，市民们甚至呼吁路易丝公园和赫尔佐根里德公园（合称为曼海姆市立公园）在展会结束后延续收费制度，以便保持设施维护的标准。

现在，赫尔佐根里德公园已成为内卡尔施塔特（Neckarstadt）地区的一个社区公园，占地12公顷的下路易丝公园（Unterer Luisenpark）可以免费入园，占地41公顷的上路易丝公园（Oberer Luisenpark）——赫尔佐根里德公园和路易丝公园的主体区域则需要付费参观。路易丝公园仍保持着20世纪70年代设计之初的样子。40多年来，（对公园）所做的任何改动都遵循着原设计师霍斯特·瓦根菲尔德（Horst Wagenfeld，1934— ）最初的设计理念。这种设计理念的贯彻比约翰·纳什（John Nash）之于摄政公园（Regent's Park）、彼得·约瑟夫·莱内（Peter Joseph Lenné）之于蒂尔加滕公园（Tiergarten）或者弗雷德里克·劳·奥姆斯特德（Frederick Law Olmsted）之于中央公园（Central Park）更为持久。这种理念的连贯性给公园带来了不同寻常的延续性。

## 2. 历史

### 2.1 缘起

路易丝公园的建设最早开始于1892年。[1]那时刚刚提出要在城市东部地区兴建一个开放性公园的设想，而它主要的支持者是卡尔·威廉·卡西米尔·福斯（Carl Wilhelm Casimir Fuchs，1837—1886年）。他是海德堡大学的一位地质学教授，土生土长的曼海姆人。福斯相信城市公园对人们的健康有益，并为公园的建造捐赠了2万马克的遗产。1892年至1894年间，这笔钱被用在约10公顷的下路易丝公园的建设之中。

公园主要根据园艺师西斯麦尔兄弟（Brothers Siesmayer）设计的总体布局落成，造价是福斯遗产的四倍多。1896年11月，市议会决定以巴登大公夫人路易丝（Archduchess Luise of Baden，1838—1923年）的名字来命名这个公园。路易丝是德皇威廉一世（1861—1888年在位）的女儿，

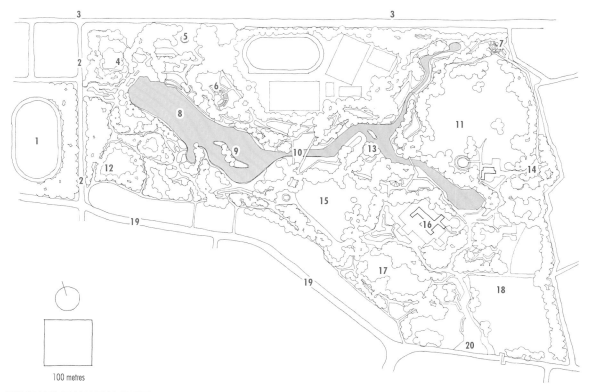

**曼海姆的路易丝公园总平面图**

1. Unterer Luisenpark 下路易丝公园；2. Ludwig-Ratzel-Straße 路德维希–拉采尔大街；3. River Neckar 内卡河；
4. Play Area 游戏区；5. Telecommunications Tower 电信塔；6. Perennial Plant Garden 多年生植物园；
7. Chinese Garden 中国园；8. Parksee Kutzerweiher 库策池塘公园；9. Bird Island 鸟岛；10. Double Bridge 双桥；
11. Freizeitwiese 自由时光草坪；12. Floral Display Area 花卉展示区；13. Lakeside Stage 水上舞台；14. Play Area 游戏区；
15. Spring Meadow 春之草坪；16. Plant House 植物馆；17. Heinrich-Vetter-Weg Sculpture Garden 海因里希·费特尔路雕塑园；
18. Maintenance Area 养护区；19. Am Oberen Luisenpark 上路易丝公园街；20. Main Entrance 主入口

1856年18岁时嫁给了巴登的弗里德里希一世大公（1838—1923年在位）。大家都认为她是一个令人钦佩的人，她的名字足以用来命名一个公园——尤其是这个公园的建立是源于对公共卫生的关注。路易丝是巴登社会福利工作的一位开创者，她创立了致力于慈善工作的妇女组织。尤其是在1907年她的丈夫去世后，她便更加尽心于这项事业，在第一次世界大战期间，她热情地投身于医院的工作之中。

1897年到1903年间，公园又扩建出路德维希–拉采尔大街东边的20公顷土地，即上路易丝公园（Oberer Luisenpark）的部分。如今位于公园中心的库策池塘（Kutzerweiher），最早是内卡河的一个河湾，以及砾石开采所形成的水洼（砾石开采活动在20世纪20年代停工）。和这一地区的许多景点一样，它是以一位前市长特奥多尔·库策（Theodor Kutzer，于1914—1928年在位）的名字命名的。曼海姆在第二次世界大战中遭到猛烈轰炸，整个城市和公园中的树木遭受了严重的破坏（Schmidt-Baumler，1975）。而在新建或维护方面，自第二次世界大战结束直到1958年新温室建成，公园只获得了很少的投资。当时，公园里只有一个小小的沙坑游戏区，一些花圃和灌木区，以及绿荫如盖的大乔木。当时公园中的园艺养护工作仅限于每年割两次草。1959年至1969年间，公园连续举办了秋花节（Blühender

Herbst）双年展。

　　1968年夏天，市议会和ZVG（中央园艺协会）关于举办德国联邦园艺博览会进行了第一次讨论。[2]ZVG的一个工作小组和市议会共同对5个候选的场地进行了考察和评价，并将路易丝公园和赫尔佐根里德公园作为最优选择。到了1969年11月，市议会决定（继秋花节之后）继续组织一场将两个公园包含在内的展览，并决定将上路易丝公园扩大到41公顷，将其东部的土地也并入其中。这部分土地在第一次世界大战之前一直用作马场，而后被美军占用，改为高尔夫球场。两个公园在1970年1月至10月间分别进行了设计竞赛，其中路易丝公园的竞标仅面向6个预先选定的风景园林师和建筑师团队。风景园林师理查德·博德克（Richard Bödeker）、阿明·博耶（Armin Boyer）、霍斯特·瓦根菲尔德（Horst Wagenfeld）与同样来自杜塞尔多夫-胡伯拉思（Düsseldorf-Hubbelrath）的建筑师威尔弗雷德·贝伦斯（Wilfred Behrens）共同摘得桂冠。但此时距1975年4月份公园开放只有4年半的时间了，他们要在这有限的时间之内完成对公园的详细设计和建设。同时，与其他联邦园艺博览会的场地不同，路易丝公园要完成的不仅是对现状的提升与改造，它还需要对扩建后的公园进行全面的重新设计。后来证明公园的设计与建设是十分成功的，因为在1975年8月，也就是展览结束前两个月，便有呼声要求该公园作为付费入场的城市设施来继续使用。[3]

## 2.2　场地基础条件

　　绘制于1622年的地图显示，公园的大部分场地位于内卡河的支流流域。[4]记录显示，在1794年内卡河裁弯取直后，这片土地便成为一片"满是兔子洞的泥泞沼泽"。高地下水位以及缺少高大树木的固持，使这里时常受到洪水的威胁。1865年，化学公司巴斯夫（Badische Anilin und Soda Fabrik，BASF）的创始人弗里德里希·恩格尔霍恩（Friedrich Engelhorn）曾向市议会申请将"新牧场"区域（包含了现在的路易丝公园的东部片区）一片16公顷的土地作为工厂的生产区，但议会拒绝了他的申请。这并不妨碍恩格尔霍恩在附近的路德维希港（Ludwigshafen）另外找地，那里如今已有大约2000栋建筑和超过10平方公里的厂区（www.basf.com）。但这一结果确实避免了潜在污染行业在市中心附近的发展，并使这块土地最终成为公园的一部分。1892年在公园的开园典礼上，这片土地被（诗意地）描述为"牧场中的月季花园"。

　　施密特-鲍姆勒（Schmidt-Baumler）指出，直到库策池塘周边的砾石开采活动停止时（20世纪20年代），这里的地下水位仍然很高。[5]到了20世纪60年代末，地下水位才大幅下降。在为这届园艺博览会所做的最初的设计中，库策池塘将同地下水隔离，成为独立的水循环系统。（在工程中）先埋入与平均地下水位等高的砾石，上覆200毫米厚的黏土层，最后再用800毫米厚的碎石盖住黏土以抵消地下水上涌所产生的压力。湖的面积也增加了一倍，达到4公顷，扩湖挖出来的土方则被用来创造公园新的地形。由于二战后曼海姆的树木本就所剩无几，再加上从公园规划到重新开放的时间非常短，因此整个设计中"没有一棵树因为新建项目而被砍伐"（Schmidt-Baumler，1975）。树木修剪（技术）和对现有树木的保护措施成为展览的主题之一。

## 2.3　公园建立过程中的关键人物

　　在路易丝公园的发展中，有三股关键力量。首先是福斯博士，正是他的遗产启动了上路易丝公园的创建；然后是风景园林师博德克、博耶和瓦根菲尔德，他们在1970年为德国联邦园艺博览会所做的设计以及后续工作，对公园最初的设计理念做出了毫无偏差的继承和发展；最后，非常重要的一个群体是曼海姆的市民，他们从1975年路易丝公园正式对外开放，就以极大的热情拥抱它。1975年8月，当地一家报纸对读者进行了调查，在16400名受访者中，83%的人呼吁该园区延续付费入园的政策。

瓦根菲尔德是公园入选方案的主设计师（之一）。随后，他还负责监督工程的实施并长期担任公园设计咨询顾问的工作——他负责比照最初的设计方案，对工程中任何不一致的地方向工程经理指出。[6]在1989年修建的以"艺术与自然的对话"（Kunst und Natur im Dialog）为主题、容纳二十多件海因里希-维特-韦格（Heinrich-Vetter-Weg）雕塑作品的雕塑公园，以及1999年千禧中国园的建造中，瓦根菲尔德都起到了重要作用。瓦根菲尔德提出，这座公园是对城市的一剂解药，使人们远离城市压力，以山水和树木创造了永恒与浪漫的感觉。

## 3.　规划与设计

### 3.1　项目区位

在帕拉廷选帝侯定居曼海姆城时期，城市中心区域便呈现出棋盘格的基本布局形态——以当初的宫廷（现在被曼海姆大学所占）为中心，以矩形方阵的形式向外辐射，并被最外围一圈防御工事所环绕。防御工事的北沿直抵内卡河河岸——是曼海姆城源起于一个渔村的证据。曼海姆的另一个标志性建筑——水塔（建于1886—1889年），以及塔基之下中轴对称的弗里德里希广场（Friedrichplatz）——位于城垣的东侧。这体现出城市跨过19世纪的城墙向东部城区奥斯特施塔特的发展趋势。路易丝公园的路德维希街入口距离宫殿不到1500米，而距离水塔不到750米。（内卡河的）河堤界定出公园的北部边界。公园南部毗邻19世纪的高密度住宅区（其中大部分房屋为高收入家庭所有），东边散布着体育场

树上的儿童安抚奶嘴（2012年7月）

和铁路线，更向东则是更为密集的住宅区。它是一个非常典型的城市近郊公园。

根据ZVG 1969年4月的调查报告，曼海姆内城之中的开放空间十分短缺且环境较差，在内卡河以北——与中心城区隔河相对的内卡尔施塔特地区也十分缺少体育场地（Panten，1987）。对此，这届德国联邦园艺博览会提出了三个战略目标：

- 将路易丝公园作为城市级休闲服务区进行重新设计，并以此带动城市其他地区类似公共设施的开发；
- 提升赫尔佐根里德公园的品质，使其成为（内卡尔施塔特地区）目前以及未来高密度社区的休闲服务中心；

- 加快内城区域步行街区和开放空间的建设，以促进居住、购物和商业形态的发展，避免沦为"外来务工人员和贫困人口的聚居区"（Garten和Landschaft，1975）。

## 3.2 场地的原始形状和地貌

（公园）场地的基本形状是一个东西向的矩形，东南角向外隆起。它（东西向）最长的地方接近1000米，（南北向）宽度在220米到680米之间。北部地区有一个接近半圆形的体育中心；西部边缘沿着路德维希街，是连通下路易丝公园的地下通道；公园南部是曲线平缓的上路易丝公园街，这也区分了公园用地与居住区的边界；公园东部蜿蜒的边界之外是另一片综合体育场地；东南角向外突出的区域则主要被管理用房、节庆建筑和公园养护区所占据。

公园坐落在相对平坦的内卡河河漫滩上，库策池塘原本就是内卡河的一个河湾。在河流裁弯取直之后，这段河床被用来开采砾石。公园的重新规划使库策池塘的面积增加了一倍，并成为一个独立的水体。池水会被泵回北部支流最东端的源头，再自东向西内部循环。扩湖产生的土方不仅被用于湖岸本身，也为堆造新的景观地形以及塑造公园南部和东部的场地和设施提供了材料。

## 3.3 设计构想

（路易丝）公园的平面布局很像伦敦的圣詹姆斯公园，也有一个几乎横贯公园的中心水面（即库侧池塘）。湖中的岛屿成为鸟类的栖息地，并为湖面增添了虚实掩映的景观效果。水体在中段收窄，并有两座木桥跨过。湖水同时也成为气氛活跃而项目众多的南部空间［展览轴（Ausstellungsachse）］与静谧舒缓的北部空间（Rubebereich）之间的天然屏障。水体东侧宽阔的"自由时光草坪"（Freizeitwiese）由之前的赛马场和高尔夫球场改建而成，是园艺节期间最主要的活动场地，现在则成为一个灵活的大型会场空间，供各种露天活动使用。公园里的一切都旨在营造一种宁静的小镇花园的氛围——没有吵闹的犬只、横冲直撞的自行车（讽刺的是自行车就是在曼海姆发明的），（公园中）只有草坪上散布的活动座椅，静静盛开的繁花……甚至一棵令人追忆童年时光的装饰着安抚奶嘴的树。

## 3.4 空间结构、交通系统、地形、材料与种植设计

瓦根菲尔德将设计的主题阐述为"空间的塑造"（Raumbilding）（Wagenfeld，1975），并以人类在自然中开发居所，并寻求开发利用同自然空间

可移动座椅（2012年7月）

库策池塘支流上的索桥（2012年7月）

的平衡互动来解释这一观念。他强调了路易丝公园对曼海姆中心地区的重要意义，认为公园所提供的绿色开放空间，不仅有助于改善微气候，还大大增加了居民可使用的公共活动空间。他将公园的游线系统概括为四个主要区域的相互贯通：

- 展览轴——这条公园中的主要通道，在展会期间像"珍珠项链"（Panten，1987）一样将各个展览活动串联起来，并使位于公园西部的城市中心区与东部的市场区域便捷连通。
- 水轴——连缀起同样是为德国联邦园艺展而建造的位于公园西北角的电信塔、"食物墙"（food wall）、鸟岛、双桥、水上舞台（Seebühne）和库策池塘最南端的码头区。优雅迷人的贡多拉小船至今仍泛舟水上。
- 静谧区——沿库策池塘北岸的一组气氛幽静的区域，包括杜鹃花专类园，南向的阳光台地和溪流区。
- 休闲空间——主要集中在"悠闲屋"（Freizeitbaus）和带有许多游戏坑的"自由时光草坪"（Freizeitwiese）一带。在节日期间，这里还有一个用绳网约束的装满气球的游戏山，让孩子们在这些气球间爬来爬去，蹦蹦跳跳。

瓦根菲尔德认为这里的地形被塑造为一种独立而个性十足的"浓缩景观"。种植设计被用来增强地形的起伏——正如同伯肯黑德公园（Birkenhead Park，坐落于英国利物浦市伯肯黑德区，被誉为世界造园史上第一座真正意义上的城市公园）一样——为突出空间的个性和环境氛围，在远离地下水层的高地上进行种植。公园中回收利用了来自城市道路铺装的花岗石材料，用作景墙、路缘石，或车行道的建造（Schmidt-Baumler，1975）。同时，园内还为150株需要移栽的大树进行了大量精细的整地工作，并为地被及长年生植物提供了充足的土壤肥力，这些植物也

因此成为公园的一大亮点。另外，这次展会中用到了多种类型的建筑，比如展览及活动平台、休闲娱乐设施等。建筑设计一开始便考虑了会后的持续使用。其中的一些已被移走，比如奥托·弗雷（Otto Frei）设计的木结构餐厅由于风暴而遭受破坏；有些得以扩建，比如水上舞台，它的容量增加到1000平方米；还有些新建项目，比如1996年完工的仙人掌和蝴蝶馆，以及一座60平方米的用来演奏舒缓轻音乐的"绿洲之声"（KlangOase）——现已成为公园中最受欢迎的场地之一。

## 4.　管理和使用[7]

### 4.1　管理组织

路易丝公园和赫尔佐根里德公园都是由曼海姆城市公园管理公司（Stadtparks Mannheim gGmbH）来管理运营的。这所公司99.9%的股权归城市所有，董事会由8位当地耆宿或市议员组成，由市长或其代表来主持工作，由董事兼首席执行官负责运营。1984年，一个名为"公园之友"的组织成立，30年后，它已经拥有了超过1700名会员（www.foerderkreis-luisenpark.de）。管理公司一般都会就公园内的任何改动咨询这一组织，但"公园之友"本身没有决策权，它的主要职能是鼓励公众对公园的兴趣与参与，并为各种专项工程进行筹款。水系北部的索桥和药用植物花园都是由该组织捐资修建的。

### 4.2　资金和支出

城市公园管理公司2011年的总运营成本约为1060万欧元——其中590万欧元（55%）来自市议会，其余的470万欧元则通过自筹——其中主要来自门票收入的330万欧元。2011年，公司总共有员工250名，包括30名行政管理人员——相对于这样两个规模不大的公园来说，算是很高的

公园东北方的"自由时光草坪"（2012年7月）

人员配备，这也说明了公园高标准的维护水平。

## 4.3　使用情况

城市公园管理公司从1975年开始，每年都会售出超过4万张长期门票。路易丝公园每年的游客量都保持在110万到130万人次之间，天气恶劣或门票涨价的年份，游客会略有下降。绝大部分游客都是居住在曼海姆200公里范围之内的居民，其中约53%的游客会从停车位充足的主入口开始参观游览——说明很多游客是从市中心以外的地方驱车而来的。

## 5.　未来规划

### 5.1　公园维护

路易丝公园的发展原则是尽可能地保留德国联邦园艺展的最初风貌，并通过两项措施来确保这一原则的贯彻实施。首先，在每一任经理的聘用合同中都明确了不能擅自改变园区布局、功能或性质的条款；其次，所有对原设计的修改仍必须征询霍斯特·瓦根菲尔德的意见。后来由达姆施塔特大学（University of Darmstadt）进行的一项营销研究佐证了这一成果——即路易丝公园已成为整座城市"情感诉求"（emotive appeal）的核心。

为了扩大公园对周边城市空间的价值，沿着位于水塔景观轴线的奥古斯塔-安拉格大道（Augusta-Anlage）和通往公园入口的舒伯特街（Schubertstrasse）进行了大量的街道绿化，以创造公园和市中心区域更多的视觉融合。2013年通过全民公投，曼海姆也成功地赢得了2023年德国联邦园艺展的举办权——这次计划兴建的65公顷土地，来自一座于2016年移交的总占地面积500公顷的美军基地。

## 5.2　野生动物

种类繁多的驯养动物，本土及异国的各种鸟类也是路易丝公园的主要看点之一，其重要性充分反映在保育人员的配备，及翔实周密的档案工作之中。（公园中）无论外来抑或本土的鸟类，生活环境都被设计得和谐统一。本土物种可以自由地进出公园，其中包括德国南部城市公园中最大的一群鹳鸟——2012年（在公园中）孵化的雏鸟数量达到了创纪录的69只。而相比之下，引进物种，如火烈鸟则需要修剪翅膀，以防止飞走。当然它们的数量也在持续增加。这种兼收并蓄的管理方式——本地物种和外来物种，驯养物种和野生物种，各色植物和动物填满了曼海姆城市公园管理公司的名录，但却不一定符合乡土物种和自然主义管理体制的要求。对此，公司管理层认为路易丝公园实在是受空间所限。

## 6.　小结

路易丝公园是一座充分考虑了大众需求的现代公园。与圣詹姆斯公园类似，它的格局基于一个绕湖而建的8字形交通干道，步行系统融合了简明的直线和蜿蜒的曲线，能十分有效地将游客引导至公园的枢纽区域——位于湖区东南端的建筑与活动场地，同时借由等级清晰的支路系统，自然而然地连接了公园中的其他景观焦点，如双桥和电信塔。

路易丝公园既是一个大公园，也是一个完美延续的花园展。它呈现出一种花园所独有的特质，比如特别适宜徒步（的环境）、灵活可移动的座椅与躺椅，以及一整片开阔自由的大草坪。它为园艺展示和景观维护树立了无可挑剔的标准，展示了保留原生大树的诸多裨益，以及通过拓宽水面，拉高地形（tightly pulled landform together），增强种植而塑造出清晰有力的景观空间。它同时也示范了设计师持续跟进项目的重要性。如果说玛丽亚·露易莎公园（参见第12章）是20世纪早期开放性公园的先驱，那么路易丝公园便可谓20世纪中后期城市公园的经典之作。

## 注释

1. 主要参考自艾森胡特（Eisenhuth，1991）的文章。

2. 主要参考自格拉比（Grebe，1975）的文章。

3. 多特蒙德（1959年/1969年）、埃森（1965年）、卡尔斯鲁厄（1967年）等举办的联邦园艺博览会在会后也都延续了收费入园的政策（Panten，1987）。

4. 主要参考自艾森胡特（Eisenhuth，1991）的文章。

5. 主要参考自施密特–鲍姆勒（Schmidt-Baumler，1975）的文章。

6. 主要参考自2012年7月9日与霍斯特·瓦根菲尔德（Horst Wagenfeld）及曼海姆公园管理局的约阿希姆·柯尔驰（Joachim Költzsch）、斯蒂芬·奥尔（Stefan Auer）、雷纳特·费尔南多（Renate Fernando）的会谈。

7. 管理和经费方面的资料来自曼海姆公园管理局的约阿希姆·柯尔驰。

# 第14章 冯德尔公园，阿姆斯特丹

（Vondelpark，Amsterdam）

（120英亩/47公顷）

## 1. 引言

冯德尔公园实质上是阿姆斯特丹的中央公园，它也是一个始建于19世纪，狭长、内向型、历史悠久的休闲场地，与周边的城市肌理形成鲜明的对比。阿姆斯特丹老城区是由半同心圆的运河水道围合，老城外围的辛格尔运河（Singelgracht canal）描绘了17世纪时的城市边界。冯德尔公园就坐落在老城西南方向的圩田*上。19世纪，随着城市扩张，对休闲空间的需求不断增长，冯德尔公园就在紧靠城市运河的附近修建起来，开始叫骑步公园（Rij-en Wandelpark），后来叫新公园（Nieuwe Park）（de Jong 等，2008；Steenbergen和Reh，2011）。1867年，在公园里设立了诗人、剧作家约斯特·凡·登·冯德尔（Joost van den Vondel，1587—1679年）的塑像。1880年，公园改名为冯德尔公园。

冯德尔公园最初是"由一群富有的市民来规划并实现的，这与伦敦的摄政公园很像，相信是受了摄政公园的启发"（Hall，2010），公园在20世纪50年代才变成公共财产。但在城市空心化的时代，在泥炭圩田场地之上维持这样一个大公园耗资巨大，故而公园逐渐陷入衰败。到1996年，随着西欧后工业化时代的城市人口再次增加，冯德尔公园作为荷兰第一批城市公园之一也被列入国家遗产名录。这也带来在2001年到2010年间实施的一个大型复兴计划，目标是实现历史保护的同时，符合公园高强度使用的需求。目前，公园每年的访客超过1600万人次。

冯德尔公园复兴项目与阿姆斯特丹后来提出的城市总体规划原则一致。2011年，阿姆斯特丹议会批准了新的城市总体规划——《阿姆斯特丹2040年愿景规划》（Structural Vision：Amsterdam 2040），规划提出要在现状城市边界范围内修建7万套新建住宅——"只有同时在公共空间、公共交通以及绿地方面进行投资"（City Alderman Maarten van Poelgeest in Lauwers等，2011），才能使这一目标切实可行。这一考虑与19世纪60年代社会领袖们的担心如出一辙。当冯德尔公园被首

---

\* 也叫围田，沿江、濒海或滨湖地区筑堤围垦成的农田。地势低洼，地面低于汛期水位，甚或低于常年水位。——译者注

次提出时，社会也有担忧："富裕市民正在逃离城市——铁路的建设正在使这种思潮成为现实"（Steenbergen和Reh，2011）。但区别在于，当年私人部门负担起了公园建设问题。

## 2.　历史

### 2.1　缘起

19世纪30年代，哈勒姆（Haarlem）和乌得勒支（Utrecht）已在其原城墙的位置上修建了步行小道（Steenbergen和Reh，2011）。阿姆斯特丹也出现了对类似设施的需求。第一个与公园相关的房地产投资项目来自一位医生——塞缪尔·萨法蒂（Samuel Sarphati，1813—1866年）。"杂糅商业主义和社会责任是当时社会的风气"（Hall，2010），但萨法蒂的项目很快陷入资金危机，只留下了一个位于冯德尔公园以东约1公里、面积4.8公顷的公园——萨法蒂公园（现也已归属于阿姆斯特丹市政府）。冯德尔公园也同样来自一次商业冒险。银行家、慈善家克里斯蒂安·彼得·范·埃根（Christiaan Pieter van Eeghen，1816—1889年）是始作俑者，他于1864年创立了"阿姆斯特丹骑步公园建设委员会"，旨在"关注公共健康的同时，为富有的阿姆斯特丹人创造一个规划良好的郊区住宅开发项目"（Steenbergen和Reh，2011）。

时任阿姆斯特丹市长的扬·曼斯查特·范·沃伦霍芬（Jan Messchert van Vollenhoven 1812—1881年，1858—1866年任市长）曾说"虽然我承认每个人都喜欢绿地，但人们更喜欢出让土地后获得补偿。*人们对金钱的喜爱远胜于对公园的喜爱"（Wagenaar，2011）。尽管如此，城市首席工程师范·尼夫特里克（J. G. van

公园河湖系统的局部（2012年7月）

修复的音乐台（2012年7月）

---

\*　意为建设绿地需要很高的土地成本。——译者注

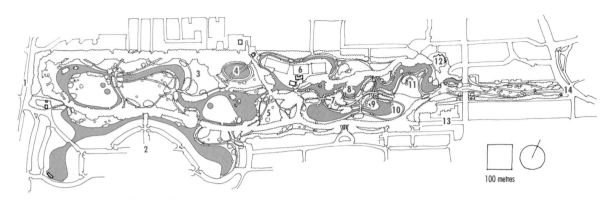

阿姆斯特丹冯德尔公园总平面图

1. Amstelveenseweg 阿姆斯特尔芬路; 2. Willemspark 威廉斯帕克区; 3. Rose garden 月季园;
4. Children's play pool 儿童嬉水池; 5. Picasso meadow 毕加索草坪; 6. Tennis courts 网球场地;
7. Open aire theatre 露天剧场; 8. Bandstand 音乐台; 9. Blauwe theehuis 蓝茶馆;
10. Hippie meadow 嬉皮士草坪; 11. Vondel stature 冯德尔塑像; 12. Vodelpark pavilion 冯德尔文化中心;
13. P.C. hooftstraat P. C. 霍夫特街; 14. Stadhouder shade 斯塔德侯德斯卡德大街

Niftrik）1867年提出的《城市扩张规划》（简称《规划》），"首次明确地提出了城市公园的方案"（Chadwick，1966），其规划的一系列公园中就包括了位于辛格尔运河外侧的冯德尔公园。《规划》"在创造一座城市的角度无疑是一次令人印象深刻的尝试，非常全面"（Hall，1997），也是对极为恶劣的城市卫生状况的回应。《规划》提出了宽度为18—32米的道路系统，在道路之下，同时规划了一个排水系统（Wagenaar，2011）。市政府否决了这一计划，称其"过于激进"，超过了政府能力范围。简言之，《规划》的失败是因为与土地拥有者的权利相冲突。

范·尼夫特里克的规划之后，1875年，城市建设主管卡尔弗（J. Kalff）提出了更实用的《阿姆斯特丹总体发展规划》（General Expansion Plan for Amsterdam），规划的过程也咨询了范·尼夫特里克，吸取了其规划的教训。这一规划试图"融合已在进行的开发，而不是控制开发"，为正在进行的开发项目规划街道、提供

服务（Hall，2010）。这一时期的背景是，"19世纪下半叶，阿姆斯特丹的人口从22.4万人增长到了51.1万人"。而19世纪上半叶的人口增长则缓慢得多，可能是城市糟糕的卫生条件制约导致的。卡尔弗的规划中也取消了冯德尔公园，"只规划了两个较小的公园，在高密度开发地块中犹如小岛"（Chadwick，1966）。上述两个公园最终称为奥斯特公园（Oosterpark）和韦斯特公园（Westerpark）。[*]但直到1935年的城市发展规划，才将绿色空间作为阿姆斯特丹城市发展的主要元素之一（参见第29章）——这也促进阿姆斯特丹形成了今天以公共空间带动城市发展的政策思路。

## 2.2 公园设计时的场地尺度和条件

荷兰沿海区域遍布沼泽，自公元9世纪以后就被逐渐开发。冯德尔公园即坐落于一片泥炭圩田上——属于哈勒默梅尔（Haarlemmermeer）圩田的一部分。圩田大多呈长条形，由流向IJ湾的

---

[*] 奥斯特公园（Oosterpark）和韦斯特公园（Westerpark），荷兰语"ooster"意为东部，"wester"意为西部。因此两个公园又称为东部公园和西部公园。——译者注

排水道分隔（参见第7章）。而自1609年的城市扩张计划以来，为了便于城市开发，同时也有防卫的考虑，修建了一些与排水道相切的运河，包括当时城市最外围的辛格尔运河，同心圆式的城市开发打破了长条状排列的圩田景观格局。

1858年以前，阿姆斯特丹市民可以在城市东部的普兰塔区（Plantage）散步，"那里有15个私人花园，花园之间均有林荫道相连"（Steenbergen和Reh，2011）。1858年，市政府出售了普兰塔的土地，允许在这一区域建设房屋。这也促使范·埃根开始对城市外围紧靠辛格尔运河的土地发生兴趣。公园的第一期占地10公顷，于1865年动工，并于同年6月向公众开放。从一开始，范·埃根就希望公园可以延伸到2公里以外的阿姆斯特尔芬路（Amstelveenseweg）。1867年和1872年，公园又分别增加了6公顷和16公顷面积。公园最终的部分在1876年建设完成。直到1883年，附近的城市开发才开始，位于公园南面的威廉斯帕克（Willemspark）区域开始建设为居住区。

冯德尔公园平均标高为阿姆斯特丹NAP−1.6米，公园中水体的标高为NAP−2.45米（Normal Amsterdam Level，阿姆斯特丹平均基准标高，荷兰语"Normal Amsterdams Peil"）*，而阿姆斯特丹全市的平均标高约在NAP+0.6米到NAP−0.6米之间。公园以北的道路标高要高于公园，以南的道路则低于公园，这样做的目的是加强南部道路与公园的联系，同时提升周边的土地价值。现在，公园还以每年10毫米的速度继续沉降。

由于场地为泥炭土土壤，在公园设计和建设伊始，控制公园及附近地区的地下水位就非常重要。水位太高，对树木产生内涝，甚至对附近地区产生洪水；水位太低，会造成土壤支撑力下

东西向的环形道（2012年7月）

降，对构筑物和树木产生破坏，也会造成桩基（当时主要用木桩）的加速腐烂。为了解决工程的稳定性问题，在公园内设计了一条环形水系，其标高介于公园地面平均标高和相邻地块、道路平均标高之间，并通过人为手段来维持相对高差；在公园与北部道路相邻的地方，修建了3米深的挡墙，以用于调整水位。即便如此，泥炭土的沉积和氧化，（自公园建成以来）还是产生了严重的沉降，这就要求每30年要对公园进行一次彻底的整修和更新。

## 2.3　公园建立过程中的关键人物

公园最初建立过程中有三位重要人物：范·

---

\* 由于荷兰大部分地区是围海造地而成，故而基础建设、修造堤坝、建设房屋等都需要考虑水位。1818年，荷兰国王威廉一世下令确立NAP，各地根据高低潮位确定NAP的海拔。——译者注

埃根（1816—1889年）和设计师父子——约翰·戴维·左赫二世（Johann David Zocher Jr，1791—1870年）和路易·P. 左赫（Louis P. Zocher，1820—1915年）。范·埃根是一位慈善家，也是荷兰银行董事。他于1864年发起创立了"骑步公园建设委员会"，其宗旨是通过公园建设、住宅开发产生的利润，促进公共健康与福祉。范·埃根的这种初衷也在威廉斯帕克区域和为纪念他而命名的范埃根大街区域得以展现。

　　在1865年购买公园第一块10公顷的土地时，"骑步公园建设委员会"提供了三分之一的经费，剩余的经费由938名捐赠者捐献。1867年购买公园第二块土地（6公顷）时，筹集了12万荷兰盾。1872年购买第三块（16公顷）土地时，经费有所不足，因而委员会通过对公园周边的农地进行住宅用地开发才得以筹集到资金（Steenbergen和Reh，2011）。由于公园周边的土地逐渐被开发，阿姆斯特丹市政府开始为冯德尔公园承担一定的责任，如1912年市政府投资建设了公园的抽水设施，以控制合理的地下水水位。对于公园委员会而言，有限的可支配资产和收入使维护公园的负担越来越难以为继，最终在1953年，委员会将公园捐赠给了阿姆斯特丹市政府。

　　左赫家族是具有德国血统、世居哈勒姆的设计师和园艺世家。老左赫早在1867年就开始参与公园和公园建筑的设计、附近的住宅开发设计和公园的管理工作（Taylor，2006）。老左赫的父亲约翰·左赫一世（Johann David Zocher Sr，1763—1817年）曾经是路易一世*的宫廷建筑师，而约翰·左赫二世年轻时曾在巴黎美术学院（École des Beaux-Arts in Paris）、罗马、伦敦

斯塔德侯德斯卡德大街（Stadhoudershade）上的入口大门（2013年9月）

学习建筑和艺术。1838年在伦敦时，约翰·左赫二世就加入了当时刚成立的英国皇家建筑师学会（Royal Institute of British Architects，RIBA）**。显然，"他们首先认为自己是建筑师"（Steenbergen和Reh，2011）。但左赫家族的确在哈勒姆附近经营着自己的苗圃，也为冯德尔公园建设时提供了最早一批的乔木和灌木。曾有记载，1867年春天时，老左赫曾同公园主管对公园中的树木进行考察，并建议对树木进行重剪——这一建议直到现在每年都会进行。

　　另一个对公园设计有重大影响的人，是风景园林师埃格伯特·莫斯（Egbert Mos）。公园移交给市政府后，莫斯曾负责了1959年的公园修葺翻新项目。这次改造对原始设计的变动很大。改造时的意图是公园养护维护的机械化，降低维护成本，通过机械化来应对日益增长的公园使用。莫斯的改造还包括提升场地的地面标高、对园路进行取直、将原有树木替换为速生树种。2001年到2010年，风景园林师迈克尔·范·格塞尔（Michael van Gessel）和奎林·沃霍格（Quirijn

---

*　路易·波拿巴（Louis Napoléon Bonaparte，1806年6月5日—1810年7月1日在位），即荷兰国王路易一世，法皇拿破仑的三弟，路易二世之父。——译者注

**　英国皇家建筑师学会（Royal Institute of British Architects，RIBA）于1834年以英国建筑师学会的名称成立，1837年取得英皇家学会资格。它的宗旨是：开展学术讨论，提高建筑设计水平，保障建筑师的职业标准。——译者注

Verhoog）负责了公园的最近一次改造，加上景观历史学家埃里克·德·扬（Erik de Jong）的加入，公园又重回了左赫父子的最初设计方案。

## 3. 规划与设计

### 3.1 位置

冯德尔公园位于17世纪时阿姆斯特丹老城的外缘，当时的选址就是为了提供内城居民高度的可达性，同时也有潜力成为新开发的低密度居住区的焦点和中心。这一思路与纽约中央公园相似。现在，冯德尔公园已经处于阿姆斯特丹的城市中心，靠近历史核心老城、游客云集的博物馆区，以及P. C. 霍夫特街（P. C. Hooftstraat）的高端时尚购物区。公园周边已成为高档住宅区。公园狭长的形状，也使其成为市中心和外城之间理想的自行车通勤路径。

旧南区（Old South，荷兰语"Oud Zuid"）是"坐落于阿姆斯特丹西区与德派普区（De Pijp）之间……阿姆斯特丹最精致的一个邻里社区……有一种文化与商业融合的气质"。旧南区通常是指博物馆区和威廉斯帕克区域，1990年以旧南区为主，加上周边一系列小型区域成立了阿姆斯特丹南区（Amsterdam Zuid）。1998年，南区改名为旧南行政区（Oud Zuid District）。2010年，阿姆斯特丹将原有的14个行政区重组为7个大区，旧南区并入新的、范围更大的南大区。2014年3月，7个大区又被撤销，而通过统一的市政府来履行城市治理工作。

### 3.2 原设计概念

荷兰风景园林师克莱门斯·斯滕贝根（Clemens Steenbergen）和沃特·雷（Wouter Reh）将冯德尔公园的原始特征描述为"带有文化特征、融于自然的公园"，认为左赫尝试在"一片平坦的场地上，试图模拟出自然河流的景观"

（Steenbergen和Reh，2011）。公园的种植设计则受到兰斯洛特·布朗（Lancelot Brown，1716—1783年）的影响，左赫父子的设计"借鉴了英国自然风景园的手法……并将该风格与公园的功能结合起来"。但冯德尔公园的最初设计并不是简单的复制，而是"完全独特的形式：坐落在圩田之上的自然田园诗"。

冯德尔公园与英国自然风景园最显著的区别在于水景的规模和复杂性。在英国自然风景园中，水景是奢侈的象征，而在阿姆斯特丹，水体无处不在。虽然公园中的水系看起来像一些小湖泊，但实际上，这些水体之间是相连通的。而如果说公园的植物景观令人想起布朗的作品，那么左赫父子设计的狭长水系就是对受雷普顿影响、纳什设计的摄政公园水系的致敬。总之，早期的公园设计——特别是巴黎和伦敦的公园，对曾在那里学习的老左赫影响颇大。

冯德尔公园由西向东的变化，也在展现了其分期建设的过程；而从北向南则表现出地下水管理和附近住宅开发的影响。因此，公园东部的开发更为紧凑，使用频率也更高，而西部则更疏朗和放松。公园最东端狭窄的刀把型部分（狭长地带），以及横跨于此的立交桥（建于1947年），更加强了这种局促感。公园南部的现状仍然反映了将威廉斯帕克地区作为公园"前门"的初衷。

### 3.3 空间结构、交通系统和地形

在许多方面，冯德尔公园的空间布局运用了当时流行的公园设计手法，也营造了非常独特的景观类型——在平坦的场地上对自然河流景观进行模拟，创造性地使用了微地形的手法，对视线进行引导和控制。此外，除了地形，设计方案也利用树木和林带进行围合和遮挡，在平坦的地形上形成了空间结构和感受。无处不在的水景给人感觉更像是湿地，而非河流。丰富、复杂的水体也给公园带来了独特的特性。

冯德尔公园的"道路和水岸线的形状"可被视为"新艺术运动"的早期萌芽，公园中水体的形式无疑让人想起阿尔方德（Alphand）的巴黎肖蒙山公园中的几何形式。但公园主交通游线的"8"字形布局，更让人想起圣詹姆斯公园的设计。公园中的7座桥是另一个重要的景观特征，不管是桥在景观之中，还是从桥上观景，都令人印象深刻。此外，如狭长的纽约中央公园一样，冯德尔公园外围密植的树木，也将视线引导向公园中的草地、水体，增加了公园的视觉纵深和层次。可以说，左赫父子的设计在解决圩田排水、场地平坦等局限的过程中，展现了浪漫和"新兴的"新艺术运动风格的良好融合。

## 3.4  2001年到2010年间的公园改造

冯德尔公园在1996年被列入国家遗产名录，2001年到2010年间的改造计划即因此而起。列入国家遗产名录，表明了冯德尔公园的历史价值，而改造计划的目标也树立为"对一个富有活力的历史遗迹进行更新和可持续性管理"。改造计划的制定耗时三年——第一年对公园现状进行评估，第二年研究公园的使用情况和需求，最后一年进行方案设计。最终的设计方案于2001年3月提交，并于当年12月获得通过。方案洞察了旧南区、阿姆斯特丹市、荷兰国家文化遗产管理机构、水资源管理机构以及其他相关机构的意图，将20世纪五六十年代的功能主义改造转变回原有设计思路，并在持续满足高强度使用需求的同时，维护场地的历史价值和整体性。

改造和管理计划指出，1959年的改造简化了公园的道路系统，取消了月季园，适合大量访客到访。因而在20世纪60年代末、70年代初，公园成为嬉皮士集会的所在，发生了不少荒唐事。到1996年，公园的道路已破损不堪；草坪由于大量体育运动和自行车骑行也破坏严重；乔灌木则生长杂乱、病虫害严重；道路级别不清；水体也

因淤积而失去了原有的形状。改造计划通过解决8个方面的核心要素——水、地形、草地、道路、灌丛、乔木、建筑元素和服务设施等来修复公园。

水系与原始设计相比，连续性下降。改造方案计划恢复原有的水系形状，增加从附近道路的可视性，取消20世纪50年代增加的一个喷泉等。19世纪末的照片显示，水岸较为平缓，"形成了一种自然的、无际的景观"；而到21世纪初，水岸已变得非常陡峭。因此，水体改造的原则是恢复原有地貌，重新创造出平缓的水岸，提供更丰富的亲水活动空间。同样地，水体弯曲处则应塑造出较为陡峭的河岸，以表现自然冲刷的效果。

改造方案对于草地则提出了两种类型的建议，在公园东部建设最早、使用强度最高的区域，使用绿期更长、更适合定期修剪的混合草种。这是为了展现冯德尔塑像周围的原有设计特征，并容纳大量人群使用。与之相对比，公园西部区域则更具乡村田园风格，草地会包括一些观赏草和多年生花卉，特别是在林地和水体的边缘，"可以增强自然景观的效果"。改造方案还包括恢复公园周边原有的林荫道，自行车道和人行道分别布置在道路两侧；而公园的中心区域则散点大型乔木。冯德尔公园，大乔木很少能达到很高的树龄。很高的地下水位和比较软的土壤，使大乔木很容易受到大风的危害。因此，健康的大乔木在改造方案中被尽量保留下来，除非遮挡了重要的视线或阻碍了水系改造。改造方案还解决了路面经常积水的问题，重新铺设了道路，并用碎石作为道路的面材。

公园的建筑元素——建筑、雕塑、桥梁、大门和围栏——在改造方案中被视为"珍宝"，营造出浪漫优美的景观。公园里7座桥中的5座，被列入国家遗产名录，被视为"景观中不可或缺的要素"。改造方案对这些桥梁进行了修复，并通过溪流将这些桥梁组织成景观序列和重要的观景

修复的桥梁（2013年9月）

威廉斯帕克区与公园相接的区域（2012年7月）

点。同样，对大门和围栏的更换和维修也都尊重原始的设计样式。

## 4.　管理和使用

### 4.1　管理组织

　　管理公园的职责于1998年归入当时的旧南区，2010年成立阿姆斯特丹南大区行政区后，又被转交给南大区。2001年通过的公园改造方案，提出了一套明确的管理和维护原则。这些原则后来继续被南大区行政区坚持。冯德尔公园目前的所有者是阿姆斯特丹市政府。2014年各行政区合并，将公园的管辖权直接移交给了阿姆斯特丹的市政府。

### 4.2　管理原则

　　冯德尔公园的管理原则被称为"可持续性管理"。本质上，这些原则也可以被视为一个策略性目标，以支持在充满挑战的场地上实现保护历史遗迹完整性的同时，满足高频率的公园使用。在满足这一要求的基础上，改造方案也提出了一系列可持续性养护管理措施，包括定期清理和收集垃圾，平整排水良好的道路，使用可持续性来源的材料，排水良好的草坪，保护和提高动植物的多样性——包括对不同的草地制订针对性的修

剪计划、使用长寿阔叶树种等，维持自然的景观特征，采用环境敏感性的手段处理绿色垃圾和淤泥等。

### 4.3　资金来源

　　在2001年时，冯德尔公园的改造工程预计耗资5100万荷兰盾（不包括建筑工程费，但包括设计咨询费和税费）。具体的造价情况为水系工程1260万荷兰盾（约占总投资的24.7%）；场地构筑、桥梁、围栏、城市家具、照明设施等2560万荷兰盾（约占总投资的50.3%）；铺装790万荷兰盾（约占总投资的15.6%）；植物景观480万荷兰盾（约占总投资的9.4%）。工程最终耗资3000万欧元，考虑通货膨胀的话，约合5500万荷兰盾。也就是说，工程的预算非常精确，而项目管理也非常高效。资金来源方面，阿姆斯特丹市政府提供了1200万欧元（占总投资的40%）；大南区同样提供了1200万欧元（占总投资的40%）；荷兰国家文化遗产委员会提供了350万欧元（占总投资的11.6%）；水资源和水利管理部门提供了200万欧元（占总投资的6.6%）；捐赠款50万欧元（占总投资的1.6%）。

　　2001年时，估算公园每年的维护费用大约在316万荷兰盾（约合150万欧元）。2012年时，公园的年度维护费用约202万欧元。不可避免的，

在这样一个填埋出的场地上，水务部门需要持续地对地下水情况进行定期监测。此外，为了吸引私人捐赠，也成立了诸如提供场地家具、维护月季园等的基金会，甚至还可以购买公园的虚拟地块。

## 4.4　使用情况

根据1989年开展的访客调查结果估算每年的游客为700万人次，1998年的调查结果为每年900万人次，2006年时的调查结果为每年超过1000万人次。公园改造（2007—2010年）完成后则达到每年1600万人次——也就是平均每平方米一年要接待32人次的游客。冯德尔公园全年全天候开放，随着访客数量增加，公园中的犯罪率也在下降。实际上，冯德尔公园已经成为人们初次约会的主要场所，备受情侣的喜爱。但在天气晴好的夏日周末，公园草坪上经常人满为患，也会带来人群之间的冲突，因此人们建议将大型活动从公园的东部移走，以分散人流。[1]

## 5.　公园的计划

公园对阿姆斯特丹发展和推广的重要性体现在《阿姆斯特丹2040年愿景规划》中，公共空间和绿地被放在未来愿景的中心地位。过去，公园被视为与周边城市地块相对孤立的存在，如今，公园被视为城市中具有特定功能的"绿色广场"——吸引商业、吸引和留住人口。对于冯德尔公园而言，其发展方向与2001年开始实施的改造方案仍旧维持一致，但阿姆斯特丹的城市愿景，也赋予了冯德尔公园更为丰富的内涵。

## 6.　小结

冯德尔公园是阿姆斯特丹实际上的"中央公园"。从零敲碎打而成的私人开发项目，转变成城市公共空间的核心，冯德尔公园反映了21世纪城市的需求，公园需要更多地扮演多重、往往相互冲突的角色，遗产的身份、广受欢迎的公共空间、高密度城市开发……

冯德尔公园充满了脆弱性，地下水条件的脆弱、底层土壤条件的脆弱、遗产价值保护的脆弱、社会枢纽需求的压力等。但21世纪前10年的改造和投资，已使冯德尔公园改头换面，使其有机会面对这些挑战。而冯德尔公园作为广受喜爱的人造自然景观，也可能是迎接这些挑战的最大力量。

### 注释

1.　数据来自阿姆斯特丹南区（Amsterdam Zuid）的责任风景园林师奎林·沃霍格（Quirijn Verhoog），分别通过2012年7月3日的会谈和2013年8月19日的电邮取得。

# 第15章　拉维莱特公园，巴黎

（Parc de la Villette，Paris）

（136英亩/55公顷）

## 1. 引言

拉维莱特公园是前法国总统弗朗索瓦·密特朗（Francois Mitterand，1916—1996年，1981—1995年任法国总统）"大建设计划"（Grand Projects）的一部分。从一开始，拉维莱特公园就被宣称要建成"属于21世纪的公园"，也饱受争议。伯纳德·屈米（Bernard Tschumi，1944—）从一大批参与的建筑师中脱颖而出，获得项目的设计权，而之后也几乎一边倒地被风景园林师所抨击。

拉维莱特公园位于巴黎东北部外环路旁的一块后工业场地上，总占地约55公顷，其中35公顷为绿地。其余的场地包括巴黎科学与工业城（Cité des Sciences et de l'Industrie）——在20世纪60年代由屠宰场改造而成的博物馆；同样由屠宰场改造成的拉维莱特大厅（Grande Halle），以及新建的巴黎音乐舞蹈学院（Conservatoire de Paris，1990年）、巴黎音乐城（Cité de la Musique，1995年）、巴黎爱乐音乐厅（Philharmonie de Paris，2014年）

等。拉维莱特公园是巴黎市区最大的公园，其三大部分——科学区、音乐区、公园区——隶属于三个不同的机构，并均由若干法国政府部门交叉管辖。

1982—1983年，法国政府组织了拉维莱特公园设计方案的国际竞赛。这次竞赛吸引了来自37个国家的472个设计方案，评委会则由21名专家组成。评委会从中遴选出9个联合体团队来进行第二轮竞标——2个建筑师团队、7个风景园林师团队。最终夺魁的是出生于瑞士的法籍建筑师伯纳德·屈米，他的方案称得上是"解构主义"建筑理论的一次试验。其方案使用了点（红色的金属folie*亭）、线、面（平旷的草地）三重抽象概念。屈米的方案更多是脱胎于后现代语言文学分析，而非风景园林或建筑设计理论；也预示了计算机技术操作这类叠加设计方案的能力。的确，"轴测图表达的设计概念，可以很清晰、精彩地传递出构思的过程"（Treib，1995）。

屈米说他的方案"可能是自己做过的最大的'建筑'"（Tschumi，1987），采用的是一种"'一

---

\* 意为"癫狂"。——译者注

张白纸的方法'，作为对所谓'场所精神'的抵抗"（Hardingham和Rattenbury，2012）。伊丽莎白·迈耶（Elizabeth Meyer）评价，拉维莱特公园的设计"算不上景观设计的先锋作品"，虽然其"是对景观设计流于庸俗和千篇一律'风景'的批判"，"其可能拓展了建筑设计的范围，但并没有拓展景观设计的边界"（Meyer，1991）。其他的评论者就没有这么"客气"了，约翰·迪克森·亨特（John Dixon Hunt）将拉维莱特公园评价为"愚蠢"（Hunt，1992）；杰弗里·杰里科（Geoffrey Jellicoe）说英国的风景园林师们认为屈米的方案是9个入围方案中最差的，"并认为这个方案的入围本身就匪夷所思"（Jellicoe，1983）；建筑师皮尔斯·高夫（Piers Gough）则宣称此项目"让人生不如死，是一个邪恶的否定自然之趣的场所，让人感不到半分轻松"（Gough，1989）。

## 2. 历史

### 2.1 拉维莱特的发展沿革

拉维莱特（La Villette），意为"小镇"，坐落于肖蒙山与蒙马特高地之间的平原上，罗马帝国和中世纪时期这里就已形成了聚落。[1]到16世纪时，这里有大约400多居民。17世纪和18世纪时，拉维莱特地区一直扮演着休闲目的地和农业生产的功能。1785年修建了城墙之后，1790年建立了政府机构。之后，拉维莱特成为免税的独立商业城镇，其娱乐业繁荣发展。由于巴黎缺水，拿破仑一世下令修建25公里长的乌尔克运河（Canal de l'Ourcq），以将乌尔克河水引到拉维莱特水库（800米×80米的长方形水库），以作为巴黎的饮用水源。乌尔克运河于1808年建成，1812年经过改造后可以通航，并于1821年向南（圣马丁运河）和1827年向北延伸（圣丹尼斯运河），以连通塞纳河。到1840年，上述运河每年

2013年的乌尔克运河（2013年9月）

通航船只达到15000多艘，而拉维莱特水库则转为城市的非饮用水水源。

1800—1859年之间，巴黎的人口从54.7万增加到超过100万。1853年，拿破仑三世命奥斯曼对巴黎进行大改造。1860年，巴黎从12个大区拓展到20个大区，11个完整社区和13个社区的部分被大区托管。拉维莱特则被第19区托管。当时，正赶上巴黎城市防御工事的建设（沿现在的环城大道），以及巴黎城市工业布局的调整。奥斯曼将拉维莱特界定为服务整个巴黎的屠宰区和肉类市场。他主导了占地40公顷的屠宰区建设，后来该区域的雇佣人数超过3000人。奥斯曼将这一项目视为自己与巴黎道路改造同样重要的功绩（Baljon，1992）。现状为拉维莱特大厅的前身（250米长，85米宽），当时作为牛肉市场于1867年建成。

城防壁垒在1919年由于建设环城大道而拆除（20世纪70年代又进一步拓宽）。1923年，圣丹尼斯运河和乌尔克运河实施了加深工程，水闸也得到延长。20世纪初，屠宰区的生意开始衰落。虽然20世纪30年代此处的屠宰企业进行设备的现代化升级，但到了50年代由于冷藏技术的发展，牲畜屠宰得以在养殖地进行，这就对城市中的屠宰业造成严重的威胁。尽管如此，1959年相关部门决定拆除破旧的屠宰车间，并在乌尔克运河以北新建一个国家级的肉类交易市场——270

乌尔克运河边的folie亭（2013年9月）

米长、110米宽、40米高的多功能交易大厅。而从60年代起，运河南侧就开始兴建多层的公共住宅，而运河南侧的拉维莱特大厅也被空置。当时技术和财政问题也导致了新建交易大厅的推迟。直到1969年交易市场才正式开业，但到1974年就宣告停业。

## 2.2　公园的产生和发展

与此同时，经过与中央政府商谈，巴黎市于1970年8月放弃了拉维莱特区的所有权利和义务，并将土地及管辖权转让给法国政府。1973年10月，法国政府宣布拉维莱特的屠宰业将在1974年3月前停止运营，并将这块土地转用于低收入住宅、商业，其中一大部分将用于社会及公共设施的建设。1974年到1979年间——瓦勒里·吉斯卡尔·德斯坦总统（Valéry Giscard d'Estaing，

1926—，1974—1981年间任法国总统）任期内——曾举行了一次流产了的设计竞赛，主要原因是在公园和住宅用地的分配上争执不下。对于屠宰车间，曾进行了改造成科学与工业博物馆及礼堂等的可行性研究。最终，在1978年10月，德斯坦总统宣布将在此建设科学馆、礼堂和一个公园。

1979年7月，拉维莱特公园管理局成立（Établissement Public du Parc de la Villette，EPPV）。1980年举办了科学馆的建筑设计竞赛，27位法国建筑师参与，最终阿德里安·范希堡（Adrien Fainsilber，1933—）获得锦标。但公园的建设则毫无进展，直到1981年5月密特朗赢得大选才有所改观。他于当年7月考察了场地，并重申了EPPV的使命。1982年3月，密特朗总统公布了"大建设计划"——即他首个任期要完成的主要大型项目。拉维莱特公园也列入其中。科学博物馆和公园范围大幅扩张，而礼堂则扩充为包含巴黎音乐舞蹈学院在内的音乐城。1982年5月，法国文化部部长雅克·朗（Jacques Lang）宣布拉维莱特公园设计竞赛开始。8月，法国建筑师莱辛（Reichen）和罗伯特（Robert）被委任负责拉维莱特大厅的改造设计。12月，拉维莱特公园的9个入围团队决出。1983年3月，屈米被宣布在拉维莱特公园第二轮的竞赛中胜出。

1985年1月，密特朗总统为改造后的拉维莱特大厅开幕剪彩；5月他为科学馆南侧的不锈钢球形IMAX影院揭幕。1985年11月，工业设计大师菲利普·斯塔克（Philippe Starck）赢得了公园城市家具设计的国际竞赛。1986年3月，密特朗为科学馆的开幕剪彩；1987年10月，他再次来到场地，为拉维莱特公园的一期剪彩。他作为总统最后一次来到这里，是1995年1月巴黎音乐城的揭幕仪式。1993年，EPPV变为EPPGHV（Établissement Public du Parc et de la Grande Halle de la Villette）——拉维莱特公园及拉维莱特大厅管委会，增加了对拉维莱特大厅的管辖权；同

时期，巴黎音乐城管委会（Établissement Public de la Cite de la Musique）成立；此外，还有成立于1985年1月的巴黎科学与工业博物馆管委会（Établissement Public de la Cite des Sciences）。上述三个单位分别负责拉维莱特三个区域的管理运营。拉维莱特公园最终在1995年完工。

## 2.3　设计时场地的情况

场地面积55公顷，南北长超过1公里，东西宽也达到700多米。场地曾经"完全被建筑或铺装所覆盖"，"在拆除建筑后，场地呈现布满沥青、混凝土、沙子、卵石和建筑垃圾的状态"（Baljon，1992）。场地的土壤情况："下层是泥灰沉积层，上层则是厚达7米的黏土层，黏土层几乎不可渗透"，"即使向下挖10米，也不一定能碰到地下水"。此外，"场地保留的两处建筑、肖蒙山延伸到场地的余脉，以及环城公路'持续而尖锐'的噪声"都对场地造成影响（Baljon，1992）。场地"被水系分割，乌尔克运河将场地平均分割为两块；圣丹尼斯运河在场地西侧穿

过"（Hardingham和Rattenbury，2012）。在屈米看来，"对项目设计而言，场地上没什么有价值的信息"。

## 2.4　公园建立过程中的关键人物

拉维莱特公园建立过程中的两个关键人物是密特朗总统和建筑师伯纳德·屈米。人们将二人与拿破仑三世和奥斯曼的对比不可避免。但其根本区别，在于奥斯曼的改造是针对全巴黎的基础设施，而"大建设计划"则是若干单体项目的建设，只能被动地接受场地的条件，将其作为"文脉"来表达。拉维莱特是"大建设计划"中面积最大的一个。屈米是那种纯理论驱动的设计师，反对所谓的"场地精神"，恰好适合密特朗的"文化计划"。屈米有着多元文化背景——曾在瑞士苏黎世和法国巴黎学习，在英国伦敦和美国有过教职经历。他做这一项目的时候，仅有少量实践经验，设计竞赛为他提供了把"解构"理论付诸实践的绝佳机会。屈米在拉维莱特公园项目上的具体目标，是"证明在不借助传统的景观结构、

2010年的乌尔克运河（2010年9月）

序列、层级等手段的情况下，也有可能构建一个复杂的、类建筑体系的景观项目"（Tschumi，1987）。

　　屈米对城市景观的研究并没有解决景观设计的问题——他仅对城市公园做了一些泛泛的研究。这实在是个遗憾，比如，屈米关于"理论上人们运动的方向、载体与地点的使用强度之间的联系……"（Hardingham和Rattenbury，2012）的看法，与劳伦斯·哈普林《RSVP循环体系》（RSVP Cycles，1969）*一书中的观点惊人地相似。屈米是一个激进而深刻的思想家，如果他能更全面地研究，可能会对风景园林设计学科做出更多的贡献。结果他仅是随意地表达"我就是不喜欢自然"、"我讨厌绿色"这种莽撞、不理智的观点（Hardingham和Rattenbury，2012）。他关于拉维莱特公园的看法："它并不是要成为一个体会自然的公园，而是要成为另一块城市体"。这种态度也就解释了风景园林师为什么对他的观点如此深恶痛绝。屈米对于"自然"如此片面的态度，导致了风景园林学科发展失去了一个创造关键转折点的时机——"忽视了对自然与项目关系的探索，使得这一项目又成了简单的炫技，从而延迟了风景园林学科的发展"（Latz，2012）。

# 3. 规划与设计

## 3.1　公园的位置

　　拉维莱特公园坐落于巴黎中心城区的东北部边缘，基本上是"巴黎新老城区的'过渡区域'"，"老城区是拥挤而有序的肌理"，"而新城区（郊区）的邻里则更开放而无序一些"（Baljon，1992）。这一"过渡区域"传统上是一

个工薪阶层居住区，种族组成复杂（Tiévant，1996）。公园正好位于在环城大道上的拉维莱特门（Porte de la Villette）和庞丹门（Porte de Pantin）之间，这两个门附近都有地铁站。巴黎科学与工业博物馆位于乌尔克运河以北，而巴黎音乐城、巴黎音乐舞蹈学院则位于场地最南端，使公园起到两块功能之间的"桥梁"作用。

## 3.2　设计竞赛概要

　　设计竞赛指南的内容可谓极其详尽。竞赛的使命有着强烈的追求，目标是通过竞赛产生一种城市公园的新模式——所谓的21世纪的城市公园，理由是"在17世纪和18世纪，巴黎的公园是城市社会生活的重要组成部分……而在过去30年间，城市公共空间简化成了绿地空间，社会功能大大减弱，关于公园的创意也越来越少……巴黎的公园正在'死去'，从奥斯曼之后，公园就再未有所新意……"；"拉维莱特公园要体现城市规划和文化创新的需求；要成为一个新的文化手段——作为城市规划政策的一部分，去完善城市功能、打通与郊区的联系……"；"公园的文化意义和象征意义是多元化的……要成为一个室外的文化设施"（Baljon，1992）。竞赛特别关注如何将场地的不同设施、不同活动功能之间构建起联系，并将其与周边邻里的发展整合起来。

## 3.3　设计概念

　　屈米的设计是基于三重结构系统的叠加而形成的：

- 点——一系列亮红色、金属结构、间距120米的folie亭（目前共有26座）呈方格网状布置，

---

* 《RSVP循环体系》，是劳伦斯·哈普林及安娜·哈普林撰写的一本关于规划设计方法论的书籍，其中作者将Resources（资源）、Score（谱记）、Valuation（评估）、Performance（绩效）作为循环相接的四个步骤和要素。——译者注

folie亭是模数为10.8米见方的构筑物或建筑物。folie亭代表了"功能、形式、社会价值的解构和分离"，布置在方格网的交点上，"暗示着其代表庇护所或监狱的栏杆"，"清晰地界定了空间，并将其活化"；folie亭"也起到一种政治作用，否定了场地旧的规划对方案产生影响的可能性"（Tschumi，1996）。某种意义上说，folie亭满足了竞赛指南中的许多要求。

- 线——行人行动的线路，包括由两组互相垂直、与运河平行的"巷道"（galery）；环形散步道体现电影的概念，步道穿起了12个主题花园，每个花园代表一个画面，而步道则象征着电影里的音轨（Tschumi，1987）；此外，场地主要活动场地之间也种植了直线形排列的树木。

- 面——指场地中面积巨大的开放活动区，大部分面积种植着维护良好的草坪，其余则使用带有巴黎特色的露骨料混凝土铺装。

屈米的设计团队"选择了点状的网格系统，因其有着巨大的弹性"（Hardingham和Rattenbury，2012）。最终，folie亭的网格和正交的"巷道"形成的肌理，与场地原有的屠宰场建筑和运河河道等原有肌理形成了统一。鉴于这些人造物的大量存在，几何式手法就成为公园与更大尺度的场地相衔接的主要手段之一。屈米的第一轮方案更为大胆（但并无"巷道"这一元素），比第二轮方案更为激进——第二轮方案变得更规则、类似经典的轴对称形式。第二轮方案中，"巷道"成为方案中的主导元素，同时还强化了folie亭网格。实际上，EPPGHV在1995年出版的一本关于拉维莱特公园诞生过程的出版物中，指出"folie亭强调了公园的整体性，给予公园一致性和韵律

感"。虽然这并不是屈米的本意，但其设计的确成为公园最鲜明的形象。

在公园建设30年后，一些folie亭开始被成行种植的悬铃木大树遮挡。颇具讽刺意味的是，这些原本被屈米忽视的元素，却在他的"解构"中起到重要的作用。还有一种感觉，如树木成长一样，公园中的座椅、标识、展品也都在生长（特别是南北方向的拉维莱特长廊）。而屈米最珍爱的红色folie亭，也随着岁月侵蚀而不同程度地褪色，EPPGHV也一直在努力维护这些构筑，寻找好的使用方式。对于电影主题的环形路，特雷布（Treib）也认为其与戈登·卡伦（Gordon Cullen）的《城镇景观》*所提到的愿景有所不同，因其处理的是现实的印象，而非现实本身（Treib，1999）。

但拉维莱特公园最迷人的地方，在楔入环形道的那些主题花园——特别是亚历山大·切米托夫（Alexander Chemetoff）的竹园（bamboo garden），以及伯纳德·莱特纳（Bernard Leitner）的声园（Sound Garden）、吉列斯·威克斯拉德（Gilles Vexlard）的格园（Trellised Garden）等。这些主题花园颇受好评，给人们提供了一种逃离感，但需要较高的维护水平；主题花园可以创造其自己的微气候，并进一步地拓展。这些主题花园揭示了传统公园已经"遗忘或忽略"的东西："气候、土壤、水的循环，以及展现城市景观特征的复杂性"（Berrizbeitia和Pollak，1999）。斯塔克（Starck）设计的铝质转椅也同样具有标志性，很受人们喜欢；克拉斯·奥登伯格（Claes Oldenburg）设计的巨大、部分露出草坪的自行车雕塑，也很受关注。总之，场地中遍布金属材质的元素——巷道、folie亭、金属垃圾箱、铝质座椅等。

---

\* 英国人的戈登·卡伦（Gordon Cullen）在1961年出版的《城镇景观》（Townscape）中，卡伦从视觉、心理以及设计内涵等方面系统地论述了视觉秩序对城市景观的重要性。——译者注

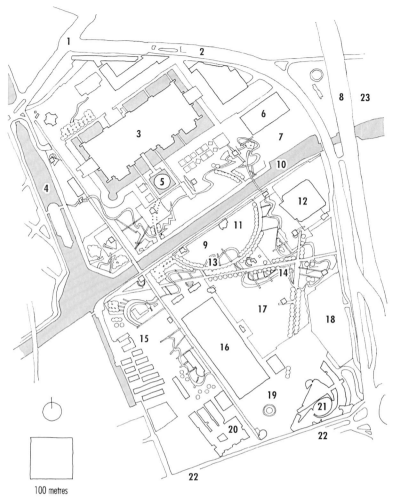

**巴黎拉维莱特公园总平面图**

1. Porte de la Villette 拉维莱特门；2. Boulevard Macdonald 麦克唐纳德大道；
3. Cité des Sciences et de l'Industrie 巴黎科学与工业城；4. Canal Saint Denis 圣丹尼斯运河；5. Géode 电影院；
6. Equestrian Centre 马术学校；7. Cabaret Sauvage 音乐酒吧；8. Boulevard Périphérique 环城大道；9. Prairie du Cercle 圆形草坪；
10. Canal de l'Ourcq 乌尔克运河；11. Folie Ateliers du Parc 维莱特画室folie；12. Zénith Concert and Sports Hall 巴黎天顶体育馆；
13. Trellised Garden 格园；14. Bamboo and Sound Gardens 竹园与声园；15. Seasonal Gardens 四季花园；
16. Grande Halle 拉维莱特大厅；17. Prairie du Triangle 三角草坪；18. Philarmonie de Paris 巴黎爱乐音乐厅；
19. Place de la Fontaine aux Lions de Nube 狮子喷泉广场；20. Conservatoire de Paris 巴黎音乐舞蹈学院；
21. Cité de la Musique 巴黎音乐城；22. Avenue Jean Jaurés 让·华雷斯大街；23. Halle aux cuirs 牛皮市集

# 4. 管理和使用

## 4.1 管委会

　　EPPGHV（拉维莱特公园及拉维莱特大厅管委会）是1993年创立的公众性的实业和商业机构，受法国文化部管辖。该机构负责拉维莱特公园中建筑和景观区域的日常管理，也负责拉维莱特大厅和小型场地活动的日常活动安排。2006年雅克·马歇尔（Jacques Martial，1955— ）被任命为EPPGHV的主任，2010年他获得连任。2013年，佛罗伦斯·贝肖特（Florence Berthout）继任EPPGHV主任，目前他负责公园的日常管理。EPPGHV的管理职责目前包括三部分：

- 活动策划和计划，特别是面向低收入阶层的文化活动。
- 资产维护——维护公园范围内各单位的基础设施正常运行（包括电力、安全、导视系统等）。
- 运营公园中的书店和一家餐厅。[2]

拉维莱特公园内还有两家公共服务机构——隶属于法国工业部、邮政通信部的CSI（科学与工业博物馆管委会），以及隶属于法国文化部的巴黎音乐城管委会（包括巴黎音乐舞蹈学院）。三个机构之间的合作通过主任委员会来实现，通常每两个月进行一次，共同解决提升游客服务质量、季票事宜、特殊活动或大型节事等。此外，公园中还有大量文化组织维护或运营着一系列小型机构或设施。

## 4.2　资金来源

EPPGHV的资金来自政府补贴、特许经营权和大型节事。1998年，其年度运维资金达到1.958亿法郎（约合2990万欧元），其中1.22亿法郎（约合1870万欧元，62.5%）来自法国政府的拨款，其余的7360万法郎（约合1120万欧元，37.5%）来自特许经营权收入和大型活动收入。来自政府的补贴难以为继，已从2006年的2200万欧元削减到2013年的2000万欧元。政府补贴的削减使得各项维护工作被推迟（包括急需维护的folie亭），也增加了从其他方面获得收入的压力。

## 4.3　使用情况

据估计，拉维莱特公园每年的访客大约达到1000万人次。1996年的数据显示——公园完全竣工后的第一年——公园开放空间有360万人次的使用量，另有90万人次到访场地上的各类博物馆或设施（Cadoret和Lagrange，1996）。拉维莱特公园被认为是周边高密度开发的多个邻里中最重要的公园，"是伴随许多人长大的唯一

'花园'"。公园的犯罪率水平很低，高度的开放性——没有围栏，完全开放——被认为是犯罪率低的重要原因。[3]

## 5.　展望

人们一直对屈米的设计方案难以接受，但碍于法律，又不能在创作者不同意的情况下改造公园。但在30年后，也有观点认为有需要"在不改变公园特点的情况下，为公园改换新颜"。[4]虽然如此，一些诉求——如在乌尔克运河上修建一座新桥——仍被屈米所抵制。在2013年，拉维莱特公园面临的主要问题有：政府财政补贴的大幅减少；巴黎爱乐音乐厅的建设（计划于2014年完工）；公园东北部巴黎有轨电车3B线延长线工程及其带来的发展机遇。

拉维莱特公园未来的计划主要体现在2013年版的《拉维莱特公园21世纪计划》（Agenda 21 du Parc de la Villette）中，这一《计划》的编制基于联合国21世纪议程，旨在解决可持续发展问题。公园主要的变化包括：

- 使可持续发展成为公园文化线的重要支柱，包括在科学城西侧建设18座艺术家寓所。在2011年，公园各项文化活动支出大约在920万欧元。
- 促进公众认知、游客接待和提升可达性的活动，包括强化folie亭的吸引物作用等。这也与屈米的设计意图相悖，屈米本希望人们在公园中迷失。但他也认识到"在不改变整体设计的情况下，更新和调整的必要性"。公园东北角的一个folie亭，就因为科学城的存在而调整了位置（改成博物馆的入口）。[5]
- 构建可持续的地产开发策略——特别关注公园东北部的开发，在牛皮市集原址上建设一座绿色节能、形象有力的地标性建筑，以及新建一个从东侧低收入社区进入公园的新入口。

格园（2011年9月）

- 维护生物多样性；实施水资源管理计划，包括对大草坪的高效灌溉；在拉维莱特大厅附近建设具有当地品种的果园；提高电影环形步道的生态价值；在两条运河相交之处建设一片湿地；建设一个巴黎最大的生态花园。

## 6. 小结

拉维莱特公园被期待成为21世纪城市公园的模型，其设计竞赛吸引了大量设计师参与。建筑师伯纳德·屈米的方案最终获胜，其方案也被多方解读。他的理论令人兴奋、深刻、新颖，但项目落地效果则大打折扣。"最终效果堪忧，在风景园林师看来更多像是实验性作品……方案中设计概念表达得非常丰富，很有启发，但在场地之中的感受却很有限，空间无趣"（Treib，1995）。屈米在设计拉维莱特公园时基本无视了景观元素，迈耶（Meyer）认为在点、线、面之外还可以有第四个系统——景观与风景（Meyer，1991）。对景观历史的忽视在屈米的言论中也得以验证，他认为公园就是"封闭的庭园"、"对自然的仿冒"（Tschumi，1996），这种看法忽略了公园可以阐释时空和场所的作用。这也妨碍了他探索21世纪的城市居民与自然之间关系的可能性。而结果，他的设计成了对非针对性的建筑理论的探索，留下了一系列文化设施（机构）之间的平坦的开放空间。

尽管如此，巴尔扬（Baljon）写道，屈米的设计"特别适合与各类设计师搭配，如艺术家、建筑师、花园设计师、工业设计师等"，包括与一众主题花园的设计师，"可能这也就是21世纪公园的重要特征"（Baljon，1992）。现行的公园计划中，也提出增加类似的主题花园的设想。现在，成行种植的悬铃木已经把屈米的金属海洋包裹其中，大草坪总是人潮汹涌，而花园时刻与城市形成对照。"地狱"变得更轻松了。

总之，拉维莱特公园一定程度上并未成为一种新的公园范式，而是成为一个文化活动主导、建筑理论驱动、容纳文化设施的场所空间。建筑师们把这个项目视为"未来的萌芽"（Hardingham和Rattenbury，2012）。其他人可能把公园视为另一件"皇帝的新衣"。公园引起了巨大的争议——但如拉茨所说，并没有实质性的推动公园设计的发展（Latz，2012）。屈米说"理论家和实践者之间的不同，在于理论家只对他的理论负责"，其他公园的设计者都把为使用者创造空间作为己任，而不是为自己设计。

### 注释

1. 主要参考自Barzilay等（1984）、Baljon（1992）、Cadoret和Lagrange（1996）的文献，以及EPPGHV（拉维莱特公园及展览馆管委会）的网站。

2. 参考自2013年9月5日在EPPGHV与弗洛伦斯·伯索特（Florence Berthout）的会谈。

3. 参考自2013年9月5日在EPPGHV与弗洛伦斯·伯索特的会谈。

4. 参考自2013年9月5日在EPPGHV与弗洛伦斯·伯索特的会谈。

5. 参考自2013年9月5日在EPPGHV与弗洛伦斯·伯索特的会谈。

# 第16章　伯肯黑德公园，默西塞德郡

（Birkenhead Park，Merseyside）

（143英亩/58公顷）

## 1. 引言

伯肯黑德公园是世界上第一个由政府资助的城市公园。[1]公园从1843年开启项目，1844年进行设计，1845年至1846年期间建造，1847年4月5日正式开放。伯肯黑德位于默西河和利物浦河以西的威勒尔半岛（Wirral peninsula）上。该公园的资金来源是邻近的住宅用地的出售。到20世纪末，它反映了英国许多由地方出资建造的、历史悠久、规模较大的公共园林的衰落。但是，由于它在公园历史上具有里程碑式的地位，它在21世纪头十年经历了一次典型的复兴，资金主要来自英国国家彩票。尽管如此，伯肯黑德仍然是欧洲最贫困的社区之一，与英国其他地方政府机构不同，公园在伯肯黑德不是一项法定政府服务，因此公园仍处于威胁之中。

伯肯黑德公园由园艺家、工程师、政治家和铁路爱好者约瑟夫·帕克斯顿（Joseph Paxton，1803—1865年）设计，他以设计了1851年世博会的核心建筑——水晶宫（Crystal Palace）而闻名。公园分为三个部分，内园（inner park）、外园（outer park）及内园之中的上园（upper park）和下园（lower park）。内园和外园由一条曲线优美

的车道分隔开，其外有散布的住宅，道路以内即只可以步行进入。阿什维尔路（Ashville Road）横穿而过，分隔了上园和下园，与环路形成一个数字8的形状。上园和下园在其东北部都有一个湖面。弗雷德里克·劳·奥姆斯特德（Frederick Law Olmsted，1822—1903年）于1850年和1859年参观了这个公园。人们普遍认为伯肯黑德公园的交通系统影响了纽约中央公园的设计（Goode和Lancaster，1986；Steenbergen和Reh，2011）。同样，作为城市中心公园的摄政公园，则是伯肯黑德公园学习的对象。伯肯黑德公园也被规划为一个自筹资金的项目，公园周边的土地被分割为小地块并建造独栋房屋，并因为公园的兴建以更高的价格出售（Smith，1983）。

## 2. 历史

### 2.1 缘起与追溯

在1820年之前，伯肯黑德一直是一个农业区。在1820年，由位于默西河东岸的一条蒸汽渡轮线连接了新兴的港口工业城市利物浦。1825年在默西河西岸建造了第一个造船厂，1826年开始建设了街道系统，到1831年伯肯黑德的人口超过

公园中进行的板球比赛（2013年8月）

下湖上的瑞士桥（2013年8月）

2500人。1833年，议会通过了《伯肯黑德改进法案》（Birkenhead Improvement Act），并成立了一个委员会来管理这座城市。许多委员都是与利物浦有生意往来的当地商人。"公共休闲特别委员会"（Select Committee on Public Walks）也于1833年发表了报告，建议为了应对城市的迅速扩张、人们远离自然空间的情况，应"在人口稠密的城镇中保留一定的公共开放空间"。1841年伯肯黑德的人口为8529人，在利物浦议员兼伯肯黑德促进委员会委员艾萨克·霍尔姆斯（Isaac Holmes）的建议下，伯肯黑德成为第一个对公共开放空间思潮作出反应的城镇。[2]1843年4月通过了第三部《伯肯黑德改进法案》，授权委员会购买土地来建设一个不少于70英亩（约28公顷）的公园。

## 2.2 公园建设的场地大小和环境

委员会购买了一块91公顷的"沼泽、低洼的缓坡地，高差约20米"（Goode和Lancaster，1986）。其中51公顷的土地将用于公共用途。场地曾"有一个小农舍会发生非法赌博和斗狗的情况。土地便宜的原因就是因为条件较差"（Wirral，1991）。1824年的地图上记载着，这块土地有"7英亩沼泽地"；1842年的资料提到了"低地巷"（Low Fields Lane）（Parklands，1999）。

许多资料都援引了帕克斯顿1843年写给妻子的信"我一定流了1磅的汗水，因为我至少走了30英里（48公里），才了解清楚这块土地的情况。这地方不适合作公园……土壤很贫瘠……当然如果我能化腐朽为神奇，将这块土地营造出优美的风景，也必将成为我一生的荣耀"（Colquhoun，2006）。奥姆斯特德曾指出，这是"一块平坦而贫瘠的黏土土地"（Olmsted，1852），"帕克斯顿在设计之初就面临的排水问题几乎难以彻底解决"（Parklands，1999）。

## 2.3 公园建设的关键人物

伯肯黑德公园建设的关键人物包括威廉·杰克逊爵士（Sir William Jackson，1805—1876年）（他是1843年《伯肯黑德改进法案》颁布后成

立的伯肯黑德管理委员会主席）、设计师约瑟
夫·帕克斯顿和公园主管爱德华·坎普（Edward
Kemp，1818—1891年）。杰克逊的父亲是在沃灵
顿行医的一名医生，于1811年去世。[3]他们一家
搬到了默西塞德郡，杰克逊最终在伯肯黑德的一
个五金店做学徒，并最终接管了那家商店。其后
他在航运和棕榈油贸易方面赚了第一桶金，后来
又在英国铁路建设大潮中大赚特赚。委员会其他
委员还包括造船商麦格雷戈·莱尔德（MacGregor
Laird，1808—1861年）和铁路建造商托马斯·布
拉西（Thoms Brassey，1805—1870年）。1846年，
杰克逊搬到了由帕克斯顿设计的克劳顿庄园，
同时他为了避嫌而辞去了委员职务。同年，他
成为了纽卡斯尔安德莱姆议会（Newcastle-under-
Lyme）的议员，此后的19年里，他一直担任这
个职位。从1865年起，他又在北德比郡（North
Derby shire）任议员。

　　帕克斯顿出生于贝德福德郡（Bedford shire）
的一个农民家庭，他和杰克逊一样对铁路等新技
术很感兴趣。1854年，他成为考文垂（Coventry）
的议员。1865年去世前不久——他还被授予爵
位。然而，帕克斯顿更以园艺家和建筑设计师的
身份而著名。"他在园艺和工程领域中非常成功
地应用了新技术和新材料，不仅包括他在木材、
玻璃和钢铁等材料的独创性应用，还包括他的水
景营造。但他在艺术上创建不多，他的花园和公
园在艺术风格上都比较循规蹈矩"（Chadwick，
1966）。"帕克斯顿被认为是19世纪最伟大的园
艺家之一 …… 一个伟大的组织者和出版家，善
于获得关注"（Chadwick，1966）。"他最为人所
知的身份是为伦敦世博会设计的长达550米的水
晶宫，这是人类历史上第一个如此巨大的现代建
筑"（Fleming等，1999）。帕克斯顿的探索精神
和企业家精神也多次得到证明，包括1849年他成
为第一个种植和繁殖王莲（*Victoria amazonica*）
的英国人（Goode和Lancaster，1986）。

船屋的马赛克铺地（2013年8月）

　　帕克斯顿"没有受到过任何专业教育，他
所做的一切都在常规的专业体系之外"（Smith，
1983）。1823年至1826年，他在皇家园艺学会当
园艺学徒，其后应第六任德文郡公爵乔治·斯宾
塞·卡文迪什（George Spencer Cavendish，1790—
1858年）的邀请，成为查茨沃思庄园（Chatsworth
estate）的首席园艺师，并与建筑师杰弗莱·怀亚
特维尔爵士（Jeffry Wyatville，1766—1840年）共
事。他曾随公爵去瑞士、意大利、希腊、小亚细
亚和西班牙等地考察过。公爵和帕克斯顿成了好
朋友，他们共同建设了查茨沃思庄园，帕克斯顿
同时还负责其他项目（Colquhoun，2006）。

　　帕克斯顿第一次涉足城市公园是在利物浦
王子公园（Prince's Park），这是一个由实业家
理查德·沃恩·耶茨（Richard Vaughan Yates，
1785—1856年）开发的住房项目。项目占地39公
顷，中心为居民建造了一个20公顷的公园。1843
年，王子公园项目完成，帕克斯顿开始在伯肯
黑德工作。帕克斯顿在利物浦与建筑绘图员约
翰·罗伯逊（John Robertson）一起工作——他
们的合作在伯肯黑德得到延续；还有一位来自
查茨沃思的高级园艺师爱德华·米尔纳（Edward
Milner，1819—1884年）。帕克斯顿在伯肯黑德
的工作主要集中在1843年到1846年间。1845年，
他推荐另一位来自查茨沃思的园艺师爱德华·坎

普监督和指导公园的初步建设。

坎普于1843年搬到了伯肯黑德，最终成为公园主管，并担任这一职务直到1891年去世。坎普显然在公园的详细设计中扮演了主要角色，据奥姆斯特德说，公众对他的设计赞赏有加。坎普后来在公园设计方面颇多建树，承担了许多设计项目，包括伯肯黑德和利物浦的公墓、绍斯波特（Southport）的赫斯基公园（Hesketh Park）、利物浦的斯坦利公园（Stanley Park）和盖茨黑德的萨特韦尔公园（Saltwell Park）等。伯肯黑德公园的大部分建筑工作——包括船屋、桥栏、门和宏伟的入口大门都是由利物浦建筑师刘易斯·霍恩布洛尔（Lewis Hornblower，1823—1879年）和约翰·罗伯逊共同设计的。在帕克斯顿的建议下，霍恩布洛尔被委派监督公园小屋、围栏和机械工程的建造。霍恩布洛尔也与爱德华·安德烈（Edouard André，1840—1911年）合作，获得了1866年利物浦的塞夫顿公园（Sefton Park）设计竞赛的胜利。

公园中的地形和草坪（2013年7月）

## 2.4　公园的发展

伯肯黑德公园的大部分建设工作到1845年中期即已完成，剩余的工作到1846年底完成——公园于1847年4月正式开放。公园的后续发展，受周边用地开发进度的影响较大（住宅地块难以出售），以及公园逐渐增加的体育活动等影响。[4] 1903年，公园购买了相邻的、占地7.6公顷的布思比地块（Boothby Ground），使得公园面积增加到58公顷。这是一块被阿什维尔路北端岔路所分割的住宅用地，因此无人购买。虽然公园相对于最初的设计没有太大的变化，但是各种小修小补却不少。公园也经历过持续的衰败。第二次世界大战期间，上园（upper park）被征用为安置区，

拆除了公园围栏；20世纪40年代和50年代，公园的维护人员被大量削减；60年代和70年代，对公园建筑的人为蓄意破坏日益严重；60年代毫无计划的树木种植，导致70年代荷兰榆树病*的爆发；80年代和90年代对地方政府财政支出的严格控制，以及强制性竞标的实施，都严重限制了公园的发展（Becktt和Dempster，1989）。[5]

这种局面在1976年"伯肯黑德公园之友"组织（Friends of Birkenhead Park）成立后得到改观。1991年发布的《公园管理规划》指出，如果没有大量的资本投资，公园将继续恶化。1996年，英国文化遗产彩票基金（Heritage Lottery

---

\*　荷兰榆树病是一种广布的致死性榆树真菌病。1920年首报于荷兰，故名"荷兰榆树病"。——译者注

Fund，HLF）设立了一个"城市公园计划"，伯肯黑德公园最终从这一计划得到资金支持。威勒尔地区议会（Wirral Council）委托景观历史学家希拉里·泰勒（Hilary Taylor）负责的初步项目建议书，于1999年向HLF提交，HLF在2000年8月"原则上同意"了这一计划。随后修改完成的建议书于2002年获得HLF批准，项目计划还包括了其他来自国家、欧洲和地区机构的资金。"城市公园计划"资助项目的首要条件，就是要确保长期运营维护资金的来源稳定。由建筑师安斯利·冈蒙（Ainsley Gommon）设计的游客中心耗资120万英镑，工程于2004年8月动工，2008年竣工（Wirral，2013）。

## 3. 规划和设计

### 3.1 公园的位置

公园的建立是基于1833年议会特别委员会关于公共步道和公园的想法，即需要建设"工人阶级能够举家得体地、舒适地漫步的空间"。公园位于伯肯黑德码头以西1.5公里处，是默西河西岸城市发展的"模范"样本。到1989年，它已成为一个被人口包围的城市中心公园，整个片区正饱受"高失业率、滥用毒品和贫困的折磨"（Beckett和Dempster，1989）。持续的社会贫困在居民预期寿命数据中有所反映，2010—2012年英格兰的男性平均预期寿命为79.2岁，女性为83岁；而威勒尔地区则为男性77.9岁，女性81.9岁，低于平均水平。此外，威勒尔地区的数据显示，伯肯黑德的居民平均预期寿命为77.0岁，而西威勒尔地区则为81.2岁（Kinsella，2014）。在公园修复工程实施前，伯肯黑德公园证实了简·雅各布斯（Jane Jacobs）的判断"公园是它周围环境的产物"（Jacobs，1961）。当前的管理措施更多地认识到当地的健康和社会问题，更积极主动地利用公园来解决这些问题。

下湖边的岩石景观（2013年7月）

### 3.2 场地形状及自然地貌

公园由西北向东南大致呈长方形，环路（马车道）范围内的区域大致为1000米×400米。公园形状又像一个沙漏，马车道与阿什维尔路相交的部分就如沙漏的瓶颈。公园制高点位于上园西端，海拔约23米，从此处可以远眺利物浦。下园形状近似方形，其高程由西侧的23米向东降低，最东侧海拔约6米。上湖（upper lake）面积约1.07公顷，水平面海拔+10.57米；下湖（lower lake）面积为1.47公顷，水位为+6.55米。这两个湖都被设计为绿地的雨水汇集区。湖泊的挖方土方堆砌在湖周围形成护堤，并在其上种植树木。

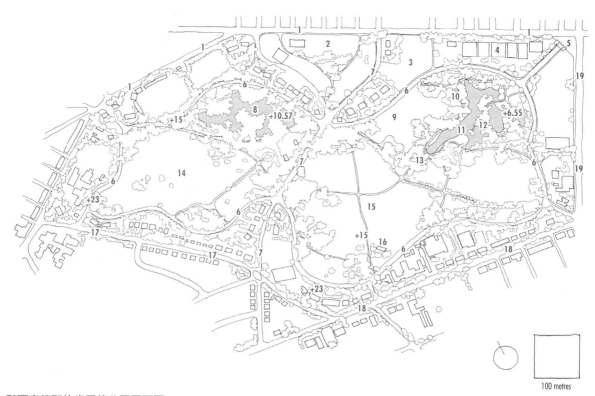

**默西塞德郡伯肯黑德公园平面图**

1. Park Road North 公园北路；2. Boothby Ground 布思比地块；3. Visitor Centre 游客中心；4. Bowling Greens 草地保龄球；
5. Grand Entrance 主入口；6. Carriage Drive 马车路；7. Ashville Road 阿什维尔路；8. Upper Lake 上湖；
9. Balaclava Field 巴拉克拉瓦区；10. Boathouse 船屋；11. Lower Lake 下湖；12. Swiss Bridge 瑞士桥；
13. Rockery 岩石景观；14. Upper Park 上园；15. Lower Park 下园；16. Birkenhead Park Cricket Club 伯肯黑德公园板球俱乐部；
17. Park Road West 公园西路；18. Park Road South 公园南路；19. Park Road East 公园东路

+6.55 = elevation in metres above sea level 海拔（米）

## 3.3　设计构想

尽管与摄政公园（Regent's Park）有许多相似之处，但伯肯黑德公园"外围的住宅均严格地限制在公园之外"；"公园沿袭了雷普顿和纳什（Repton和Nash）开创的'一种非正式的、温和的风景'，其伟大之处在于它突出了公共性，将郊区和公共开放空间紧密结合在一起，这种做法在其时代具有相当的超前性"（Chadwick，1966）。与摄政公园的另一个不同之处在于，帕克斯顿将住宅的入口布置在公园外部的市政道路，而不是从公园内的马车道进入，他强调"公园并非是，也不应该看起来是它周围房屋的财产"（Smith，1983）。伯肯黑德公园被定义为人民的公园，"帕克斯顿清楚地意识到他是在为新的客户设计，塑造一种新的使用方式"（Parklands，1999a）。公园内部没有设计中心焦点，所有的区域没有任何使用者的限制，体现了为"社会各阶层服务"的属性。

## 3.4　空间结构、交通系统、地形、结构、种植设计

虽然伯肯黑德公园从一开始就被设计成一个公共公园，但它是由与早期乡村庄园相同的风景元素——散布在丰富地形中的森林、水体和草甸（也是自然风景园的基本组成部分）组成的。纽

顿（Newton）不乏轻蔑地描述公园设计："具有相当典型的时代特征，其弯弯曲曲的形态充满了匠气"，并认为湖泊"如此狭窄和扭曲，几乎像河流一样，尺度失当"（Newton，1971）。奥姆斯特德也得出类似的结论，他将其中一个湖泊描述为"池塘，或者他们所称的湖"（Olmsted，1852）。而查德威克则认为公园的设计是"最成功的"，展现出"帕克斯顿的最佳景观风格"（Chadwick，1966）。而奥姆斯特德确实钦佩"艺术被用来从自然中获得如此多的美"（Olmsted，1852）。

公园最初的交通系统比较激进，将马车和行人的交通完全分开，这反映了公园以民众为主的宗旨。虽然宏伟的主入口面向伯肯黑德城区方向，但公园与其他道路相邻的部分也都设置了宽敞而便捷的入口。原有穿过公园的步行道设计成略微低于两侧草坪，这与阿尔方德（Alphand）在比茨-乔蒙特（Buttes–Chaumont）的道路非常相似，并且相对不引人注目。道路系统虽有平缓的曲线，但总体简洁、清晰。与之形成对比的是，原有的道路系统增加了一些笔直的部分，比如从南北向穿过下园以及加冕大道（Coronation Walk）的小路——原有的道路系统定义了公园的分区，这些区域现在被分配给不同的体育活动。场地的原有坡度使得草地自然起伏，浑然天成。湖泊的周围更人工化，建造了不规则的湖堤及土堆。这些地形有三个用途。首先，处理了挖湖产生的泥土；其次，它们在湖泊周围形成了围栏，尽管有时围栏与湖泊的不规则水岸线结合使得视野感觉比较狭窄。再次，它们对于植物景观产生了早期影响——"帕克斯顿和坎普承受了巨大的压力，希望尽快在公园内形成景观"（Parklands，1999a）。

帕克斯顿负责设计了公园内部的许多小型建筑和栅栏。建筑体现了一种有节制的折中主义风格，并成为公园的重要景观特征。相比之下，霍恩布洛尔巨大的入口——帕克斯顿坚持要缩小规模，通常热情的奥姆斯特德也认为这个入口"笨

重而笨拙"（Olmsted，1852）——现在依旧是十分的不合比例，尤其是与入口道路尽头的小方尖碑相比。其他保留下来的建筑（现在正在修复）包括装饰高雅的"瑞士"桥（'Swiss' Bridge）和船屋（boathouse）。船屋在公园于1847年开放前完工，1989年由美孚石油公司（Mobil Oil）出资修复，并由玛格丽特·霍沃思（Margaret Howarth）设计了一个令人惊喜的镶嵌卵石的马赛克地板。另外两座位于下湖的"质朴"的小桥也在2000年被修复。

帕克斯顿设计的精髓是创造出一片风景如画的田园草地，周围环绕着一丛丛奇异的树木。他和坎普都是高超的园艺师，他们有各种各样的新进口的植物可供使用，显然他们对于这些植物的利用也十分充分。1999年，公园里还生长着冬青、紫叶山毛榉、暗绿色的沼泽柏树、石灰绿色的垂柳和银色的梨子。色彩和实验是设计的一部分。有人提出，帕克斯顿和坎普的目标"可能是创建一个植物园而不是原生林地"，但从20世纪50年代起，大量的新的种植几乎没有考虑到最初的帕克斯顿设计（Wirral，1991）。修复的优点之一是能够通过地形或者植被重新建立微妙的景观视线，如从主入口的道路看到的船屋或从巴拉克拉瓦区（Balaclava Field）看到的瑞士桥。与此同时，公园中的岩石景观得到了恢复——不言而喻地体现了中央公园对伯肯黑德公园的借鉴，场地的基础设施也得到了修复——原有大面积的铺装和排水系统，以及大部分公园家具和数英里长的围栏都得到了更换。

## 4. 管理和使用

### 4.1 管理和资金

伯肯黑德公园是世界上第一个由公众资助建设的城市公园，150多年后，它仍由当地政府负责——目前是威勒尔地区议会。英国城市公园的

船屋与瑞士桥（2013年7月）

上园（2013年7月）

拨款和管理并不是法定的地方政府职责。在20世纪后半叶，"像许多其他公园一样，它仅得到最低水平的维护，远远谈不上管理运营"（Beckett和Dempster，1989）。而且，无论从什么意义上讲，它都被视为一个"寻常"的公园，直到1976年"伯肯黑德公园之友"组织成立，并于1986年开始实施管理计划——这一年，伯肯黑德公园被列入《英国公园和花园遗产名录》（English Heritage Register of Parks and Gardens）的一级保护名录。这标志着伯肯黑德公园的历史意义开始得到重视。然而，公园在20世纪90年代继续萎靡不振，直到获得HLF的救助。现在的挑战是保持修复工作的势头，并继续对公园进行良好的维护。2007年对伯肯黑德公园编制了一份十年管理计划，并每年进行更新。

鉴于其非凡的价值，威勒尔地区议会对于公园的持续支持，使得修复得以继续。2007年开始，威勒尔地区每年为公园提供531000英镑的基本预算；此外，HLF也为公园遗产项目之友组织提供一些额外的资金支持（Wirral，2013）。2013年，基于纽约中央公园的经验，开始探讨为伯肯黑德公园设立一个独立的捐赠基金，以便公园能够获得足够的资金用于维护和发展。威勒尔地区要承担200多处类似伯肯黑德公园的公共项目的开支，无力提供更多资金。[6]在英国，

由于人口老龄化的到来，地方政府正面临着收不抵支，财政压力日益增加，在伯肯黑德公园的维护上争取外部资金的支持，长期来看是不可避免的（Brindle，2012）。目前，公园共有2名管理人员、5名护林员、7名园艺师和2名保安人员在职，而在奥姆斯特德到访公园的年代，他曾记录过"公园在夏季有10名园艺师和工人"（Olmsted，1852）。[7]对公园的破坏行为在恢复前相对频繁，现在已经急剧下降。但公众对公园治安情况不佳的看法仍然存在，特别是在当地"社会问题严重"（Wirral，2013）的背景下。[8]

## 4.2　使用情况

1992年进行的一项调查显示，每年约有45万人次访问伯肯黑德公园，80%以上的游客居住在3公里以内，66%的游客是步行到达公园，不到2%是新游客（North West Tourist Board，1992）。在2012年进行的一项类似调查估计，每年约有165万访客，其中大部分仍旧是本地游客，徒步到达的游客占36%，开车到达的游客为57%，只有5%的新访问者（Lyons，2012）。而游客数整体上升的趋势表明，公园正在服务更多的人。虽然伯肯黑德公园有着标志性的地位，但在很大程度上仍然是一个地方公园。当然，活动计划的进一步发展和更广泛的宣传将扩大公园的吸引力。

环下湖的栏杆（2013年7月）

## 5. 未来展望

自1991年《公园管理规划》发布，以及基于公园遗产价值而进行修复以来，伯肯黑德公园的发展日益受到重视，政策支持不断加强。伯肯黑德公园被视为一个可休闲和锻炼的地方，一个社会交流的场所，一个学习的工具，一个美丽的地方，一个潜在的经济复兴的贡献者（Wirral，2013）。同时，伯肯黑德公园被认为当地人口健康做出了贡献，自然英格兰组织的"健康健步走"等活动常年在此举办。公园还被列为展示当地生物多样性的"重要区域"（Wirral，2013）。[9]它还旨在继续在备受欢迎、良好维护、安全和可持续方面实现绿色的目标。

## 6. 小结

查德威克认为，"最令人满意的是，这个公园——也许是这个国家所有公园中最应该与设计者最初目标保持一致的"（Chadwick，1966）。然而，纽顿认为，"公园的设计方案与其作为第一个公园相比，显得不值一提"（Newton，1971）。在这方面，查德威克的观点占了上风。泰勒等人在修复工作中做得很好，其修复经验如同教科书一般。现在，伯肯黑德公园可谓英国最优美的风景之一。当然，维护公园的挑战也是显而易见的。

### 注释

1. 伯肯黑德是英国第一个"向议会申请……用公共资金兴建市政公园的城镇"（Conway，1996）。

2. 据说，利物浦拒绝了在本市建公园的建议，理由是城市扩张迅速，即使是边缘地带的土地也变得过于昂贵。

3. 主要参考自Colquhoun的文章（Colquhoun，2006）。

4. 土地拍卖主要在1845年、1859年和1861年举行，到1861年才总共修建了不到40座房屋（Parklands Consortium，1999a）。

5. 参考自1999年7月30日与威勒尔地区议会旅游与休闲服务局的吉姆·莱斯特（Jim Lester）的会谈。

6. 参考自2013年7月15日与威勒尔地区议会公园与乡村专员玛丽·巴格利（Mary Bagley）、伯肯黑德公园管理员安妮·利瑟兰（Anne Litherland）和"伯肯黑德公园之友"的罗伯特·李（Robert Lee）的会谈。

7. 参考自2013年7月15日的会谈。

8. 参考自2013年7月15日的会谈。

9. 参考自2013年7月15日的会谈。

# 第17章　伊丽莎白女王奥林匹克公园，伦敦

（Queen Elizabeth Olympic Park，London）

（252英亩/102公顷）

## 1. 引言

伦敦奥林匹克公园系为2012年的夏季奥运会与残奥会而建。同年适逢英女王伊丽莎白二世的钻禧庆典[*]，因此在奥运会结束后，公园改名为"伊丽莎白女王奥林匹克公园"。公园坐落于利河[**]沿岸平坦的工业遗址之上，公园的建设使这块被遗忘的土地转变为风景秀丽之地。这里曾是伦敦最贫困的地区之一，公园的建设还实现了该地区由废弃地与渠化河道向滨水商业及住宅开发的华丽转身。这座公园被宣传为"21世纪公园的新模式"（www.hargreaves.com）和"150年来英国最大规模的现代公园"（Hitchmough和Dunnett，2013）。由于公园的存在，散落其中的各个奥运比赛场馆得以在赛会期间，容纳每日高达25万的人流量。作为奥运会最重要的遗产，早在2003年奥运会申办之初，奥林匹克公园就作为"整个项目顶层设计的核心"而存在（Prior和Hanway，2013）。反之，能否将举办奥运会转变为一种持续的、长期的收益，也成为评价一座城市是否可以获得举办权的主要评价标准。

伦敦奥运会交付管理局（ODA）的首席执行官戴维·希金斯（David Higgins，2005—2011年在任）曾指出，这座公园"一直是2012年伦敦奥运会愿景的核心组成部分"（Higgins，2013），以及"可持续性是这次奥运会的关键"。可持续理念渗透至公园设计的方方面面，使这座公园最终成为盖伦·克兰茨（Galen Cranz）所说的"第五种公园模式"——可持续公园的经典范本（Cranz和Boland 2004）。公园设计力图在洪水管理调控、缓解城市热岛效应、控制城市污染、碳汇、保护野生动物，以及水资源的收集、净化与再利用等过程中发挥重要作用（Hopkins和Neal，2013）。在社会与人文方面，公园的设计与赛后利用方案则充分考虑了提升城市落后地区休闲与教育等方面的供给。

伦敦奥林匹克公园被自然地划分成南北两园——南园以体育场、游泳中心等场馆和硬质景

---

[*] 钻禧庆典：女王于1926年诞辰，1952年加冕，2012年为其登基60周年。——译者注
[**] 利河是泰晤士河东线的一条支流。——译者注

奥运会期间的湿地剧场和赛事直播（2012年7月）

观为主；北园则由自然河岸、湿地和大地景观构成。这种分区既反映了场地原有的开发密度，也体现了对场地赛后土地利用的考量。公园的主设计师乔治·哈格里夫斯（George Hargreaves，1952—）在南园（包括南区主题广场）的景观设计中，提出了"城市庆典、欢聚之地"的概念，展示传统的英国景观，如沃克斯豪尔花园（Vauxhall Gardens）等英式花园，这一区域是体育场和游泳中心的入口区和人流集散的主要场地。而对北园，哈格里夫斯则采用了颇具时尚感的后工业风格和英国自然风景园相结合的设计手法（Hargreaves，2013）。不管是南园还是北园，地形塑造和排水组织都对设计效果的呈现有着至关重要的影响。而种植设计方面，无论是北园充满荒野之趣的自然草甸，还是南园精致的花境，结合大乔木的点缀都强化了场地各自的独特风格。

从公园所面对的基础条件来看——即便拥有充足的预算和堪比皇家公园的规模——这一世界瞩目的项目仍旧面临重重困难。也正是如此，伊丽莎白女王奥林匹克公园整个项目的实施过程可以提供很多宝贵的经验。在管理方面，从一开始指挥链就非常清晰，项目按时完成是至高的目标。这使人们认识到，如果ODA（伦敦奥运会交付管理局）致力于"锱铢必较的降低成本"，那么项目的成本反而会不断攀升、进度也将被推后。因而加快建设速度被选择为降低成本的途径。项目的施工也非常顺利，没有发生一起重大事故。在景观设计方面，通过精细的可持续性手段，非凡地完成了对场地的生态修复；手法娴熟的地形营造为各类建设开发提供了基底；在可达性、花境与草甸景观使用的范围等方面——有别于1984年至1992年间缺乏长远规划的英国园艺节——景观营造都以追求长期的公共景观效益为目标来开展。自此，沉寂荒废了两个多世纪的土地因这短短两周的世界瞩目而得以振兴与重生。

## 2. 历史

### 2.1 缘起

早在1944年由帕特里克·阿伯克隆比（Patrick Abercrombie）*主导的大伦敦规划中，利河谷地的一部分就被规划为地区公园。[1]这一规划最终在1966年得以实现，政府设立了利河谷地地区公园管理局，管理这一42公里长、4000公顷的城市休闲游憩区。其范围延伸至奥林匹克公园的北部边界——距泰晤士河5公里远的地方。地区公园到泰晤士河之间的区域有两条水系，一是公园西部的利河航道（Lee Navigation），另一条则是利河水系。利河在与弓溪（Bow Creek）汇合之前又分为利河旧河、磨坊河（City Mill River）与水厂河（Waterworks River）等三条支流。直到20世纪80年代，这些水道几乎没有用于商业用途。那时，这片区域位于伦敦最贫穷的区域边缘，属于被人遗忘的衰退工业区，虽然有过境的高速路和公共交通，但可达性却很差。利河流入泰晤士河那最后一段蜿蜒曲折的河道曾归属于港岛开发公司（London Docklands Development Corportation）——撒切尔时代的一个半官方机构——应发展集装箱航运的要求，他们曾在1981年到1998年间负责废弃码头的整治和附属闲置用地的再开发。

随着2000年大伦敦政府（greater london authority）的成立，一个地跨1572平方公里，下辖32个伦敦自治市（2.9平方公里的原伦敦城也属于其一）的一级新的地方政府走上历史舞台。随后，制定了雄心勃勃的城市复兴战略规划。大伦敦政府的第一任市长肯·利文斯通（Ken Livingstone，1945—，于2000—2008年就任伦敦市长）是年当选，并通过伦敦发展署（London Development Agency，LDA）推行了一系列旨在振兴落后地区经济的积极举措。其中便包括了2003年8月委托EDAW公司（现AECOM）为利河下游振兴所做的框架性规划（考虑伦敦申奥成功或失败两种情况）。英国政府在2003年年初决定，伦敦向国际奥委会递交申请，成为2012年夏季奥运会的9个申办城市之一。利文斯通认为奥运会的举办将成为振兴这一地区的绝佳契机，并能有效地吸引政府投资（Prior和Hanway，2013）。为此，很快地，在2004年公园最初的规划方案被提出和通过。

不被看好的伦敦，在2005年7月6日爆出冷门。在前奥运冠军塞巴斯蒂安·科（Lord Sebastian Coe，1956—）爵士带领下和伦敦出生的足球巨星戴维·贝克汉姆（David Beckham，1975—）、时任首相托尼·布莱尔（Tony Blair，1953—，于1997—2007年任职）、伦敦市长肯·利文斯通等人的全力支持下，伦敦成功获得了2012年奥运会的举办权。也是在这一天，奥林匹克公园项目正式立项。紧接着第二天便签署了场地内高压走廊的迁出协议。是年10月，伦敦奥组委及残奥组委（LOCOG）正式成立。11月，由LDA提出了一项政府强制购买令，以收购场地中的其余2000余个私有地块。这一采购于2006年5月到8月间进行了公示，并于当年12月最终得到了落实。

与此同时，伦敦奥运会交付管理局（ODA）也于2006年8月通过议会授权组建，负责奥运场馆的筹备、各项基础设施建设，以及公园和场馆的赛后利用。2006年5月，EDAW公司也重新提交了利河下游地区框架性规划草案，并在规划中加强了该地区同泰晤士河的联系。规划草案于次年1月由市长批准通过（www.legacy.london.gov.uk）。奥林匹克公园用地于2007年6月由LDA

---

* 帕特里克·阿伯克隆比，英国建筑师和规划师，1942—1944年主持编制了大伦敦规划。——译者注

南部广场的座椅（2013年8月）

移交给ODA。场地的拆除与清理工作立即展开。场地和相关设施的详细规划方案在2007年9月审批通过，同时还批准了项目的《生物多样性保护行动计划》（BAP）。2009年成立了奥林匹克公园遗产公司（Olympic Park Legacy Company，OPLC），目的是在奥运会后接管公园。奥林匹克公园遗产公司（OPLC）于2012年4月更名"为伦敦遗产开发集团"（London Legacy Development Corporation，LLDC），为伦敦市属的开发公司，董事长由大伦敦（第二任）市长鲍里斯·约翰逊（Boris Johnson，1964—，2008年当选市长，并于2012年连任）担任。2011年，奥运场馆和公园竣工，留出了整整一年的时间用于赛会的预演和调试。在残奥会闭幕之后，公园则马上进行了赛后转换，随着滚水坝游乐场（Tumbling Bay

Playground）和木屋咖啡馆的建成，北园的第一个组团于2013年6月开门迎客，其余的组团则于2014年4月开始向公众全面开放。

## 2.2 场地基础条件

最初划定的不到200公顷的场地中分布着200余栋建筑物，水道、交通设施及电力线路纵横交错（Hartman，2012）。在奥运会举行期间大约有50公顷的开放空间；赛后，场地的开放空间逐步在两年后增加至102公顷。这其中，根据《生物多样性保护行动计划》及原设计方案，有一半以上的开放空间保留了自然栖息地的状态（Hopkins和Neal，2013）。

利河下游流域很早便有人定居，在19世纪的大部分时间和整个20世纪都属于制造业为主的地区。兴建奥运游泳中心时挖掘出的骷髅遗骸，可将其历史追溯至铁器时代。该地区以前的制造业包括油漆制造、石油化工、塑料加工、制药、铅金属冶炼、军工产业、干洗与染织等产业（www.blog.museumoflondon）——实在算不上城市公园建设的理想场地，而在场地低洼的、可达性较差的地区更有大量的城市基础设施建设。除了轨道和电网，场地中还横跨着三条城市干线和城北区的主要污水管道——这部分的排污系统还是在1858年"大恶臭"时期由约瑟夫·巴萨盖特（Joseph Bazalgette，1819—1891年）所设计的。而公园建设前，这个片区则更多地被用来倾倒垃圾，包括各种随意处置的生活垃圾和执行欧盟条例之后堆成的"冰箱山"。毫不意外，无人问津的土地上生长了大量有毒植物，如日本虎杖、喜马拉雅凤仙、大猪草和漂浮雷公根等。

最初的场地清理工作包括移除200余栋现状建筑（仅3周就告完成）和52座电缆塔；重新铺设两条6公里长的隧道用于电力线路入地；彻底清除有毒、有害植物，并进行了场地本底调研。在场地的调研过程中，共钻探了3500个25米深的钻孔，以摸清土壤的污染情况（Hopkins和Neal，2013）。以此为依据，对大约2.6平方公里的棕地进行了生态修复，挖掘了数百万立方米的受污染表土，其中约80%，加上开挖电力隧道所产生的20万立方米土方，被重新用于建造构筑物结构地基，以及填充公园景观地形。为了修复这些土壤，5台洗土机昼夜不停地投入工作，通过浸泡、萃取和分离等措施去除诸如汽油、石油、焦油等有机污染物，以及包括砷和铅在内的重金属污染物。

## 2.3　公园建立过程中的关键人物

伦敦奥运会从发起申办到举办完成仅不到10年。举办奥运会和筹建相关设施，需要众多人士的倾力合作。伦敦奥运会被广泛认为是布莱尔首相的重要成就，正如他在2005年7月6日伦敦申奥成功后所说："首相这份工作中，很少有机会可以如此（申奥成功）让人振奋挥拳、激情拥抱地庆祝一件事。"女王伊丽莎白二世也评价伦敦申奥成功是"在竞争如此激烈的'比赛'中获得了杰出的成绩"（news.bbc.co.uk）。这一成就很大程度上归功于前中长跑运动员、保守党政治家、伦敦奥组委主席塞巴斯蒂安·科爵士，和其来自对立政党（工党）的盟友、伦敦市长肯·利文斯通，以及负责中央政府奥运事物的泰莎·乔维尔（Tessa Jowell，1947—，2005—2010年任内阁奥运事务部部长）。

奥运会建设与移交工作的领导者包括同为工程师出身的ODA首席执行官戴维·希金斯（David Higgins，2006—2011年在任）和ODA主席约翰·阿密特（John Armitt，2007—2012年在任）；ODA的财务总监丹尼斯·霍恩（Dennis Hone，2012年升任ODA主席，2013年任LLDC首席执行官）；ODA的设计与城市更新总监艾莉森·尼莫

（Alison Nimmo，1964—，2006—2011年在任）。在公园的建设方面做出突出贡献的还有ODA的设计主管杰罗姆·弗罗斯特（Jerome Frost，2006—2011年在任）；公园和公共区的项目经理、风景园林师约翰·霍普金斯（John Hopkins，1953—2013年，2007—2011年在任），以及他的继任者菲尔·阿斯丘（Phil Askew）。霍普金斯和阿斯丘负责项目管理、遴选设计师等，确保公园按时交付。霍普金斯或许是"共同的地球"（One Planet）[*]环保理念最忠实的推行者，并使其成为伦敦奥运会设计与开发的重要基石。

## 2.4　公园设计中的关键人物

杰森·普赖尔（Jason Prior，1961—）和比尔·汉威（Bill Hanway，1961—）是EDAW公司（后并入纽交所上市公司AECOM）伦敦分部的设计总监，他们从2003年8月起便参与了伦敦申奥的准备工作，结合奥雅纳（Arup）提交的成本效益分析，完成了伦敦奥运会的基础设施规划。随后在2006年1月，他们受ODA的委托，领导了一个设计联合体来编制场地的总体规划。他们的规划成果于2006年10月形成，奠定了伦敦奥林匹克公园的场馆和功能规划布局（但并不包括公园的具体方案）。

哈格里夫斯设计事务所与英国本土的LDA景观设计事务所（此处的LDA并非伦敦发展署）组成联合体在2008年3月获选，进行伦敦奥林匹克公园的赛时公共区（即赛后的公园景观）的整体地形、排水、交通和种植等方面的设计。哈格里夫斯曾是2000年悉尼奥运会奥林匹克公园的设计师，在大型复杂场地的设计规划中经验丰富，按他的话说："我从未领到过一张白纸似的场地，也从不惧怕应对复杂的场地条件"（Hargreaves，

---

[*]　世界自然基金会（WWF）/生态区域组织提出的"共同的地球"环保理念。伦敦奥运会致力于可持续发展的奥运会，提出了"共同的地球，共同的奥运"环保奥运概念。——译者注

**伦敦伊丽莎白女王奥林匹克公园平面图**

1. Lee Valley Hockey and Tennis Centre 利河曲棍球和网球中心；2. A12/East Cross Route A12/东渡线东十字街；

3. Velodrome/Lee Valley Velopark 利河室内自行车馆与自行车公园；4. Here East/Offices 希尔伊斯特（Here East）园区*办公楼；

5. River Lea 利河；6. Chobham Manor and East Village Housing 乔伯汉姆庄园与东村居住组团（运动员公寓）；

7. Hopkins Field 霍普金斯绿地；8. Alfred's Meadow 阿尔弗雷德草甸；9. Tumbling Bay Playground 滚水坝游乐场；

10. River Lee Navigation 利河航道；11. Copper Box Arena 铜箱馆——手球馆；12. Waterglades Wetlands 湿地；

13. Carpenters Lock 木匠闸；14. South Plaza/Outdoor Rooms 南广场/城市客厅；15. Old River Lea 老利河水道；

16. Olympic Stadium 奥林匹克体育场；17. City Mill River 城市磨坊河；18. Aquatics Centre 奥林匹克水上运动中心；

19. ArcelorMittal Orbit 安赛乐米塔尔轨道塔；20. Waterworks River 水厂河；21. Northern Outfall Sewer 北部排水渠

---

\* 希尔伊斯特（Here East）园区坐落在伊丽莎白女王奥林匹克公园内，是由原先的新闻中心和广播中心改造而来的新兴多功能园区。——译者注

阿尔弗雷德草甸（2013年9月）

木匠闸桥的临时铺装（2011年6月）

2013）。他经常能在复杂的项目中力挽狂澜。哈格里夫斯加入后，对公共区进行了重新规划，并设计了激动人心的滨水景观。随后加入哈格里夫斯和LDA联合体的还有来自设菲尔德大学景观学系的詹姆斯·希契莫夫（James Hitchmough）和奈吉尔·邓内特（Nigel Dunnett），他们致力于"'奥林匹克花园'植物景观设计概念的提出……体现自然化的种植设计风格……在北园创造由本土物种组成的野花草甸，以及……处于低洼地带的湿地植物和乡土植物群落"（www.hitchmough）。根据不同的栖息地类型，公园中共用到了12种不同的草本植物混播组合，以及由土壤学专家蒂姆·奥黑尔（Tim O'Hare）所设计改良的9种不同的种植土（Hopkins和Neal，2013）。另外，希契莫夫还为四个花园中的两个设计了植物景观搭配模式（园艺师莎拉·普赖斯在此指导下完成设计方案），以及设计了奥运会期间花海、草甸景观的修剪与灌溉管理计划，确保植物景观在赛会期间呈现最佳状态。

## 3. 规划与设计

### 3.1 项目区位

伦敦奥林匹克公园位于威斯敏斯特（英国政府所在地）以东大约10公里处，地跨陶尔哈姆莱茨（Tower Hamlets）、纽汉（Newham）、哈克尼（Hackney）和沃尔瑟姆福雷斯特（Waltham Forest）区的边缘地带，其中大多是城中最为穷困的地区，存在着高失业率、低教育水平和公共空间稀缺等社会与环境问题（Hopkins和Neal，2013）。从威斯敏斯特出发乘坐地铁银禧线（Jubilee line）向东，差不多每隔两站地的距离，男性的预期寿命就降低1岁（www.londonmedicine.ac.uk），而奥林匹克公园则在距其10站开外。而根据2013年的统计，陶尔哈姆莱茨市女性的平均健康预期寿命为54.1岁——为全英格兰最低值（www.ons.gov.uk）。

在交通方面，两条铁路的先后开通，改善了从伦敦市中心区或欧洲其他地区到访奥运场地的便利性。首先是1999年，银禧线的威斯敏斯特到斯特拉福德（Stratford）延长线贯通；然后是2009年，途径斯特拉福德国际火车站（Stratford International）的高铁开通。车站与西田斯特拉福德购物中心（Westfield Stratford City）相邻——该综合体为英国第三大购物中心，面积175000平方米。车站到公园的步行可达性非常好。就本地交通而言，城市主干路、轨道交通和河道造成了诸多限制，这也是公园设计面临的长期挑战之一。奥运之后的进一步改造，修建了30座新的人行桥以及大量的步行交通联络线。

## 3.2　场地的形状和地貌

2007年9月的最终规划在用地范围上主要包括两大地块——利河谷地大约2500米长，1000米宽的区段——西边以渠化的利河航道为界；和东北方向上一块大概800米长，600米宽的矩形区域。场地中包含了位于水系蜿蜒的河口区域中一片地势低洼的沼泽地。

场地现状地形大多经过人工改造，包括河道渠化、防洪堤、建筑地块平整，以及修建排污渠、轨道或道路所形成的路堤等。开发建设活动已经严重破坏了这片区域的自然形态。

## 3.3　设计构想

在最早的框架性区域规划中，对利河下游地区提出的目标定位是："生机盎然、高品质且可持续发展的混合功能区，充分融入伦敦的城市肌理，拥有高品质公园绿地、独特水网风貌，呈现出无与伦比的自然风景"（www.legacy.london.gov.uk）。奥运会的入驻被视为这种美好愿景最有力的催化剂。奥林匹克公园几乎"从申奥成功第一天就已确定"，奥林匹克体育场和水上运动中心的选址也被迅速确定"（Prior和Hanway，2013）。这是对最初的申办口号中"重塑河流生态、增加物种多样性和提升城市绿色空间品质"，将奥运会办成一届"可持续生活的蓝图"的有力贯彻（Hopkins和Neal，2013）。

霍普金斯与尼尔指出，事实上奥林匹克公园共有三版总规——"赛会期间的总规；赛后转换期的总规；2013年后作为奥运遗产长久开发的总规"。其中，赛会期间的总规最为简单明了——沿河而建的公园用地；"前院空间"里，开阔的广场和便捷的桥梁引导观众在公园和场馆间来往；"后院空间"中则用便捷的环路串联着各场馆的后勤服务区。这从某种程度上得益于EDAW对公园的定位——"更开放、更自然、更注重社

公园东北部的湿地、草地和自行车馆（2013年9月）

区服务功能的北园"和"更紧凑、更都市化、更活力充沛的南园"。同时，他们还总结出来公园规划的四大主要策略："由人工地形、大树和草坪剧场构成的强有力的绿色框架；高视觉冲击力的种植设计；相互连通的生物栖息地；作为奥运遗产保留主体景观"。

而公园的最终形象实际上是直到2008年哈格里夫斯参与设计时，才得以具体落实与呈现。哈格里夫斯主要基于两大因素对公园进行了设计：首先，根据在悉尼奥运公园中获得的设计经验，他将南园的集散广场缩小，而使绿化边坡舒缓地延伸到水厂河；其次，他根据场地中数量巨大的弃土，提出了在北园中通过GPS控制工程技术堆造地形的构想。这种地形的处理，在创造视觉艺术的同时，还兼顾了控制雨洪、减少堤岸侵蚀、促进栖息地连续性，以及便于维护管理等需求。

哈格里夫斯将这一设计诠释为"通过一种强有力的手法，将对视觉景观的追寻与生态及可持续性相结合，使其远远超越了大地艺术本身"；这体现了"获猎全球植物的英国式热情"（Hargreaves，2013）。这种激情在普赖斯、希契莫夫和邓内特为南园精心栽种的长800米的奥运花园，以及北园广阔的缀花草甸之中展露无遗。奥运花园展示了四个不同气候区的植物品种，被普赖斯称为"自然式种植"，可以"带我们回归威廉·罗宾逊（William Robinson）*的19世纪70年代"（Price，2013）。

希契莫夫曾建议公园的种植设计应当"简明扼要地勾画出公园与种植设计的未来趋势"，并成为"自然与文化观念的交锋"（Hitchmough和Dunnett，2013）。他同时指出［与海伦·霍利（Helen Hoyle）合作取得的］让本土野生花卉应时开放的奇观，并非像某些媒体轻描淡写的"归

因于好运气或那个夏天凉爽潮湿的气候"那么简单，而是园艺技术与自然时序精美调和的结果。这一"景观框架"后来被花园设计大师奥多夫（Oudolf）和詹姆斯·科纳设计事务所（JCFO）加以继承和完善，他们的联合团队完成了奥运后公园的改造设计，形成了"大场面的场所体验"（worldlandscapearchitect.com）。

## 4. 管理、资金和使用

### 4.1 管理组织

2012年4月，在长期专项管理机构——伦敦遗产开发集团公司（LLDC）的领导下，曾经负责公园创建的众多机构和人员迅速整合起来。尽管ODA仍然保留了一些赛后职责，LOCOG"截至2013年1月，已将奥林匹克公园大部分区域的管理权交还给了LLDC"（ODA，2013）。在本文写作之际，LLDC董事长由伦敦市长鲍里斯·约翰逊兼任，丹尼斯·霍恩（前ODA首席执行官）担任LLDC首席执行官，马克·坎利（Mark Camley，前皇家公园的首席执行官）担任公园运营总监。

LLDC在2012年5月制定的运营计划中提出，其首要的"战略目标"是为伦敦东部地区创造新的社会、经济及环境效益，提升长期的财政收益，以及不断提升公园的可持续性与场馆的良好运转（LLDC，2012）。计划提出到2015年3月实现公园和场馆的重新开放，并通过一系列城市活动创造出"超具人气的旅游目的地"；启动首轮开发，建立"促进新生与融合"的"社区计划"。这里的融合主要是指缩短伦敦东西部之间的社会经济差距。公园的转型期最初被定为25年，到2013年这个预期则缩短至10年。公园的日常维护

---

* 威廉·罗宾逊，19世纪末自然式花园设计的代表人物，著有《野生花园》。——译者注

北园的多年生花境景观（2013年9月）

则参照皇家公园的模式，交由外包公司，不间断地、有条不紊地开展着。

## 4.2　资金来源

布莱尔首相对英国的公共设施开发提出了所谓的"第三路径"。"第一路径"是1945年之前和1980年之后的撒切尔模式，即市场主导的私营供给模式；而1945年之后的国有资金主导的是"第二路径"。奥林匹克公园的融资模式表明，"在一个公共部门仍拥有和管理绝大多数公共领域的城市中，纯粹出于公益目的的'第二路径'规定并没有完全消亡"（Carmona，2012）。确实，尽管伦敦申奥的许多前期工作主要依靠商业赞助，但鉴于这一项目（奥林匹克公园）的重大意义以及时间的紧迫性，布莱尔政府不敢冒险完

全依赖来自私有部门的支持。因此，除了按时按预算完成之外，奥林匹克公园更被视为是最大、最近的一个"老工党"项目。赛后的开发，如公园东北侧的住宅开发则出售给私营开发商主导。

2003年伦敦申奥时提出的总投资估算约为24亿英镑。而2007年3月在向英国议会递交的财务报告中，这个数字则超过了93亿英镑——其中有81亿可供ODA支配。至2013年3月，ODA实施的项目共支出67亿英镑，其中44亿英镑来自中央政府，16亿英镑来自国债，7亿英镑来自GLA和LDA（ODA，2013）。也就是说从2007年3月的预算中节省了14亿英镑。这可谓是双赢的局面！另外，每1英镑投资中就有75便士用在永久性基础设施的投资上。用于奥林匹克公园和奥运中心区的建设花费了2.5亿英镑，只占这67亿投资中相对较少的一部分。此外，还安排了8000万英镑的预算用于公园的赛后转换。

## 4.3　使用情况

据LLDC测算，仅在奥运会与残奥会举办的两个月时间中，奥林匹克公园的游客接待量便超过500万人。相比于附近的大型城市公园，如维多利亚公园，全年游人接待量仅为400万人，而格林尼治公园则仅为300万人。随赛会而至的大批游客多是奔着奥林匹克公园而来的，因为各个场馆总共的接待量不到200万人（Hopkins和Neal，2013）。LLDC宣称这座公园将"成为伦敦休闲、旅游、生活与商业活动的首选目标；一个现代的、可持续发展的城市更新典范；预计每年将吸引930万游客"（www.londonlegacy.co.uk/the-park）。

## 5.　未来规划

在本文行文之时，公园的主要工作完成向赛后的转变，将公园的影响力"向城市的各个方向

形成辐射，连缀成网、构成系统，连接和整合现有的城市肌理和未来新的城市建设"（Corner，2013）。

　　如果说在赛时，奥林匹克公园是奥运会的精华，而植物景观又是奥林匹克公园精华的话，那么哈格里夫斯所创造的大地景观则将成为整个奥运遗产的精华，继续闪烁发光。另外，由于公园中的场馆需要重新组织交通，公园与周边地块的联通及通过性交通组织也是赛后转换的工作重点。[2]而且，不可避免地，同任何大型城市公园一样，奥林匹克公园也会被要求拓展开放空间来吸引人群，承办活动，赚取收入——比如2013年布鲁斯·斯普林斯汀（Bruce Springsteen）大型演唱会。但更多的挑战则是这个全新的公园如何与周围环境基底的逐渐融合，或按哈格里夫斯的话来说，叫作"缝合"到它的城市腹地——包括那些新的住房建设、奥运村以及原有的住宅和商业区。

# 6. 小结

　　伦敦奥林匹克公园是一个振奋人心的项目，在1984年至1992年间组织笨拙的英国花园节以及工期滞后的温布利球场之后，它证明了英国确实有能力在紧张的建设周期之中，完成一座高品质的重要公园——当然，中央政府雄厚的资金投入和团结高效的景观设计团队都是不可或缺的因素。

　　我们有理由相信这座公园将会成为"面向21世纪的英国公园典范"，同时也正如它的设计者所宣称的那样，它是一种在"共同的地球"原则与理念之下开展的后工业"行进式景观"。它的价值展现在焕然一新、如诗如画的地形设计、重归自然的河岸、多年生植物的季节轮替，以及与大地景观和谐掩映的建筑之中；也同样隐含在那些不可见的，为土地的修复与重生所进行的移除或下埋工程之中。但更大的挑战则是：如何从奥运盛会的光芒下一路走来，为经济的长效刺激发挥作用，为利河下游地区引入发展与活力，并将这种活力注入整个泰晤士河地区。

## 注释

　　1. "Lea"和"Lee"的拼写可以通用。其中"Lea"一般专指利河，而"Lee"则更多地用在渠化河道区和公园管理机构的名称之中。

　　2. 奥运场馆在设计之初考虑了临时性使用或在赛后拆除的要求，后来因被用作2016年至2017年西汉姆联队足球俱乐部的主场而得以保留。安赛乐米塔尔轨道塔的方案直到2009年底才正式推出。

## 芝加哥格兰特公园位置图

1. Administrative boundary of Chicago 芝加哥行政区边界
2. North Chicago River 北芝加哥河
3. Humboldt，Garfield and Douglas Parks 洪堡、加菲尔德与道格拉斯公园
4. Chicago Canal 芝加哥运河
5. Grant Park 格兰特公园
6. Lake Michigan 密西根湖
7. Boulevard System 林荫道系统
8. Washington and Jackson Parks 华盛顿与杰克逊公园
9. Lake Calumet 卡柳梅特湖

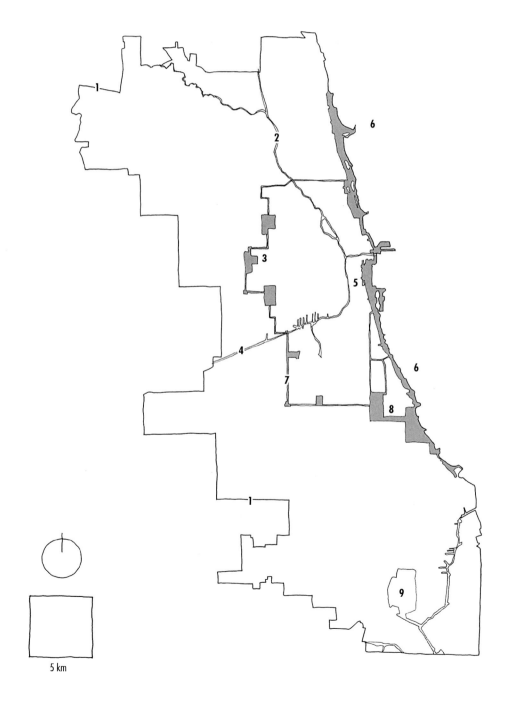

5 km

# 第18章　格兰特公园，芝加哥

（ Grant Park，Chicago ）

（ 320英亩/130公顷 ）

## 1.　引言

　　格兰特公园是丹尼尔·哈德森·伯纳姆（ Daniel Hudson Burnham，1846—1912年）和爱德华·H. 班纳特（ Edward H. Bennett，1874—1954年）1909年学院派风格的芝加哥规划的代表作。它坐落于芝加哥这座美国第三大城市与密歇根湖西岸交汇处的围垦土地上。早在1844年，有一部分土地就被规划为公园，并冠以滨湖公园的名字（ Cremin，2013 ）。公园的面积由于铁路建设和垃圾堆放，特别是1871年的"芝加哥大火"而得到扩展，但直到20世纪20年代后半期，公园才具备了目前的格局，并随着2004年千禧公园（ Millennium Park ）和2015年麦琪戴利公园（ Maggie Daley Park ）的开放而继续扩大。格兰特公园一直被视为芝加哥城的"前院"。在这里，1959年英国女王伊丽莎白二世登岸并开始了国事访问，教皇保罗二世于1979年举行弥撒，20世纪90年代芝加哥公牛队在这里庆祝他们获得了六个NBA冠军，以及2008年巴拉克·奥巴马（ Barack Obama ）在此庆祝总统选举胜利，都使这里成为"全球最负盛名的公共开放空间之一"（ Bachrach，2009 ）。

　　它的历史是一个关于铁路、公路和停车场、搬迁的音乐厅、慈善事业大力发展与步履维艰的故事。公园由铁路和高速公路组成的网格分割开来，就像一个巨大工具箱中的各个隔间——这种形式适合于隔间的逐个改造——工具箱的边沿是其西部和北部芝加哥市中心高层建筑形成的铜墙铁壁。这一突兀的空间界面来自1836年的一项决定，即密歇根大道和湖岸之间的土地应该是"公共用地—— 一块永远开放、净空的、没有任何建筑物或任何其他障碍物的公共用地"（ Wille，1991 ）。这一决定由于商人亚伦·蒙哥马利·沃德（ Aaron Montgomery Ward，1844—1913年） 在1890年至1910年间提起的四起诉讼而得到了巩固（ Cremin，2013 ）。这座公园自1934年以来一直由芝加哥公园局（ Chicago Park District ）管理，这一机构拥有并管理着芝加哥市大约3270公顷的公园物业（ www.chicago parkdistrict.com/about–us ）。不断的新建和发展，使格兰特公园永远处于发展之中。

## 2.　建设历程

### 2.1　规划之初

　　芝加哥城位于芝加哥河注入密歇根湖西南

角的地方。[1]一个浅浅的湖湾——泥湖（Mud Lake）将它与密西西比河一条西南流向的支流——德斯普兰斯河（Des Plaines River）连接起来。1816年，美国政府征用了从芝加哥河口到伊利诺伊河（密西西比河的另一条支流）之间的一条32公里宽，160公里长的狭长地块，用来修建运河。1830年，政府决定在芝加哥建造一个港口。港口于1833年竣工。同一年，联邦政府和州政府批准了一项开发伊利诺伊和密歇根运河的计划，并于8月将芝加哥也纳入进来。

到1835年——运河建设资金到位的那一年，芝加哥的人口是3265人。1835年11月，"利益相关公民"（组织）提出，面积约1550公顷的隶属于联邦的迪尔伯恩要塞（Federal Fort Dearborn），应留出8公顷作为公共广场用地。那块地虽然最终还是被开发了，但公民们的决心促使负责运河建设的州专员在1836年在土地销售地图上将密歇根大道以东的（很小一块）土地保留为"公共土地"。湖滨土地的所有权在1844年移交给芝加哥市，并在1847年被正式命名为湖滨公园（Bachrach，2012）。但这块土地没有得到任何提升，芝加哥市甚至没钱建造堤坝来防止海岸线的侵蚀。好在运河最终于1848年竣工，不久之后芝加哥便开始发展成为铁路中心城市。1848年人口达到2万；1850年3万；1852年3.87万；1854

年6万人，到了1857年就已接近12万人。1850年，第一条铁路线进入城市；到1856年，芝加哥已经有10条铁路线，总长达3000英里（4828公里）。6年后，这座城市"成为世界上最大的铁路中心"（Wille，1991）。

1852年，芝加哥宣布，批准了伊利诺伊中央铁路（IC）在湖床上建造一座火车栈桥，同时他们被要求建造一座石制防波堤来保护海岸线。IC还买下公园北部的土地，填实了芝加哥河到公园北侧伦道夫大道（Randolph Drive）之间的区域。后来伊利诺伊州开始起草立法，准备将整个湖滨地区划拨给IC，这遭到了市民的反对。1861年通过的法案，再次确认将密歇根大道以东的土地作为开放空间，1863年将"中央铁路以东洪涝区的所有权交由芝加哥市托管"（Chicago Park District，1992a），该法案要求密歇根大道以东的开发必须得到所有相邻土地所有者的同意。1869年，州立法机关成立了三个独立的公园区，每个公园区都有各自的征税权。

## 2.2　场地情况

到1871年，芝加哥已有接近30万人口，大都居住在高密度、木结构为主的建筑之中。1871年10月的"芝加哥大火"造成300多人死亡，9万多人无家可归，1.7万多栋建筑被毁（Wille，

从博物馆园区看向公园（2013年10月）

公园西南角由玛格达莱娜·阿巴卡诺维奇设计的雕塑群"阿古拉"（2013年10月）

1991）。大火之后，芝加哥市开始以较低密度快速重建，并留足了公园和林荫道。威勒（Wille）指出"在火灾后的前20年里，三个公园区委员会总计花费2400万美元，建设8个大型公园，29个小型公园和35英里（56公里）长的林荫大道"（Wille，1991）。另外，大火留下的碎石瓦砾还填塞了IC铁路栈桥与海岸之间的淹没区。在19世纪的70年代和80年代，这里都继续被用作垃圾填埋场。IC从1881年开始填实栈桥以东的地区。在此期间芝加哥城曾对密歇根大道和IC线之间的地区进行了小规模的改善，但直到1890年，这里仍旧是个遍布垃圾与棚户区的地方，并没有在成为城市公园的进程上迈进半步（Bachrach，2012）。

## 2.3　公园建立过程的关键人物

近五十年的时间之中，湖区公园一直没有得到有效的开发，很大一部分是源于邮购企业家亚伦·蒙哥马利·沃德的施压。[2]沃德的公司设立在密歇根大道，根据1861年和1863年的法案，他拥有权利反对一切湖滨建设。1890年，在得到世界哥伦比亚博览会（World's Columbian Exposition）主办权之后，芝加哥批准了世界大会大厦［World's Congress Building，也就是现在的芝加哥艺术博物馆（Art Institute of Chicago）］的建设。沃德于1890年10月提出他的第一起诉讼，要求"清理湖滨……不堪入目的棚户和垃圾"（Wille，1991）。城市从两方面作出了回应：首先，拆除了公园场地上除两个联邦军械库以外的所有建筑；其次，推出了市政厅、派出所、邮局、马厩和发电厂的建设规划。

这场官司最终在1897年胜诉，沃德终于赢得了他的第一场官司，法院颁布了一项禁令，要求拆除除艺术学院以外的所有建筑。沃德第二次提起诉讼是在其间的1893年。当时芝加哥市和伊利诺伊州国民警卫队宣布了一项在IC线以东新填的陆地上建造军用机场的计划。沃德提起诉讼，法

白金汉喷泉（2013年10月）

院颁布了建设的禁令。政府当局而后向州最高法院提请复议，但最高法院维持了对沃德的原判，依据是1863年的《法案》（Act of 1863）——即淹没地区的这部分土地依然由公众持有。1896年，湖滨公园的管辖权从芝加哥市移交给了南区公园局。专员们开始了一项大型填埋造地计划，以增加公园面积。1901年，根据联邦军（Grand Army of the Republic）的请愿书，委员会同意以尤里西斯·辛普森·格兰特（Ulysses Simpson Grant，1822—1885年，1869—1877年出任美国总统）的名字来命名公园。

沃德终其一生都在努力奋争以保护这座公园，其中历时最长、最为激烈的一次纷争是关于能否在国会大道轴线上修建菲尔德博物馆（Field Museum）的计划。那是沃德的第三次诉讼申请。这座博物馆是马歇尔·菲尔德（Marshall Field，1834—1906年）送给芝加哥市的礼物，用来容纳博览会上展出过的收藏品。他为博物馆的建设捐赠了800万美元——前提是芝加哥要在他去世6年之内提供一块免费的建设用地。沃德顶着巨大的公众压力——尤其是来自《芝加哥论坛报》的攻击。但他没有撤诉，他的诉讼一直持续到1909年。面对媒体的冷嘲热讽，他回答说，他"为芝加哥的穷人而战，而不是为百万富翁而战"（Wille，1991）。最终在菲尔德提出的截止

日之前一个月，政府将另外一块曾属于IC的土地批准为博物馆建设用地。

在沃德努力阻止在公园中大兴土木的时候，丹尼尔·哈德森·伯纳姆则一直在积极地寻求促进公园的发展。伯纳姆是位建筑师，并曾与风景园林师弗雷德里克·劳·奥姆斯特德共同设计了举办1893年世界博览会的杰克逊公园。1854年伯纳姆一家从马萨诸塞州搬到了芝加哥。1873年，他与约翰·韦尔伯恩·鲁特（John Welborn Root，1850—1891年）合伙开业（Fleming等，1999）。而后，由于鲁特在博览会召开前不幸死于肺炎，其事务所便更名为D. H. 伯纳姆公司（D. H. Bumhant and Company）。博览会结束后不久，伯纳姆开始探索将杰克逊公园同市中心连接起来并提升中心区滨湖环境的可能——在得到设计经费之前，这项工作完全是无偿自愿开展的。他在方案中展示了"位于公园中央的一座新古典主义博物馆，两旁有规则式的广场，在（广场的）四角上布置着长长的矩形建筑"（Chicago Park District，1992a）。

1896年，伯纳姆受邀在"芝加哥商业精英60人会"的商人俱乐部的一次会议上介绍了他的方案（Wille，1991）。1903年，他被任命为菲尔德博物馆的总建筑师，公园而后被规划在了格兰特公园的正中心，而奥姆斯特德景观设计公司则担任了公园的景观设计。[3]他们计划了一系列项目，均围绕菲尔德博物馆展开。1904年，D. H. 伯纳姆公司和奥姆斯特德公司被南部公园局委任设计一系列邻里公园。伯纳姆聘请了爱德华·H. 班纳特——一位受过学院派教育的英国建筑师加入团队。1906年，商人俱乐部委托伯纳姆为芝加哥制定一份完整的城市规划。是年晚些时候，商人俱乐部并入芝加哥商会，芝加哥商会在1909年公布了《芝加哥规划》（the Plan of Chicago）（Hasbrouk，1970）。这个规划充分体现出伯纳姆"不做小规划"的口号。它提议扩建

公园、公园大道和森林保护区，包括滨湖的23英里（37公里）的连续开放空间，一个地区公路系统，一个发达的铁路系统，一个巨大的城市中心广场——带有施佩尔（Albert Speer）的日耳曼风格的穹顶建筑，以及一大堆模块化的建筑组团。总之，一部典型的学院派城市蓝图——在其中能清晰地看出奥斯曼巴黎规划的影子。

《芝加哥规划》提供了"常规的解决方案，在破败的街区开辟林荫大道，加强卫生措施……它预示着城市的美丽与成熟，同时包含了当代规划所期待的元素"（Wilson，1989）。这一规划"本质上是出自建筑师的理念：一种视觉化的城市序列，但在其中，区域性项目开发的方法首次被视为一个规划实施的基础而得到应用"（Chadwick，1966）。该计划于1910年被芝加哥市采纳。与此同时，在沃德第三次法律诉讼的结果出来之前，奥姆斯特德公司已经为格兰特公园开发出包括菲尔德博物馆在内的一系列对称性景观设计。在沃德胜诉以及1912年博物馆的备选场地被审批通过后，公园南部区域的填土工程开始启动。同样在1912年，IC公司同意降低其下穿公园的铁路等级，以方便日后在它上层的建造施工。

博物馆最终于1915年——即伯纳姆去世3年后，遵照他的设计开始兴建。同年，南部公园委员会聘请班纳特（而不是奥姆斯特德公司）为格兰特公园进行新一轮的规划。班纳特设计的小型公园于1915年开工。但直到1922年，他才最终绘制出一幅展示公园全部设计意图的总图（Chicago Park District，1992b）。该方案于1924年通过。1925年，南部公园委员会接受了凯特·斯特奇斯·白金汉（Kate Sturges Buckingham，1858—1937年，一位谷物运输大亨的女儿）的捐赠。她希望能在公园中修建一座喷泉，以纪念她的哥哥克拉伦斯·白金汉（Clarence Buckingham，1854—1913年）。白金汉泉不是普通的喷泉，而是以凡尔赛宫的拉托纳喷泉（Latona Fountain）

为参照修建的。它的底部是一个直径280英尺（85米）的水池，上面有三层同心圆水池，其中心喷泉高度可达137英尺（42米）（Wolfe，1996）。白金汉喷泉由班纳特规划、法国雕塑家和工程师设计，坐落在公园和城市的关键位置——原本伯纳姆规划菲尔德博物馆的地方。

公园最富有学院派风格的错综复杂的中心地段位于密歇根大道、杰克逊大道、波尔博街和湖滨大道之间——是唯一完全遵照班纳特的设计所建设的区域。它包括了总统庭园（the Court of Presidents）和作为城市门户的弧形的国会广场（Congress Plaza）。班纳特以新古典主义建筑样式和高贵的雕塑充分装饰了公园的中心区域——包括一座1926年由奥古斯都·圣高登斯（Augustus Saint-Gaudens）设计的林肯座像，和一座位于国会广场的一侧于1928年由伊凡·梅特罗维奇（Ivan Metrovic）设计的印第安骑手像（Chicago Park District，1999）。这一地区，连同哈钦森园（Hutchison Field）和沿着密歇根大道的一众花园，构成了公园局此后《设计导则》（Design Guidelines）中的历史模板（1992）。

## 2.4  1930年后公园的发展

1926年，政府提出了一项法案，要求在公园北面架设跨越芝加哥河的桥梁。[4]这一举措预示着湖滨大道交通系统的大规模扩张。然而，20世纪30年代恰逢经济危机，芝加哥市破产了；1933年，另一场庆祝芝加哥百年诞辰的世界博览会在格兰特公园以南的伯纳姆公园（Burnham Park）举行，而它对格兰特公园的主要影响只是添置了一些新的装饰艺术元素——比如哈钦森园中模仿了好莱坞碗（Hollywood Bowl）的壳形演奏台。1934年，分散的公园区（当时共有22个）合并为芝加哥公园局（Chicago Park District）。公园得到了来自工程推进署（WPA）的大量资金，修建了湖畔露台，增加了大量绿化——比如为班纳特

千禧公园中皮耶特·奥多夫设计的卢瑞花园的植物景观（2013年10月）

设计的那些小巷增加道旁树，并用装饰性的下层树木和规则式的树篱强化出边界。

格兰特公园和美国其他许多城市公园一样，在第二次世界大战后的几十年里境况惨淡。机动车交通迅速增长，城市公路被拓宽；新建高速公路穿城而过，停车场大量修建，有车一族涌向郊区。公园因缺少资金维护，成为"避之不及"的城市问题区域。早在1921年门罗大道北侧就建起了地面停车场。1953年，在门罗大道、伦道夫大道和IC线之间修建了一座地下车库。这使得复建后班纳特的设计成为了一个屋顶花园。1955年，

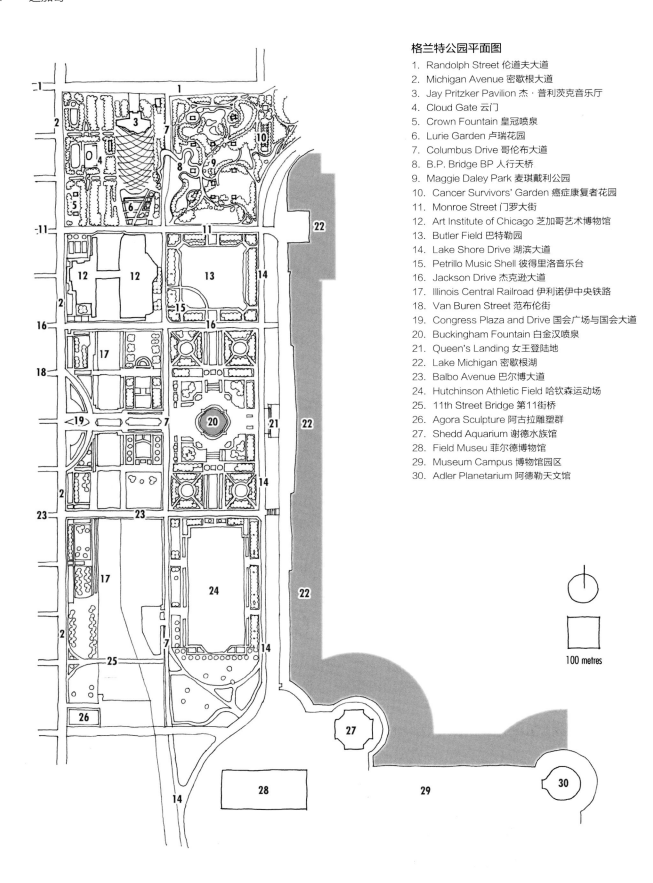

**格兰特公园平面图**

1. Randolph Street 伦道夫大道
2. Michigan Avenue 密歇根大道
3. Jay Pritzker Pavilion 杰·普利茨克音乐厅
4. Cloud Gate 云门
5. Crown Fountain 皇冠喷泉
6. Lurie Garden 卢瑞花园
7. Columbus Drive 哥伦布大道
8. B.P. Bridge BP 人行天桥
9. Maggie Daley Park 麦琪戴利公园
10. Cancer Survivors' Garden 癌症康复者花园
11. Monroe Street 门罗大街
12. Art Institute of Chicago 芝加哥艺术博物馆
13. Butler Field 巴特勒园
14. Lake Shore Drive 湖滨大道
15. Petrillo Music Shell 彼得里洛音乐台
16. Jackson Drive 杰克逊大道
17. Illinois Central Railroad 伊利诺伊中央铁路
18. Van Buren Street 范布伦街
19. Congress Plaza and Drive 国会广场与国会大道
20. Buckingham Fountain 白金汉喷泉
21. Queen's Landing 女王登陆地
22. Lake Michigan 密歇根湖
23. Balbo Avenue 巴尔博大道
24. Hutchinson Athletic Field 哈钦森运动场
25. 11th Street Bridge 第11街桥
26. Agora Sculpture 阿古拉雕塑群
27. Shedd Aquarium 谢德水族馆
28. Field Museu 菲尔德博物馆
29. Museum Campus 博物馆园区
30. Adler Planetarium 阿德勒天文馆

100 metres

国会大道延伸到湖边。1961年，杰克逊大道和范布伦街之间修建了更多的地下车库。1976年，理查德·J. 戴利200周年纪念广场（Richard J. Daley Bicentennial Plaza）的地下也修建了车库。1968年8月，在民主党全国代表大会期间，反越战示威者与芝加哥警方在此发生冲突，为公园蒙上了又一层阴影。1970年至1972年间，公园内外共发生了四起谋杀案（Cremin，2013）。壳形演奏台成为示威游行活动的集结点，以至于"它对来公园南端参加音乐会的听众不再有吸引力"（Chicago Park District，1992a）。1975年，这个演奏台被移走，取代它的是位于巴特勒园（Butler Field）西南角的花费3100万美元建设的彼得里洛演奏台（Petrillo Bandshell，于1978年6月完工）。

格兰特公园的复兴开始于20世纪80年代，并在很大程度上要归功于彼得里洛演奏台的修建，由市长简·伯恩（Jane Byrne，1934—，于1979—1983年出任市长）组织的年度音乐节活动。在20世纪90年代，公园的恢复主要体现在两个项目上。第一是对公园现状的治理，包括拆除了菲尔德博物馆东部湖滨大道的支路；建成了早在20世纪60年代便出现在规划之中，后于1995年由劳伦斯·哈普林（Lawrence Halprin）设计完成的博物馆园区（Museum Campus）——它在博物馆和公园之间提供了一个宽阔的人行地下通道（Bachrach，2012）。1996年，公园完成了对其东北角的湖滨大道的改造，占地0.9公顷的癌症康复者花园（Cancer Survivors' Garden）建成（Kitt Chappell，2004）；白金汉喷泉、国会广场及其侧翼花园得以修缮，并将原先受病虫害影响的美国榆树替换成抗病害品种。

第二项重要的开发是在格兰特公园西北角建立了约10公顷的千禧公园——即使是在20世纪90年代也堪为一项壮举。这个项目由市长理查德·M. 戴利（Richard M. Daley，1942—，于

1989—2011年在任）主持修建，实际耗资约4.7亿美元——其中芝加哥市出资2.7亿美元完成了公园的场地平整和基础设施，来自私人捐赠者的2亿美元则用于"公园地面以上的所有工程"（Cremin，2013；Kent，2011）。在开发之后，一位公园局的律师发现，IC在第11街和伦道夫大道之间的土地上只有铁路使用的地役权，而没有地面开发权。随着事件的披露，IC于1997年12月将这块土地交还给芝加哥市（Giloyle，2006）。公园局研究和规划总监埃德·乌利尔（Ed Uhlir）随后出任戴利的项目总监。他认为通过停车收入能使城市获得修建露台和基础设施的资金，从而解决了资金来源的问题。

1998年3月，戴利宣布启动该项目，并由萨拉·李公司（Sara Lee Corporation）1975年至2000年的首席执行官约翰·H. 布莱恩（John H. Bryan，1936—）负责领导此次融资。布莱恩延续了"不做小规划"的指导方针，最终获得了足够的资金，建成了一系列令人惊叹的项目，包括：由普利茨克建筑奖得主弗兰克·盖里（Frank Gehry，1929—）设计的高38米，能容纳4000人的杰·普利茨克露天音乐厅（Jay Pritzker Pavilion）、容纳7000人的大草坪和长280米的BP人行天桥；由阿尼什·卡普尔（Anish Kapoor，1954—）设计的20米宽、10米高的豆形镜面不锈钢雕塑——云门（Cloud Gate）；由豪梅·普伦萨（Jaume Plensa，1955—）设计的皇冠喷泉——一对高15米的玻璃屏幕，能显示230个芝加哥人的面孔——将水喷到长70米、下沉1英寸（2.5厘米）的广场中；另外还有由风景园林师古斯塔夫森·格恩里·尼科尔（Gustafson Guthrie Nichol）与植物景观设计师皮耶特·奥多夫（Piet Oudolf）合作完成的占地1公顷的卢瑞花园（Lurie Garden）（Kent，2011）。千禧公园其他新增的项目还包括邻近的拥有1525个座位的哈里斯剧院（Harris Theater）、艾索伦太阳能馆（Exelon

千禧公园（2013年10月）

Pavilions）、麦当劳自行车中心（McDonald's Cycle Center）、AT&T（原SBC）广场、麦考密克论坛广场（McCormick Tribune Plaza）和溜冰场（Ice Rink）、波音艺廊（Boeing Galleries），以及箭牌广场（Wrigley Square）上的千禧纪念碑（Millennium Monument）——复原了1917—1953年间位于该地点的多立克式半圆形柱廊（1953年因地下停车场建设而拆除）（Cremin，2013）。

千禧公园填补了班纳特规划中的一个空白。它的布局遵循了1997年由SOM规划的学院派风格的总体规划。但个别装置——如2004年7月开放的透迤蛇行的BP人行天桥（B. P. Bridge）则从这

种秩序中跳脱出来。芝加哥的建筑评论家布莱尔·卡明（Blair Kamin）评论说，它是"一种新型的城市公园……是融合了装饰艺术与现代风格的作品，为芝加哥的城市客厅融入了新的元素"（Kamin，2004）。卡明还认为，千禧公园并不像拉维莱特公园（Parc de la Villette）那样具有划时代的意义，但即便如此它却更具吸引力，也更具互动性。

与此同时，公园的西南角坐落着一组更为大胆激进的作品——波兰雕塑家玛格达莱娜·阿巴卡诺维奇（Magdalena Abakanowicz，1930—）设计的雕塑作品——阿古拉（Agora，希腊语意为"广场"）。这组雕塑作品于2006年11月亮相（Huebner，2007），由106个2.75米高的无头无臂、拥挤不堪、锈迹斑斑的铸铁人组成，他们朝不同的方向行进。"与格兰特公园另一端令人愉悦的'盛宴'相比，这仿佛是一件格调阴沉的配重"。两年后，蒂芙尼基金会（Tiffany and Co.Foundation）资助的新花园在白金汉姆喷泉以南建成（Bachrach，2012）。公园北边则在2012年10月至2015年5月间建成了占地8.1公顷，耗资6000万美元的麦琪戴利公园（Maggie Daley Park）。

## 3. 规划和设计

### 3.1 区位

作为《芝加哥规划》中的城市枢纽，格兰特公园如今仍然是芝加哥市地理位置上的中心，尽管城市的商业中心已经沿着密歇根大道逐渐向北移至繁荣大道（Magnificent Mile）。国会大道仍然是公园的轴线，而公园则是芝加哥城的轴线，并构成了滨湖公园带上最关键的一环。自20世纪90年代初以来，公园的三面都有大型住宅和"房地产开发，尤其是千禧公园一侧，已经成为芝加哥最令人向往的胜地"（Cremin，2013）。

## 3.2 地形与地貌

　　格兰特公园是一个南北向平行于密歇根湖湖岸线的长方形，长约1750米，宽850米。场地靠填湖而来，到了1905年，场地的标高已经比芝加哥基准面还要高8.8米。地形通过一系列的斜坡和平台从湖岸向内陆渐次升高，比如哥伦布大道要比湖滨大道高那么"几英尺"，而湖滨大道明显则要低得多（Chicago Park District，1992b）。另一个显著的高差是在毗邻伦道夫大道的公园的北部边缘，那里甚至容得下停车场、哈里斯剧院和杰·普利茨克音乐厅。

## 3.3 最初的设计理念

　　《芝加哥规划》将格兰特公园定位为20世纪芝加哥的艺术中心。而后，班纳特将其深化为"一个由草坪、规则式的花圃、榆树小巷、古典主义装饰细节和公园中心的纪念性喷泉组成的景观系统"（Chicago Park District，1992b）。这个结构被细分为一系列的单元和小空间。密歇根大道两侧较老、较小的空间单元在规模和设计上更像花园。IC线东面较新的、较大的空间被赋予了更多的公共用途，适于体育活动和音乐演出。这些原则在1992年的《设计导则》和2002年的《框架规划》（Framework Plan）中得到了强化，但也受到千禧公园和麦琪戴利公园的挑战。

## 3.4 空间结构、道路系统与植物景观

　　班纳特的几何构图平面仍然清晰可见，国会大道是其提纲挈领的东西轴线，轴线上的白金汉喷泉仍然是整个公园的视觉焦点。《设计导则》已将这些基本要素归入公园发展的历史模板（Chicago Park District，1992a）。穿过喷泉、地势低平的巴特勒园和哈钦森园——公园的南北轴线并没有它在平面上那么清晰——园林与堤岸般的长廊融为一体。同样，千禧公园和麦琪戴利公

芝加哥艺术博物馆南侧，施泰农·托拉林斯多蒂尔（Steinunn Thórarinsdóttir）设计的雕塑作品"边界"（2013年10月）

豪梅·普伦萨设计的皇冠喷泉（2013年10月）

园的建设持续地将人们的注意力从喷泉引向公园的南部，唯一能切断它们的是穿越公园的高速公路。公园周围的摩天大楼在平面上看起来波澜不惊，但在现场看来却惊人的高峻挺拔，无论是在

癌症康复者花园里，还是驱车南行从湖滨大道前往菲尔德博物馆时，通过汽车挡风玻璃看出去，这些楼宇的立面都非常壮观。但对行人来说却是一种折磨。一年中的大多数日子，哥伦布大道和湖滨大道感觉就像无法穿越的高速公路。

## 4. 管理和使用

### 4.1 管理组织

芝加哥公园局是1934年由22个公园局合并而成的地方机构。负责人和专员"经市议会的提名审议后"由芝加哥市长直接任命。实际上，芝加哥市长对于任命人选有相对的自由。据说有些时候，候选人的政治立场比工作能力或对公园的热情更加重要（Wille，1991）。尽管市长拥有相对的话语权，但自20世纪80年代中期联邦政府对公园局资源分配的歧视性进行调查之后，已经设立了一个政府咨询委员会系统（Bachrach，2012）。

公园局独立于政府其他部门，表明了一个事实，那就是它拥有专门的税收——公园税。因此，芝加哥公园的运营预算高过美国大多数城市。2014年的预算总额为4.256亿美元，比2013年增长3.6%，比2004年增长21.6%（www.chicagoparkdistrict.com/assets）。千禧公园是由一个独立的非营利组织——千禧公园公司（MPI）代表芝加哥市文化事务局负责运营的。公园局负责日常维护，其他一切事务则交由MPI管理。2013年末，MPI得到了2600万美元的捐款，以及未到账的900万美元。但这个数字最好能达到6000万美元左右，这样才能使公园更好地发挥其潜力。[5]

### 4.2 使用情况

虽然公园没有进行定期的游客调查，但每年大概有超过2000万人次造访格兰特公园——使它成为美国参观人数排名第二的公园（www.chicagoparkdistrict.com/about-us）。之前的20世纪80年代和90年代，游客的增长有赖于一些大型集会活动，比如芝加哥马拉松赛（1977年以来赛程的起、终点一直设在格兰特公园）、格兰特公园音乐节（Grant Park Music Festival）的重新举办以及1979年芝加哥美食节（Taste of Chicago）的进驻等。到2013年，每年仅千禧公园吸引的游客量就达到了500万人次左右，远高于2006年的250万至300万人次（Lindke，2006）。

## 5. 未来规划

1989年理查德·M. 戴利当选市长后提出了强有力的公园计划，埃德·乌利尔领导的公园委员会研究和规划办公室也使民众对公园未来的发展充满信心。1992年7月，两份重要文件——《美国国家历史名胜名录》（National Register of Historic Places）和《格兰特公园设计指南》（Grant Park Design Guidelines，即前文中的《设计导则》）被提出。设计指南确立了未来公园建设中必须遵守的原则，旨在"保持公园的历史特色，同时适应变化的需要"（Chicago Park District，1992a）。根据设计指南，哈格里夫斯景观设计事务所（Hargreaves Associates）制定了《格兰特公园框架性规划》（Grant Park Framework Plan），并于2002年1月付诸实施。这一规划后被纳入1998年1月由芝加哥公园局、芝加哥市和库克县森林保护区共同制定的《芝加哥公园开放空间规划》（Open Space Plan for Chicago）之中（Chicago Park District，1998）。"建立了雄心勃勃的新目标，为整个城市服务不足的社区提供绿地"（Bachrach，2012）。

该框架规划是在建设千禧公园的过程中制定的，旨在促进"格兰特公园转变为一个充满活力和融合了丰富的历史文化和当代元素的空间"。这一转变的根本原则是格兰特公园应该"更加绿色、更加功能多样……对人类的进步具有更大的意义"（Chicago Park District，2002）。热门的"象限方案"（Quadrants Scheme）在哈钦森园和巴特勒园布置了新的露天剧场和多功能运动场——这是一种高效的转场方案，并可以疏解杰·普利茨克音乐厅和彼得里洛音乐台间的流线冲突，同时在公园西南角为社区使用提供了更多的运动设施。北格兰特公园成为现在的麦琪戴利公园，哥伦布大道转化为面向行人开放的"哥伦布广场"，作为第8街、第9街和第11街的延伸，动工修建了跨越铁路线的新的行人/自行车桥——其中最后一条已经竣工。由迈克尔·范·瓦尔肯伯格事务所（Michael Van Valkenburgh Associates）设计的麦琪戴利公园，是继规划框架出台后最引人注目的后续项目之一。它耗资6000万美元，为儿童和成年人提供全年使用的游乐设施，并且随之而来的是附近居民数量的迅速上升。另外在另一个屋顶花园上还有一些颇有奥姆斯特德风格的草甸。

# 6. 小结

蒙哥马利·沃德为芝加哥的"穷人"守住了格兰特公园，伯纳姆和班纳特则规划并推动了它的发展。这座建立在围湖造地场地上和地下停车场上面的公园被认为是一场开创性、激进的城市规划冒险。这座公园围绕着它学院派的充满装饰艺术风格的核心，零敲碎打地修建完善起来。即使它仍然被铁路和高速公路所分割，但如果没有沃德和伯纳姆，格兰特公园可能至今仍然是一片无法涉足的废弃地。

音乐台是格兰特公园健康状况的晴雨表。千禧公园坐落在公园的西北角——最靠近市中心的地方——这也彰显了对未来公园热度的信心。在某种程度上，连接了麦琪戴利公园和千禧公园的BP人行天桥似乎更加意义非凡。这座桥与白金汉喷泉和湖边之间以及公园和博物馆园区之间的拟建隧道一起，象征将公园各个不同区域连成一体的决心与努力。若非如此，概念美丽的格兰特公园也将难以适应游人的使用。挑战仍存在于历史模板与现代开发之间，格兰特公园需要在历史原则的规则之中开发出一套更为完善的道路系统，引导人们自由穿行于这座精彩的艺术宝盒之中。

## 注释

1. 参考自Wille（1991）的文章及芝加哥公园局相关文件。

2. 参考自Wille（1991）的文章及芝加哥公园局相关文件。

3. "奥姆斯特德事务所"在1878年之后代表F. L. 奥姆斯特德及其合伙人和继任者。

4. 参考自芝加哥公园局相关文件。

5. 参考2013年10月10日与埃德·乌利尔（Ed Uhlir）的会议记录。

# 第19章 摄政公园，伦敦

（The Regent's Park, London）

（334英亩/135公顷）

## 1. 引言

　　摄政公园有着漫长曲折的发展过程。最初，公园是为了周边居住房地产的销售而规划的。其之所以成为公园，是因为拿破仑战争期间政府提出开发王室土地的计划（Crook，2001）。公园初期投资是由国王乔治四世（1820—1830年在位）时期的摄政王政府发起，这也是公园名字的由来。摄政王热衷于房地产开发，尤其是对他私有的宫殿和庄园。他曾是建筑师约翰·纳什（John Nash，1752—1835年）的"赞助者和保护人"。[1]纳什自称为一个折中主义者。纳什的园林设计风格深受与他合作的汉弗莱·雷普顿（Humphry Repton，1752—1818年），以及如画美学理论的有力倡导者尤维达尔·普赖斯（Uvedale Price，1747—1829年）的影响。摄政公园是伦敦市区内最大面积的公园。[2]

　　纳什曾设想"从卡尔顿别墅（Carlton House）开始，城市轴线向北延伸，摄政公园位于轴线北端"，因此虽然摄政街沿线尚未建设，圣詹姆斯公园也要发展改造（Chadwick，1966），但纳什仍然把摄政公园看作是轴线最后辉煌的终点。约1635年，查理一世（1625—1649年在位）向大众开放海德公园（Hyde Park），因此摄政公园并不是伦敦首个向公众开放的皇家公园。事实上，摄政公园最初也未作为一个公众公园进行设计，直到1835年也没能完全开放。

　　摄政公园的整体风格和特色一方面来源于公园本身的设计，另一方面源于它特殊的地理位置——位于纳什"摄政区"的中心。确实，公园的布局也反映出最初设计的矛盾点。公园布局的三个主要空间要素分别为：漫步大道（Broad Walk）、泛舟湖（Boating Lake）和内环核心区（Inner Circle），三要素互相联系。而内环核心区在公园内形成了一个几乎与外界隔离的园中园。另外动物园也是一个独立的园区。尽管公园最初是为周边居住区形成一个优美的外环境而规划，而现在的建筑物反而为公园的游客提供了一个极好的背景。

## 2. 历史

### 2.1 缘起

　　摄政公园所在场地曾被国王亨利八世（1509—1547年在位）圈禁作为狩猎园，并赐名"玛丽波恩公园"（Marybone Park）。公园作为皇家庄园圈养鹿群，直到英国内战期间，国王查理一世抵押部分皇家庄园以筹措内战（1642—1649年）期间的军费。在共和国（1649—1660年）期间，土地被抵押后分成小块卖给竞标人。鹿群被移至圣詹姆斯公园，园中大部分树木被砍伐作为木料，公园土地作为牧场出租。直到1660年王朝复辟后，土地才归还给王室。之后土地通过国王宠信的两个贵族之手，被一帮投机者拿到，并被分成两块。其中一块于1803年归还王室，另外一块面积被扩大，并于1811年由波特兰公爵四世获得。他的父亲，波特兰公爵三世，开发了波特兰大街（Portland Place）。波特兰家族也拥有了公园西北部的土地，公爵四世认为对公园土地的控制是巩固其家族产业的关键所在。

1786年，国会成立了一个委员会，负责监管全英国王室土地的管理及盈利情况。在委员会的第一份报告就提到玛丽波恩公园，相对于公园土地价值，其租金过低，而后便提高了公园租金。1793年，委员会提交了最后一份报告，建议所有的王室土地应归王室所有，并由一个三人委员会进行管理。建议被采纳，却直到1810年才得以实施。期间由三人委员会（1786年成立）的成员之一——斯考特·约翰·福戴斯（Scot John Fordyce）任国土调查局局长（Surveyor General of Land Revenue）。波特兰公爵立即开始与之商谈，希望扩张公园的土地收益。然后福戴斯向财政部建议，在处理公园任何部分之前，"应对公园的发展进行总体规划"（Summerson，1980）。他也曾经任命一位勘测员，负责准备公园的改造更新计划，而后举行一个有"丰厚奖金"的公园设计竞赛。

事实上，最终福戴斯只收到三份设计方案，而且都是由波特兰公爵的勘测员约翰·怀特（John White）提交的。显而易见，怀特并不是想要得到"丰厚的奖金"，而是简单地证明了公爵从土地中得到的持续的收益。福戴斯在1809年的

泛舟湖和萨塞克斯宫（2013年3月）

坎伯兰台地花园（2010年6月）

公园内环核心区玛丽女王花园的大门（2013年7月）

最终报告中几乎未提到公园本身，却建议在公园和查令十字街之间开辟一条大道，改善公园通往法庭和国会大厦的交通。福戴斯此举极具先见之明。在此期间，凭借优秀的个人能力为摄政王工作的纳什，在1806年成为森林部的建筑师，并与詹姆斯·摩根（James Morgan）成为合作伙伴。福戴斯于1809年8月逝世。1810年，按照前文所述1793年王室土地监管委员会提出的建议，森林部与国土调查局合并。

新机构成立后面临的第一个问题是，波特兰公爵租用玛丽波恩公园部分土地的租约将在1811年1月到期。两位勘测员和两位建筑师奉命设计公园方案，以及连接公园和威斯敏斯特的新街道。两位勘测员是托马斯·莱弗顿（Thomases Leverton）和钱纳（Chawner），他们在1809年曾在国土调查局任职。两位建筑师是纳什和摩根，摩根完成了两人在森林部的大部分工作，而纳什则一直在寻找自身发展的机会，于是把这次设计任务包揽下来。莱弗顿和钱纳的方案提出将波特兰庄园向北适度进行直线形扩展（Saunders，1969）。他们的方案没有考虑连接威斯敏斯特的道路，而且对投资回报的估算也不乐观。纳什的方案却正好相反，"透彻、精敏的分析，大胆的想法使方案具有很强的说服力"（Summerson，1980）。他对投资回报的估算也同样乐观。

纳什在1811年3月提交了最初方案，其开发密度比最终确定方案更大，方案中采用圆点作为建筑图例具有很大的欺骗性。方案展示了公园周边三面的台地花园，在近乎方形的道路体系中央形成一个双层圆形主广场。台地花园周边围绕着一系列小型圆形、方形和月牙形广场，"如大城市周边呈线性布置的卫星城"（Crook，2001）。纳什提出在圆形主广场西北部的低洼地修建湖泊，形成水系网络，水系基本上以泰伯恩河为基础设计，泰伯恩河流经公园场地，向南汇入泰晤士河。纳什还特意为摄政王设计了一个游乐场地

（Saunders，1969）。2000年，克鲁克（Crook）披露了1811年形成的一个晚期方案，这个方案中建筑大量减少，更大规模的水系与公园北部的大运河连接（Crook，2001）。

1811年8月，纳什的方案最终被送到首相斯潘塞·帕西瓦尔（Spencer Perceval）面前，而后首相在郊区官邸接见了纳什，并要求他减少开发密度，增加居住区周边的开放空间。他很快拿出了修改方案。双层圆形主广场周边围绕着蜿蜒的湖泊，南部的圆形广场和为摄政王修建的游乐场仍然保留，只是换了一种形式。桑德斯（Saunders）后来提到，纳什采纳怀特的建议完成这个修改方案，却未曾给他任何相关荣誉（Saunders，1969）。公园的空地中依然规划了分散的别墅群，但台地花园被推到了公园的边缘地带，运河的走向也重新设计，不再穿过公园，而是围绕公园。实际上，双层主广场并未得以修建，只有南部小型广场的一半和新月花园（Park Crescent）最后修建完成。到1816年，园中道路、围栏和湖泊挖掘工作完成，运河也在1820年开通。但1819年摄政街开放时，只有三个别墅出租出去。公园中最优雅精致的摄政台地花园直到19世纪20年代才开始修建。

1811年纳什完成公园的两次设计后，又接到任务，对波特兰大街到查令十字街的新街道进行设计。规划的街道线路沿着东部混乱的苏豪区（Soho）和西部整洁有序的贵族庄园区之间的天然分界。波特兰大街以万灵教堂（All Souls Church）为中心，向南可到达牛津街的朗豪坊（Langham Place）。从那里开始，摄政街向东南呈曲线伸展，直到皮卡迪利广场，其宽度是两侧建筑高度的两倍。皮卡迪利广场使纳什修正了新街道的走向，使其能与卡尔顿别墅对准。1825年，国王乔治四世决定拆除卡尔顿别墅——这里是他自1783年成年以来在伦敦的住所，重修白金汉宫作为皇家宫殿。纳什的规划是，通

步道花园（2013年8月）

从樱草山公园俯瞰公园和伦敦市天际线（2013年8月）

过摄政街和波特兰大街，将圣詹姆斯公园和摄政公园连系起来，而卡尔顿别墅是南端的关键点。他的中心轴线甚至决定了皮卡迪利广场的位置。纳什奉命重新设计一个建筑替代被拆除的卡尔顿别墅，现在的卡尔顿别墅台地花园于1827年开始修建。

## 2.2 公园设计和建造过程中的关键人物

约翰·纳什被公认为摄政公园和圣詹姆斯公园的设计师。但汉弗莱·雷普顿对纳什的设计工作的影响却不应被简单带过。[3]大致在1795年，雷普顿当时正在为自己设计的郊区别墅寻找助手，而后纳什成为他的合伙人。有机会认识"雷普顿广阔的社交圈和众多有影响力的朋友和客户"对于纳什很有吸引力（Goode和Lancaster，1986）。两人在六年后分道扬镳，大部分原因是纳什将雷普顿排除在为摄政王服务的项目之外。毫无疑问，纳什与雷普顿的合作（Chadwick，1966），以及早期和尤维达尔·普赖斯的合作（Crook，2001）引导他接触了当时新兴的自然风景园的设计风格。雷普顿的设计方式不仅体现在摄政公园和圣詹姆斯公园中，也同样体现在他自己设计的其他项目中。亨特描述说，这些天才设计师们拯救了这些土地，并让它们赶上了时代的脚步（Hunt，1992）。查德威克指

出在纳什为圣詹姆斯公园设计的方案中，"其平面布局和植物设计都像是雷普顿的设计风格"（Chadwick，1966）。这些评价与克鲁克对纳什的描述一致——纳什是个自认的折中主义者，与其说他是个设计师，不如说他是一个设计拼贴者（Crook，2001）。重要的一点是，纳什起初并不想将摄政公园设计为一个公共公园，迫于政治和社会经济的压力才形成后来的结果。

## 2.3 公园的发展

波特兰大街北端的新月花园修建于1819—1821年。1821年修建的康沃尔台地花园（Cornwall Terrace），由德西默斯·伯顿（Decimus Burton）设计，是公园外围的第一个台地花园。紧接着1822年，修建了纳什自己设计的极具异域情调的萨塞克斯宫；1823年修建了同为纳什设计，相对质朴的汉诺威台地花园（Hanover Terrace）。约克门两侧长长的约克台地花园也是纳什设计，并于1822年和1823年建成的。长达280米，极其平坦的切斯特台地花园（Chester Terrace）于1825年建成；纳什设计的宏伟壮丽的坎伯兰台地花园（Cumberland Terrace）于1826年建成，是公园东部最著名的所在。他原本计划在外环另一侧为摄政王补建游乐场，但国家森林和国土调查局于1826年否决了这个计划。

100 metres

**伦敦摄政公园平面图**

1. Primrose Hill 樱草山公园；2. Regent's Canal 摄政运河；3. Outer Circle 外环；4. London Zoo 伦敦动物园；

5. The Broad Walk 漫步大道；6. Maintenance Yard 公园管理处；7. The Hub 运动休闲娱乐中心；8. Readymoney Fountain 现金喷泉；

9. Cumberland Terrace 坎伯兰台地花园；10. Cumberland Green 坎伯兰草坪；11. Winfield House 温菲尔德别墅；

12. London Central Mosque 伦敦中央清真寺；13. Hanover Terrance 汉诺威台地花园；14. Boating Lake 泛舟湖；

15. The Holme 小岛；16. Inner Circle 内环核心区；17. Open Air Theatre 露天剧场；18. Queen Mary's Garden 玛丽女王花园；

19. St.John's College 圣约翰大学；20. Chester Terrance 切斯特台地花园；21. Sussex Place 萨塞克斯宫；

22. Regent's College 摄政学院；23. Avenue Gardens 步道花园；24. Clarence Gate 克拉伦斯门；

25. Cornwall Terrence 康尔沃台地花园；26. York Gate 约克门；27. Park Square 公园广场；28. Park Crescent 新月花园

1827年，德西默斯·伯顿为伦敦动物园协会设计了伦敦动物园，位于摄政公园内宽阔的漫步大道北端；1840年，公园内环核心区也成为皇家植物园。公园内环核心区由罗伯特·马诺克（Robert Marnock）设计，连带伯顿设计的一个温室，逐步发展成为一个园中园。在19世纪30年代早期，只有行车道才能出入公园，且只有居民才能使用公园。1832年，纳什奉命完善公园设施，提高公众使用度，主要为向北延伸漫步大道，连接切斯特路和动物园。这条步行道沿着从动物园东南部延伸出去的和缓山脊而行，拥有观赏公园中央景致的优美视线。纳什设计了一条蜿蜒曲折的小径，穿过坎伯兰草坪（Cumberland Green），到达漫步大道的东部，人们可以欣赏他在这之前十年期间设计的台地花园风景。到1835年，公园东部和南部大部分区域就得以对公众开放了。1841年，公园北部也对公众开放，从那时直至1883年，就几乎没有再增加公众使用的区域。

在19世纪60年代，公园引入了很多维多利亚风格的装饰。1863年，威廉·安德鲁·内斯菲尔德（William Andrews Nesfield，1793—1881年）以"法国–意大利"风格重新设计了漫步大道的南部，被命名为"步道花园"（Avenue Gardens）。1865年到1874年间，内斯菲尔德的儿子，马克汉姆（Markham），在东部设计了风格更为随意的"英国花园"，位于他父亲设计的花园和摄政公园边界之间。到1870年，漫步大道被公众认为是一条真正的维多利亚式的漫步道，到处分布着小木屋、室外演奏台、遮荫棚、饮水喷泉和座椅。但划船（和滑冰）的湖泊以及公园北部使用较少。草场仍然可以放牧，这些区域仍保持着乡村风格。到19世纪末，公园进一步对公众开放，并修建了新的大门——克拉伦斯门（Clarence Gate）。

20世纪早期，公园停止放牧，很多土地开始作为运动场所使用。公共机构代替了私人承租

南望漫步大道（2013年8月）

人。贝德福德（当时的摄政者）学院在公园南部别墅区建立，从此公园建筑物的规模陷入混乱发展状态。20世纪30年代，玛丽女王花园（Queen Mary's Garden）接手了皇家植物园协会花园的其余部分，现在已经成为一个拥有3万株，400余种月季的花园（Royal Park Agency，2013）。第二次世界大战期间，公园被征用。周围的台地花园在战时被炸弹损坏，从1957年开始陆续对损坏的台地花园进行修整。1932年建成的露天影院在20世纪70年代被改建为圆形露天剧场，并在2000年翻新（Slavid，1999）。20世纪80年代，动物园要求脱离公园并向外发展。步道花园在1993年到1996年期间几乎被全部重建。运动休闲娱乐中心（The Hub）于2005年开业，具有更衣室、会议室和咖啡厅等功能，强化了公园作为正式赛事及休闲运动的主要比赛场地的功能。公园内的水禽种类在全英国公共机构中一直保持最多数量。

## 2.4　场地的自然条件

摄政公园坐落在伦敦黏土的深度沉积带上，从玛丽波恩路的东西线，到玛丽波恩路和泰晤士河之间的砾石台地花园区域，地表或多或少都有些下陷。砾石台地花园区域场地易于清理，也适宜建设，但伦敦黏土区域就不那么容易了。公园北部的樱草山（Primrose Hill）陡峭而高耸，海

拔达到65米，站在山顶向南望去，可俯瞰公园景观直至远处的城市。公园本身地势相对平缓，北部高程约为38米，最低点位于泛舟湖，高程约29米。面积约9公顷的泛舟湖是泰伯恩河上游的组成部分，泰伯恩河是泰晤士河的支流，由两条小溪汇聚而成，从樱草山向南流。湖泊的水量由公园的排水系统进行调节，由于缺少排水口，无法形成流动循环，湖内只能通过机械装置进行曝气。

公园的制高点的相对高程约为+41米，位于动物园东南角的现金喷泉（Readymoney Fountain）附近。因此公园从北到南的整体高差约为10米，公园内形成一个明显的斜坡，从公园内环核心区开始，远离漫步大道。场地内原有的树木在王权空缺期间被大量砍伐，公园坡度平缓，加上黏土土质无法良好排水，纳什初期设计的植物景观很难实现，且树木生长缓慢。二战期间公园内被倾倒大量建筑碎石，情况更加恶化，包括泛舟湖北部的泰伯恩河原河道范围，建筑碎石上覆盖了不适合植物生长的表土。在过去的近150年间，公园花费巨额资金用以土壤改良和优化排水系统。

## 3. 规划设计

### 3.1 位置

福戴斯和纳什先后竭尽全力，希望在公园和威斯敏斯特之间建立新的通道。"没有人会相信修建新的大街这件事，似乎事情从来没有在伦敦发生过"（Summerson，1980），这也反映出公园与伦敦市中心遥远的距离感。然而可笑的是，如今在每一张伦敦地图的中心位置都能看到摄政公园。公园位于伦敦东西向主要道路，玛丽波恩路的北侧，紧邻伦敦拥堵收费区外围。因此公园一直保持中心城区边界绿地的特性，公园的使用者中当地居民和外来游客的数量相当。由于公园位于高速路系统以外，因此也处在地铁环线之外——出了环线，伦敦的城市功能逐渐由商业办

伦敦动物园中的摄政运河（1996年7月）

公区过渡到居住区。过了纳什设计的台地花园，从公园的东北部到东部，是一片位置较低的贫民区，而西北部到西部的近郊区则大部分是高档私人住宅，尤其以圣约翰森林片区为代表。因此就像摄政街和朗豪坊，福戴斯和纳什沿着既有城市社会分界线规划了街道走向，摄政公园也同样向北延续了这条分界线。对于公园本身而言，纳什表示"公园越美，其价值越高，而居住者则决定了社区的特性"（Summerson，1980）。

### 3.2 最初的设计

公园最重要的物质要素仍然保留了纳什设计的风格，但纳什本人并未将这些要素作为一个公众公园整体的一部分进行设计。他们是地产开发计划在实施期间被废止后残留的框架。公园确实反映了纳什在与摄政王和雷普顿的合作中，充分理解了建筑物和周边环境之间的关系。同样，湖泊的设计也反映了雷普顿对于水景景观效果的设

计理念。纳什设计的台地花园，从汉诺威台地花园到东北面的格洛斯特门（Gloucester Gate），都保持着一定的连续性。仅有两处断开，分别是19世纪70年代罗马圆形大剧场被城堡风格的剑桥门台地花园取代，以及20世纪60年代，丹尼斯·拉斯登（Denis Lasdun，伦敦国家大剧场的设计师）设计的犹如手术刀一般尖锐外形的英国皇家医师学会（Royal College of Physicians）大楼。圣约翰旅馆（St John's Lodge）和霍尔姆旅馆（The Holme）被作为私人住宅出租。除纳什设计的漫步大道外，1832年修建了另外唯一一条穿过坎伯兰草坪的步行道。

纳什最初希望将漫步大道作为波特兰大街向北与摄政公园的连接，这也是建筑师特里·法雷尔（Terry Farell）在1993—1997年的"皇家公园评论"（Royal Parks Review）中再次提出的理念。漫步大道充分利用了场地的地形地势，形成便捷直接的步行通道，沿途透过成片的树林，能欣赏到公园西部开阔的空地和东部后来建成的纳什设计的台地花园。然而，纳什只是简单地沿现有土地边界设计漫步大道，后来在修复步道花园和现金喷泉时，漫步大道才进一步被完善。现金喷泉的观赏价值更多的来自它位于高处，具有较好的远观视线，而非喷泉本身的风格特征。除了沿漫步大道的伦敦悬铃木，以及沿切斯特路的樱花以外，公园内其他的乔木布置基本都独立于公园的道路系统。树木大部分位于公园边界附近，形成连续而相对较窄的林带。湖泊周围以及居住区附近的林带大都尺度较宽。这些树丛和林带由落叶树和装饰点缀作用的小树组成。从公园内环核心区里鲜艳的花丛可以推断，公园对于中心区域植物的养护要强于外围。

## 4.　管理和使用

圣詹姆斯公园的管理部门也同时监管摄政

公园，最新（2009年）的游人量数据大致为每年600万人。调查显示公园游客大部分来自伦敦市，定期步行游玩的人数多于伦敦其他皇家公园。然而也有部分周边居民感到公园"不是我们的"，圣詹姆斯公园也有类似情况。甚至在权威媒体报道中，摄政公园被称为"时髦漂亮的公园"（Such，2009）。

## 5.　公园未来规划

摄政公园未来发展的总体目标与伦敦中心城区内其他皇家公园相同。1998年，公园采用了一套景观管理方案，主要目的包括：

- 加强公园的景观特色；
- 保护公园交通系统的历史完整性；
- 在处理公园边界时反映纳什的设计风格；
- 在公园边缘保持适当密度的树林；
- 强化泛舟湖的优雅景致；
- 在公园更大的范围内整合运动场；
- 管理步道花园，使其发展规划更加完备；
- 在公园内环核心区重建一个温室；
- 限制建造新的纪念碑；
- 设置标准化的座椅、灯具、垃圾桶和围栏；
- 持续改善公园土壤；
- 柔化泛舟湖驳岸；
- 修复现金喷泉周边区域；
- 保证树木生长健康；
- 大量增加野生动物栖息地和生物走廊；
- 保持适当数量的鸟类；
- 控制加拿大黑雁的数量；
- 减弱动物园的优势地位。

（动物园在20世纪80年代发展方向不明朗，而后逐渐恢复发展，并和公园管理方合作重新确立了范围边界，与公园更好地协调统一。）

运动休闲娱乐中心（2010，06）

20世纪90年代，提升公园运动设施水平的规划也被提出。公园北部区域拥有伦敦中心城区最大的植草运动场地，包括足球场、橄榄球场、长曲棍球场、板球场和垒球场。这项计划直接引出了运动休闲娱乐中心的建设，提供可供300人使用的各种运动设施，同时促进了公园内一批运动俱乐部的兴起。

## 6. 小结

摄政公园最初的产生是为房地产开发区域提供私密的中心花园，这种模式遵循摄政时期巴斯和爱丁堡的先例，但后来却成为"城市公共景观"的早期案例。公园形成现在的整体布局，既来源于精心的规划设计，同时也形成于无计划的偶然事件，这一点在业界颇有微词。确实，公园拥有不同风格的元素，然而各种元素都有自身独特的价值。比如，公园中的湖泊景观与雷普顿有关水体和桥的论著高度一致。然而也不得不承认，公园中视野效果最好的部分不是纳什的本职工作——景观设计，而是间接设计成果——建筑。最美的视线就是从公园欣赏城市建筑群，冬天大树落叶后视线通透时，其景色更是震撼。有人说公园与城市建筑是相互对立的存在，那么这样美好的景观就是对这些观点的有力挑战。比如芝加哥格兰特公园和周边的商业建筑，以及纽约中央公园和周边的居住建筑，公园和城市建筑之间都形成了强烈的视觉对比。摄政公园也是如此。公园和建筑在城市环境中互相辉映、互为衬托。

摄政公园最初的发展曲折缓慢，形成了支离破碎的布局，后来又陆陆续续增加了细节内容。植物园于20世纪30年代从公园中迁走，动物园在20世纪80年代也几乎要迁走，但最终还是留下并慢慢繁荣发展。同时，公园也继续促进生态自然区域的发展工作，成为公园在管理方向上的重要改变。而在此之前，公园的管理是以园艺学的角度进行，那时更倾向于培育精美的花卉展出（当然如今也还在进行），而非容纳自由的野生生物。再比如公园外围那些台地花园，在原本不适宜进行密集使用的地方提供服务设施，以增加区域的使用功能和运动活动。类似问题也是公园管理目前仍然面临的挑战，即如何保持历史悠久的景观环境仍然充满活力且协调统一（并非单调一致）。

### 注释

1. 纳什本人曾在1828年引用了乔治四世的描述（Summerson，1980），但乔治四世"除了广为人知的精明和愚弄，也被世人所憎恨"（Crook，2001）。

2. 公园占地107公顷（265英亩），开放区域不包括伦敦动物园（15公顷）、摄政学院、霍尔姆旅馆和圣约翰旅馆（8公顷）、温菲尔德庄园（5公顷）和毗邻的樱草花山公园（26公顷）（Colvin和Moggridge，1998）。

3. 参考自Chadwick（1966）及Goode和Lancaster（1986）的文章。

# 第20章 城市公园，汉堡

（Stadtpark，Hamburg）

（375英亩/151公顷）

## 1. 引言

汉堡市的"城市公园"是"人民公园"的典型雏形。公园的构想和建设是在1900年到1914年期间，20世纪初，城市逐渐形成并加速工业化，人口快速增长，汉堡城市公园是在这种社会环境下新型公共公园的范例。人民公园的功能主要为激活城市公共休闲活动，并成为日耳曼民族精神和文化的载体。其出现标志着对当时主导着欧洲和北美的田园风格公园范式的重大突破。人民公园的核心要素有以下方面："公园应提供宽敞的场地，用来进行各种类型的运动比赛，且任何人都能使用；林荫大道应围合这些运动场地，并引导人们通向宽阔的水面；社会各阶层都能聚集在这里，享受公园带来的舒适快乐；公园补偿了房屋和工厂吞噬的大片乡村土地，成为人们逃避工作压力的宁静的绿洲"（De Michelis，1991）。[1]汉堡是德国第二大城市，而汉堡城市公园作为专门建造的公共公园，面积151公顷，一直是汉堡最大的公园，也是游客量最大的公园。

公园最终的实施方案是由建筑师弗里茨·舒马赫（Fritz Schumacher，1869—1947年，城市建筑师1909—1933年）和工程师弗里茨·施佩贝尔（Fritz Sperber）共同于1910年完成，是设计竞赛中两个优胜方案综合的结果。不出所料，方案具有强烈的轴线设计，但也呈现出极其引人注目的效果。一条沿公园对角线的1500多米长的轴线统领公园整体布局，轴线从38米高的水塔延伸到公园东南角主入口。这条轴线结合了一个12公顷的大草坪［节日草坪（Festwiese）］和一个8公顷的椭圆形湖泊［城市公园人工湖（Stadtparksee）］，湖中划分出了一个矩形区域作为游泳区。一个大型"大众咖啡馆"坐落在轴线上，位于矩形游泳区域和公园主入口之间，因此湖泊成为公园最初的焦点。轴线的长度和沿轴线的高差变化与沃·勒·维贡特花园（Vaux-le-Vicomte）的尺度可进行类比，后者由勒诺特在17世纪设计（Steenbergen和Reh，2011）。人们普遍认为，城市公园这种源自新巴洛克（neo-Baroque）风格的布局，表达了"一种宗教、哲学和政治内容都已经过时的世界观"（Grout，1997）。但现代艺术理论家乔治·查德威克提到，公园的轴线布局"更多地考虑了实际使用，而非纯粹的视觉效果"（Chadwick，1966）。方案也反映了德国风景园林师莱伯拉特·米格（Leberecht Migge，1861—1935年）在1909年出版的设计手册中的呼吁，即倡导以功能导向性作为城市公园的设计原则，这也与"德意志制造联盟"（Deutscher Werkbund）对于"量产和量消的工业化标准"的价值导向相一致。

## 2. 历史

### 2.1　公园设计溯源

汉堡市的城市人口从1870年的约30万人快速增长到1900年的70万人，并在1910年超过了100万（Jefferies，2011）。1870年后城市郊区沿阿尔斯特（Alster）河岸向市区北部发展，一些小型公园随之建立。19世纪90年代，城市首席工程师F. A. 迈耶（F. A. Meyer）清楚地意识到，市民需要更多的城市开放空间，以满足对休闲活动以及改善健康状况的需要。马斯（Maass）提到"在城市发展的早期，每年都会受到流行性霍乱的袭击，19世纪末，结核病高发且婴儿死亡率较高"（Maass，1981）。1896年，迈耶提出一个城市扩展计划——开发用地呈楔形向北部阿尔斯特河谷方向伸展。他的方案认识到，现有城市开放空间多集中在阿尔斯特河的西岸，也是传统的富人

格奥尔·科尔比（Georg Kolbe）的雕塑作品"浴女"（2012年7月）

区。[2]方案提出在河东岸，温特胡德（Winterhude）郊区北部，距离市中心约5公里远的地方建设一个大型公园。1896年，国会批准了迈耶的方案，但购买土地的资金直到1902年才到位。

### 2.2　场地条件

汉堡市坐落在易北河河口附近，城市最初从易北河和阿尔斯特河交汇处发展起来，后来向较高位的冰川融水形成的沉积沙地延伸（Steenbergen和Reh，2011）。1903年，政府开始收购公园土地，包括一片小面积森林——公园水塔周边的树林仍然沿用原名"西里契斯森林"（Sierichsches Gehölz），以及一些郊区农田土地。场地从北部和西北部到东南部的高程下降约12米。数条支流和人工河汇入阿尔斯特河，戈德贝克（Goldbek）运河是其中之一，从公园东南角连接到外阿尔斯特湖。

### 2.3　公园设计和建造过程中的关键人物

公园的初步设计在1903年就做好了准备，但直到1904年才真正决议启动建设。汉堡市参议院任命了一个九人委员会负责监督公园的设计和建设工作。委员会包括一些激进敢言的公众人物，如：阿尔弗雷德·利希特瓦克（Alfred Lichtwark，1852—1914年），汉堡艺术馆馆长，也是公园的强有力支持者；尤斯图斯·布林克曼（Justus Brinckmann，1843—1915年），艺术和贸易博物馆馆长；威廉·科德斯（Wilhelm Cordes，1840—1917年），公园场地东北部巨大的奥尔斯多夫公墓的主管，以及市政府官员。利希特瓦克曾在1892年写过一篇短评——《干花与鲜花》（Makartbouquet und Blumen strauß），针对"汉堡出现农庄花园风格兴起的现象，他自己更倾向于英国的自然风景园"（Gothein，1928）。查德威克也提到，利希特瓦克"非常反对千篇一律的景观风格"（Chadwick，1966）。

从水塔/天文馆看主轴线（2013年3月）

　　最初委员会试图自己草拟公园设计方案。公众极其关注的一个例子是利希特瓦克提出的一个草案，方案中树木、建筑和水体沿公园较长的东西向轴线呈线性排布。但这个时期作出的唯一决定性的结论是把水塔设置在场地西北部，这项决策由参议院另一个委员会决定，并最终由建筑师奥斯卡·门策尔（Oskar Menzel，1873—1958年）进行设计，同时通过公开竞赛征集公园设计方案（Vernier，1981）。征集参赛作品在1908年举行，并引发了有关哪种设计风格适合20世纪大型城市公园的广泛讨论，也包括对前文所述米格的设计手册的讨论。竞赛收集了66个设计方案，颁发了三个荣誉奖、三个三等奖和三个二等奖，但并未产生一等奖。从获得二等奖的风景园林师罗特

（Röthe）和建筑师邦加藤（Bungarten）的作品，到获荣誉奖的建筑师勒乌格尔（Läuger）的作品来看，它们展示了不同作品之间风格的变化。前者包括一个以水塔为焦点的林荫道，一个椭圆形湖泊和东南角的餐厅，但也让人想起19世纪60年代阿尔方德设计的具有平滑曲线的肖蒙山公园。后者则是利希特瓦克的轴线草案的精细版。1909年1月，工程师施佩贝尔受命以这两个方案为基础，完成一个可实施方案，但委员会还要等待舒马赫的意见。

　　1909年11月起，舒马赫被任命为城市首席建筑师。自1902年以来，他一直是德国自然文化遗产联盟\*的活跃分子。这个联盟也和国家历史遗迹保护协会（Denkmalp flegetagungen）关系密

---

\*　德国自然文化遗产联盟（Bund Deulscher Heimatschutz）是一个传承德国精神价值，以及保护德国自然和历史遗产的同盟。——译者注

游泳/戏水池（2013年8月）

城市公园人工湖的西北部驳岸（2013年8月）

水塔/天文馆（2012年7月）

切。在这样的大环境中，一个里程碑式作品"不一定是具有建筑学价值的建筑物，也可以是一片森林、一方湖泊、一件传统服饰或一门建造技术"。委员会成员尤斯图斯·布林克曼代表德国自然文化遗产联盟负责技术方面，他还与舒马赫深入汉堡周边郊区，抓住乡村传统的"精髓"（Vernier，1981）。舒马赫是德意志制造联盟的创始人之一，这个机构创建于1907年，目的是促进德国艺术和技术工艺的发展，但一战后更倾向于现代主义。这一改变过程同期也是舒马赫自己从民间风格向早期现代主义风格的发展进程。

1909年12月，委员会要求舒马赫和佩斯贝尔共同提出一个设计方案。建筑师更喜欢几何式布局，而工程师更倾向于传统设计形式。在舒马赫1928年出版的著作《一座人民公园》（Ein Volkspark）中，这样描述设计方案：一个植入

自由形式主体中的几何形骨架。毫无疑问，在这两个设计师中，舒马赫是轴线式布局的主要支持者。1910年4月，方案被一致通过。造价预估为770万马克，建设工期预计7年。

维尼尔（Vernier）认为，牛奶场（已拆除）、湖泊、跌水（已拆除）以及舒马赫用在公园中的砖块，都象征这个区域、这块土地和这个民族的特点和起源——也证明城市公园的精髓是社会平等和民族形象的表达（Vernier，1981）。乌姆巴赫（Umbach）认为舒马赫是"资产阶级现代主义"的代表，他认为，"红砖是适合自由资产阶级改良项目的理想的本土材料……是愚蠢的历史决定论主义的解药……理性城市规划新形式的伴生物"（Umbach，2009）。杰弗里斯（Jefferies）提到舒马赫对红砖的广泛应用引领了"舒马赫的汉堡时代"，与"麦金托什的格拉斯哥"和"高迪

的巴塞罗那"具有同等知名度（Jefferies，2011）。

## 2.4　公园的开发

　　公园的池塘、水渠、主路和小径的修建开始于1910年7月。先期完成的建设区域于1914年7月对外开放，同年奥托·林内（Otto Linne，1869—1937年）被任命为汉堡市第一任"公园主管"（Gartendirektor），他在这一职位一直工作到1933年。舒马赫仍然负责公园中的建筑和构筑物的建设，包括由门策尔设计但受舒马赫风格强烈影响的水塔，以及奶制品大楼、水吧、沃尔特郊外别墅和咖啡馆，这些建筑都在1916年竣工。而林内主要负责植物区域，以乡土树种为主进行配置。一战后，公园开始二期工程。1919年体育馆竣工；1921年戏水池竣工；1924年露天剧场竣工；1925年特色花园竣工。1929年，在水塔上修建了一个天文馆，同年，整个公园基本竣工。[3] 1927年，舒马赫被选为英国皇家建筑师学会的荣誉会员（Reitsam，1996）。舒马赫和林内都在1933年退休，离开工作岗位。

　　二战期间，城市公园被用作军事基地。为了修建新的体育场和相关体育设施，一个扩建草案在1941年被提出，草案向公园东北方向大幅延伸现有轴线，使公园面积几乎扩展为原来的两倍。但这个草案并没有付诸实施。同盟国的轰炸在公园中留下了战争的痕迹，炸弹损坏了公园大饭店，它也是公园中另一个焦点，同时被炸毁的还有奶制品大楼、咖啡馆和小瀑布，这些都是舒马赫设计的最坚固的砖结构建筑。从1945年到1953年，公园被用作能容纳2000—3000人的紧急收容所。公园的重建开始于1948年，直到1953年才完工。期间重修了主入口、月季园、主要道路、小路和湖岸。但被炸毁的大饭店与完好无损的水塔形成鲜明对比，日后也没有再进行重建，取而代之的是一个圆形水池。大饭店的缺失使公园这一区域显得有些凄凉空旷。此外，公园重建的

管理工作放任最初的设计被逐步削弱，也并没有提出针对原址的任何可行性方案。汉堡北区（Hamburg-Nord）管理机构在1949年相关法律通过后成立，之后接管了公园的维护工作，上述情况才有了改变。

　　舒马赫设计的砖砌小瀑布在20世纪60年代被拆除；林荫大道被打断；湖泊驳岸塌落；树林生长过于繁茂，挡住了公园的全景视线；杜鹃花侵入树林，阻止其他植物的更新生长；运动设施被私有化，且与公园分隔。公园与最初的轮廓渐行渐远，这种情况持续到20世纪90年代中期。1995年汉堡市政府依据哥廷根大学提出的建议，市政府与汉堡北区共同制定了一个林地管理方案，并请人制编制了公园管理规划，1997年11月开始实施，并坚持到了21世纪10年代。[4] 在这期间，公园按照尽可能贴近1914年原设计中的轮廓和路径的原则进行了一系列修整工作。在公园的百年诞辰之前，这项工作显得尤其重要。修整项目如下：补种湖泊北部平坦区域的行道树，最终形成网状结构；修复圆形水池，但大家还是倾向于在大饭店原址重建一个新的公园主建筑，但采用与原大饭店不同的形式；种植一排新品种榆树（New Horizon）——现在已经在城市各地绿化中大量取代原有榆树，形成节日草坪的边界；投入100多万欧元修整儿童戏水池；修整将成为会展中心的位于奥托韦尔斯（Otto-Wels）街旁的一座19世纪80年代的老建筑。[5]

## 3.　规划和设计

### 3.1　公园在城市中的区位

　　公园距汉堡市中心约5公里，位于东北方向。在城市开发过程中，公园通过近郊区巴姆贝克区和温特胡德区把南部和东部连接起来。现在公园已经被周边的城市开发区域完全包围。富人集中的温特胡德区占据了公园西部的高地，以

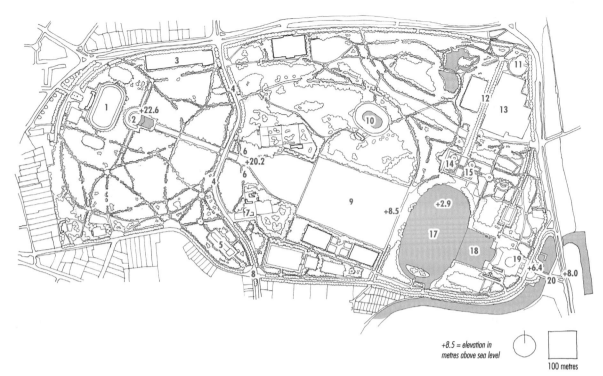

**汉堡城市公园总平面图**

1. The Jahn Arena 体育中心；2. Water Tower/Planetarium 水塔/天文馆；3. Neue Welt Play Area 新世界游乐园；
4. Otto-Wels-Straße 兴登堡大街；5. Drinking Hall and Spa Garden 水吧和Spa花园；6. Bathing Women Sculptures "浴女"雕塑；
7. The 'Landhaus Walter' 沃尔特别墅；8. Borgweg Entrance 伯格韦格入口；9. Festwiese 节日草坪；
10. Paddling/Play Pool 游泳/戏水池；11. Open Air Theatre 露天剧场；12. Plane Tree Allée 行道树；13. Sports Complex 运动场馆；
14. Rose Garden 月季园；15. Penguin Fountain 企鹅喷泉；16. Toronto Bridge Entrance 多伦多桥入口；
17. Stadtparksee 城市公园人工湖；18. Swimming Area 游泳区；19. Site of Restaurant 餐厅原址；20. Main Entrance 主入口

+8.5 = elevation in metres above sea level 海拔（米）

及公园南部紧挨着的住宅边缘。不太富有且密度较高的巴姆贝克北区位于公园东侧，地势较低。公园北侧的汉堡北区在1945年后才进行大规模开发，且有较高比例的商业用地。公园的公共交通便利，乘坐U–Bahn（地铁）和S–Bahn（城铁）均可到达公园四周，公园出入口距离车站都在400米以内。公园内使用最多的区域和设施位于周边人口密集的南部和东部。

## 3.2　场地形状和自然地形

　　公园场地整体来看近似东西向矩形，约1.8公里长，650—1000米宽。水塔基座平台的高程是22.6米，场地从这里向东南部逐渐降低。城市

公园人工湖大部分水体的水面标高为+2.9米，主入口的高程为+8米，场地内没有急剧的高差变化。最陡峭、最突然出现的人造斜坡，位于节日草坪和人工湖之间，相应的，人工湖东部的台地处就有一个垂直下降的落差。除此之外，公园设计的整体视觉效果呈现较长距离内的微弱高差变化——这种特点不可避免地与勒诺特园林形成进一步的类比。

## 3.3　设计理念

　　利希特瓦克和舒马赫都认为公园设计应鼓励人们积极参与室外休闲活动。舒马赫的观点所表达的理念是，"公园应不仅能让人被动地欣赏景

观，而也能让人积极地参与其中……人们在户外活动，如玩耍、参加运动、躺在草地上、划船、骑马、跳舞等，充分享受音乐、艺术、鲜花带来的身心愉悦的感受"（Maass，1981）。那时人们认识到日光浴有益身体健康，而公园的发展与之不谋而合。这些理念与克兰茨的"改良公园"（Reform Park）*的意识形态相一致："城市公园将成为卓越的艺术作品……虽然有些部分因历史原因被抹去……但其结构仍反映现代工业化的设计理念"。公园内的空间需要像工厂车间一样有序组织，以满足大量城市居民进行有组织的活动的需求（Steenbergen和Reh，2011）。长长的景观轴线正对着水塔，形成强烈的视觉冲击，而精心设计的林中逐渐变窄的空地更加强了这种视觉效果。这条景观轴线相对公园其他部分如同船锚一般，其他空间成为相对次要的部分，并不受轴线的空间支配，所有的步行小路都与轴线相连。"曲线和直线紧密共存，使得公园各部分之间产生一种简洁直接的联系"，这是"一种高效的安排，没有残留的空间和角落"（Baljon，1992）。公园的南北轴线较短，成为东西主轴线的补充，也从公园人工湖的中心穿过。

　　逐渐下降的地形和植物布局突出了主轴的重要地位。穿过主轴线的奥托韦尔斯街的界面很容易被这种地形遮住，人工湖和节日草坪之间的陡峭斜坡也被遮住。毫不含糊，相对水塔而言，公园平面要素占据主导地位，公园内的雕塑没有"任何英雄人物形象，只有一些沉思者雕塑"（Pohl，1993），事实上，沉思者雕塑数量不少。公园内简洁、深色调的植物与开阔的开敞空间形成鲜明对比。节日草坪采用非几何形态，意味着自由而非统领空间，而主轴虽然形成了清晰的结

城市公园北部新的行道树（2012年7月）

构，提供了整体方向，却对其他要素没有形成压制。如今公园内存在各种活动，如家庭和民族团体聚会、临时比赛、游泳、烧烤、划船、派对、日光浴、散步等，这些活动在当初设计的空间中互不干扰。公园的设计意图是"一个简洁的设施，因此其布局也朴实低调"（Pohl，1993）。简而言之，公园强调释放而非拘束。

## 4.　管理和使用

### 4.1　管理机构

　　汉堡和柏林、不来梅一样，都是城邦城市，是组成德意志联邦的16个城邦之一。城市公园由

---

\*　在《美国的四种城市公园设计模式》中，盖伦・克兰茨（Galen Cranz）对公园设计的发展进行了精炼的总结，其中，第二种模式"改良公园"（Reform Park），意指1890年至1930年的公园设计。这段时期的公园服务于工厂增多、人口密度增大的城市，强调制度化的娱乐，人们将之称作工业社会的解毒剂及扩展延伸。——译者注

从南部看城市公园的景观视线（2012年7月）

企鹅喷泉（1987年7月）

汉堡市设计修建。当时城市面积有限，但1938年城市土地扩展，扩大区域包括了前普鲁士的城市，如阿尔托纳（Altona）和哈尔堡（Harburg），现在它们都有了自己的"人民公园"。1949年后，汉堡市被划分为7个附属行政区。城市公园属汉堡北区。20世纪60年代后，就由汉堡北区负责公园的日常维护工作。汉堡市通过各区对市内所有公园负责总体管理，并提供资金支持。虽然汉堡市很富裕，但市领导人有自己的商业倾向，不希望把钱花在不能产生经济效益的机构上。由于城市面积受限，意味着20世纪60年代后，大量的开发地块位于城市行政和税收边界以外。

20世纪30年代存在一个"城市公园协会"的友好组织，但后来并不活跃。进入21世纪，一个新的"城市公园协会"成立，到2012年，已经有了200—300名会员，包括当地公司、学校、教堂和个人。协会在2014年组织了公园的百年纪念活动，平时在公园内组织日常活动。长期来看，协会也是维护公园费用的潜在来源——这与北美模式基本一致。

### 4.2　使用情况

城市公园的使用情况基本没有统计数字，也没有定期调查。通过估计，公园在1999年接待游客300万到400万人，全年各时期游客数量都很大；公园在一个夏季周末接待游客10万人；20世纪80

年代后公园游客有显著增长。游客数量持续居高不下，"城市公园仍然是汉堡市的主要公园……游客数量在夏季过多以致公园草坪很难维护。"[6]

## 5.　公园发展计划

对城市公园的官方态度是："它是一个古老的有悠久历史的公园……但它不是个博物馆"，并且"公园有历史影响力的设计理念不管是在百年之前，还是在现在来看，都很现代"。联邦法律对公园的建筑、自然遗迹和公园本身提供保护。现在的管理理念仍然是"为未来保留一个古老的公园"。[7]基于以上理念所建立的管理目标在1997年被采纳，并延续至今。具体包括以下方面：

- 公园的设施规划和活动组织要优先考虑休闲活动和自然体验；
- 继续满足社会各阶层以及各年龄段人群的需要；
- 限制过度使用公园设施以及特定人群使用公园区域；
- 采用对公众免费开放的长期政策；
- 更多的公园发展目标在被写进早些时候列出的近期工程计划中。

更宏观地看，城市公园一直是由"汉堡绿色网络"构成的"城市绿环"中的重要组成部分。"城市绿环"是在1925年，舒马赫和古斯塔夫·奥尔斯纳（Gustav Oelsner）分别为汉堡市和邻近的阿尔托纳市所建立的大都会开放空间体系。二战后这一体系进一步发展，目前这样的开放空间已经构成汉堡市土地面积的约一半大小（City of Hamburg，2010）。目前"广泛城市开放空间体系"的目标包括促进生态环境系统建设，以及提升气候环境和空气质量。

# 6. 小结

城市公园是世界最早的现代主义公园之一。公园形成的背后蕴含的理念是，比起人们只是被动地欣赏浪漫的、田园诗般的风景，公园应更注重积极的休闲活动，这种想法与欧洲和北美的传统理念彻底脱离。在德国，这标志着公园作为城市基础设施的角色出现，在公园中进行的"体育和运动活动与德国人民的民族精神重建密切相关，公园空间越来越具有宣泄人们紧张情绪的功能"（De Michelis，1981）。"人民公园"也成为另一种独特的德国模式公共公园——青年公园——的先例，而莱伯拉特·米格（Leberecht Migge）等人在魏玛共和国（1918—1933年）时期曾大力提倡"青年公园"。这类实践提出一种理念，即"功能开始决定形式，而不是去适应已经先入为主的形式"（Chadwick，1966）。

城市公园仍然是非常受欢迎并被高度使用的城市设施。马斯提到"虽然这些公园的名字和起源已经被人遗忘，但人们仍然在广泛使用，并常常形成了很多德国城市中城市公共绿色空间的重要传承"（Maass，1981）。她还提到，"人民公园形成了至今仍然合理的两个特征，也是城市开敞空间蕴含的两个宏观概念：文化性和功能性。"

公园中统领整体布局的景观轴线形成视觉力量，轴线是公园内平缓伸展的交通流线系统的核心，公园不同的活动区域也跟随交通系统清晰地展开布局。舒马赫用简洁的线条创造了一系列高效而明确的空间，这些空间在林内（Linne）对原有植物空间进行恢复后得到了进一步的加强。公园管理仍然建立在将城市公园作为"未来的人民公园"的原则上，虽然大家意识到公园重要的历史意义，但公园保持最初的形式并非为了公园自身，而是遵循功能决定公园形式的哲学逻辑。总之，城市公园仍然是现代主义应用于公园设计中的典型示范。

## 注释

1. 摘自路德维希·莱瑟（德国人民公园联盟创始人）在《城市发展》（der Städtebau）杂志上发表的"未来的人民公园"（Die Volksparks der Zukunft）一文（Ludwig Lesser，1912）。

2. 资料来自汉堡环境管理局和自然保护和景观管理办公室的内部历史档案，由海诺·格鲁纳特（Heino Grunert）和安德烈·佐宁（Andrea Zörning）在1999年7月5日的会面时提供。

3. 参考自2012年7月17日与海诺·格鲁纳特的会谈，1930—1932年间，公园还种植了不少椴树，但都在二战期间被砍伐。

4. 公园管理规划由不来梅市的Müller-Glassl+Partner事务所和汉堡的Schaper-Steffen-Runtsch事务所联合编制。

5. 参考自2012年7月17日与海诺·格鲁纳特的会谈。

6. 参考自2012年7月17日与海诺·格鲁纳特的会谈。

7. 参考自1999年7月5日与海诺·格鲁纳特和安德烈·佐宁的会谈，以及2012年7月17日与海诺·格鲁纳特的会谈。

# 第21章　北杜伊斯堡景观公园，北杜伊斯堡

（Landschaftspark Duisburg-Nord）

（445英亩/180公顷）

## 1. 引言

　　如果拉维莱特公园是法国21世纪城市公园的理想原型，那北杜伊斯堡景观公园（Landschaftspark Duisbura–Nord）则可以被视为（这一时期）德国公园的原型（Weilacher，2008）。虽然按照传统标准来看，它可能既不是一种风景，也不像一个公园。该项目由拉茨联合事务所［(Peter) Latz + Partner (Anneliese)］设计，保留并改造了原钢铁厂场地上的大部分工业结构、地形和自然植被，就像理查德·哈格（Richard Haag）所设计的位于西雅图的占地7.7公顷的煤气厂公园（Gas Works Park）的一个全面升级版。煤气厂公园项目也保留了场地中大部分的工业厂房，使其与雕塑般的草地地形相映成趣。[1]

　　杜伊斯堡是德国西北部鲁尔地区（Ruhr District）埃姆舍河（River Emscher）沿岸17个沿河城市之一。鲁尔地区曾经是世界上最大的工业区，主要产业是煤矿和炼钢。这些煤矿在20世纪50年代末期开始陆续关闭。到20世纪70年代末，许多钢铁厂也关停了。北杜伊斯堡景观公园的基址包括1977年停产的一座煤矿、一座焦化厂和1985年停产的一座钢铁厂。该公园的开发是

1989年至1999年国际建筑展（International Building Exhibition，IBA）期间进行的众多大型项目之一。这片从西边莱茵河上的杜伊斯堡延伸到东边的北莱茵–威斯特法伦州的贝格卡门（Bergkamen in Westphalia）的，纵深70公里，"有六对绿色鱼骨"的土地，建成了后来的埃姆舍公园（Pehnt，1999）。埃姆舍公园占地800平方公里，包含320平方公里的空地。IBA的目的是展示在"一个老旧工业地区的经济变革当中，社会、文化和生态措施所占有的基础与核心价值"（Dahlheimer，1999）。

　　最大的高炉和大部分的相关设施被保留下来作为公园中开放参观区域的核心部分。蔓生的野草也被保留下来，作为该场地历史演进的写照。拉茨的设计尊重并重新组织了工业元素与正在发生的自然进程。粗糙的混凝土墙、铁路网床、巨大的天然气储气罐和发电站被保留下来，并进行了安全改造，以对公众开放参观。公园中还建造了桥梁和人行道，方便游客能更好地体验场地；一些集散空间，比如金属广场（Piazza Metallica），也被增加到公园的规划之中；在下沉的料仓中，用回收的废旧材料重新构成了美丽的花园；野花、野草在这里恣意生长；新的照明方案使这些锈迹斑斑的钢铁巨人重新焕发生机……

这是一个多层次的后工业化景观项目。如果说拉维莱特公园的设计基于解构主义，那么北杜伊斯堡景观公园则对场地元素进行了更为彻底的重构，[2]并继而实现了这些元素与场地的更新与重生。

## 2. 历史

### 2.1 埃姆舍公园的设立

从中世纪开始，鲁尔河谷一带便开始了煤炭开采和钢铁生产。[3]鲁尔地区便利的交通对17世纪晚期煤矿产业的扩张起到了重要作用。到18世纪中叶，这一带的人口已达到23万；到1871年，这个数字上升到70万；1895年，是150万；到了1905年，鲁尔地区已经拥有了260万人口，其中许多小村庄迅速扩张成为相对较大的市镇。但它缺乏总体的协调，排水和道路系统等基础设施十分匮乏。1905年，一项覆盖鲁尔河谷地区的总体规划被提上日程。报纸上转载了有关建立工业区和"特殊用途区"的计划。这一超越行政边界的综合规划，灵感来自1910年杜塞尔多夫

废弃工厂的扇叶（2011年9月）

5号高炉的暖棚、厂房和植物（2012年7月）

5号高炉的工业管道（2012年7月）

（Düsseldorf）的国际规划展览。规划的重点是成立一个"绿色空间委员会"并建立一个"绿带系统"，从而抑制鲁尔河和埃姆舍河之间地区的持续退化。但实际直到第一次世界大战结束，相关组织才正式成立。

鲁尔矿区住区协会（Siedlungsvperband Ruhrkohlenbezirk，SVR）于1920年由普鲁士议会批准成立。SVR的首位负责人罗伯特·施密特（Robert Schmidt）将发展的重点放在了开放空间规划、区域通信线路以及该地区向北拓展的方向上。SVR在被第三帝国颠覆后，在20世纪50年代恢复了其环境规划的职能。那一时期所制定的计划大幅缩减了煤炭的开采规模——20世纪60年代，有20万名矿工失去了工作——但人们并没有意识到该地区重工业已开始出现了结构性的衰退。1966年制定的计划继续执行施密特所提出的七个绿色楔形廊道的景观系统。这成为IBA埃姆舍公园于1989年建立的基础。[4]目前的鲁尔地区协会（Regionalverbund Ruhr，RVR）管辖着4436平方公里的土地，包括53个城市及500多万居民（www.metropoleruhr）。

埃姆舍公园的建立是"为一个经济与社会均十分薄弱的地区寻求未来发展的十年计划"（Zlonicky，1999）。IBA的管理和规划者们一致认为，"在任何长久的经济发展之前，必须先进行广泛的生态重建"。人们对景观和水系的质量投入了极大的关注——埃姆舍公园也因此开放水道，并提供新的住宅和新的工作形式。1989年德国统一后，原东德地区成为联邦财政投资的重点。IBA是北莱茵-威斯特法伦州下属的一个机构，是一家私营单位，几乎没有专属的雇员，其成立的目的是促进和协调市政当局和其他机构所赞助的项目。IBA有五个主要的景观规划目标：保护现存景观；将分散孤立的地区加以整合；发掘新的景观并划入公园体系；以长远的视点来协调单个开发项目和整体区域发展；以一个

烧结料仓中的花园（2012年7月）

永久的地区公园协会的名义维护和管理新的开放空间（Schwarze-Rodrian，1999）。迈德里希遗址（Meiderich site）的设立便体现了所有这些目标。公园同时还受到两个监管部门——德国工业文化协会（Deutsche Gesellschaft für Industriekutur）和诺德帕克财团（Interessengemeinschaft Nordpark）的推动（Winkels和Zieling，2010）。

## 2.2　场地基础条件

该地区最早的工程项目是1899年蒂森公司（Thyssen）4/8号矿打下的一个竖井。1905年第一座焦化厂建立。这些矿井于1959年关闭，也是鲁尔地区关停的第一批矿井。焦化厂则于1977年关闭，1980年拆除。冶炼厂在1985年停产之前已生产了3700万吨生铁。这些工业设施的拆除费用高得令人咋舌。因此，环保主义者开始将这座庞大的难以拆除的钢铁巨人视为一座工业纪念碑。攀岩俱乐部开始在其间攀爬训练，潜水俱乐部则开始

在装满水的储气罐中练习。1989年蒂森公司仅以1德国马克的价格将该遗址移交给了杜伊斯堡市。政府与市民们认为，该公司已从这块土地上赚了80多年的钱，现在应该对土地的修复负责了。但该公司的回应是，"如果城市不接管这片区域，公司只能对其进行简单隔离，让它自生自灭了。"[5]

比残存的建筑更大的一个问题是土壤的污染。有些土壤含有砷和氰化物，必须彻底从现场移走或掩埋。场地中有大面积的贫瘠矿渣，其上荒草丛生。但场地中最大的问题要数埃姆舍河的状况。埃姆舍河实际上已经成为一条流经场地的渠化排水沟。大约在19世纪末所采用的污水处理策略造就了约400公里长的露天污水渠和仅有的"一座位于埃姆舍河与莱茵河交汇处的中央污水处理厂"（IBA，1990）。如今这条河流流过直径3.5米的地下主管道——"这条管道是场地中最为昂贵的设备"（Latz，2001）。如今经过过滤的雨水，经由风力涡轮机曝气，则沿着位于管道上方的埃姆舍原河道，在公园的风景中流淌。

北杜伊斯堡景观公园被设计为埃姆舍公园系统中的一块"踏脚石"（stepping stone）（Schmidt，1994）。它的建立需要四个机构协调行动。第一，北莱茵–威斯特法伦州土地发展协会（Landesentwicklungsgesellschaft Nordrhein–Westfalen）从蒂森和铁路公司购买了用于公园的大部分土地；第二，他们得到了鲁尔房地产基金（Grundstücksfonds Ruhr）的支持；第三个主体是杜伊斯堡市，它将土地进行了重新规划，将这一片划分为开放空间。第四，从对莱茵豪森（Reinhausen）矿商的经济重组援助中，公园获得了用于设计和建设所需的资金。这笔资金由IBA直接支取，用于北杜伊斯堡景观公园建设等大型开发项目。

1990年，专家们开始着意于发掘冶炼厂作为工业文化遗址的价值，并将其作为地面和水污染治理的案例来进行展示。组织方对现有植被进行

从铁路公园（rail harp）望向工厂（2013年9月）

了测绘和评估，并进行了一项由五位风景园林师领衔参加的设计邀请赛。他们的设计方案经过漫长的设计评审后于1991年3月进行了展示。竞赛中最突出的是伯纳德·拉索斯（Bernard Lassus）与彼得·拉茨作品的交锋。拉索斯为公园设计了精致复杂的法式园林，并以不同区域作为前工业、工业和后工业不同时代的象征；而拉茨的方案则主张用"实用主义方法"，"由内而外，尽可能多地保留场地中已有的东西，首先是工业遗迹，然后是退化的轮替的本土植物"（Diedrich，1999）。拉茨的方案探讨了"自然的日常价值，认为它可以使我们的日常生活受益颇多"，并探讨了这些大型工业遗迹——巨大的建筑和棚屋、超尺度的矿石堆积场、烟囱、高炉、铁轨、桥梁、起重机等——是否真的可以作为公园建设的基础（Weilacher，1996）。拉茨联合事务所最终被指定进行公园的设计规划。公园于1994年6月正式开放，1999年公园全面竣工。

## 2.3　公园的建立中的重要人物

彼得·拉茨（Peter Latz，1939—）与合伙人安妮丝·拉茨（Anneliese Latz，1940—）的联合事务所无疑是北杜伊斯堡景观公园的设计规划中最为核心的力量。[6]拉茨在"景观"和"建筑"两个领域均有造诣。他在二战之后的德国长大，

靠种植水果和蔬菜维持学业。他的父亲是一名建筑师。早年经历使他形成了一种"有效和可持续利用现有资源"的思想，并"擅长于利用精简而多样的材料来制造高强度的结构"（Weilacher，2008）。拉茨曾提出，"缺少历史视角和园林艺术理念，就不可能对景观进行正确的理解与判读"。因此，他把杜伊斯堡与波马佐公爵（Duke of Bomarzo）在奥西尼别墅（Villa Orsini）建造的意大利文艺复兴时期花园相比较，并评论说，他不认为古典主义、浪漫主义和其他文化艺术运动是不断推陈出新的潮流，他认为这些风格可以同时并存（Latz，1998）。拉茨将设计定义为"对多层次信息的具体解读"和"对无意识的简单直觉的批判"（Weilacher，2008）。而阿德里安·高伊策（Adriaan Geuze）则戏谑地描述拉茨为"新概念，新理论，最好每天都能有个新主义"

（Geuze，1993）。如今，北杜伊斯堡景观公园的设计倒确实印证了他的这一评论。

## 3. 规划和设计

### 3.1 公园的位置

北杜伊斯堡景观公园位于迈德里希以北，汉堡以南。蒂森公司的工业区曾经是这两座城市间的一道屏障。而现在则开始在它们之间建立起一种密切的联系。该公园涵盖了埃姆舍公园所有的文化、休闲游线，并因此受益。其中包括地标性的艺术游线、工业化自然游线、产业文化游线、建筑参观游线等。公园同时也位于一条将公园与周边较大的城市，比如杜塞尔多夫和多特蒙德（Dortmund）连接起来的交通环线上，而且毗邻杜伊斯堡的电车线路。

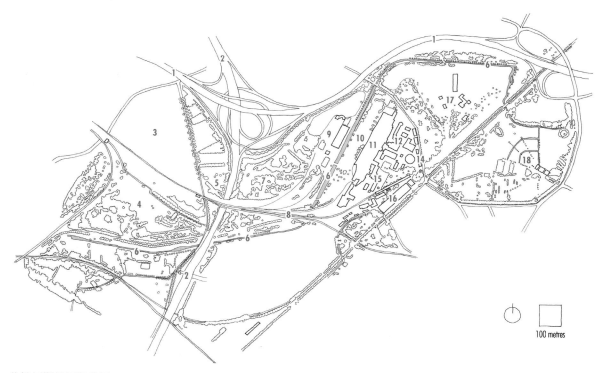

**北杜伊斯堡景观公园**

1. Autobahn #42 42号高速公路；2. Autobahn #59 59号高速公路；3. IKEA Store（formerly Kokergelände）宜家商场（原焦化厂）；
4. Schachtgelände（now Meadow）沙克特朗德草坪；5. Delta Musik Park 三角洲音乐公园；6. Clear Water Canal 清水渠；
7. Wilderness 荒地；8. Rail Harp 铁路公园；9. Sinterplatz 熔渣广场；10. Wasserpark 水公园；11. Bunkers 料仓花园；
12. Piazza Metallica 金属广场；13. Cowperplatz 库珀广场；14. Gasometer 储气罐；15. Blast Furnace #5 5号高炉；
16. Power Station 发电站；17. Emscherhalle and Casting Plant 埃姆歇大厅和铸造工厂；18. Farm Area 农场区

## 3.2　场地形态与自然地貌

北杜伊斯堡景观公园长约3公里，是一条沿着埃姆舍河谷东西走向的狭长地带。它的宽度从500米到1000米不等，被一些高速公路和废弃的铁路线分割开来。59号南北向高速公路将该地区划分为东西两部分：西部约四分之一的区域，包括沙克特朗德（Schachtgëlande）——前煤矿区；东部约四分之三，包括冶炼厂、配套结构和储存区等。场地西北部占地20公顷的焦化厂（Kokergelände）现在被宜家商场所占据。东西走向的42号高速公路紧贴着公园的北部边界，嘈杂的交通噪声与遗址的工业氛围相映成趣。

原先通往发电站的铁路线自东北向西南穿过公园的东端。它将一个由农田和花园组成的半圆形区域与以前的工业区分隔开来。这个农场过去为蒂森员工食堂供应食材，现在则是当地学校的示范农场。菜园原本是波兰移民工人用来种植蔬菜的，现在则为当地居民所有。场地的自然地形相对平淡无奇，但场地内长期的采矿、进料、各种工业活动以及运输基础设施，尤其是铁路建设对这里的地貌进行了重大的重新塑造，造成了地形的水平变化和场地的空间分隔。大型工业设施本身也构成了显著的垂直要素。5号炉高逾70米，高峻地耸立在地面上。另外，一些高大的成年乔木也一同构成了场地中的竖向景观。

## 3.3　最初的设计理念

拉茨将一种实用主义的、解构主义的手法运用于北杜伊斯堡景观公园的设计之中。他将其描述为"一种适应性设计和对场地价值的全新演绎，一种蜕变而非毁弃……鼓风炉不仅是一个老旧的熔炉——它也可以是一条威风凛然的龙，震慑着面前的人们，或成为一个登山运动员眼中的山峰，巍峨独立，等待去征服"（Latz, 1998）。他认为城市公园在20世纪末的功能定位与人民公

位于埃姆舍河之上的清水渠（2013年9月）

园（Volkspark）早先的功能已经有了很大的不同。正如约翰·布林克霍夫·杰克逊（John Brinkerhoff Jackson）的观点，拉茨也认为人民公园虽然也基于20世纪20年代使用的一套人群调查方法，但其形式是集体主义的……现如今每个人都是更随性和自由的个体——遛狗的人、潜水者、骑车人——再没有哪个公园能兼顾所有人的需求（Diedrich, 1999）。因此这构成了另一层解构，把公园里诸多层面的元素看作彼此独立且兼容并蓄的。设计包括"四个分离的、独立的公园概念"，它们相互层叠——由运河和沉淀池组成的水公园；铁路公园；由道路和桥梁连缀的散步公园，以及田野和花园——其中没有哪个系统格外突出，足以凌驾于其他系统之上（Weilacher, 2008）。拉茨强调，他十分反感"让大自然'自然而然地'收复失地这一说法"，北杜伊斯堡景观公园的设计就是寻求自然与人工介入微妙的平衡点的一场实践。

场地中水的收集与循环利用（2013年9月）

将循环水注入水渠（2013年9月）

乔治·哈格里夫斯（George Hargreaves）曾将该项目描述为"一种直白而盲目的工业崇拜"。之所以会有这种评论，大概很大程度上是因为设计中缺少对历史与社会要素的剖析，比如第三帝国时期的奴隶劳工制度。但同时他也承认北杜伊斯堡景观公园确实"在工业变革的背景下与我们的文化产生了一定的共鸣"（Hargreaves，2007）。约翰·迪克森·亨特（John Dixon Hunt）将北杜伊斯堡景观公园与拉维莱特公园作比较，并称它是一个"更加荒诞的，晾在那里哗众取宠的丑角"（Hunt，2012）。这一评价不免有些苛刻，因为公园中的许多结构已经巧妙地进行了改造，展现出非常积极的效果，同时公园中的植被也在不断成熟，增加了风景的美感。或许较为公允的评论是，该项目旨在"探索粗陋之中的美感，对荒废的基址加以重新审视，是一场发掘重污染工业用地的休闲与娱乐潜力品质的探险"（de Jong 等，2008）。

## 3.4　空间结构、道路系统、地形与植物景观

拉茨联合事务所最初提交的参赛作品有意回避了对公园全局的展示，而是保持了公园中不同区域相对离散的状态（Latz，1993）。他们尽量保留了现有地物以及空间结构上的初始性和开放性，鼓励人们从任何安全的地方对场地进

行多层次的访问，并热心于重新定义、重新定向和重新解释他们在现场发现的东西。金属广场是一个多用途的广场舞台，由49块钢板铺成，它们整齐地排列在工厂的铸坑之中；考珀广场（Cowperplatz）种植了标准的网格树阵；由大量现场回收利用的元素制作了丰富多彩的料仓花园（Bunkers）。在这些空间和展示中并没有特别预设的参观流线或所谓的"最佳观景点"（Lubow，2004），只有一个小心嵌入的亮蓝色（代表安全）架空人行步道引导人们近距离体会这些锈迹斑斑的肌理丰富的工业建筑。另一个特别用心的设计是铁路公园（rail harp）。这是一个多层交叠的铁路道床，它的基址被尽可能地恢复到原状，以展示其丰富有趣的几何形式和戏剧性的工业建筑魅力。

拉茨联合事务所决定保埃姆舍干渠（Wasser park）原有的直线形式，不加修饰。水生植物的种植池和日光浴平台都是沿着新水道布置的。工厂厂房是公园中最主要的垂直景观，水平向的则是运河和架空管道——这些架空管道贯穿公园两端，形成统一的视觉要素。公园的植被主要为原生树种，桦树和柳树林被大面积地保留下来。随着铁矿石而一同运入场地的外来树种则继续在那些靠近厂房的区域里生长。公园里的植被总体上被当地和外来优势物种的融合所主导。公园中经设计而种植的树木仅限于考珀广场中那些质朴而

规则的树阵，为了衬托工业景观的秩序与力量。2001年6月进行的一次生物调查（BioBlitz）共记录了公园里的1800个物种（Winkels和Zieling，2010）。

## 4. 管理与使用

### 4.1 管理组织

该公园隶属北莱茵–威斯特法伦州的土地局（the Land of North-Rhine-Westphalia）。从1989年开始由国家社会促进委员会（Landes-entwicklungs gesellschaft，LEG）管理，直到1997年杜伊斯堡市成立了北杜伊斯堡景观公园股份有限公司（Landschaftspark Duisburg-Nord GmbH）。而后被杜伊斯堡市场公司（Duisburg-Marketing GmbH）——一个拥有10人咨询委员会的市议会全资子公司所取代（www.duisburg-marketing）。自2013年以来，公园中的各种活动都由杜伊斯堡市场公司（主要是公共市场经理）负责，公园管理事务则由城市发展与项目管理办公室（Stadtenwicklung und Projektnanagement）负责。2014年，园区有12名现场管理人员。[7]大部分的维护工作，包括园艺维护等，已经通过竞标的方式进行分包。在20世纪90年代末，有250至300人从事定期维修业务或新增的小型工程项目。[8]到21世纪10年代，现场大约有50名定期维护人员（Winkels和Zieling，2010）。潜水和攀岩俱乐部所使用的储气罐等外租设施则由承租人自行负责维护。

### 4.2 资金

建造该公园的总成本为1.6亿德国马克，约为8200万欧元。[9]这笔资金来自联邦和地方政府的联合基金，一部分用于采矿地区的失业补贴，一部分用于国际建筑展（Diedrich，1999）。2012年，整个园区的维护费用约为450万欧元。这个费用由北莱茵–威斯特法伦州的土地局、杜伊斯堡市和北杜伊斯堡景观公园共同承担。公园的

料仓上空的龙门吊（2013年9月）

收入来自室内和室外的各种活动——2012年共有280场，在5月至9月的每个周末举办。另外还有公园内的各种租赁收入。这种资金运作模式将一直持续到2016年，届时将重新进行协商部署。[10]

### 4.3 使用情况

北杜伊斯堡景观公园每天24小时，每年365天免费向游人开放。据管理公司统计，1998年，该公园的参观人数约为30万人次，并预测这一数字将逐年增加。[11]的确如此，记录显示，2005年公园共接待约64万人次参观，2011年约有106万人次——其中超过63万人次（约60%）是专程为参加活动而来。[12]这种运营模式可参见第4章的布莱恩特公园（Bryant Park）和第7章的西煤气厂文化公园（Westergasfabriek）。每年6月末举办的"工业遗产之夜"（Industrial Hertage Night）吸引了24万游客造访鲁尔地区，其中有2.1万人是为公园而来。

## 5. 公园展望

整个20世纪90年代，拉茨联合事务所的设计推动了整个园区的开发和管理。这些举措都是基于对现场业已发生的自然过程的最小干预原则。它允许场地中植物的自由生长，甚至建议让这些工业建筑在不对游人造成安全隐患的前提下继

续糟朽下去。21世纪10年代公园提出的主要目标是"保护和保存北杜伊斯堡景观公园独特的和真实的特性"（Winkels和Zieling，2010）。彼得·拉茨本人在公园落成后很长时间里依然继续光顾这里，就公园的发展提供建议。也没有人觉得有必要对公园的基本管理原则进行变动。[13]

在向宜家出让了（之前关闭的）焦化厂之后，一块位于公园以西占地约20公顷的工业用地（不包括蒂森公司）的收购案也提上日程。新的工作包括整理公园的存货清单，以促进公园的管理；给未曾使用的构筑物开发新的活动内容，例如在矿坑上增加攀爬设备，改进标识和停车场，以及用LED灯具升级乔纳森公园（Jonathan Park）的照明方案。

# 6.　小结

北杜伊斯堡景观公园的改造是一篇有关保留与进化的檄文。它展示了一个已然废弃却依旧宏伟的钢铁厂、人工与本土植被共同组成的动人景观。这是一个典型的后工业园区，在工业生产活动退场后，自然的力量使这里得以重生。它将注重过程、以解构主义为导向的景观设计理论与基于场所、尊重现状的实用主义手法相结合，并经常被作为20世纪晚期向21世纪过渡的城市公园规划方法，与拉维莱特公园作比较。屈米（Tschumi）认为"自然"与城市是对立的，而北杜伊斯堡景观公园把"自然"——它的进程和人类对它们的介入置于公园的中心。它传递了一个隐含的信念，即时间和自然"比人类更强大"。北杜伊斯堡景观公园应该被视为后工业景观建筑领域的一个先锋作品，而且它可能是继阿姆斯特丹森林公园（Amsterdamse Bos，参见第29章）之后，西欧最大的新兴城市公园。它将废墟之中的灵魂与诗意，同自然生机勃勃的进程相并立。公园中庞大的钢铁巨构令人印象深刻，但更加动人的是在这冷峻的钢铁丛林之中，自然之力逐渐蔓延——无论人工的创造抑或是本土自发的生命——自然的演进都在继续。

## 注释

1.　20世纪80年代初，彼得·拉茨在萨尔布吕肯（Saarbrücken）设计他第一个后工业公园的时候，他似乎并不知道西雅图煤气厂公园这个项目（Lubow，2004）。

2.　柯尔（Curl）将解构主义描述为"打破连续性，破坏内部和外部之间的关联，破坏外部和其外围的联系"（Curl，2006）。相对应的，重构主义则可以描述为对场地的进一步分解或离散。

3.　主要参考自赖布–施密特（Reiβ–Schmidt，1999）。

4.　鲁尔矿区住区协会（SVR）被认为是世界上最悠久的地区性组织，在1979年被鲁尔区市政企业协会（KVR）取代。IBA于1999年建立，并接管了KVR的职能，后来IBA在2009年被鲁尔地区协会（RVR）所取代。

5.　根据1999年6月28日与北杜伊斯堡景观公园股份有限公司的艾伦·海因（Ellen Hein）、多米尼克·纽豪斯（Dominique Neuhauss）和甘特·齐林（Gunter Zieling），以及拉茨联合事务所杜伊斯堡办事处的克劳斯·海曼（Claus Heimann）和菲利普·库内尔（Philip Kühnel）的会谈记录。

6.　主要参考自维拉赫的文章（Weilacher，1996；Weilacher，2008）。

7.　参考自2014年1月21日克劳迪娅·卡利诺夫斯基（Claudia Kalinowski）的电子邮件。

8.　参考自1999年6月28日与艾伦·海因等人的会谈记录。

9.　参考自2012年7月6日在北杜伊斯堡景观公园中与埃格伯特·博德曼（Egbert Bodman）、克劳迪娅·卡利诺夫斯基和克劳斯·海曼的会谈记录。

10.　参考自2012年7月6日与埃格伯特·博德曼的会谈记录。

11.　参考自1999年6月28日与艾伦·海因等人的会谈记录。

12.　数据源于2012年7月6日与埃格伯特·博德曼等人的会谈记录。

13.　参考自2012年7月6日与埃格伯特·博德曼等人会谈记录。

**柏林蒂尔加滕公园区位图**

1. Tiergarten and Tiergarten Administrative Area 蒂尔加滕公园管理区
2. Line of former Berlin Wall 柏林墙旧址

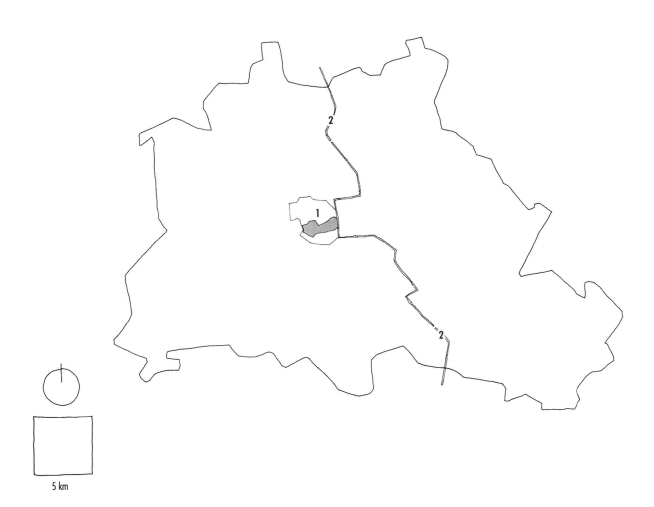

5 km

# 第22章 蒂尔加滕公园，柏林

（Großer Tiergarten，Berlin）

（545英亩/220公顷）

## 1. 引言

"蒂尔加滕"（Tiergarten）的意思是"动物的花园"或"野兽的花园"。蒂尔加滕公园坐落于柏林地理和政治的中心，被公认为是柏林最古老的、最大的和最重要的公园，常被称为柏林的"中央公园"。

蒂尔加滕公园原本是皇家园囿，一直被封闭起来用作皇家狩猎，直到后来向公众开放，并经过重新设计而成为免费开放的公园。"（就柏林这座城市而言）1850年以前的历史建筑就已经很少了"（Ladd，1997），而这座公园却有着500年的历史。可以说柏林、普鲁士，乃至德国的历史都是围绕着它展开的。公园是1848年政治动乱中公众抗议的集会场所；1873年庆祝普鲁士获胜的胜利纪念柱（Siegessäulle）在此修建，后于1938年迁出；国会大厦（联邦议会大厦）于1894年完工，1933年毁于大火，后于1999年联邦德国统一后重建。位于蒂尔加滕大街东端的新古典主义的勃兰登堡门于1791年建成，它原本被设计成城西海关墙上的城门，但1814年普鲁士打败拿破仑后，它获得了如同凯旋门一般的地位。当19世纪60年代城墙被拆除时，这座门被保留了下来，并在1871年德意志统一、第一和第二次世界大战期间，作为德国的军事要塞。

勃兰登堡门是德国的纪念碑和柏林市永久的象征。从1961年到1989年，它正位于分隔东西柏林的柏林墙上。在那段时间里，蒂尔加滕公园也只不过是西柏林飞地东端的一大片休闲用地。

柏林是一座增长迅速，且经常发生急速变革的城市。它数次被他国军队占领，并有着悠久的殖民历史。蒂尔加滕公园本身也不断地被发生于它内部的和外围的事件所重新塑造。这座公园呈现出格奥尔格·文策斯劳斯·冯·诺贝尔斯多夫（Georg Wenzeslaus von Knobelsdorff，1699—1753年）为国王弗里德里希二世（King Friedrich Ⅱ，1712—1786年）所设计的巴洛克式几何图样；风景园林师彼得·约瑟夫·莱内（Peter Joseph Lenné，1789—1866年）精湛的水利工程设计与透视法的运用；20世纪30年代，希特勒和他的建筑师阿尔伯特·施佩尔（Albert Speer，1905—1981年）的豪言壮语；20世纪50年代威利·阿尔韦德斯（Willy Alverdes，1896—1980年）的精致花园和草地，以及统一后的整合与复兴。

蒂尔加滕公园有着丰富的积淀。它的空间基底首先反映了它作为狩猎场的功能，其次是作为公共游乐花园、国家纪念地所体现出的普鲁士和德意志的民主职能，最后是作为希特勒的日耳曼计划的一部分，作为联邦德国飞地上的主要公园区域，以及再一次的，为国家管理职能而服务。蒂尔加滕公园现在有着茂密的树木——考虑到它在20世纪40年代后期几乎完全被砍伐用作柴火，这一点实属不易。除了东西向的六月十七日大街对公园明显打断和界定外，这个公园的平面呈现出一种难以拆解的错综复杂。

## 2. 历史

### 2.1　柏林城与蒂尔加滕公园的发展

柏林（Berlin-Cölln）*是从施普雷河（River Spree）左岸的科恩（Cölln）和右岸的柏林（Berlin）发展起来的。[1]1527年，约阿希姆王子（Prince Joachim，后来的选帝侯约阿希姆二世，于1535—1571年在位）获得了一块土地，用作狩猎驯养区，现在蒂尔加滕公园便在其中。那是一片只有小径穿过的林地和湿地。17世纪初，柏林的人口翻了一番，达到了12000人。在那个世纪，德国大部分地区好斗的专制统治者想方设法扩大自己的领土，并导致了后来波及欧洲的30年战争（1618—1648年）。到战争结束时，（这一地区的）人口已减少到6000人。但弗里德里希·威廉（Friedrich Willhelm，1640—1688年在位，后来被称为"伟大的选帝侯"）扩大了他的领土，并促进了柏林的发展扩张。开拓的区域包括连接城堡和蒂尔加滕公园东部边缘的菩提树大街轴线。这位有作为的选帝侯还把整个公园重新围了起来，驯养了鹿和松鸡，种下新的橡树林。

选帝侯弗里德里希三世（1688年至1713年在位，1701年加冕为普鲁士国王后被称为弗里德里

公园南部景观桥（2012年7月）

希一世）在菩提树大街以南的土地上建立了弗里德里希（Friedrichstadt），其中包括了弗里德里希大街——20世纪90年代柏林统一后重建的南北轴心。1695年蒂尔加滕公园以西开始修建一座新宫殿。而后为了纪念弗里德里希的妻子索菲·夏洛特（Sophie Charlotte），这座宫殿被命名为夏洛滕堡宫（Charlottenburg Palace）。菩提树大街向西延伸，穿过公园一直到达新宫殿。另外，大角星广场（Großer Stern，Large Star）、选帝侯广场（Kurfürsten platz），以及从这里向外辐射的6条林荫大道，逐渐终结了这座公园用作狩猎的历史。

1709年，弗里德里希正式创建了柏林这座城市。到他统治的末期，柏林的总人口从1688年的2万人增长到1713年的6万人。他的继位者是国王

---

* 1237年10月28日，"柏林-科恩"（Berlin-Cölln）的说法被正式提出，1307年人们将此两部分合二为一，由此诞生了柏林。——译者注

弗里德里希·威廉一世（Friedrich Willhelm I，1713—1740年在位）。这是一个吝啬的恶霸，痴迷于军事扩张，柏林继而变成了一个军事要塞。而经济扩张，使大量工艺熟练的移民（尤其是来自萨克森的移民）来到这里。到了1740年，人口增长到9万。弗里德里希·威廉对蒂尔加滕公园的主要助益就是将它的一部分从多萝西恩施塔特（Dorotheenstadt）和弗里德里希继续向西延伸。他还在扩展的城市周围建造了一堵新墙，并在其附近创建了巴黎广场（Pariser Platz）——坐落于今天勃兰登堡门的东侧。

　　相比之下，弗里德里希·威廉的儿子，国王弗里德里希二世（1740—1786年在位），自认为是启蒙运动的参与者。他与法国作家、哲学家伏尔泰交上了朋友，并将他延请至波茨坦，担任宫廷图书馆馆长。弗里德里希二世在推行法律和行政改革，比如授予宗教自由和废除酷刑的同时，他还动用了父亲的全部家底和庞大的军队，对奥地利（1740—1742年和1744—1745年）和俄罗斯（1756—1763年）发动了战争。这导致柏林于1757年和1760年，先后被奥地利和俄罗斯军队攻占。他最终战胜了俄罗斯，赢得了"腓特烈大帝"的盛名。在不打仗的时候，他则致力于一些重大的建设项目，包括把菩提树大街改造成一条更宏伟的大道，把蒂尔加滕公园改造成一个更为宜人的公园。

　　这些项目大多是由诺贝尔斯多夫设计的。他对蒂尔加滕公园的改造始于1740年，包括清除周围的围栏，在大角星广场周围设计了双林荫道，开辟出一些聚会的场地，并饰以巴洛克风格的雕像。加以拓宽和延长的街道从露营广场辐射出去，而从波茨坦广场西北部延伸出来的林荫道则构成了一个"小角星"（Kleiner Stern，Small Star）。公园于1740年正式向公众开放，到诺贝尔斯多夫去世时（1753年），他"几乎完成了公园大部分区域的设计布局"（Goode和Loncaster，

六月十七日大街和从胜利纪念柱看向公园南区景观（2013年8月）

1986）。[2]1786年弗里德里希二世去世时，柏林有15万人口，普鲁士正崛起为欧洲强国。他的继任者弗里德里希·威廉二世（Friedrich Wilhelm Ⅱ，1787—1797年在位）是一位奢侈的统治者，他给他的儿子弗里德里希·威廉三世（1797—1840年在位）留下了巨额债务，但留给柏林的则是一座历史丰碑——勃兰登堡门。弗里德里希·威廉二世统治期间，对公园进行的改造包括修建了贝尔维尤宫（Bellevue Palace）——即现在的联邦德国总统府，以及将诺贝尔斯多夫大道（Knobelsdorff's avenue）从波茨坦广场（Potsdamer Platz）延伸至"小角星"。

　　1810年至1840年间，柏林的人口翻了一番，达到40万，成为欧洲第四大人口城市。在此期间，卡尔·弗里德里希·申克尔（Karl Friedrich Schinkel，1781—1841年）——"普鲁士建筑师，19世纪上半叶德国最伟大的建筑师"（Curl，2006）和莱内——"最伟大的德国风景园林师"（Fleming等，1999）都参与了城市扩建和公园的重新设计。

　　莱内与申克尔共享皇室和贵族的资助。1816年起，莱内受雇于弗里德里希·威廉三世，修筑位于波茨坦的无忧宫（Sanssouci）。1814年，申克尔为蒂尔加滕公园绘制了一张规划图（Schmidt，

勃兰登堡门、美国大使馆和欧洲被害犹太人纪念碑
（2012年7月）

1981）。1816年莱内也完成了他的公园规划。这是一种兼顾了既有的诺贝尔斯多夫式通直大道，并增加了弯曲的风景散步道的系统，前者为骑乘而设计，后者则力图为行人提供渐次展开的风景。但这些规划都没能得到实施。1818年莱内受命重新设计蒂尔加滕公园，以改善其排水系统并提升其作为一个开放公园的功能性（von Krosigk，1995）。

克里斯蒂安·凯·洛伦兹·希施菲尔德（Christian Cay Lorenz Hirschfeld，1742—1792年），这位生于丹麦，基尔大学（Kiel University）的哲学和美学教授，曾于1785年在他的《花园的艺术理论》（Theorie der Gartenkunst）第五卷也是最后一卷中写道"受欢迎的公园是休闲的场所和提升所有社会阶层道德水平的地方"（Schmidt，1981）。他受卢梭（Jean Jacques Rousseau）启发而提出，并由小埃伦赖希·塞洛（Ehrenreich Sello，1768—1795年间任皇家园艺师）于1792年在卢梭岛（Rousseauninsel）实践过的一个理念——即以"民族英雄的雕像，取代神话中的神灵或农牧之神的形象"（Fleming 等，1999）。

在1830年的社会动荡和政治抗议之后，重新规划后的蒂尔加滕公园成为一个"受欢迎的"

公园。莱内于1832年提出的修改建议，包括大量缩减森林面积，建立一个主要的水网用以场地排水。诺贝尔斯多夫的大部分林荫道都保留了下来，蜿蜒的小径连缀起新开辟的林间空地。西南区的工程于1833年春天开始，年复一年地在公园的七个区域中推进，直到1840年在夏洛滕堡宫以北的最后一区竣工。

或许是受到摄政公园的启发，1834年莱内的设计和1835年申克尔的方案中都提到了公园中住宅项目的开发。但弗里德里希·威廉三世反对在该公园进行任何形式的开发，也不准备动用自1742年以来分配给野鸡养殖的土地。1841年，他的继任者弗里德里希·威廉四世（1840—1861年在位）委托莱内在蒂尔加滕公园西南的皇家野鸡园中设计一个动物园。1846年12月，莱内在这个地区开挖了"新湖"（Neuer See）。这个占地34公顷的动物园于1844年开放，现在号称拥有世界上最多的动物种类。动物园的入口最初建在公园内部，现在改为开向布达佩斯街。

莱内的大部分作品一直保留到第二次世界大战，19世纪末、20世纪初的变动也大体仅限于纪念碑的建造（von Krosigk，1995）。建于19世纪70年代的国王广场（Königsplatz）在魏玛共和国时期（1918—1933年）改名为"共和广场"（Platz der Republik）。1873年，为了庆祝在普鲁士三大统一战争中，普鲁士战胜丹麦（1864年）、奥地利（1866年）和法国（1870—1871年），被视为"德意志第二帝国崛起的象征"的第一座民族纪念物——胜利纪念柱（Siegessäulle）在这里揭幕（Enke，1999）。由法兰克福建筑师保罗·瓦洛特（Paul Wallot，1841—1912年）设计的具有意大利风格的德国国会大厦于1884年至1894年间落成。与此同时，柏林的人口从1800年的17万增长到19世纪50年代初的50万，到1871年德国统一时增长到82万，再到1900年增长到200万。到了1920年，柏林人口已增至400万人，成为仅次于纽约和伦敦的世界第三大城市。1910年的时候，它每栋建筑中的居民数量成为所有西方城市中的最高（Ladd，1997）。

公园的格局一直没有太大的变动，直到希特勒和施佩尔开始计划将柏林转化为日耳曼式的新型城市。施佩尔对蒂尔加滕公园的规划只实现了很少的一部分，他拓宽了六月十七日大街，重新设计了共和广场，将胜利柱廊从那里迁至大角星广场，并在1939年4月重新开放，以庆祝希特勒的50岁生日。六月十七日大街从27米拓宽至53米，用作阅兵场和备用飞机跑道（Wörner和Wörner，1996）。时至今日，这一超长尺度的大街仍被用作各种游行和集会，比如之前的"为爱游行"（Love Parades）和2006年世界杯的球迷大游行。20世纪90年代，通过在道路两侧种植酸橙树，缩减了大角星广场东侧路段的路面宽度。[3]

公园在第二次世界大战期间遭受了严重的破坏，而在1945年至1946年异常寒冷的冬天里，几乎所有剩余的大乔木都被砍来用作柴火。被清空的地区一度被用来种植蔬菜。直到1949年，在蒂尔加滕区长威利·阿尔韦德斯（Willy Alverdes）的领导下，公园才开始重新复苏。公园复兴的目的是平和、宽敞与自然。在1952年由阿尔韦德斯筹划的方案中，弱化了诺贝尔斯多夫和莱内的道路系统，只保留了夏洛滕堡和从大角星延伸出来的三条高速公路（Enke，1999），保留了莱内的水系规划及其排水功能。新花园区域，如英国花园（位于柏林英占区的一侧，因英国捐赠数量众多的植物而得名）于1952年5月由当时的英国外交大臣安东尼·艾登（Anthony Eden）宣布开放。这些举措标志着蒂尔加滕公园革新的脚步，但阿尔韦德斯也试图恢复公园中自然的沼泽、河岸与森林遍布的旧时风光（Lachmund，2013）。

这也使得公园在20世纪70年代成为柏林生物多样性最丰富的公园。

蒂尔加滕公园的发展一直是面对柏林市中心区。当柏林墙在1961年8月突然树立起来的时候，这座公园孤立于西柏林的边缘地带，德国国会大厦与戒备森严的勃兰登堡门形影相吊，呈现出一种清冷怪异的气氛。观光游客零星造访，涂鸦者们在柏林墙上留下标语；西方政治家们，比如罗纳德·里根（Ronald Reagan）于1987年6月也在柏林墙上留言并以勃兰登堡门为背景进行政治宣传。而后为了庆祝1987年柏林-科恩建城750周年，1984年的时候，一份计划斥资2000万德国马克的公园修复计划上马。具体措施包括：将莱内设计的水体驳岸进行自然化处理；重整诺贝尔斯多夫的林荫大道，包括从贝尔维尤宫到波茨坦广场的贝尔维尤大街（Bellevueallée），从大角星广场向西南方向延伸的养雉园大道（Fasanerieallee），以及从露营广场（Zeltenplatz）向外辐射的其他六条大道。路易丝岛（Luiseninsel）、拥有特里顿喷泉（Triton Fountain）的王子广场（Gross-Fürstenplatz）、卢梭岛（Rousseauinsel）和岛上的纪念雕像，以及罗尔青纪念碑（Lortzing）*也为这次的庆典而进行了修复。

1989年11月9日柏林墙倒塌，预示着柏林和德国的统一。1991年5月，蒂尔加滕公园及其组成部分作为历史遗产受到法律保护。1991年6月，德国联邦议院投票决定将联邦首府从波恩迁至柏林。蒂尔加滕公园，尤其是它的东边区域，随之陷入了一场公共和私人建筑热潮。

毗邻公园的开发项目包括勃兰登堡门、巴黎广场（Pariser Platz）和德国国会大厦的修复工程；一条从波茨坦广场以南（大型私人发展项目的聚集地）至新火车站的长2.4公里的公路隧道；

---

\* 罗尔青纪念碑是为纪念德国轻歌剧的创始人、作曲家阿尔伯特·罗尔青（Albert Lortzing，1801—1851年）而立。
——译者注

施普雷河湾（Spreebogen）的政府工程；共和广场的重新设计等。公路隧道于2006年竣工，取代了原本的恩特拉斯图格斯街（Entlastungsstrasse，救济街）。毗邻贝尔维尤宫的联邦总统新办公室于1998年落成。

莱内树厅（Lenné Baumsaal，字面意思是"树的大厅"）是一片位于公园东部，勃兰登堡门南部的成排的酸橙树林。1991年，这里被重新补种，以复原莱内于1840年的设计。更多近期的工程包括对克莱因大道（Klein Querallee）的取直，以使其朝向修葺一新的国会大厦；对歌德（Goethe）、莱辛（Lessing）和路易丝皇后（Königin Luise）纪念馆的修复；增建了纳粹受害者纪念馆；在公园南侧的蒂尔加滕大街（Tiergartenstrasse）沿线的树木之间开辟了一条新的碎石小径。

## 2.2　场地原状

柏林位于一个广阔多沙的冰川峡谷之中。"柏林"这个名字被认为是来自斯拉夫语的"Birl"，意为沼泽。公园的土地最初是"一片栅栏围起的林地，间或草甸、小水池和散落的沼泽地"。在19世纪的大部分岁月，这里都是人迹罕至的地方，整个蒂尔加滕林地都亟待排水（von Krosigk，1995）。而后莱内利用场地向北的自然坡降，组织出蜿蜒多姿的水利系统。蒂尔加滕公园卓越的地下水控制系统也表明了当地的自然条件。柏林的地下水位相对较高，控制建筑物周边水位的惯常做法是建造一条防水的隔离沟。但这种沟渠排水的方法也有可能会对公园地区的建筑和树木不利。因此，在波茨坦广场和施普雷河湾等建设区域设立了地下水位监测系统，一旦水位下降危及树木，可以将水重新回灌到地下（Enke，1999）。

## 2.3　公园建立中的重要人物

莱内是蒂尔加滕公园最杰出的贡献者，这也

六月十七日大街北侧的池塘（2008年5月）

公园西北部的高大乔木（2013年8月）

使他在设计公共园林的方面领先于约瑟夫·帕克斯顿（Joseph Paxton）、卡尔弗特·沃克斯（Calvert Vaux）和弗雷德里克·劳·奥姆斯特德（Frederick Law Olmsted）。莱内也是一位杰出的城市规划师和市政工程师。他在蒂尔加滕的工作体现了希施菲尔德所提出的公园设计原则。莱内的父亲与祖父都是波恩的首席园艺师，他在波恩和巴黎受教，早年游历了很多地方，然后于1816年开始在柏林从业。他先后设计了无忧宫、波茨坦的新花园（Neuer Garten）和蒂尔加滕公园。"在莱内之前，德国园林并没有明显的英国园林特色：18世纪的大花园要么是毫无节制的巨大和空泛，要么则是全心全意地投入到洛可可和奇境花园（Sublime）相混杂的矫揉造作的风格之中去……但在莱内的指导下，我们看到了一种更加英式的风格"（Chadwick，1966）。他是一位自然风景园大师。

除了在波茨坦的大量工作外，莱内在1840年弗里德里希·威廉四世（Friedrich Wilhelm Ⅳ，1840—1861年在位）上台后，越来越多地参与到柏林的城市规划和运河建设的工作中去。他认为蒂尔加滕公园的重新设计是"利用景观和花园对整个城市结构进行综合塑造"的一个启动步骤（Schmidt，1981）。1841年申克尔去世后，莱内成为国王最密切的合作者。1857年，威廉四世患病，他的弟弟威廉亲王（Kaiser Wilhelm Ⅰ）摄政并于后来继承了他的王位。弗里德里希·威廉四世最初具有一定的革新思想，也反映在他开放和提升蒂尔加滕公园供民众使用上，但他却愈发强烈地反对宪法改革。而后1844年粮食歉收和持续加剧的城市贫困导致了1848年的暴乱。是年，欧洲爆发了为期一年的暴乱，包括发生在蒂尔加滕公园和菩提树大街的暴动。伴随着弗里德里希·威廉皇帝被赶下台，"带有莱内烙印的柏林的浪漫主义规划时期落幕了"（von Krosigk，1995）。

## 3. 规划和设计

### 3.1 公园在城市中的位置

在联邦德国度过了28年之后，蒂尔加滕公园再次成为柏林的心脏地带。它的国家职能类似于伦敦的圣詹姆斯公园。"霍亨索伦（Hohenzollerns）王朝家族的葬礼送葬、婚礼列队和军事游行都是从蒂尔加滕公园进入勃兰登堡门后入城的"

从法萨内里大街看向胜利纪念柱（Siegessäulle）（2013年4月）

（von Krosigk，1995）。在这个重新统一的城市中，"其中心位置和大小，各种设计元素，例如街道和广场，尤其是贴近城市的边缘地带，创造了与城市环境的多种联系"。1999年政府职能的回归完全改变了人们对公园的预期和看法。2012年至2013年，作为为该公园开发一个新的"战略框架"的一部分，提出了蒂尔加滕公园一系列的议题，引发了人们的关注（来自Landes-denkmalamt）。然而尽管已经进行了许多重大的修复工作，但随着在隔离时期和统一的最初几年中联邦德国所呈现出来的新的观念与身份认同的差异性，公园与其周围环境之间的磨合仍然在继续（www.stadtentwicklung.berlin.de）。

## 3.2　场地形态与自然地貌

公园的平面是一个南瓜的形状，顶部向西逐渐变细。六月十七日大街穿过公园，形成一条3.2公里的轴线。除了锥形的西端，公园的宽度在800米到1200米之间。自然地形相对平坦。人工供水系统从南面的兰德威尔运河（Landwehr Canal）取水，然后排入北面的施普雷河。由于兰德威尔运河和施普雷河的水位差只有1.2米左右，水系的流速十分缓慢。为了加速水体的流动，莱内建议将施普雷河上游水闸的水位保持在较高水平，而下游水闸的水位则要低1.5米左右。而相应的，运河的水位则需要保持在这两个标高之间。[4]

## 3.3　最初的设计理念

从18世纪40年代起，蒂尔加滕公园最初作为皇家狩猎场的功能便在诺贝尔斯多夫的几何设计中得以延续。1816年和1819年，为了纪念战胜拿破仑，莱内为公园设计出第一版方案。在他的第三版设计付诸实施时，莱内指出，"一个民族在文化和经济领域取得的进步越多，其物质和精神上的需求就会变得越清晰和多样化。这些需求中包括公共散步道——在大城市里，形式多样的散步道再多都不过分，这不仅是为了娱乐大众，也是为了健康。"[5]冯·克罗西克指出莱内设计的路径"蜿蜒曲折……并尽可能地引向水岸，使游客在散步时可以欣赏到不断变化的景致，并为行人、骑手和马车开辟出单独的道路"（von Krosigk，1995）。但（那时的）公园主要是"资产阶级交际的舞台，它给……富裕阶级一个炫耀自己社会地位的机会"。

## 3.4　空间结构、道路系统、地形与植物

蒂尔加滕公园给人的第一印象是层层叠叠的落叶树林，似乎只有从大角星广场向外延伸的几条主要公路才能将林地分割开来。森林里几乎没有什么明显的空地，树木的大小和密度也很惊人——即便所有的树木都是在20世纪下半叶才刚刚种下的。但无论树长得多高，六月十七日大街仍然形成一条横贯公园的通直的峡谷，然后再由那些从大角星向外辐射的道路把公园划分成更小的区域。一旦你离开这些公路，那些带有低矮的金属围栏的小巷就会变得清晰起来。它们会引导你进入和穿过公园，会带你走向宽阔的开放区域和蜿蜒的水系。公园的土地相当肥沃，由于地势低平，水流和缓，也有助于林地的稳固。新修复的雕像契合了希施菲尔德提出的公园设计原则，可惜修复后却没有雕像的露营广场倒像是缺少了点什么。

公园的某些部分，尤其是南部和东部边缘地带，花了很长时间才重新融入复兴之都的中心地带。随着城市这一地区开发需求的减少，公园的外部边缘变得不那么清晰。对此，阿尔韦德斯和他的继任者们着手将这些区域的公园一侧开发为密林和草场来巩固边界。柏林墙拆除后，柏林政府很快在勃兰登堡门以南重建了莱内树厅，以表明这片土地是公园的一部分，受到保护，城市开发不能越界。同样，在2006年新修的林荫道取代

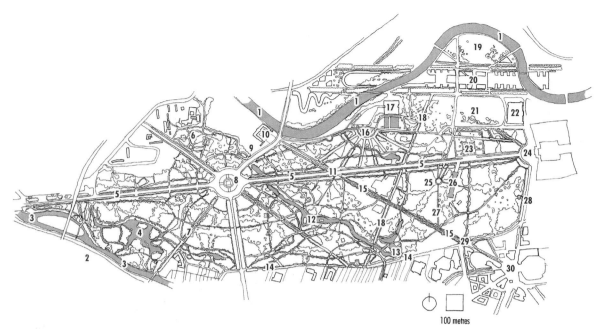

**柏林大蒂尔加滕区**

1. River Spree 施普雷河；2. Berlin Zoo 柏林动物园；3. Landwehrkanal 兰德威尔运河；4. Neuer See 新湖；

5. Straße des 17. Juni 六月十七日大街；6. Englischer Garten 英国花园；7. Fasanerieallee 养雉园大道；

8. Grosser Stern / Siegessäulle 大角星广场/胜利纪念柱；9. Office of Federal President 德国联邦总统府；

10. Bellevue Palace 贝尔维尤宫；11. Kleiner Stern 小角星；12. Rousseauinsel 卢梭岛；13. Luiseninsel 路易丝岛；

14. Tiergartenstraße 蒂尔加滕大街；15. Bellevueallée 贝尔维尤大街；16. Zeltenplatz 露营广场；17. Congress Hall 国会大厅；

18. Großer Querallée 宽横巷；19. Spreebogen 施普雷河湾公园；20. Government Offices 政府办公区；

21. Platz der Republik 共和广场；22. Reichstag 德国国会大厦；23. Soviet War Memorial 苏维埃战争纪念碑；

24. Brandenburg Gate 勃兰登堡门；25. Floraplatz 弗洛拉广场；26. Venusbassin 维纳斯湾；27. Floraallée 弗洛拉大街；

28. Baumsaal-Eberstraße 艾伯特大街；29. Kemperplatz / Entrance to Tunnel 肯佩尔广场/隧道入口；

30. Potsdamer Platz 波茨坦广场

了南北向的恩特拉斯图格斯街之后，相继调整了克莱因大道（Klein Querallee），修复了佛罗拉广场（Floraplatz）和维纳斯湾（Venusbassin）。公园南侧的莱内大街和蒂尔加滕大街也被重新设计，明确了公园和商业以及南部的前使馆区域的界限。

德国国会大厦的修复工作由英国建筑师诺曼·福斯特（Norman Foster，1935—）完成；共和广场也经历了新一轮的设计改造；施普雷河湾地区的政府和使馆建筑的兴建对公园的东北一侧产生了巨大的影响。但是，就像它在20世纪40年代经受了毁灭性破坏后的重生一样，公园正面对着新的变革而表现出强大的适应性和修复力。德

国统一后，柏林政府第一步的计划是使公园尽可能地恢复到1840年莱内时代的状态。

## 4. 管理与使用

### 4.1 管理组织

与汉堡和不来梅一样，柏林是一个城市州，是组成德意志联邦共和国的16个州之一。这座城市由包括市长（由149名众议员选出）和至多8名由市长任命的参议员组成的参议院管理。自2001年起，该市被划分为12个行政区。大蒂尔加滕地区则完全归属于柏林的中心区（www.berlin.de）。各行政区负责管理维护其地域范围内所有

维纳斯湾地海顿、莫扎特和贝多芬纪念碑（2012年7月）

的公共公园，历史公园的战略规划和管理仍由参议院城市规划和环境部国家遗产办公室负责。自1999年以来，与汉堡一样，柏林的主要公共公园的决策和执行职能也被分开（Schäfer，1999）。尽管国家遗产办公室以遗产的保护为重，而自治区更倾向于建设与开发，但城市和行政区之间的合作也十分紧密。

公园的维护费几乎全部来源于自治区的总财政预算，公园的所有收入也都归入自治区基金。在过去的二十年里，该区的绿化维护预算已经减少了60%。1991年有100名全职工人和4名经理在蒂尔加滕公园供职，到了2012年，只有20名工人和1名经理。[6]公园的东端，以勃兰登堡门为背景，已经成为电影的热门取景地和各种大型临时活动的举办地，如2006年世界杯球迷大游行。

## 4.2　使用情况

1985年就有报道称，西柏林边缘的地区级休闲公园蒂尔加滕"每个周末都是满满的柏林人"（von Buttlar，1985）。虽然目前还没有进行细致的游客调查，但"蒂尔加滕公园确实是被各种利益相关群体密集地使用着。最重要的是，公园道路也在充分服务于行人和自行车的交通。旅游业也有了很大的发展"。[7]事实上，到2010年，柏林吸引了2080万留宿游客，高于罗马的2040万，低于巴黎的3580万和伦敦的4870万（Roland Berger，2011）。

## 5.　未来规划

1984年，风景园林师罗丝·沃纳（Rose Wörner）和古斯塔夫·沃纳（Gustav Wörner）接受委托，为1987年柏林建城750周年庆典，拟定蒂尔加滕公园的布置方案和一套完整的管理组织方案（Wörner与Wörner，1996）。规划对公园的基本定位是城市的中央公园，和为所有公民服务的休闲娱乐空间。沃纳夫妇指出，公园具有长达几个世纪的历史文化，是园林设计史上的杰作，具有重要的生态价值。同时，由于街道的格局和恰当的入口位置，公园与周围城市的整合度很高。他们指出，单纯地想要恢复其历史状态是不切实际的。在他们的规划之下，公园进行了大量的周边绿化以及前面提到的修复工作。

2012年，参议院认为针对公园周边所发生的众多变化，是时候为蒂尔加滕公园制定一个新的战略框架了。他们委托城市规划和景观设计机构TOPOS和F小组（gruppe F）编写规划框架，并在2012年至2013年期间公布了一系列"蒂尔加滕议题"，来部署其中最为重要的问题，包括：

- 蒂尔加滕公园的历史对这座城市以及园林史都意义非凡，但［正如国家遗产办公室的克劳斯·林格诺伯（Klaus Lingenauber）所指出的］应该与公园不断发展的特性相平衡；
- 生物多样性——2011年的生物多样性调研（BioBlitz）记录了公园里的1410个物种，其中有103种上了柏林的红色名录（www.stadtenwicklung）。这比生态学家赫伯特·苏科普（Herbert Sukopp）等人在20世纪70年代所记录的数量有了显著增长（Lachmund，2013）；
- 应持续关注二战后同龄纯林的状况；
- 水务管理，特别是长期存在的场地排水事宜；
- 蒂尔加滕公园的休闲娱乐功能与柏林其他一

蒂尔加滕大街一侧树林中的碎石小径（2012年7月）

些重要的开放空间，如机场公园（Tempelbofer Freibeit）的比较；

● 蒂尔加滕公园没有民间机构或支持者团体，游客服务设施薄弱（即便有大量的路牌，但茶点或信息亭等明显不足），此外也没有自己的网站来做宣传推广；

● 过去20年里，维护资金大幅削减。

## 6. 小结

　　1991年，德国政府决定将联邦政府迁往柏林，继1989年11月柏林墙倒塌后，加剧了大规模建设的热潮。无论过去还是现在——柏林都面对着一种冷战后身份认同的隐忧。作为国家中心的历史公园，蒂尔加滕已经恢复了它的角色，因此也不可避免地承受着来自各方的压力。虽然阿尔韦德斯试图赋予二战后的蒂尔加滕公园一种更为随意、轻松和民主的风格，而冷战后的风格则倾向于一种折中的历史主义，更钟情于莱内于1840年完成的蓝本。这种折中一定程度上保护了公园

不受侵扰，而后的战略框架则为公园在平衡其历史价值、娱乐功能和生态意义上提供了新的契机。其他值得仔细考量的还有公园资金短缺和如何做好长期管理与运营的问题。

## 注释

　　1. 主要参考自下列文献：Ladd，1997；Balfour，1999；von Krosigk，1995；Wörner和Wörner；Wendland，1996；Goode和Lancaster，1986。

　　2. 这与弗雷明等（1999）的说法相左，即1746年诺贝尔斯多夫"与国王争吵，被国王解雇而结束了他的建筑生涯"。

　　3. 基于2012年7月13日，与国家遗产办公室的克劳斯·冯·克罗西克（Klaus von Krosigk）、克劳斯·林格诺伯（Klaus Lingenauber）和TOPOS的贝蒂娜·贝尔甘德（Bettina Bergande）会谈的记录：大约在1880年，为了容纳有轨电车线路，北面的四行树木被移走，当时的马道保留到1918年。

　　4. 参考自2012年7月13日与克劳斯·冯·克罗西克等人的会议记录。

　　5. 施密特（1981）引用了欣兹（Hinz）1937年的《彼得·约瑟夫·莱内与他在柏林和波茨坦最杰出的作品》一书第184页的这段话，莱内在其中解释了他对柏林北部公园的提议。该公园后来由古斯塔·迈耶（Gustay Meyer）设计，并命名为弗里德里希人民公园（Friedrichshain）。这大概受了奥姆斯特德观点的启发，奥姆斯特德没有造访过柏林，但确实与迈耶通过信。

　　6. 参考自2012年7月12日，柏林中心区的尤尔根·科特（Jurgen Cötte）发给国家遗产办公室克劳斯·林格诺伯（Klaus Lingenauber）的回复作者提问的邮件。

　　7. 同上。

# 第23章　展望公园，布鲁克林，纽约

（Prospect Park，Brooklyn，New York）

（585英亩/237公顷）

## 1.　引言

展望公园可以说是比纽约中央公园名气较小，却更令人惊艳的小妹妹。它们同是由美国景观设计的行业先驱者弗雷德里克·劳·奥姆斯特德（Frederick Law Olmsted，1822—1903年）和卡尔弗特·鲍耶·沃克斯（Calvert Bowyer Vaux，1824—1895年）设计的。展望公园在美国内战（1861—1865年）后不久落成，位于当时的新兴城市布鲁克林，与纽约隔河［东河（the East River）］相望。公园中的草甸、森林和水体大致各占三分之一，再由一个复杂的道路系统连接在一起，是北美最简单但又最微妙的景观构图之一。查尔斯·斯普拉格·萨金特（Charles Sprague Sargent）在1888年将这座公园描述为"现代最伟大的艺术创作之一"（Schuyler，1986），沃克斯的传记作家弗朗西斯·科夫斯基（Francis Kowsky）指出，它"被公认为美国最美的浪漫公园景观"（Kowsky，1998）。特别是大草坪（Long Meadow）的设计，是奥姆斯特德和沃克斯"美国田园"风格的典范。科夫斯基称其为"无与伦比的田园风光杰作"，按中央公园历史学家萨拉·雪达·米勒（Sara Cedar Miller）的

说法，"无疑是他们'无限绿地'理念（limitless greensward）的最佳范例"（Miller，2003）。

与中央公园一样，展望公园也借鉴了帕克斯顿（Paxton）为伯肯黑德公园所设计的分隔式交通系统。尽管如此，奥姆斯特德和沃克斯的主要作品（中央公园、展望公园等）都是对纽约城市快速发展的本土化对策。与中央公园不同的是，展望公园的产生过程比较简单。事实上，它的整个历史都是由一系列忠诚的管理者、设计师和政治家的长期奉献所写就的。它的开发、管理和使用都体现了奥姆斯特德在1866年的《公园报告》（Park Report）中所提出的那种"开阔放大的自由感"。它以一种"松散的形式"，体现出沃克斯和奥姆斯特德所追求的"完全的自由"（Krauss，2013）。与端庄矜持的姐姐（中央公园）不同，在长期松散的管理之下，自1980年以来，它已慢慢恢复到一种"随心所欲"的状态。

## 2.　历史

### 2.1　公园的创立

布鲁克林在1834年获准脱离纽约，成为一个从地理上和行政上都独立的城市。1883年布鲁克

詹姆斯·斯特拉纳汉塑像（2013年5月）

林大桥的建成，将两座城市连接起来，1898年又重新并入纽约市，成为纽约的一个区。到1860年，它的人口数量为266661人，如果将布鲁克林视作一个城市的话，它是当时美国人口第三大城市（Schuyler，1986）。即使没有这座大桥，布鲁克林也正在成为曼哈顿的一个主要郊区。曼哈顿岛仿佛一座又长又薄的堡垒，而布鲁克林则是在大得多的长岛上，有扩张的空间和余地——尽管在1811年的规划中，它也同纽约一样，被划定出密密麻麻的棋盘路网。

就在许多像威廉·卡伦·布莱恩特（William Cullen Bryant）这样的热心记者和市民在为游说创建中央公园而奔走的时候，布鲁克林的沃尔特·惠特曼（Walt Whitman，1819—1892年，1857—1859年担任《布鲁克林时报》主编）和埃德温·史普纳（Edwin Spooner，1831—1901年，《布鲁克林星报》主编）也站出来，号召在本地建立一个公园。这背后有三个主要动机：一是关心布鲁克林居民的健康和福祉；二是提升布鲁克林作为曼哈顿郊区的吸引力；三是出于对当时已经大获成功并广为传扬的纽约中央公园的艳羡（Graff，1985）。1859年4月，纽约州立法机构任命了15名委员来为布鲁克林的公共公园选址。1860年2月，这些专员们推荐了7个地点。其中最大的，也是迄今为止最重要的位于展望高地"展望山公园"（Lancaster，1967）。1860年4月，立法机关批准建立展望公园，并授权发行债券，用于土地征用和公园建设。是年晚些时候，詹姆斯·塞缪尔·托马斯·斯特拉纳汉（James Samuel Thomas Stranahan，1808—1898年）被任命为国家公园委员会主席，并在这一职位上供职了22年。中央公园的总工程师埃格伯特·维勒（Egbert Viele，1825—1902年）则被授命对公园进行规划。

## 2.2　场地基础条件

最初划作公园的场地包括现在公园北端约69公顷的土地，以及公园东侧弗拉特布什大道（Flatbush Avenue，现已成为一条主要的高速路）以东约50公顷的土地。之所以指定了这部分用地，是因为其中包含了布鲁克林第二高峰——60米高的展望山，以及展望山水库。布鲁克林的地貌是由威斯康星冰川塑造的——海港山（Harbor Hill）冰碛就是这一冰川地貌的末端，它贯穿了整个长岛，并涵盖了原本指定的公园区域，留下"布满卵石的石质壤土"。向南的冰川沉淀平原被残存的砂质和粉质壤土所覆盖。基岩位于地下约105米处，"肥沃的土壤孕育出了茂盛的植被，这在中央公园那礁石遍布的稀薄土地上是难以奢望的"（Zaitzevsky，1982）。

1776年美国独立战争期间，长岛战役中最严重的一次交锋便发生在如今公园所在的这一区域里。英国占领军清除了这一地区的大部分木材，并鼓励定居者在清空的土地上种植蔬菜。即便如此，维勒指出，到了1861年，"该地区近一半的地方都被次生树木所覆盖，其中大部分是橡树、山核桃、山茱萸和栗树"（Toth和Sauer，1994）。南部的大部分沉积平原被开垦作农田。维勒原本计划在弗拉特布什大道两端修建地下通道，并在其上修建一座跨路桥。维勒曾任美军步兵上校，后于1861年离开纽约加入联邦军队，在内战期间没有再继续参与公园的工作。

1864年年底，因"对公园在创造新城市景观中的价值有了更全面的理解"，斯特拉纳汉找到沃克斯，来为公园的设计献计献策（Schuyler，1986）。他们在1865年1月，一同勘察了现场。沃克斯建议在公园西部（现在是大草坪的西端）和地势平坦的南部地区（现在的展望湖）购置更多的土地，并削减公园东部的土地，将弗拉特布什大道排除在公园之外。不再让那些曾困扰中央公园的过境交通再一次困扰展望公园。此外，因为中央公园中的冰场非常受欢迎，沃克斯也建议在这里做一个更大的湖。斯特拉纳汉接受了沃克斯的建议，并把它提交给了政府部门。1865年5月，奥姆斯特德、沃克斯和他们的景观设计团队深化了方案，并正式接受公园的设计委托。

## 2.3　公园建设中的关键人物

沃克斯独自完成了展望公园的设计，直到1865年底奥姆斯特德从加利福尼亚回到纽约。和中央公园一样，沃克斯不得不说服奥姆斯特德加入到他既有的设想中来。虽然"对（他们）各自在工作中的分工永远难以精确划分"，但人们普遍认为，沃克斯为公园的设计——他们的"杰

大军广场的拱门（2013年5月）

作"——提出了主要的战略建议。人们还认为，虽然"奥姆斯特德具有权威的管理能力，能够让自己周围充满才华的人，并调动他们的价值……并保证了他的（原文如此）作品的建成质量"，但他"却并不像沃克斯一样具有创造力与艺术灵感"（Graff，1985）。但他们的共同成就最后却大多归入了奥姆斯特德的名下。

沃克斯1824年出生于伦敦。他的父亲是一名医生，在沃克斯8岁时就去世了。他和弟弟获得了"泰勒商业私立学校"（exclusive Merchant Taylors' School）的就读机会（Colley，2013）。沃克斯在少年时代就离开了学校，并被伦敦建筑师，哥特式复兴建筑的代表刘易斯·诺克尔斯·科廷汉姆（Lewis Nockalls Cottingham，1787—1847年）选中当学徒。他职业生涯的起点是1850年，伦敦建筑文化协会秘书向安德鲁·杰克逊·唐宁（Andrew Jackson Downing，1815—1852年）推荐了他。唐宁（被称作）"美国的雷普顿（Repton）或劳顿（Loudon）"（Fleming等，1999）——是纽约大型公园的主要倡导者。他正在寻找一名建筑师和他一起在美国工作。两年后，唐宁不幸溺水身亡。然而到那时，沃克斯已经将他的导师那"风景如画的景观设计方法"运用得得心应手，并同奥姆斯特德一同实践着他们的美国田园式风景园林的创作。沃克

公园中兴致勃勃的游人（2013年5月）

斯的学生H. 范布伦·马可尼格尔（H.Van Buren Magonigle）称他"是一位浪漫主义的，对石砌工艺具有真知灼见的人"（Kowsky，1998）。

　　奥姆斯特德出生于美国的新英格兰，由严格的教会家庭抚养长大。由于1836年一起严重的漆树中毒事件使奥姆斯特德无法进入大学，后于1840年被送到纽约当办事员。1843年，奥姆斯特德曾在轮船上做杂工，并随船航行到中国广州。而后他回到美国的新英格兰，在耶鲁大学待过一段时间，从事枯燥乏味的"科学耕种"学习，然后便开始照料和经营父亲为他购置的农场［最初是1847年在康涅狄格州，而后1848—1855年是在斯塔滕岛（Staten Island）］。在此期间，奥姆斯特德第一次到欧洲旅行，参观了伯肯黑德公园（Birkenhead Park）和许多乡村庄园。之后，他

成为一名四处游历的作家。1855年，他搬到了纽约，在那里开始了他40年的风景园林师生涯。在美国内战的前两年中，他担任红十字会前身——美国卫生委员会（US Sanitary Commission）的执行主席。人们称赞他的组织能力和充沛的精力，但他最终还是像以往一样辞职了，去寻求他真正要走的人生之路。1863年到1865年，他在加利福尼亚的马里波萨庄园（Mariposa Estate）经营金矿，直到沃克斯说服他回到纽约（Beveridge和Rocheleau，1995；Kowsky，1998）。

　　沃克斯和奥姆斯特德有机会把展望公园变成他们"美国田园风格"的完美"表达"，这在很大程度上要归功于斯特拉纳汉的赞助。斯特拉纳汉是一个地产开发的百万富翁。他在农场长大，接受过土木工程师和土地测量员的培训。他意识到以沃克斯和奥姆斯特德来接替维勒的重要性，并支持沃克斯从根本上改变公园的位置和用地范围的提议，他站在设计师和时而腐败的布鲁克林市政府之间。如果没有他，对奥姆斯特德和沃克斯来说，展望公园可能会和中央公园一样让人烦恼（Rybczynski，1999；Graff，1985；Lancaster，1967）。他因两件特别的事而声名大振。首先，他支持布鲁克林大桥的建设，尽管他对与之竞争的轮渡也同样感兴趣；其次，他不但无薪出任委员会主席，还在退休时捐出10604.42美元，以填补政府资金的不足。可以说这座公园是"斯特拉纳汉巨大的热情与个人的胜利"（Colley，2013）。

## 3. 规划与设计

### 3.1　区位

　　最初购买的120公顷未开发土地，位于曼哈顿渡轮码头东南约2英里（约3.2公里）处。为了促进公园的统一设计，沃克斯重新购置了场地西侧一些地价更高的土地。这些地块当时由布鲁克

林的一些富裕家庭所拥有，只是尚未开发。格拉夫推测，布鲁克林的政府官员一定也看到了这个地区与中央公园周边土地存在同样的升值潜力（Graff，1985）。果然，开发商们陆续在公园南部的弗拉特布什大道修建独栋别墅；在公园的北部和西部的公园坡（Park Slop）修建联排住宅；沿着公园东南的海洋大道和公园东大道修建公寓。"19世纪90年公园坡地区已经取代布鲁克林高地而成为新的富人区"，"到了20世纪20年代，公园周围的地段变得炙手可热，开发商于是拆掉了一些面向公园的房子，重新建造了一些高层公寓。现在从公园的大草坪上都能看到它们"（Garvin，1996）。可惜展望公园并没有像中央公园那样汇聚"团结而热心的选民"，公园周边仍然存在着某种种族鸿沟，主要是北部和西部的白人居民与南部和东部的其他肤色的居民的鸿沟（Fahim，2010）。

## 3.2　场地的原始形态和地貌

沃克斯对公园区域的设计方案于1868年得到了州议会的批准。它创建了一个紧凑的六边形基地，其中包含连绵起伏的、陡峭的和地势和缓的

**展望公园平面图**

1. Grand Army Plaza 大军广场
2. Prospect Park West 展望公园西路
3. Meadowport Arch 草甸湾拱门
4. Endale Arch 恩达莱拱门
5. Long Meadow 大草坪
6. Flatbush Avenue 弗拉特布什大道
7. Vale of Cashmere 克什米尔溪谷
8. Brooklyn Botanic Garden 布鲁克林植物园
9. Picnic House 野餐馆
10. Prospect Park Zoo 展望公园动物园
11. Bandshell 音乐台
12. Tennis House 网球馆
13. Upper and Lower Pools 上池塘与下池塘
14. Fallkill Falls 法尔基尔瀑布
15. Ravine 峡谷
16. Willink Entrance 威林克入口
17. Ambergill 安伯吉尔河
18. Prospect Park Southwest 展望公园西南大街
19. Nethermead 内瑟默德湖
20. Lookout Hill 瞭望山
21. Boathouse 船屋
22. Breeze Hill 微风山
23. Concert Grove 音乐纪念林
24. Ocean Avenue 海洋大道
25. Lakeside 湖畔
26. Prospect Park Lake 展望湖
27. Parkside Avenue 公园大道
28. Parade Ground 阅兵场

100 metres

三种不同地形，非常适合他和奥姆斯特德试图创建的具有牧场、森林和湖泊元素的田园景观。他们在公园边缘种植了4.5米到6米高的林木以增强原始地形，让人想起"自然风景园林之王"兰斯洛特·布朗（Lancelot "Capability" Brown）环绕庄园设计的林带，以及迪士尼主题公园周围富有先见之明的防护林。

展望公园西南部和瞭望山（Lookout Hill）都是海拔超过55米的高地。这片长长的草地平缓地从恩达莱拱门（Endale Arch）处的46米缓缓下降到水系边的36米。水系从石窟水潭（Grotto Poll）41米的高度，经安伯吉尔河（Ambergill）和峡谷，一路流淌至标高19米的内瑟默德湖（Nethermead）和展望湖——水平距离约600米。奥姆斯特德和沃克斯在瞭望山下设计了一个深井来给这个水系供水。大约从1900年开始改为由城市供水系统供水，所有地表水体都得以保留。

## 3.3　最初的设计理念

奥姆斯特德和沃克斯在1866年向展望公园专员提交的报告中清楚地阐述了这个公园的概念。他们提出，要为"那些想要逃离城市促狭街道的人们一种自在与释然"（Schuyler，1986；Rybczynski，1999）。他们还表示"要使更多的山地被种植园覆盖，在开阔的土地上形成一片绿色草地……在低地平原上开辟湖泊……场地中将出现我们理想中的三大田园景观"（Kelly等，1981）。这"三大要素"是后来的占地36公顷的大草坪、80公顷的森林（与峡谷）和24公顷的展望湖。其中任何一项都比纽约中央公园的同类项——绵羊草坪、20世纪30年代的大草坪和漫步区，以及湖泊更大。同时展望公园原本就"将优于中央公园的自然条件，进行了十分充分的利用"（Lynne和Morrone，2013）。根据1866年的报告，公园南面于1868年建成的阅兵场自1998年起也正式成为公园的一部分。

## 3.4　空间结构、景观元素和交通系统

恩达莱拱门于1867年完工，与1870年完工的位于大军广场（Grand Army Plaza）入口西侧的草甸湾拱门（Meadowport Arch）相应，后成为公园的人行入口。穿过拱门进入大草坪的仪式感是这世上最为奇妙的人造景观体验之一。辛普森（Simpson）将其描述为"穿过幽暗神秘的隧道，然后在巨大的光芒中看到金色明媚的草地"（Simpson，1981）。加文（Garvin）则把它比作"多萝西打开她黑白相间房屋的门，走向五光十色的仙境，美丽璀璨的田园风光在眼前展开，看不到一丝城市的痕迹"（Garvin，1996）。大草坪可能是沃克斯和奥姆斯特德所有作品中最具标志性的元素。贝弗里奇（Beveridge）将其描述为"奥姆斯特德和沃克斯设计中决胜的一笔——再没有什么地方（像这里一样）让人强烈地感受到奥姆斯特德（原文如此）想要塑造的那种场所感"（Beveridge和Rocheleu，1995）。基础元素的精妙配置，创造出一个无穷无尽的空间。

在那片广阔的草坪上，田园风光尽收眼底，而点缀着质朴的木桥和棚屋的峡谷则更是如诗如画。这些水系是人工修筑的，比布鲁克林一带的水景更具有阿迪朗达克山脉（Adirondack）或卡茨基尔山脉（Catskill Mountains）的特点——这也可能是由于20世纪清除灌木或维护水平下降所造成的。一片硕果仅存的森林得以加强，形成了一个更连绵广阔的中央林带……以及沿公园边界的林地缓冲区（Toth和Sauer，1994）。公园里新增的植物是本地物种与外来物种的混合。大部分外来物种都完全消失了，但有一些，比如梧桐树和挪威枫树，则在泥炭沼泽等区域取代了原来的本土物种。湖泊展现出与草甸区一样微妙的视觉复杂性——曲折的岬角和岛屿让它无法被一眼望穿。它是水系统的蓄水池，在冬季用作滑冰场。公园中最有人工气息的是毗邻湖水东岸马车广

场（Carriage Concourse）的音乐纪念林（Concert Grove）。就像中央公园里的购物街（the Mall）一样，这是公园中最主要的聚会空间。不同于购物街的是，它被设置在公园的边缘地带——就像富兰克林公园（Franklin Park）的会客厅（the Greeting）一样，同时也是唯一可以修建建筑、雕塑和类似设施的地方。

中央公园的交通系统被广泛认为是受到了伯肯黑德公园的启发——该公园以其路面上车行与步行的分离措施而著称。在展望公园中，这一设计得到了进一步的发展。首先，沃克斯提出修正场区的范围，排除了嘈杂的外来交通。然后，他和奥姆斯特德一同设计了一个有护栏的"8"字形环路，使之穿过公园中心，并连接了微风山（Breeze Hill）和瞭望山的入口。公园除了一个入口外，其他所有入口由环绕公园的六条道路与这条环路相连。沿环路外围另外设有一个独立的骑马道系统。环路被一系列的步行拱门跨过，以引导游人进入公园内部，比如恩达莱拱门和草甸湾拱门。公园内的小径被设计成往复无尽的漫步游线。这些车道只在高峰时段对车辆开放，从2012年开始，公园内部的行人和骑自行车的儿童，然后是骑自行车的人，最后是公园外部的汽车，都必须在车道上分道行驶。中央公园后来也采用了同样的制度。

## 3.5　奥姆斯特德和沃克斯之后公园的发展

到1871年1月，公园的建设已基本完成。规划中尚待完成的一个区域是公园西部新划入的那部分土地。沃克斯和奥姆斯特德在1872年解除了他们的合作伙伴关系，但一直共同处理未完成的委托项目，直到1874年，并在1887年的纽约晨曦公园（Morningside Park）项目上再度合作。奥姆斯特德被任命为纽约公共公园区长，而沃克斯则被任命为顾问风景园林师。他们也一直在为展望公园充当顾问。展望公园在其后的20年左右时间里一直朝着沃克斯、奥姆斯特德和斯特拉纳汉所确立的方向继续发展。

19世纪90年代，由哥伦比亚世界博览会推动的新古典主义浪潮席卷了这座公园。1885年便有人提议在大军广场建造一座新古典主义的拱门，以纪念美国内战。这座拱门于1892年竣工。随之而来的就是由麦金、米德和怀特事务所（McKim，Mead and White）为广场其他的部分和公园的其他入口设计纪念性的建筑。他们的标准做法是把这些空间变成圆形，再加上一大堆柱子、柱廊或超大尺度的雕像。这与奥姆斯特德和沃克斯的提议背道而驰，但破坏力还远不如1905年至1915年间新建的三座新古典主义建筑——船屋、网球馆和威林克入口候车厅（Willink Entrance Comfort Station）。紧随其后的是1927年修建的位于大草坪臂弯上的野餐馆（the Picnic House）和1934年的隶属于工程进度管理局（Works Progress Administration）的动物园。1939年，在毗邻展望公园西路（Prospect Park West）不那么惹眼的位置上修建了一座音乐台（Bandshell）。1959年，一座棒球场加入大草坪的南端。1960年，沃尔曼溜冰场（Wollman Rink）被笨拙地植入到公园湖边，音乐纪念林的场地轴线上。20世纪60年代和70年代，公园内及外围增加了许多新的入口、构筑物及体育设施，但公园的管理和维护资源却在减少。

船屋（2013年5月）

## 4. 管理与使用

### 4.1　管理组织

1892年，布鲁克林公园局（Brooklyn Parks Department）入驻利奇菲尔德别墅（Litchfield Villa）。该别墅于1857年完工，位于展望公园西路。1898年，布鲁克林、斯塔滕岛和皇后区与纽约合并。直到1934年市长菲奥雷洛·拉·瓜迪亚（Fiorello La Guardia，1882—1947年，于1934—1945年任市长）*任命罗伯特·摩西（Robert Moses，1888—1981年）担任纽约市公园管理局的局长时，布鲁克林和皇后区的公园都由利奇菲尔德别墅统一管理。1966年，这座公园庆祝它的百年诞辰的时候，虽然"表面上看起来光彩……内里已是一团糟"（Lancaster，1967）。直到20世纪70年代末公园才开始有所转机。

1976年10月，大军广场纪念拱门上的哥伦比亚女神"从雕塑的战车上跌落……"，悬挂在拱门上，仿佛"象征着这座城市和展望公园的问题"（Colley，2013）。这激发了霍华德·戈尔登（Howard Golden，1925—）复兴公园的决心。1977年，戈尔登被选为布鲁克林区区长，并一直任职到2001年。得益于他的长时间连任，戈尔登在任职的24年里，总共为布鲁克林区的公园筹款1.1亿美元。公园管理处的固定员工人数曾经从1965年的5200多人下降到1980年的不到2500人，现在终于开始回升（Carr，1988）。同时，1981年纽约市长爱德华·科赫（Edward Koch，1924—2013年，于1978—1989年任市长）发布了他的"第一个十年计划"，其中包括拨款7.5亿美元用于城市公园的重建。

展望公园的第一个明显的转机开始于1980年，政府管理者兼任公园经理的制度开始实施。

穿过恩达莱拱门望向大草坪（2013年5月）

大草坪东侧（2013年5月摄）

从展望公园西路35号俯瞰大草坪（1999年10月）

---

\* 菲奥雷洛·拉·瓜迪亚，美国政治家，共和党人，纽约市第99任市长，1934—1945年间连续三届纽约市长。——译者注

塔珀·托马斯（Tupper Thomas，1944—）接受了这项任命并一直工作到2011年——他也是展望公园另一位长期的守护者。到这十年计划的末尾，公园的状况已向前迈进了一大步。一个由纽约市和社区合作的非营利性组织——展望公园联盟（Prospect Park Alliance）于1987年5月成立，旨在恢复、发展和促进展望公园的运营（Prospect Park Alliance，2011）。该联盟有一个完善的志愿者组织，根据季节性变化，人数维持在70到90人之间。联盟每年稳定地为公园贡献24000多小时的劳动，并被视为社区参与、教育以及相关产业的一个强有力的架构。

## 4.2　资金

　　展望公园的资金来自公园联盟的筹集，特别是通过私人捐款和主要来自纽约市的公共财政拨款。基本工程的捐款也可以由布鲁克林区自行决定。该联盟在最初18个月创造了近40万美元的收入，1997年为303万美元，目前每年创收1000万至1200万美元的收入，其中约100万美元（±10%）来自政府下拨。公园按照现行标准进行的高额维护费用则主要靠私人的长期捐款。一些重大的新项目，比如耗资7400万美元的湖滨项目，也高度依赖私人捐赠。

## 4.3　使用情况

　　到20世纪70年代末，这个公园已经是一个破败而危险的地方。1980年的一份数据显示，它的年游客访问量只有170万人左右。托马斯上任后的首要任务之一是修复公园，使人们能够安全参观。从那时起，公园开始进行定期的用户调查。到1988年，参观人数超过400万人，其中70%是住在公园10分钟交通圈的居民。到了2000年，这一数字已超过600万人；2005年为800万人；现在每年约为1000万游客进入公园参观，游客仍以当地居民群体为主——他们经常在公园中举办户外

恢复的法尔基尔瀑布（2013年5月）

烧烤一类的家庭活动。公园中的犯罪案件（主要是些顺手牵羊的小偷小摸）亦随之下降。不断上升的参观量增加了公园的安全体验，同时也意味着更高的公园维护要求。

## 5.　公园愿景

　　在20世纪80年代，曾编写过一份报告，用以评估该公园的历史和自然资源，并指导其修复和管理。这份报告采用了1874年奥姆斯特德与沃克斯的规划作为公园的参照模板，并引用了新的林地管理标准。最终于1987年，公园设立了一个景观管理办事处，并于1991年在公园中设立了一个设计和建筑办事处，以监督实际的修复工作。公园《景观管理规划》（Landscape Management

Plan）于1994年完成，旨在"维持公园的自然、文化、康乐及美学资源，同时提供高水平的公众参与"（Toth和Sauer，1994）。它确定了六种基本的景观类型：核心森林、外围林地、修剪区点景树、高草草甸、园艺区和水景区，并为它们建立了各自的管理制度。

林地修复工程于1994年展开，其后于1996年开展了第一期分三个阶段进行的溪谷自然修复工程。该峡谷的工程由公园联盟的风景园林师（后来的设计和施工副总裁）克里斯蒂安·齐默尔曼（Christian Zimmerman）指导，他于1990年接受了任命。他持续不断的努力使公园受益良多。这项修复工作基本上是基于历史照片进行的（Schwartz，2003）。20世纪90年代中期开始了对公园建筑和其他构筑物的整修工程。公园联盟于1998年接下阅兵场16公顷的土地。2004年在该区财政的支持下建成了一个体育中心，随后于2006年重建了网球中心。但迄今为止，规模最大、最引人注目的项目是约合10.5公顷，耗资7400万美元的音乐纪念林及音乐岛的修复工程，以及2013年12月投入使用的带有新滑冰场和社区设施的湖滨开发项目。这是一个不小的转变，但翻新的需求依然大量存在，下一轮工程将围绕克什米尔溪谷（Vale of Cashmere）展开。

## 6.　小结

展望公园被广泛认为是奥姆斯特德和沃克斯最好的公园设计。从恩达莱拱门进入大草坪，是沃克斯设计的神来之笔，而大草坪亦是人造景观中的杰作。展望公园的成功一定程度上得益于从纽约中央公园汲取的教训。没有沃克斯说服公园管理者争取到更为优质的用地，如果没有像詹姆斯·斯特拉纳汉那样明智而敏锐的人对公园的保驾护航，公园都不可能取得今天的成功。尽管展望公园被描述为"永恒的当代经典和伟大的美国艺术作品"，但它同时也是十分脆弱的（Scott，1999）。随着时间的推移，其概念的完整性受到新建设施的威胁，过度使用将影响到其地貌的稳定性，但使用不足又会有安全方面的隐患；外来入侵物种威胁着公园的生态稳定性，同时公园的发展和维护又受到资金不足的制约。总之展望公园的发展得到了大量仁人志士的智慧、奉献与热忱，这是任何公园设计中最为难能可贵的。

# 第24章　中央公园，纽约

（Central Park，New York）

（843英亩/341公顷）

## 1. 引言

中央公园位于纽约曼哈顿岛的中央，是一块方格路网中的狭长自然区域。中央公园始建于1856年，是北美第一个公共公园，也一直作为公园的典型范式而存在。中央公园强化了城市公共用地的概念，催生了美国田园景观风格，也带来了风景园林专业的产生。[1]它是由具有社会责任感的威廉·卡伦·布莱恩特（William Cullen Bryant，1794—1878年）和安德鲁·杰克逊·唐宁（Andrew Jackson Downing，1815—1852年）等人所倡导和推动，由建筑师卡尔弗特·鲍耶·沃克斯（Calvert Bowyer Vaux，1824—1895年）和第一位风景园林师弗雷德里克·劳·奥姆斯特德（Frederick Law Olmsted，1822—1903年）所设计完成的。经过安德鲁·哈斯维尔·格林（Andrew Haswell Green，1820—1903年）时期的严格管理和塞缪尔·布朗·帕森斯（Samuel Browne Parsons，1844—1923年）时期的良好维护，罗伯特·摩西（Robert Moses，1888—1981年）在1934—1960年

间将中央公园重新定位，强调其游憩和休闲运动功能。20世纪60年代和70年代，中央公园经历了大众化、资金缺乏和毁灭边缘等一系列困难，更触发了公园是危险地带的认知。1980年，伊丽莎白·巴洛·罗杰斯（Elizabeth Barlow Rogers，1936—）发起了"保护中央公园"计划，通过私人资金的支持带来了中央公园的复兴。

中央公园南北范围从第59街到第110街，长4.1公里；宽仅840米，从第五大道到第八大道。中央公园的形状使得边长很长，这对房地产开发非常有利，较高的商业价值也有利于公园的募资。但在当初，这种地块形状也对奥姆斯特德和沃克斯希望营造世外桃源的田园风光形成了挑战。此外，中央公园最大的独立景观，占地43公顷的中央公园水库*，几乎完全占据了第86街和第96街之间的区域，也实际上把公园分隔成了两部分。在1857—1858年举行的中央公园设计竞赛中，奥姆斯特德与沃克斯的方案"绿草地"（Greensward）是将这些挑战处理得最好的一个方案。在以马车为主要交通工具的时代，他们就

---

\* 中央公园水库，1994年为纪念杰奎琳·肯尼迪，重新命名为杰奎琳·肯尼迪·奥纳西斯水库（Jacqueline Kennedy Onassis Reservoir）。——译者注

### 纽约中央公园总平面图

1. Central Park North/110th Street 中央公园北/第110街
2. Harlem Meer 哈莱姆湖
3. North Woods 北部林地
4. Conservatory Gardens 温室花园
5. Eighth Avenue 第八大道
6. Fifth Avenue 第五大道
7. 97th Street Transverse 第97街下穿道
8. Tennis Courts 网球场
9. Jacqueline Kennedy Onassis Reservoir 杰奎琳·肯尼迪·奥萨西斯水库
10. 85th Street Transverse 第85街下穿道
11. The Great Lawn 大草坪
12. Metropolitan Museum of Art 大都会艺术博物馆
13. 79th Street Transverse 第79街下穿道
14. The Belvadere/Vista Rock 观景台/维斯塔岩
15. The Ramble 漫步区
16. The Lake 中央公园湖
17. Bow Bridge 弓桥
18. Bethesda Terrace 贝塞斯达露台
19. Strawberry Fields 草莓园
20. The Mall 林荫道
21. Sheep Meadow 绵羊草坪
22. Tavern on the Green 草地酒馆
23. 65th Street Transverse 第65街下穿道
24. Heckscher Ballfields 赫克舍球场
25. Central Park Zoo 中央公园动物园
26. Wollman Rink 沃尔曼溜冰场
27. The Pond 中央公园池塘
28. Central Park South/59th Street 中央公园南侧边界/第59街

100 metres

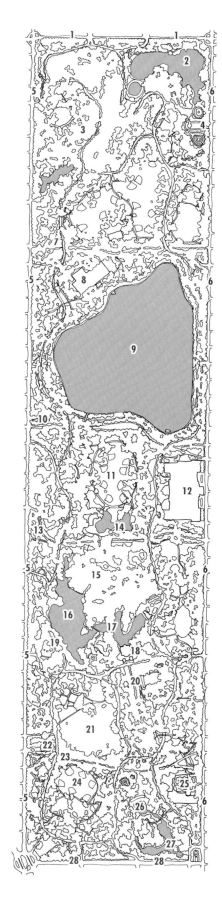

创造性地将横跨公园的交通组织在四条下凹的道路中，与中央公园的内部交通实现立交，使得穿过公园的外部交通与公园完全隔离开来。虽然公园的内部交通系统形成了相对独立的马车道、马道和行人散步道系统，但方案还是将草坪、湖泊和林地组织成了一系列田园风光的景观序列，让人行游其中感到非常的流畅，景色浑然一体。

# 2. 历史

## 2.1 成为公园

在纽约建立一个大型公共公园的倡议，可能最早来自一名商人：罗伯特·布朗·明特恩（Robert Brown Minturn，1805—1866年），他曾在欧洲广泛游历。后续，威廉·卡伦·布莱恩特和安德鲁·杰克逊·唐宁也开始大力呼吁此事（Rosenzweig和Blackmar，1992）。作为一个诗人，布莱恩特的主业是《纽约晚报》（New York Evening Post）的编辑。他的父亲和祖父都是医生，而他也倡导户外活动和体育锻炼。1844年7月，他第一次撰写社论呼吁纽约建立公园。他当时建议在靠近东河（East River）、位于第68街到第77街之间、第三大道上的琼斯伍德地区（Jones Wood，面积约65公顷）建立公园（Graff，1985）。而唐宁是一位生活在哈德逊谷地的苗圃主和园艺设计师，他在1841年出版了第一本专著《论北美的园艺设计理论和实践》（A Treatise on the Theory and Practice of Landscape Gardening, Adapted to North America）。1846年他被聘为《园艺家——乡村艺术与品位》（The Horticulturist and Journal of Rural Art and Rural Taste）期刊的编辑，也被认为是美国景观设计发展中的引领者。尽管布莱恩特和唐宁相差20多岁，但他们却成为亲密朋友，两人都通过发表社论来宣传自己对公园的看法——1844年和1850年两人分别访问伦敦时，这种看法得到了加强。

到1850年时，纽约的人口已经达到65万人，当时的生活条件非常恶劣，卫生状况很差、污染严重（Garvin，1996；Kelly，1982）。1850年的市长竞选中，候选人都承诺要修一个大型的城市公园。1851年4月，新当选的市长安布罗斯·C·金斯兰（Ambrose C. Kingsland，1804—1878年），向纽约市议会建议购买土地来建立一个公园，"公园的规模要配得上纽约这样的城市"，但他没有提出公园的具体位置（Stewart，1981）。纽约市议会内的一个委员会开始考虑可能的选址。社会舆论也开始升温，支持修建公园的人开始以布莱

贝塞斯达露台上的石刻细部（2013年5月）

绵羊草坪附近的岩石（2013年5月）

恩特的《纽约晚报》为阵地，而反对者则以《商业日报》（Journal of Commerce）为阵地。同年，市议会同意向州立法机关申请购买琼斯伍德地块。唐宁立即在媒体上撰文表示对这一决策的欢迎，但也提出异议，认为该地块比较狭小。同时，由于公园需要容纳一个新的水库（而琼斯伍德地块狭窄）；且琼斯伍德地区适于开发海景住宅，如果在此修建公园，代价高昂。因此，市长金斯兰重新任命了一个委员会，来进行公园的重新选址。

1852年1月，选址委员会推荐位于第59街和第106街之间，以及第五大道和第八大道之间的区域作为公园的建议选址。考虑到"规模、位置的便捷程度、可行性和潜在成本"等因素，此地更适合建设公园（Stewart，1981）。但这时市议会却陷入争议，公园支持者开始对选址问题产生分歧。虽然州议会于1853年4月批准了琼斯伍德地块的征地计划，但5月纽约市议会又形成建设一个大型公园的一致意见，并于6月重新向州议会提出征收中央地块的申请。在经过进一步的争议和社会讨论后，市议会最终于1853年11月开始征收土地的工作，并于1856年7月完成整个地块的征购。1856年时，纽约的人口相比1845年已经增长了一倍，但那时曼哈顿的建成区只达到了第38街。*1870年2月，奥姆斯特德在洛厄尔学院（Lowell Institute）进行的"公园与城镇扩张"（Public Parks and the Enlargement of Towns）的演讲中讲到，中央公园的选址主要是因为"这块场地正好位于曼哈顿岛的中央……因此这块场地在可达性和公平性上不会引起争议"；"在曼哈顿也很难再找到一块600英亩（243公顷）、拥有各类公园所应具有的特点的场地了"（Sutton，1971）。

## 2.2　公园设计时场地的规模和情况

1853年在被选为公园选址时，场地从第59街至第106街，面积313公顷；1863年时，场地被向北拓展到第110街，增加了28公顷。当时场地包括的1842年修建的、面积15公顷的克罗顿水库（Croton Reservoir），1934年以后被填平，改造为现在的大草坪（Great Lawn）。当时也计划在公园中修建一个43公顷的更大的水库，大水库原址"原是两块大沼泽、盐沼和一块土壤瘠薄的高地"，还有一部分是裸露的岩层，场地既不适于建筑也不适于农业（Central Park Conservancy，1985）。"虽然在第98街以北的区域有一部分起伏的草地，但在公园南部则相对平坦"（Beveridge和Rocheleau，1998）。此外，当时公园原址上也已有人居住，大约1600人居住在破败、脏乱的环境中（Miller，2009）。

## 2.3　公园设计过程中的关键人物

布莱恩特、唐宁和金斯兰被公认为是公园的主要促成者。1900年，纽约图书馆后面的公园以布莱恩特的名字命名（参见第4章），这是他的地位得到公认的证明。人们认为，假如唐宁在1852年7月没有英年早逝——为了救助蒸汽船灾难的幸存者——他很可能会被选为中央公园的设计者（Tatum，1994；Chadwick，1966；Heckscher，2008）。唐宁"基础性地界定了公园应该有什么样的设计风格"，"强调自然特征、展示场地特性的必要性"（Chadwick，1966），这对后世的公园审美产生了很大的影响。虽然唐宁去世时尚无太多作品完成，但他将他的很多观点和思想传递给了建筑师沃克斯。沃克斯是唐宁在1850年去伦敦聘请回来的建筑师，与他在纽约州纽堡

---

\*　曼哈顿的建设为由南向北推进。——译者注

（Newburgh）、纽约等地的项目上开展建筑设计方面的合作。唐宁去世以后，沃克斯继续在纽堡工作，但于1856年搬到纽约。在纽约，沃克斯由于之前住宅项目的关系，获得了一系列商业项目的委托。

埃格伯特·卢多维克斯·维勒（Egbert Ludovicus Viele，1825—1902年）于1856年被民主党控制的纽约市议会任命为中央公园的首席工程师。1857年初，维勒提出的设计方案被采纳。与此同时，这版方案也被报纸广泛批评，指出其缺乏想象力。沃克斯强烈反对这个方案，宣称"这对纽约市和已故的唐宁先生都是一个耻辱"（Alex，1994）。共和党控制的州议会在1857年夏天介入中央公园的设计，成立了一个9人的委员会负责此事。沃克斯建议委员会举办一次公园设计竞赛。随后，公园委员会在维持维勒职位的情况下，开始招聘公园的主管，并于1857年8月宣布启动中央公园的设计竞赛。奥姆斯特德在1855年搬到了纽约，成为一家出版公司的合伙人。1856年他重游英国，但回国后发现出版公司陷入经营困境。1857年夏，奥姆斯特德的"政治人脉和丰富的履历"为他赢得了中央公园主管的职位（Scott，1999）。9月，他获得公园主管的任命，职位在维勒之下。

沃克斯和奥姆斯特德于1851年在唐宁位于纽堡的苗圃中初次相遇。沃克斯鼓励奥姆斯特德和他一起参加中央公园方案的设计竞赛，因为沃克斯知道奥姆斯特德深受公园委员们的认可，而其作为公园主管，也对公园巨大而复杂的场地很熟悉。而奥姆斯特德对于加入竞赛则比较谨慎，因为这会导致他与首席工程师维勒的本已紧张的关系更加恶化。但考虑到他出版业投资失败带来的债务，加上赢得竞赛不仅能获得奖金，而且可以获得对中央公园项目更大的控制权，以及随之而来更高的薪酬，奥姆斯特德最终决定与沃克斯合作。在那个冬天，他们为了完成超大比例的设计

图花费了许多个夜晚和周末。[2]最终，在1858年4月，他们的方案"绿草地"最终获得了设计竞赛的第一名，评审委员都来自中央公园委员会。评审结果"反映了北方共和党人的主流偏好——对英国自然风景园设计的青睐"（Rosenzweig和Blackmar，1992）。

之后，奥姆斯特德被任命为"首席建筑师"，而沃克斯作为他的"助理建筑师"。这造成"一种长期的误解，即奥姆斯特德是中央公园的主要设计人，甚至是唯一的设计人"（Tatum，1994）。虽然奥姆斯特德在后来给沃克斯的信件中尝试纠正这一说法，但他事实上也热衷于在外界强调他对中央公园设计的重要性。

中央公园的后来设计团队还包括出生于澳大利亚的园艺家伊格纳茨·派拉特（Ignatz Pilat，1820—1870年），他从1858年开始为公园工作，直到去世；排水工程师乔治·沃林（George Waring，1833—1898年），以及同样出生在英国的建筑师雅各布·雷伊·莫尔德（Jacob Wrey Mould，1825—1886年）。莫尔德是一位非常有创意的设计师、歌曲作者和歌剧翻译家。莫尔德也很善于运用金属、砖和石等建筑材料，这在贝塞斯达露台（Bethesda Terrace）上充满异国风情的石刻，以及在他与沃克斯设计的公园中的很多桥梁上都有充分的体现（Tatum，1994）。据说，莫尔德帮助奥姆斯特德完成了竞赛方案的绘图工作——奥姆斯特德在当时还不具备这一能力（Rybczynski，1999）。实际上，中央公园只是奥姆斯特德的第一个作品，沃克斯与上述设计师对风景园林专业和中央公园的作用不可忽视。

## 3. 规划与设计

### 3.1 原设计概念

中央公园的建设基本上符合奥姆斯特德–沃克斯方案的原则和布局。这一方案是对唐宁所表

哥伦布环岛周边新开发的住宅与城市景观（2013年5月）

愈的工人提供他们无缘享受的乡间夏日，真是上帝的杰作"（Rybczynski，1999）。因此，在他们的方案中，与这一首要目的无关的运动休闲场地、建筑等几乎都没有出现。然而，贝弗里奇（Beveridge）指出，"奥姆斯特德总是希望他的大型公园可以满足用户对茶点的需求，并认为通过售卖啤酒和葡萄酒，可以防止附近酒吧的激增"（Beveridge和Rocheleau，1998）。方案是非常内向性的，是一曲"田园风光、如画风景和规则式景观的三重奏"，"由马车道、马道和散布道组成的交通系统，将多种景观串联出步移景异的体验"（Miller，2009）。他们富有远见地将穿过公园的道路下沉，实现立交；但全园的马道系统则源自公园委员奥格斯特·贝尔蒙特（August Belmont，1813—1890年）和罗伯特·迪伦（Robert Dillon）的要求和压力。沃克斯和奥姆斯特德接受了这一要求，通过在公园中设计大量的桥梁实现了这一目标［大量采用桥梁正是设计竞赛第二名——塞缪尔·古斯汀（Samuel Gustin）方案的特点］。

中央公园的建设需要将场地上大量的岩石炸开并搬走，全面铺设排水系统，并引入巨量的客土（Rosenzweig和Blackmar，1992）。但设计方案还是成功地保留了场地的原有自然特征。公园中的水体如中央公园湖（the Lake）和中央公园水库［以及后来的哈莱姆湖（Harlem Meer）］等，是利用原有的五处自然形成的水塘或沼泽地改造而来；岩石遍布或标高较高的场地，被设计成漫步区（the Ramble）和地标性建筑——维斯塔岩上的观景台（Belvedere on Vista Rock）。公园中间的区域则被设计为大草坪，起伏的草坪正是奥姆斯特德设计的典型风格；崎岖婉转的道路和遍布岩石的树林，是唐宁设计风格的标志；而哥特式的桥梁和建筑则是沃克斯的最爱。"在奥姆斯特德眼中，中央公园是融文化于自然的艺术品；而沃克斯则将其视为通过大众使用来产生特征的

述的社会看法的一种延续，"无论公园使用者属于哪个阶层，都能一起享受同样的音乐；感受同样的艺术气氛；欣赏同样的风景；通过周围轻松的交流、空地和美景的影响，获得社会自由"（Stewart，1981）。奥姆斯特德1870年在洛厄尔学院发表的演讲中讲到，"中央公园不是为了当今的使用而设计，而是为了未来周边生活200万人的情况下而考虑"（Sutton，1971）。奥姆斯特德对于美国城市的未来很超前——即使当时汽车还没有发明。他非常笃定地将"郊野风景之美"视为是对城市环境中的压抑、人工化的解药，这也反映出他反城市的感性出发点。

奥姆斯特德的家长式作风，在他1858年描述中央公园的目的时就已很明显，"为成千上万疲

弓桥的细部装饰（2013年5月）

弓桥（2013年5月）

设计空间"（Lippard，1997）。中央公园在美国是首次向公众引介"西部乡村生活方式"，"这种传统宣示了自然可以作为一种资源来造福人类"（Wilson，1991）。

## 3.2　公园的空间结构和材料使用

奥姆斯特德和沃克斯的方案建议在公园外围与建筑相邻的区域，种植高密度的乔木，对建筑进行遮挡，形成公园内纯净的视线。在公园南部，奥姆斯特德和沃克斯创造了以林荫道［the Mall，在"绿草地"方案中被称作步行道（Promenade）］、贝塞斯达露台［最初叫水上露台（Water Terrace）］和观景台构成的轴线。林荫道的布置，是为了将视线引向公园的中心。在林荫道的尽头、到达贝塞斯达露台前，还需要穿过第72街，因此沃克斯和莫尔德布置了一个下穿拱廊（向下）和多组台阶结合（向上与第72街平交）的通道，栏杆和拱廊都由莫尔德设计的石刻装饰。穿过拱廊，就是贝塞斯达露台及附近的游船码头，从贝塞斯达露台望向观景台，观景台的身影依稀掩映在树影之中。贝塞斯达露台中

央，原来只是简单设计了一个喷泉，而这个喷泉在1873年被替换成了艾玛·斯泰宾斯（Emma Stebbins，1815—1882年）*的雕塑"水之天使"（the Angel of the Waters）。虽然这对观景台造成一定的遮挡，但林荫道轴线上可以清晰地看到这一雕塑，成为视觉的交点。从另一个方向（由北到南）看这一序列也非常精彩，"从观景台穿过漫步区和弓桥（Bow Bridge）到达贝塞斯达露台，可能是中央公园最精巧、最迷人的体验"（Kelly等，1981）。弓桥也是沃克斯的选址、设计和莫尔德精巧装饰设计的杰出范例。

## 3.3　公园发展过程中的关键人物

奥姆斯特德和沃克斯从1858年5月起专注于中央公园项目，直到1861年4月美国内战爆发。[3]身为共和党人的奥姆斯特德暂停中央公园的设计工作，担任了美国卫生委员会的执行主席。沃克斯身高不足5英尺（约1.5米），由于身材问题免于参军。1862年4月，他和奥姆斯特德共同被任命为中央公园委员会的首席风景园林师，但在内战期间中央公园项目几乎停滞。1863年

---

\*　艾玛·斯泰宾斯（Emma Stebbins，1815—1882年），美国最早的女雕塑家之一，出生于纽约。其最著名的作品即为中央公园的"水之天使"（the Angel of the Waters）。——译者注

5月，沃克斯代表他们两人辞去了这项职务——主要是由于和安德鲁·格林（Andrew Green）的矛盾。1863年9月，奥姆斯特德离开纽约来到了加利福尼亚；在1865年11月他们被委托负责展望公园（Prospect Park）以后，奥姆斯特德才在沃克斯的催促下回到纽约。1866年2月，他们也被重新任命为中央公园委员会的首席风景园林师。在"特威德集团"*控制纽约市政府和议会后，中央公园董事会被纽约市公园管理局（Department of Public Parks）取代，他们也于1870年11月被解雇了。在"特威德集团"被揭发以后，他们于1871年11月又重新被聘。他们持续参与公园设计建设，直到1873年公园建设大致完工，这一时期经济也陷入萧条。在1875年春到1877年12月被解职这一期间，奥姆斯特德又暂时参与了公园的事务。沃克斯在1881年11月到1883年1月、1888年1月到1895年11月两度出任纽约市的首席风景园林师。1895年11月，沃克斯不幸（与唐宁一样）因溺水而亡。

民主党人安德鲁·哈斯维尔·格林，曾在奥姆斯特德任中央公园主管时，担任中央公园委员会的司库。当时他们相处愉快。1859年格林被任命为全职的中央公园总监——实际上等于公园的最高负责人。奥姆斯特德主导的公园建设支出已经大大超过了最初的预算，而格林的角色又需要控制成本，这造成了二人的矛盾。当他们争夺项目的控制权时，他们的友谊也就结束了。两人都对公园非常用心，奥姆斯特德依旧想"正确地"做好每一件事——按他的想法；格林则担心如果不控制成本，可能会危及公园的顺利竣工。格林在大多数冲突中占了上风，而奥姆斯特德则常常对格林发火，甚至他在1861年1月提出了辞呈，但没有被批准。

沃尔曼溜冰场（1999年10月）

奥姆斯特德1861年4月去华盛顿以后，沃克斯可以更容易地与格林相处，也能使贝塞斯达露台按照他和莫尔德的设计意图建成。1863年，格林还负责购买第160街和第110街之间的土地。在19世纪60年代后期，格林担任中央公园委员会主管一职，并在1870年到1871年，勇敢地抵制威廉·特威德和他的公园管理局局长彼得·斯威尼（Peter Sweeny）等人的贪腐行为。格林赞同中央公园应有"田园风光"一样的景观，但也应成为纽约的教育、科学、文化中心（Rosenzweig和Blackmar，1992）。1877年，奥姆斯特德的中央公园主管职位被解除了。他又一次到欧洲旅行，回来后在波士顿定居。[4]而在1880年，与格林相

---

* 特威德集团（Tweed Ring）：19世纪六七十年代，以威廉·特威德（William M. Tweed，1823—1878年）为首的政治集团，控制了整个纽约市包括市长在内的岗位，造成了严重的贪污腐败。——译者注

处良好的沃克斯开始与小塞缪尔·布朗·帕森斯（Samuel Browne Parsons Jr）合伙，帕森斯的父亲和祖父都曾是苗木商。1881年，在沃克斯请求下，小帕森斯担任中央公园的绿化主管，后来分别于1885年担任公园主管、1898年担任公园首席风景园林师。1911年因为与新任公园委员会委员查尔斯·斯托沃（Charles Stover）的理念不同而辞职退休，斯托沃秉承公园应以休闲娱乐为主的思想。小帕森斯是最后一位与中央公园的奠基者及其田园风景设计理念有直接联系的中央公园主事者。

"虽处于快速变化的传奇城市中，但中央公园一直以来都很少有大的改变。但历史上，在公园的创立者们离世后的三十年间，可能是中央公园变化最大的一个时期"（Rosenzweig和Blackmar，1992）。[5]1912年，原有的碎石马车道改为沥青路面；1926年，中央公园第一个安装设施的游乐场——赫克舍游乐场（Heckscher Playground）开放；1929年，沃克斯设计的女士茶亭（Ladies Refreshment Pavilion）被改造为赌场后重新开放。到1930年，曼哈顿岛上70%的居民都居住在上城区，而中央公园周围1英里（1.6公里）范围内的人口超过100万人。1930年4月，公园委员会委员沃尔特·哈里克（Walter Herrick）接受了美国风景园林师协会（ASLA）的建议，将当时已多余的克罗顿水库改造为大草坪，这一项目1934年开始实施。1934年1月，新任纽约市长菲奥雷洛·拉·瓜迪亚（Fiorello La Guardia，1882—1947年）在就职的第一时间，即成立了统一管理纽约全市公园的纽约市公园管理局，并任命罗伯特·摩西（Robert Moses）为首任局长。摩西在1960年之前一直担任这一职务。

摩西是一个"天才的城市管理者和铁腕人物"，他希望中央公园"既不是英国式，也不是法国式；既不浪漫，也不古典；而是高效的、实用的、鲜明的美国式公园"（Buford，1999）。

他上任后，大量使用"罗斯福新政"的联邦资金，"采用流行的国际主义风格对公园进行改造，将原有的浪漫风景改变为工程化的、现代化的形式……公园的地形、水系等骨架和主要的建筑得以保留，除此之外则尽皆改变"（Kelly，1982）。不同于"绅士范"的奥姆斯特德，"摩西这样的革新者，树立了一种新的范式，即专业人士应基于高效和合理的原则来管理公共事务"（Rosenzweig和Blackmar，1992）。到1966年，中央公园已经拥有"21个游乐场、沃尔曼溜冰场、拉斯克溜冰场、游泳池、网球场等一系列运动与娱乐场地"（Miller，2009）。

20世纪60年代到70年代的中央公园，更多地受到人口、政治、经济危机影响。1940年到1970年间，纽约市的人口增长只有6%，但其非洲裔人口增加了3倍，而波多黎各裔人口增加了10倍。50—60年代，超过100万白人居民搬离纽约。到1979年，纽约居民的家庭收入水平，比全美平均水平要低16%（Rosenzweig和Blackmar，1992）。1966年出任公园管理局局长的托马斯·霍文（Thomas Hoving）及其继任者奥古斯特·赫克舍（August Heckscher，于1967年上任）开始致力于为中央公园带来"人气"。霍文在周末对汽车采取限行政策，并大力提倡集会、文化活动和艺术表演。赫克舍延续了这一思路，允许在中央公园举办摇滚音乐会、反战集会和各种节会活动。但与此同时，经济在1969年陷入萧条，直到1977年才恢复正常。1975年，纽约市宣布破产，随之而来的是公园管理经费被削减，后来甚至连维护经费都得不到保障。

1978年，新任市长爱德华·科赫（Edward Koch，1924—2013年，1978—1989年任纽约市长）任命戈登·戴维斯（Gordon Davis）为公园管理局局长。戴维斯启动了名为"减负"的一系列计划。1979年，戴维斯任命伊丽莎白·巴洛·罗杰斯（Elizabeth Barlow Rogers）为中央公

中央公园池塘和公园东南角的城市景观（2013年5月）

园总监。1980年，科赫市长批准成立"中央公园委员会"（Central Park Conservancy），负责中央公园的管理和发展问题。这是1934年以来第一次在管理体制上做出的重大变革，也正是奥姆斯特德在1882年的《公园的破坏》（The Spoils of the Park）一文中呼吁的"公园自主管理模式"。

罗杰斯震怒于中央公园的衰败，从20世纪70年代中期就开始着手筹集私人资金，组织志愿者参与公园维护。她对中央公园的管理极为出色，退休后的戴维斯曾说"罗杰斯被任命为中央公园总监时，手中既无钱也无权"（Harden，1999）。1996年罗杰斯离任时，中央公园委员会已累积筹资1.5亿美元，其中的大部分用于公园的更新和建设上。罗杰斯具有非凡的资金筹集能力，也极富组织管理技巧，对中央公园的愿景也有着坚定的想法。她在复活公园过程中，将保护奥姆斯特德-沃克斯的原设计理念，与当代的社会发展结合起来，做到了很好的平衡——如1985年建成的草莓园（Strawberry Field）*，以及克里斯托

（Christo）和珍妮-克劳德（Jeanne-Claude）**的公共艺术作品《旗门》（The Gates，2005年2月）。

## 4. 管理、资金和使用

### 4.1 管理机构

"中央公园委员会"是一个在纽约州法律框架下运作的私营、非营利性机构。委员会与纽约市政府、纽约公园与游憩管理局通过合同约定，以类似托管植物园、动物园、博物馆类似的模式来管理中央公园。中央公园董事会的主席由纽约市长任命，向公园管理局局长汇报工作，但由委员会支付薪酬。这是自1859年格林被任命为中央公园总监后，再次出现由一个人来全面负责公园从筹资到日常管理维护各项工作的情形。中央公园委员会与纽约签订协议的周期为8年。1998年2月，公园管理委员会与时任纽约市长鲁道夫·朱利安尼（Rudolph Giuliani）、公园管理局局长亨利·斯特恩（Henry Stern）签订了8年的协议；2006年续签了新的周期的协议。1999年时，中央公园委员会大约有230名雇员，到2013年则增长到300名以上，其中175人负责公园的日常维护。[6]

### 4.2 资金

1988年度的公园预算中，纽约市提供了1020万美元（占比61%），中央公园委员会提供了660万美元（占比39%）。1995年到1999年间，公园的运行费用增长了一倍，达到将近700万美元，主要是由于修复区域的管理维护要求提高。从1999年以来，已有75%的公园区域得到整修，公

---

\*  纪念约翰·列侬（John Lennon）的和平公园，收集世界各地的各种花卉。《永远的草莓地》（Strawberry Fields Forever）是披头士乐队（The Beatles）的一首经典歌曲，由约翰·列侬创作。——译者注

\*\* 著名的大地艺术家，他们的艺术创作最为人熟知的是把桥梁、公共建筑物、海岸线包裹起来，形成让人既熟悉又陌生的环境景观。因为他们独一无二的创作，人们称他们为"包裹艺术家""大地艺术家"，艺术界则将这对执著的夫妇视为当今最有魄力的艺术家。他们的作品包括《包裹群岛》《包裹峡谷》《包裹德国国会大厦》等。——译者注

园委员会负担了85%的相关费用。2005年，公园委员会在风景园林师道格·布隆斯基（Doug Blonsky）的带领下开始其第三次大型筹款，目标是获得足够的资金完成中央公园剩余部分的整修。到2009年，年度的运营和整修费用超过4000万美元，2013年更达到4600万美元。中央公园委员会的资金大多数来自捐赠，如对冲基金经理约翰·A.保尔森*2012年10月即捐出了单笔1亿美元的捐款（www.nytimes），此外还有大量小额捐款。据统计，中央公园"在过去33年间，已获得总计7亿美元的捐款"（www.nytimes）。[7]

## 4.3　使用情况

早在刚开放之时，中央公园就受到人们"疯狂的喜爱"（Heckscher，2008）。19世纪60年代，"虽然周边大部分地区还被棚户区或农田围绕，但当时中央公园已成为富裕阶层喜爱的巡游场所"（Domosh，1996）。记载显示，1861年即有186万多人次步行者、73500多人次骑马者和46万多次的车辆到访公园。1982年的调查显示，当年有300万人（其中250万人为纽约人）共计1400万人次到访中央公园。2000年时，访客人次达到2000万。

2008年7月和2009年5月进行的访客调查，估计每年有800万—900万人、3700万—3800万人次到访公园（Central Park Conservancy，2011）。其中15%的访客的到访目的为运动，85%的访客为休闲目的。大约三分之二的访客为单独到访，访客的性别比例大约为男女1∶1，这都说明人们对中央公园的安全感认知很高。70%的访客为纽约市居民，3%的访客来自纽约市以外的大纽约地区，还有12%的访客来自美国其他地区，高达16%的访客来自其他国家。此外，与过去的调查

数据相比，老年访客的比例正在上升，这可能说明越来越多的老年人回归市中心生活，公园的安全感也逐渐升高。目前估计每年大约有4000万人次到访中央公园。

## 4.4　治安情况

奥姆斯特德任中央公园主管时，"组织了一支24人的公园保安部队——这是美国最早的公共治安部队之一"（Rybczynski，1999）。虽然1872年10月公园发生了第一起谋杀案，但奥姆斯特德的保安队更多是为了维持公共秩序，而非侦破案件。总之，公园中的犯罪问题更多是在统计上产生对公园安全的担忧。虽然"所有的公园管理机构、政府官员和警察都强调公园白天是安全的，但夜间最好不要到公园去"（Buford，1999），但2012年9月一名74岁的观鸟者在日间被强奸。她幸存下来，并且最终罪犯被绳之以法。但类似偶发案件却很容易在媒体上造成巨大影响，很容易影响公园是天堂般的休闲目的地这一认知。

## 5.　展望

1987年由中央公园委员会编制的《重建中央公园——中央公园管理与修复规划》（Rebuilding Central Park–Management and Restoration Plan）（下称《规划》）一定程度是中央公园的复兴主要推动力。《规划》中表述到，"中央公园的设计初衷就是一个整体，也仍发挥着巨大的功能"，但"在中央公园委员会成立时，公园的破败情形令人震惊"。《规划》是基于6个指导原则编制的：

- 保护与保留——不允许中央公园为某一特定利益集团所利用；

---

*　约翰·A.保尔森（John Alfred Paulson，1955年12月04日—），出生于纽约皇后区。美国投资家，亿万富翁，慈善家。因在2008年美国次贷危机中大肆做空而获利，被人称为"华尔街空神""对冲基金第一人"。——译者注

Gothic Bridge #28 at 94th Street：第94街28号附近的哥特式桥Gothic Bridge #28 at 94th Street（1999年10月）

- 历史特征——将奥姆斯特德与沃克斯的最初方案，尽可能地作为公园修复的依据和指导；
- 公共安全与娱乐——中央公园必须给人以安全感，不能让人企图肆意破坏；
- 保持清洁与良好的维护——为公园赢得尊重；
- 生态健康与园艺之美——积极营造良好的林木景观，鼓励园艺活动；
- 功能与结构的完整性——对中央公园的设计、维护和运营实行统一的管理。

中央公园的整修与复兴，主要在20世纪80年代和90年代完成。公园的焦点包括大草坪、贝塞斯达露台，以及主要建筑、桥梁、步行道、滨湖区域、座椅等，还有病害丛生的林木都得到了修复和更新。由于历史上的维护不善和高强度使用，所谓的"修复"基本上等于重建。中央公园委员会2012年的年度报告中写道："经过30年的努力，中央公园已经重新成为纽约市最具吸引力的公园，田园风光式的游憩空间"。为了这一目标，正在进行耗资4000万美元的对21个游乐场地全面升级的工程。此外，也包括为期十年的对16公顷的漫步区（Ramble）、22公顷的北部林地（North Woods）和1.6公顷的哈利特保护地（Hallett Nature Sanctuary）林木更新计划。

## 6. 小结

中央公园曾是"抵抗19世纪美国城市化的最有创意和最具生命力的回应"（Schuyler，1986），"也是由两位设计师*引领的一场划时代运动的开端"（Chadwick，1966）。讽刺的是，中央公园后来也被称为"城市美化运动"的发端（Wilson，1989），并被认为是"极为现代的"（Legates和Stout，1996）。甚至可以说中央公园是迪士尼乐园的灵感来源：迪士尼乐园中的美国小镇大街（Main Street USA）**相当于林荫道（the Mall），睡美人城堡（Sleeping Beauty's Castle）相当于维斯塔岩上的观景台（Belvadere on Vista Rock）。后来，中央公园又作为"精英阶层的慈善壮举"而存在，在其历史上正处于维护管理和资金充裕的最佳时期，可以说也是私人慈善支持公园建设的一个范例。中央公园是美国风景园的原型，也是世界风景园林历史上最有影响力的创举。

---

\* 指奥姆斯特德与沃克斯。——译者注
\*\* Main Street USA，为迪士尼乐园入口美国小镇的大街。——译者注

公园东南角的中央公园池塘（2011年11月）

## 注释

1. 很难接受沙玛（Schama）对中央公园风格的定义"反田园式的美国风"（Schama，1995）。

2. 当时设计竞赛的要求是"1）要有4条东西向的道路穿过公园；2）要设计一个民兵阅兵场；3）一个喷泉；4）3个运动场；5）一个音乐厅；6）一个花园；7）一块滑冰场地；8）平面图比例尺需要达到1∶100；9）一份公园设计说明；10）截止日期为1858年4月1日（Mann，1993）。

3. 这一段主要参考自下列文章：Alex，1994；Beveridge和Rocheleau，1998；Carr，1988。

4. 这一段主要参考自下列文章：Rosenzweig和Blackmar，1992；Graff，1985；Carr，1988。

5. 这一段主要参考自下列文章：Rosenzweig和Blackmar，1992；Carr，1988。

6. 数据来自"中央公园委员会"1999年和2012年的年报，以及与管理人员的会议。

7. 数据主要来自作者1989年8月做的调查问卷、"中央公园委员会"1999年和2012年的年报、www.centralparknyc.org以及《纽约时报》（www.nytimes.com/2012/10/24 and 2013/02/18.）。

**温哥华斯坦利公园区位图**

1. Stanley Park斯坦利公园
2. First Narrows/Lions Gate Bridge第一峡湾/狮门大桥
3. North Vancouver北温哥华
4. Burrard Inlet布勒内湾
5. Coal Harbour煤港
6. West End西区
7. Downtown Vancouver温哥华市中心
8. False Creek法尔斯河
9. Kitsilano基茨兰诺海滩
10. English Bay英吉利湾
11. University of British Columbia不列颠哥伦比亚大学（图中未标注——译者注）

1 km

# 第25章 斯坦利公园，温哥华

（Stanley Park，Vancouver）

（1000英亩/405公顷）

## 1. 引言

温哥华市自成立以来，一直受益于斯坦利公园。甚至有人说"温哥华就是斯坦利公园，而斯坦利公园就是温哥华"（Paterson，1995）。[1] "在这项研究中，斯坦利公园比本书其他公园都更接近于人们对城市公园的认知——城市公园是'被（城市）围困的郊野'。尽管它位于城市中心，但其特征更多呈现的是受保护的、原始的未经开发状态，而非设计所得。"1886年5月，新成立的温哥华市议会第一次会议就通过决议，将这里划定为一个公园。考虑到当时温哥华的人口不足3000人，这的确是一个高瞻远瞩的决定。然而，这一决策既来自创建一个大型公共公园的愿望，也与房地产投机有关。

公园场地南部大部分区域的原始树木在19世纪50到60年代遭受砍伐，后又经历了多次人类活动的侵扰。然而，该公园仍然拥有大片成熟的针叶林，主要位于西部沿海的铁杉生态保护区内，树种以西部铁杉、西部红雪松和道格拉斯冷杉为主（Parks Canada，2002）。人类活动主要包括于1917年开始建设并于1980年正式开放的全长8.8公里的海堤；1938年竣工，跨越布勒内湾

（Burrard Inlet）连接温哥华西北地区和温哥华市中心的斯坦利公园堤道（Stanley Park Causeway）和狮门大桥（Lions Gate Bridge）。公园周边其他陆陆续续的零散建设主要位于公园南侧，靠近城市的地方。这些建设基本保持了公园的荒野气质未受破坏，大部分穿过森林的小径都利用了旧有的19世纪的伐木道路。

公园从来没有一个整体的设计规划，它的管理甚至可以被看成一系列不相干的决定造成的。此外，该公园本质上是一个大的、森林茂密的、局部陡峭的火山丘，这意味着大量的游客都只沿着海堤和穿过公园的道路进行参观，只有很少数会去造访公园其他偏远的区域，斯坦利公园目前被其管理机构温哥华公园和娱乐委员会归为"旅游目的地公园"，"为来自世界各地的游客提供服务"。[2] 关于斯坦利公园的主要决策是通过公民投票做出的，2006年12月和2007年1月的严重风灾对公园造成破坏后，大量公众对公园提供了巨大的支持。

## 2. 建设历程

### 2.1 公园的建立

温哥华这座城市得名于英国海军军官乔治·

狮门大桥（2012年9月）

温哥华（George Vancouver，1757—1798年）。他于1792年来此，是第一个访问这片太平洋海岸的英国人。但这片海岸对欧洲移民真正的"开放"依赖于铁路。1884年，加拿大太平洋铁路（The Canadian Pacific Railway，CPR）决定将其横贯大陆的终点站设在煤港（Coal Harbour），就在公园的东南方向。这导致了这一地区居民点的快速增长。土地投机是这一开放进程中不可避免的一部分，并由此催生了斯坦利公园。1859年，它被指定为政府保护区，以保护其潜在的煤炭资源；1863年，它被指定为军事保护区（Kheraj，2013）。

1886年5月的市议会会议上，作为市议员及CPR测量师的劳切兰·A.汉密尔顿（Lauchlan A. Hamilton，1852—1944年）提出了一项提议，请求联邦政府租借半岛的土地，来建立一个公园。这块土地最初似乎有三组不同的产权所有者，他们都支持对这块土地进行保护，免于开发（Steele，1993）。首先是三位早期的开拓者，他们在1862年为现在温哥华西区（West End）所覆盖的土地提出了所有权声明。他们认为CPR将太平洋铁路总站停在场地以东20公里远的穆迪港（Port Moody），会削减他们土地的价值。因此，拓荒者们寻求商人戴维·奥本海默（David Oppenheimer，1834—1897年，1888—1891年出任市长）的支持，游说CPR将铁路线延长至温哥华。奥本海默的支持使他得以分享土地的一部分所有权。CPR或许已经决定要延长这条线路，总之他们成为半岛上这片政府保护区相邻土地的第三个利益相关者。

将政府保护区作为公园进行开发的想法归功于亚瑟·惠灵顿·罗斯（Arthur Wellington Ross，1846—1901年）——一名来自马尼托巴省（Manitoba）的联邦议员和房地产开发商。据称，罗斯已经带CPR的副主席威廉·范·霍恩（William Van Horne）乘船视察过保护区，并向他推介过规划公园的想法——将公园作为未来周边开发项目的景观资源和背景。范·霍恩同意在渥太华与"关键人物们"交谈，于是他和罗斯在首届市议会会议上敦促汉密尔顿提出了这个议题（Martin和Seagrave，1982）。克拉杰（Kheraj）推测范·霍恩对半岛的兴趣主要是出于CPR铁路能够直达英吉利湾（English Bay）的愿望，这样就可以绕道陆路通道，避免了第一峡湾（First Narrows）对水运的局限（Kheraj，2013）。

不管怎样，向渥太华提议建立公园的初衷都是出于商业目的，而非社会或环境的动机。在这方面，它与摄政公园和其他由房地产驱动的公园类似。作为北美新兴城市的重要组成部分，它也符合了公共公园的发展趋势。加拿大联邦政府于1887年6月批准将这块土地租给该市作为公园，尽管直到1908年这一政令才正式生效（Parks Canada，2002）。1887年10月，一次全民公投同意投资2万美元，用于公园内外道路等基础设施的建设上。而后，公园于1888年9月开放，1889年9月由加拿大总督斯坦利勋爵（Lord Stanley）正式启用。公园以他的名字命名，旨在"永远供各种肤色、信仰和习俗的人们共同享用"。

## 2.2 建园时的场地条件

公园在弗格森角（Ferguson Point）和展望角（Prospect Point）之间的海堤上有陡峭的砂岩悬崖。从西沃许角（Siwash Point）到展望角的玄武岩横亘场地西北，形成了70米高的公园制高点。在18世纪90年代，当欧洲人第一次看到这个地点时（西班牙水手也曾到过布勒内湾），这里几乎完全被针叶林所覆盖。据考证，萨利什海岸（Coast Salish）的居民"几千年来"一直居住在这里，从伐工拱门（Lumbermen's Arch）附近的一个灰堆里发现的贝壳被用来建造公园中最早的道路。根据温哥华的记录显示，早在1888年，乔治亚街堤道（Georgia Street causeway）的修筑和1916年洛斯特湖（Lost Lagoon）围拢之前，高潮位时这座半岛可以被海水隔绝。而在19世纪60年代早期，一座有四户人家和一个旅馆的斯阔米什人（Squamish）村庄——称作"Whoi-Whoi"（意为"村庄"）就已经建立在布罗克顿角（Brockton Point）的岸边了（Conn，1997）。

19世纪40年代，欧洲殖民者开始定居于布罗克顿角和煤港附近。1858年，加利福尼亚矿工在前往弗雷泽河（Fraser River）淘金热的途中，在第二海滩（Second Beach）建立了临时营地。尽管由于沿海位置的战略意义，这里在1863年被指定为一个军事储备用地，以应付英美之间潜在的冲突。但根据美国的记录，在19世纪60年代和80年代之间的半岛上依然活跃着五个小伐木公司。这期间，在这片（并非无足轻重的）海狸湖（Beaver Lake）和洛斯特湖之间的林地被砍伐或燃烧殆尽（MacMillan Bloedel，1989）。公园的其他部分也被选择性地砍伐，以获取"优良的"道格拉斯冷杉、西部红杉木和西特卡云杉。目前穿过公园的大多数小径都是沿着那个时期为运输砍伐下来的树木的运输道而修建的。因此，在设立斯坦利公园时，它包括大量未成熟森林——约占目前森林面积的15%——以及已被清空的大部分地区。

## 2.3 公园的发展

斯坦利公园此后的发展一直是一个被动的过程。除了在边缘逐渐纳入各种休闲项目外，公园中最大的工程是建造海堤，而公园面临的最大冲突则是公园中的机动车道。1909年，第一次提出要在第一峡湾（First Narrows）上架桥，以及1938年建造的斯坦利公园堤道和狮门大桥。很多休闲娱乐设施，包括人造海滩和园艺设施（虽不符合公园的森林特征）也随时间陆续地增加或移除。公民投票决定了更多的重大问题，包括公园的拨款（1887年批准）、狮门大桥的兴建（1927年被否决，但由于20世纪30年代大萧条期间的高失业率而被重新采纳），以及1993年动物园的关闭。

市长戴维·奥本海默在1888年公园开放时，将其描述为一个"森林绿洲"。公园的管理方式有很多种，其中大部分倾向于保持森林的原始风貌，主张公园尽量与城市隔绝（Kheraj，2013）。具体方式包括采取法律措施以清除"擅自占用者"；1914年至1960年施用砷酸铅杀虫剂

从狮门大桥远眺公园与市中心（2012年9月）

**温哥华斯坦利公园平面图**

1. Lions Gate Bridge 狮门大桥；2. Prospect Point 展望角；3. Mature Forest 成熟林区；4. Stanley Park Causeway 斯坦利公园堤道；
5. Highest elevation in Park（+70 metres above sealevel）公园制高点（海拔70余米）；6. Siwash Rock 西沃许石；
7. Third Beach 第三海滩；8. Beaver Lake 海狸湖；9. Ferguson Point 弗格森角；10. Second Beach 第二海滩；
11. Lost Lagoon 洛斯特湖；12. Georgia Street Causeway 乔治亚街堤道；13. Stanley Monument 斯坦利纪念碑；
14. Brockton Oval 布罗克顿椭圆形跑道；15. Brockton Point 布罗克顿角；16. Hallelujah Point 喜悦角；17. English Bay 英吉利湾

（lead arsenic insecticide）杀死铁杉环虫；引进松鼠和天鹅，但猎杀乌鸦和美洲狮；在1962年的台风弗里达（Freda）和2006年至2007年的风暴之后重建森林等。公园中的森林如今生机勃勃，充满魅力，但它有太多与人类的互动，而不再是一片纯然的原始森林。

## 2.4　公园建立的关键人物

公园的早期倡导者都有很大的商业动机和不甚连贯的规划和设计思路，这意味着没有特定的个人或团队在其发展进程中留下真正重大的标记。英国的新古典主义风景园林师托马斯·莫森（Thomas Mawson，1861—1933年）于1912年开始介入动物园、展望角、布罗克顿角灯塔和主入口的设计。他还建议在洛斯特湖的北岸建造一个体育馆——成为"一座荒野公园中的标志性景观"。但这项提议引起了巨大的争议，最终由于成本原因遭到否决（Johnson，1982）。莫森对整个公园开展研究的提议也被公园委员会否决了。

从弗格森角看向第三海滩（2011年9月）

唯一真正长期参与公园建设并对公园有可见性塑造的，是温哥华公园管理局从1913年到1936年的局长W. S. 罗林斯（W. S. Rawlings）和参与海堤建设的石匠詹姆斯·康宁汉姆（James Cunningham）——他从1931年参与海堤建设，直到1963年去世。罗林斯监督下的工程包括1915年到1917年堤道的施工——将洛斯特湖围拢起来，与布勒内湾相分隔；1914年起在昆虫学家詹姆斯·斯韦恩（James Swaine）指导下的杀虫计划；随后的森林重建项目（主要是道格拉斯冷杉），以及在公园空地区域布置的各种"现代化建设——包括游泳池、网球场和高尔夫球场"（Parks Canada，2002）。据说，康宁汉姆在退休后很长一段时间里仍在指挥海堤的修筑，"甚至穿着睡衣和大衣来这里视察"（Steele，1993）。

如果说还有另外的塑造公园的因素，那主要就是气候了。

## 3.　规划和设计

### 3.1　区位

斯坦利公园邻近市区的区位显然使公园具有了特殊的重要性，它"仿佛一个神圣的核心，城市所有的部分都围绕在其周围。它在白天是绿色的，映衬着与之相邻的高层建筑；夜晚是黑漆漆的，与市中心的灯火璀璨形成对比"。[3]影响了公园和城市之间关系的两个因素分别是斯坦利公园堤道及狮门大桥在20世纪30年代的修建，和温哥华西区——公园与市中心之间常住人口的快速增长。在1971年至2011年的人口普查期间，西区的人口从37515人增加到44543人，增加了19%（City of Vancouver，2012）。2011年的人口普查还显示，西区成为城市人口密度排名第四的地区，其中20岁至39岁的人口占48%，有超过66%的人口是在2001年人口普查后搬来这里的。81%的居民租房居住，城市整体租赁产权比例为52%（City of Vancouver，2012）。

这些数据描绘了一个不同寻常的高密度的、年轻化的（或许颇具活力的）、流动性的，以及少子化、年轻化的居民构成——这表明除了服务于游客之外，当地居民对公园的使用需求也非常大。自2001年以来，市中心其他邻里的高密度住宅开发迅速增加，使本地区的需求受到影响——使市中心居民从2001年的27990人增加到2011年的54690人（www.data.vancouver.ca）。与此同时，旅游业——从1999年到2012年，除2003年以外，每年的过夜游客数量超过800万人次（www.tourismvancouver）。同样的，温哥华地区的人口也从2001年的199万上升到2011年的231万。从公园的位置、可达性和全域人口增加来看，公园的使用率在提升。在一个多世纪的时间里公园发生了明显的转变，从相对面积过大到被充分使用——尤其是海堤一带的区域。同样地，乘车游览和（从温哥华到其西部和北部地区之间的）过境交通也十分密集。

## 3.2　地形和地貌

公园所在场地是一个锥形岛屿，底部几乎是圆形，由地势低平的布罗克顿角半岛向东延伸，进入布勒内湾，朝向北面的展望角，攀升到70多米的高度。公园使用率的增加所带来的公园建设的需求，主要分布在公园西区靠近洛斯特湖和布罗克顿角的区域、穿过公园和公园内部的道路沿线，以及海堤一带。但森林内部地形陡峭的区域和核心森林依然珍藏着最初的神秘和荒野特征。斯坦利公园是一片森林覆盖的广袤山丘。它西面朝大海，向北远眺温哥华北部和西部的群山，向东朝向市中心，地理位置得天独厚。海堤、第三海滩（Third Beach）和几条穿过森林的休闲步道是公园中为数不多的人为干预，它们在一定程度上丰富了公园的环境体验。

## 3.3　设计理念

无论是在最初建立之时还是之后的任何时候，整个公园都没有过一个统一的设计理念。1912年，莫森的提议被拒绝后，1985年又有一份总体规划草案起草，但也未被采纳。1989年，林业公司麦克米伦·布洛德尔（MacMillan Bloedel）编制的十年森林管理计划获得批准，但而后由于公众的反对，该计划不得不缩减规模，并最终于1990年撤销（Kheraj，2013）。为此，斯坦利公园成立了一个工作组，为这座公园"明确其社区理想和价值观"（MacLaren Plansearch，1991）。该工作组的成员中并不包括生态学家、森林学家、景观管理员或任何类型的设计师。工作组的最后报告递送给有关当局，但大多数建议没有了下文。

因风暴而受灾的公园西北部林区（2013年5月）

该工作组详细引用了风景园林师道格拉斯·帕特森（Douglas Paterson）在一份报告中的描述，称该公园是"海港入口处的岗哨"，是"温哥华市中心难得的荒野之处"，是一个"典型的加拿大公园，象征着一个生活在荒野边缘的国家"，"亭亭如盖的森林像大教堂一般庄严华美"，建议"任何形式的活动"都不宜在公园中展开（Stanley Park Task Force，1992）。这一声明承认了公园场地的内在价值，并试图为公园的规划和设计奠定基础。但帕特森同时也认识到，如果坚持固守这些价值，那公园也将无法适应日益增长的发展需求。

最近的政策和规划主要是为了应对2006—2007年暴风雨所造成的破坏，以及应对海堤使用需求的增加上——这是一场伟大的实验，提供了一种渐进式的视角，将公园、城市、大海和周围的山脉放入一个彼此交融共生的体系，每走一步都提高了对彼此的理解和欣赏。然而，如果放到今天，海堤工程或许不会实施——它穿过海岸线和森林之间的生态本底，造成了一定的环境破坏。类似的区域应该是将游人引向森林内部的一条蜿蜒狭长的小径。公园工程师艾伦·S.伍顿（Allen S. Wooton）早在1926年就推荐了这条线路（Kheraj，2013），它为道路使用者创造了一个层层展开的环岛景观，同时避免了堤道对公园产生的割裂。沿着旧伐木道修建的人行步道，能使人们迅速沉浸在海岸森林的壮丽风景之中。

## 4. 管理和使用

### 4.1 管理组织

1890年，公园开放两年后，公园委员会成为一个由三名委员组成的直选机构。到了1928年，委员名额增加到7位，并加入了一名由市议员担任的顾问（顾问席位于1966年终止）。理事会感到自豪的是，它是加拿大唯一的这类组织。在某种程度上和明尼阿波利斯公园和游憩委员会很像——不同之处在于，它没有自己的征税权。从一开始，正式和非正式的公众咨询就根植于公园的管理体系中。这导致了许多关于公园的问题都是靠公民投票决定的，同时导致了许多监督团体的出现，如斯坦利公园生态学会（Stanley Park Ecology Society，SPES）——前身是动物学会（Zoological Society）（www.stanleyparkecology）。委员会于1999年1月进行了内部重组，把城市划分为三个公园区，斯坦利公园、与之相邻的西区和市中心区，以及煤港和法尔斯河（False Creek）被归为其中之一。2012年，按公园类型区分管理，斯坦利公园被划分为"目的地公园"。

### 4.2 资金

2014年，"公园委员会总项目"的预算经费为1.082亿加元，其中约55%来自税收，其余则为公园的各种活动收入（City of Vancouver，2013）。每年约有250万加元用于该公园的园林维护，城市森林就在公园之中。在2006—2007年的风暴之后，超过6000多的机构和个人向公园捐赠了1090万加元用于森林的恢复。

### 4.3 使用情况

据统计，在20世纪80年代中期，斯坦利公园每年吸引"200万游客，主要集中在每年的5月到8月之间"。[4]1996年根据游客与交通量的精确测

展望角（2013年7月）

从西区远眺公园、狮门大桥和温哥华西部（2013年5月）

算，公园每年有750万人次的访问量。虽然没有近期更新的调查数据，但目前的估算值约为每年800万人次（www.vancouver）。对于一个如此靠近繁华都市且居民数量不断增长的大型公园来说，这个数字不算太高。但有意思的是，其中步行、轮滑和骑自行车的游客数量显著增加，这促使了2012年慢行系统规划的实施。

## 4.4　治安情况

与其他大城市的大型公园一样，斯坦利公园的各类伤人事件也会引起强烈的关注。自2000年以来，严重的犯罪事件包括42岁的男同性恋者被殴打致死（该公园以其"同性恋巡游区"而闻名），2002年和2004年对女性慢跑者的袭击，2003年警察殴打三名贩毒嫌疑人，以及2008年的一起性侵事件。[5]温哥华公园委员会现在有一个完善的公园管理员制度，共有30名管理员，其中有专人负责斯坦利公园。

# 5.　未来规划

## 5.1　愿景

公园委员会对斯坦利公园的总体发展规划尚未明确。[6]对该公园的所有提议和政策都来自更大范围的市域规划——比如《温哥华绿道规划》

（Vancouver Greenways Plan，1995年）、《自行车道规划》（Bicycle Plan，1999年）和有志于在2020年将温哥华变为"全球最绿色城市"的《绿色城市行动规划》（Greenest City Action Plan，2009年）。与公园直接相关的是委员会在2006年12月到2007年1月间公园受到风暴袭击后，对森林重建进行的持续跟进——包括严重受灾的40公顷，和轻到中度受灾的40公顷森林；以更高的等级、更坚实的地基和更稳定的海堤坡面修复，以及对展望角排水、停车场和服务设施等的改进。这项工作在2007年到2009年间共耗资950万加元，并促成了《斯坦利公园森林管理规划》（Stanley Park Forest Management Plan，2009年）的出台，展现了一座"具有物种与生境多样性的富有弹性的海湾森林……让游客体验到城市之中纯净的自然"。这一指导原则仍然会是公园未来管理工作中的"常规"。

## 5.2　森林管理

19世纪60年代到70年代的森林砍伐、1934年的风暴、20世纪50年代枯朽易倒林木的砍伐、1962年的台风弗里达以及2006年至2007年的风暴，使公园失去了大片的老针叶树林。随着时间的推移，取而代之的是速生的落叶树木和茂密的灌木。2007年4月通过的斯坦利公园恢复计划旨在为整个斯坦利公园森林的永续发展而"修复公园的基础设施并传承自然遗产"（Vancouver Board of Parks and Recreation，2007）。这一理念反映在随后的森林规划的制定之中。根据重要程度——包括公园内的游客安全、森林再生、野生动植物、森林自愈力、景观价值及其他一些特别因素，公园划分了"管理重点片区"。

斯坦利公园生态学会指出，2010年，斯坦利公园的森林覆盖面积占全园面积的65%；另有12.6%的道路、小径和停车场，12%的草地，6%的湿地、湖泊和溪流，4.4%的设施（SPES，

英吉利湾海滩（2013年5月）

公园北区的小路（2013年5月）

2010）。回望2009年，256公顷的森林覆盖中，针叶树占79%，落叶林为6%，混合林为15%，而1989年的这一比例分别是80%，11.7%和8.3%。新近的道格拉斯冷杉、锡特卡云杉和西部红雪松的大量补植造成落叶林比例的缩减和混合林的增加。该学会呼吁采取行动以"促进公园生态系统的生态健康和生物多样性"，尤其是水生物种和其栖息地的保护、环境敏感地区的保护、入侵物种管理、濒危物种和环境容量控制。2013年，该学会对公园内的所有物种进行了一项24小时的生物样本调查（BioBlitz），发现了337个物种，其中89个新发现的物种进入了公园的"生物名录"（City of Vancouver，2013）。

## 5.3 园区道路

自19世纪80年代第一批道路建成以来，斯坦利公园内的各种交通方式一直是人们反复关注的问题。《温哥华绿道规划》（1995年）把海堤当作"海滨路线及海堤绿道"的一部分，是14条城市范围的绿道之一。这些沿着河流、街道、海滩、铁路、山脊或峡谷的道路被定义为适宜步行和骑行的"绿色路线"。它们的作用是"扩大城市休闲活动的机会，增进对自然和城市生活的体验"（City of Vancouver，1995）。海滨路线和海堤绿道从煤港出发——在那里接驳通向东部的海港线——散布到公园周围，再到西区，环绕法尔斯河到基茨兰诺海滩（Kitsilano Beach）和杰里科海滩（Jericho Beach）。在20世纪90年代后期，沿煤港和英吉利湾进出公园的步行和自行车线路得到改善。

1996年的《斯坦利公园交通及康乐报告》（Stanley Park Transportation and Recreation Report）指出，"公园内的主要活动是休闲娱乐而非交通"，而骑自行车及轮滑都是"适合在海堤上进行的娱乐活动"，但建议在行人与骑自行车者及轮滑者之间建立更好的分隔（Urban Systems，1996）。这则建议已于1997年至1999年，在公园内问题最突出的地区得到落实。2012年的《斯坦利公园骑行规划》（Stanley Park Cycling Plan）加强了这一部署，该计划的目标是，开辟通往海堤的包括捷径小路在内的交通替代线路，减少与行人的冲突；改善道路连通性、标牌设置和自行车停放设施。狮门大桥和堤道由地方交通运输部和公路部管理和运营，不在公园管理局的控制之内，因而大量过境车辆还将继续穿越公园。在布勒内湾架设新的公路交通的各项提议，尤其是在20世纪60年代到70年代的提议都未能获批，目前所能做的是在道路设计方面提高堤道的安全性，而非运力。

# 6. 小结

斯坦利公园的两大自然资源是优越的地理位置和广袤的森林覆盖。它是加拿大陆地和太平洋在地理和精神象征上的交汇点。类似于加拿大新斯科舍省哈利法克斯市（Halifax, Nova Scotia）大西洋海岸的喜悦角公园（Point Pleasant Park）。这个公园可以一睹市区、山脉和大海的景色。它的交通也非常便于市中心快速增长的人口抵达公园。森林造就了城市入口区壮丽的自然景观，为公园内的大部分活动创造了一个背景，尤其是海堤区域的使用——它的小径提供了领略壮美城市风光的绝佳视野。

克兰茨（Cranz）指出，对公园最早先的（第一个阶段）经营策略是使其保持在完全原始的状态（Cranz，1982）；而后（第二个阶段）人们开始接受这座公园可以具有多层次的审美形式，并接受渐进式的塑造；在第三个阶段，管理者开始为道德与社会的进步而实施更加积极的举措。这种演进使斯坦利公园成为一个难能可贵的展示如何在城市化进程中保有自然原始风貌的典范。这一部分归功于审慎理智的决策，一部分得益于斯坦利公园这种近乎被动的、逐项推进的管理模式。虽然公园委员会对公众参与的承诺值得称赞，但随着经常性问题的出现，这种规划与设计方法已变得难于应付。这些问题中包括森林自身的脆弱性，人口（特别是该地区和邻近的市中心半岛的）增长，穿越公园的交通问题，以及（步行、轮滑、自行车等）不同游览方式之间的冲突等。这些问题需要在公园内部，甚至更高层面上解决——比如绿道规划。同时，公园需要一种全局性的思考，朝斯坦利爵士提出的"永远供各种肤色、信仰和习俗的人们共同享用"的公园目标而继续前进。

## 注释

1. 转述自道格·帕特森（Doug Paterson）与1928年温哥华规划的编制者哈莱姆·巴塞洛缪（Harland Bartholomew）的电话会谈。

2. 参考自2012年9月4日与温哥华公园委员会的比尔·哈丁（Bill Harding）、布莱恩·奎因（Brian Quinn）、盖伊·波廷格（Guy Pottinger）和乔伊斯·考特尼（Joyce Courtney）的会谈。

3. 参考自1999年11月17日与道格·帕特森的电话会谈。

4. 来自1987年6月温哥华公园委员会对作者调查问卷的答复。

5. 来自《环球邮报》：罗伯特·马塔斯（Robert Matas），2001年11月20日；保罗·沙利文（Paul Sullivan），2003年1月29日；温迪·斯图克（Wendy Stueck），2004年12月20日。

6. 来自2012年9月4日与比尔·哈丁等人的会谈。

旧金山金门公园的位置图

1. Golden Gate Park 金门公园
2. Downtown San Francisco 旧金山市中心

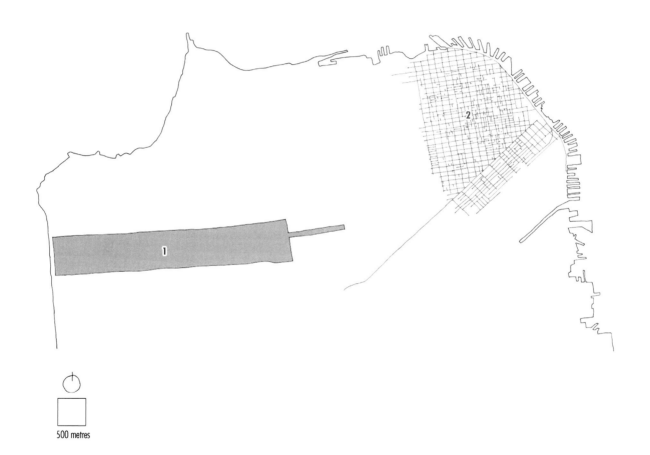

500 metres

# 第26章　金门公园，旧金山

（Golden Gate Park，San Francisco）

（1019英亩/412公顷）

## 1. 引言

金门公园是生态工程的杰作。该场地原是濒临太平洋海岸的大片流动沙丘的一部分，从1871年就开始的建设，使其可能成为世界上第一个人工干预的大尺度观赏景观。草及豆科植物等先锋物种被首先用于固定沙丘，为木本植物的存活营造微气候环境。

公园的形状为长5.6公里，宽0.8公里的长方形；东西向，与海岸呈垂直关系，与纽约中央公园的形状类似。场地被草莓山（海拔122米）自然分割成两部分：西部的240公顷，原先被设计为林地；而东部的160公顷则设置为田园风光。1936年建设的南北向的横穿道路，更加强了这种割裂感。公园东部还有一块长1.2公里，宽一个街区（75米）的狭长的"刀把形"地块，向东延伸，距离市中心约4.8公里。

将这个地块作为公园，被当时的媒体普遍嘲讽，也受到弗雷德里克·劳·奥姆斯特德的质询（Cranz，1982）。基于场地的规模、建设成本和偏僻的位置，政客、媒体和专业人士持续地对公园提出质疑，公园也被迫接受了"为各种需要空旷、容易占据的活动提供场地的废弃之地"的定位（Chadwick，1966）。

现在的金门公园包含275公顷的茂密森林，52公顷的田野和草地，13公顷的湖泊和24公里的河流（Royston等，1998）。公园还有约12公顷的永久性建筑，以及许多主题花园、运动和休闲设施、雕塑以及各类展品等（Clary，1984）。

## 2. 历史

### 2.1 公园的源起

1846年，美国海军控制了金门湾（Golden Gate Bay）和耶尔巴布埃纳岛（Yerba Buena）的殖民点，当时的居民人口不到500人。[1]1848年，该区域改名为"旧金山"。1849年兴起的淘金热，带来了9万多名经由此地的淘金者。旧金山的常住人口，从1848年1月的1000人剧增到1849年12月的25000人。1850年，加利福尼亚成为美国的第31个州，但加州在美国内战（1860—1865年）中几乎置身事外。在内战结束时，旧金山成为太

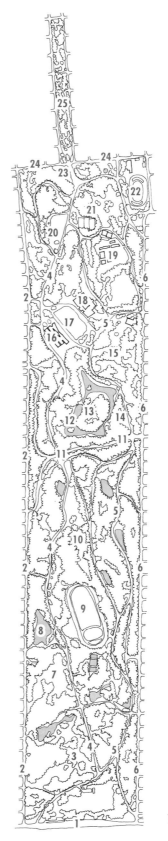

旧金山金门公园平面图

1. Ocean Beach 太平洋沿岸
2. Fulton Street 富尔顿街
3. Golden Gate Park Golf Course 高尔夫球场
4. John F. Kennedy Dirve 约翰·肯尼迪大道
5. Matin Luther King Jr. Drive 马丁·路德·金大道
6. Lincoln Way 林肯路
7. Bison Paddock 野牛牧场
8. Spreckels Lake 施普雷克尔斯湖
9. Stadium/Polo Field 马球场
10. Speedway Meadow 高速路草坪
11. Cross Over Drive 横穿道
12. Stow Lake 斯托湖
13. Strawberry Hill 草莓山
14. Mothers' Meadow 母亲草坪
15. Strybing Arboretum 斯特里宾植物园
16. de Young Museum 笛洋美术馆
17. Music Concourse 音乐广场
18. California Academy of Sciences 加利福尼亚州科学院
19. Maintenance Yard 养护中心
20. Conservatory of Flowers 温室花园
21. Sharon Meadow 夏朗草坪
22. Kezar Stadium 恺撒体育场
23. McLaren Lodge 麦克拉伦中心
24. Stanyan Street 斯坦亚街
25. Panhandle 潘汉德尔（意为锅柄似的狭长区域）

100 metres

平洋沿岸的主要转口港。而在1869年，太平洋铁路*完工时，旧金山的人口已超过15万。

19世纪50—60年代，联邦政府和旧金山市政府对城市"外埠地区"（Outside Lands）约5670公顷土地的所有权存在争议。"外埠地区"是指位于旧金山半岛西部、迪维萨德罗街（Divisadero Street）到海岸之间的大片移动沙丘遍布的区域。当他们争论所有权时，土地开始被侵占者**占据。1864年，联邦法院下发了一份意见，支持了旧金山市对这片土地所有权的主张。1865年3月，议会通过了一项法案，允许该市与侵占者争取土地的所有权。政府专门成立了一个"外埠地区"委员会来协调此事。

与此同时，市民对大型公园的需求一直在增长，到1865年，市民向市政府提交了一份要求修建公园和休闲场地的请愿书。其中写道"虽然旧金山的经济增长令人印象深刻，但在满足这一需求前，该城对于安家置业而言则不是一个有吸引力的地方"（Clary，1984）。该请愿书还指出，应该在郊区面临更大开发之前，保留一部分用地。同年，库恩（H. P. Coon，1822—1884年，1863—1867年任旧金山市长）邀请弗雷德里克·劳·奥姆斯特德对旧金山的公园主题提供建议。奥姆斯特德当时被聘为旧金山附近的熊谷马里波萨（Mariposa）矿区负责人。

奥姆斯特德也认为"为当前数量的人口提供休闲场地的需求非常迫切"，但他对旧金山的社会、政治和自然条件均持怀疑态度。奥姆斯特德认为，旧金山的条件不利于创造一个像中央公园那样的"精品公园"（Streatfield，1976）。他认为"旧金山的公园……应该是紧凑的，要能

斯托湖上的中国亭（2013年12月）

抵御该地特有的西北风，要与城市拓展的方向相一致"（Sutton，1971）。因此奥姆斯特德忽略了城市西部的"外埠地区"，转而建议在半岛东部布置一系列连续的开放空间，这也是他"公园系统"概念的首次呈现（Young，2004）。

最终，政治和商业利益压倒了专业的实用主义。弗兰克·麦考平（Frank McCoppin，1834—1897年，1867—1869年任旧金山市长）当时是旧金山土方工程公司的大股东，他力主在"外埠地区"兴建一个公园。麦考平将创建公园视为解决土地所有权争议的一个契机，通过建设公园可以重塑整个地区。同时他也把这个公园作为他市长竞选纲领的一部分。最后，"外埠地区"委员会与占地者达成协议，占地者同意放弃10%的土地，以换取另外90%土地的合法权利。委员会1868年12月提出，并于1869年5月发布的报告，建议修建一个像纽约中央公园那样的矩形的大型公园，而且"该公园应延伸向海岸"（Young，2004）。

## 2.2　设计时的场地条件

1865年，联邦政府担心国家在内战中元气大

---

\*　太平洋铁路：第一条横贯北美大陆的铁路，全长3000多公里，穿越了整个北美大陆。为美国的经济发展做出了巨大的贡献。——译者注

\*\*　侵占者权利（squatters' right）：英美法系的财产法规定，侵占者对非其所有的土地进行占据后，如果在一定时间内无人反对，侵占者就可以获得该土地的所有权。——译者注

伤，而加利福尼亚州，很容易受到英国军队的进攻。[2]因而美国陆军部任命内战英雄巴顿·S.亚历山大将军（Barton S. Alexander，1819—1878年）在旧金山半岛修建防御工事。亚历山大发现他的军火存放处很快就被风吹起的沙子填满了。他了解到欧洲广大的沿海地区已经被开垦，沙滩可以通过人工植被固定下来，因此他指示工程师去获取相关技术的细节。

1870年4月，加利福尼亚州议会通过一项法案，旨在提升旧金山市的公园建设。还首次提出"金门公园"这一名称，并推动建立一个公园委员会，赋予其筹措资金的权力。在这一时期，公园委员会开始向社会筹集公园建设资金，并着手为公园地形勘测工作进行招标。

公园总面积1019英亩（412公顷），除了东侧约270英亩（109公顷）之外，都是流动沙丘。在当时，马和马车都无法进入场地，"整个地区一直风沙肆虐"，而公园东部则拥有"质地良好、透气的，由岩石风化土和腐叶土组成的土壤"；而在潘汉德尔西部，还有大量倾倒的黏土，这被用于修建了公园内的第一条路。公园中还有14个常年有水的自然湖泊，地下水位也很高。

1870年8月，威廉·霍尔（William Hammond Hall，1846—1934年）通过4860美元的报价中标整个场地的测绘项目。1871年5月，还启动了一项平整潘汉德尔区域（锅柄区）约9公顷土地的项目，该区域需要挖填方10万立方码（76455立方米）。1871年8月，霍尔被任命为金门公园的首任园长和专任工程师，他也是公园实际上的主要设计师。

## 2.3　与公园相关的关键人物

威廉·霍尔出生于马里兰州的黑格斯敦（Hagerstown）。1853年，霍尔的父母举家迁往加利福尼亚州斯托克顿（Stockton）。1858—1865年，他就读于一所教会学校，希望在毕业后进入

西点军校。但是，随着内战的来临，他的母亲决定他的儿子不应成为一名与自己的人民作对的军官。因此，他选择了测量勘查作为职业。1865年开始，他就职于旧金山的军事工程委员会，并在那里工作三年。很可能参与了亚历山大将军关于植物沙丘固定技术的研究。

1868年，霍尔受聘担任旧金山首席测绘师，参与了"外埠地区"的测量工作。1869年，他在内华达州的伊里（Ely）担任矿业工程师工作。霍尔对"外埠地区"的熟悉显然有助于他获得该地区测量项目的合同，正如他研究亚历山大的经验也有助于他担任公园园长的工作。1871年8月，他被任命为金门公园的首任园长，直到1876年辞职。1886年到1889年间，他继续作为顾问参与公园的管理。霍尔启动了公园草莓山以东部分的实施。这是公园中最容易实施的区域，也是最接近居民的区域。到1871年，完成了地形改造、围栏修建、排水系统以及苗圃的建设（Babal，1993）。其中，苗圃的建设激怒了当地的苗木商，他们原以为公园建设会带来巨大的需求。同时，舆论也批评霍尔没有处理公园西部的沙丘，而是在东侧先动工（Clary，1984）。

随着1872年公园道路完工、大量树木的种植，霍尔记录道："游客的数量达到以千计"（Babal，1993）。1873年，公园西部的沙丘治理工作开始实施。一直到1876年之前，公园的开发，都按部就班地执行着，1876年，霍尔随同整个公园委员会辞去职务，这是霍尔第一次辞去园长职务。据说，一位公园的前铁匠后来成了州议员，这名议员勒索贪污了公园的公共资金，还对霍尔进行报复和陷害，发起了针对霍尔的不公正的调查。尽管后来指控都被澄清，但霍尔为表达抗议愤而辞职。此后的十年间，公园建设由于缺乏资金而严重受限。

霍尔辞职后担任西部灌区的总工程师，并于1879年被威廉·欧文（William Irvin）州长任

潘汉德尔的成年大乔木（2013年12月）

母亲草坪及儿童游乐场（2013年12月）

命为加利福尼亚州的首任总工程师。1886年，金门公园的资金问题解决，应斯东曼（Stoneman）州长的要求，他兼任了公园的顾问，参与公园的管理。1889年，他被任命为美国灌溉管理局落基山脉（Rocky Mountains）以西区域的总监。1895年，霍尔被美国土木工程师协会（American Society of Civil Engineers）授予最高荣誉——诺曼奖章（Norman Medal）。

霍尔一直是一名工程师，而不是风景园林师。他可谓"自学成才"（Young，2004），尽管他试图创造一个新的、不被同时代人理解的景观设计学派，但在19世纪70年代，奥姆斯特德长期与他通信交流（Streatfield，1976）。霍尔的最大成就，是他在1872—1875年间开发和应用的高效而经济的沙丘固定技术。

霍尔1876年辞职后，威廉·邦德·普里查德（William Bond Prichard，1842—1915年）继任园长职务。他是葛底斯堡战役的幸存者，1871年担任了霍尔的助理工程师。他担任园长到1881年，这一年他因为资金缺乏而辞职。普里查德的继任者是F. P. 亨尼西（F. P. Hennessy），他于1882年离任，官方的说法是没有足够的资金支付他的薪水。约翰·麦克尤恩（John J. McEwen）在霍尔1886年回归之前担任园长。霍尔1887年挑选约翰·麦克拉伦（John McLaren，1846—1943年）担任助理园长。

麦克拉伦1890年继任园长，并在以后长达50年的时间里担任金门公园的园长，直到他去世。麦克拉伦生于苏格兰，在1870年移民美国之前，一直在爱丁堡皇家植物园学习。麦克拉伦一直致力于将霍尔田园和林地的概念融入公园。他的细致和坚定可能正是培育成熟公园所需要的——"他可以关注所有细节，又能高瞻远瞩"（Heckscher和Robinson，1977）。然而，斯特里特菲尔德（Streatfield）认为，"尽管代表约翰·麦克拉伦做出了相当大的贡献，但他的贡献仅限于1893年后公园的发展，几乎完全是园艺性质的"（Streatfield，1976）。而扬（Young）称赞麦克拉伦指导了"旧金山公园的理性主义时期"（Young，2004）——"理性主义"指的是在霍尔的浪漫主义时期之后的以休憩休闲为目标的时代。

## 2.4　公园的发展过程

金门公园总体规划把公园的发展分为六个阶段：

- 1870—1889年 初步发展
- 1890—1899年 冬至国际博览会及相关发展
- 1900—1909年 汽车时代以及地震对公园的影响
- 1910—1929年 博物馆和休闲设施的发展
- 1930—1939年 大萧条时期的公共项目
- 1940年以后　战后发展到现代阶段

斯托湖上的木桥（2013年12月）

1890—1899年：冬至国际博览会。在霍尔和他的继任者完成公园的最初建设后不久，麦克拉伦就遇到了在公园举办大型博览会的挑战。这项动议是受1893年芝加哥哥伦比亚世博会的成功举办启发，其目的之一是展示旧金山冬季宜人的气候，并帮助该州摆脱全国性的经济衰退（Young，2004）。博览会场地位于斯托湖和亨廷顿瀑布以东，占地约80公顷。展会建设了100多座临时建筑，展期从1894年1月开始，为期6个月，吸引了200多万游客前来参观。当时的主会场后来改造成为音乐广场（Music Concourse）、施普雷克尔斯音乐堂（Spreckels Temple of Music，1899年）——后改造为笛洋美术馆（de Young Museum，2007年开放）、加利福尼亚州科学院（California Academy of Sciences，2008年开放）等。斯托湖附近的日

本茶园也是当年博览会的遗物。除此之外，其他博览会建筑都被拆除，但这届世博会也标志着金门公园开始承载更多的功能。在1899年年底，公园的管理权由州政府移交给旧金山市政府。

1900—1909年：汽车和地震对公园的影响。1906年4月18日的大地震后，公园成为20多万无家可归者的避难所。这十年中公园的建设主要是休憩设施、湖泊水体的增建，以及公园西部的植树绿化。地震的破坏被修复，公园也开始允许汽车进入。

1910—1929年：博物馆和休闲设施的发展。地震加速了公园北部和南部的里士满和日落街区邻里（Sunset neighbourhoods）的住宅建设，也导致了1910年投票通过了将加利福尼亚州科学院从市中心迁往金门公园的议案。包括加利福尼亚州科学院在内，公园东部建设了许多建筑和花园，几乎占满了这个区域。最大的建筑是恺撒体育场（Kezar Stadium）及其附属场馆。

1930—1939年：大萧条时期的公共项目。20世纪30年代是"休闲时代"的开始，相比公园和运动场，公园管理者更多关注的是游憩设施。技术革新带来的工作时间缩短和大萧条导致的失业率高涨，不经意间形成了一个休闲时代。罗斯福新政在全美范围内带来了大量公共项目，公园中也增加了诸如垂钓小屋、棒球场、游艇俱乐部、警察马厩、污水处理厂、再生水厂和斯特里宾植物园（Strybing Arboretum）等一系列设施。大萧条时期旧金山最大的项目——金门大桥，也于1937年竣工。这也使得南北贯穿公园的几条公路得以建设，最终公园实际上被一分为二。

1940年以后：战后发展到现代阶段。在这一时期，更多的设施得到了建设发展，高尔夫球场和俱乐部会所，若干新花园（月季园、扶桑园、杜鹃园、胜利园），以及大量的设施都得到扩建、修复。但就人们对公园的态度而言，这一时期也可以分为两个阶段，1940年到1979年和

1980年以后。前一阶段一直到20世纪60年代之前变化不大，而60年代以后，公园成为反传统文化（也就是嬉皮文化）的聚集地（这在全美范围内都是，旧金山更加典型）（Babal，1993）。1979年，《金门公园总体规划》（The Plan for Golden Gate Park）的实施标志了对公园历史景观的保护、恢复和修复工作的开展。1998年，《金门公园森林更新计划》（Golden Gate Park Reforestation Program）也被纳入公园总规之中。

# 3. 规划与设计

## 3.1 位置

奥姆斯特德虽然关心城市的长期发展，但没有考虑把"外埠地区"作为公园选址，反映出了公园距离旧金山市中心较远的事实。霍尔同样考虑了公园距主要居住区较远的事实，把主要的设施布置在可达性更好的公园东部，也将其作为最先实施的一部分。伊文·伯纳姆（Even Burnham）在1905年提出的"旧金山提升与美化"的激进方案中（受大地震影响而未施行），也没有太重视这一偏远的公园。最终，城市路网还是延伸到金门公园周边，但直到1880年2月前，公共交通都无法到达这里（Young，2004）。公园附近里士满和日落街区邻里的居住区开发密度比较低，大多是2层的独栋屋，仍被认为远离市中

心。不断有人质疑是否应该在偏远的区域保留这样一个大公园（Laurie，1992），也反映出奥姆斯特德关于建立一系列较小的、位于市中心的公园的建议仍很有吸引力（Young，2004）。直到近年，由于大量公共建筑和功能的植入，这种争议才渐渐平息。

## 3.2 原设计概念

金门公园狭长的场地，反映了对纽约中央公园的有意模仿；考虑到霍尔对奥姆斯特德-沃克斯景观理念的理解，他的方案也尝试模仿中央公园的其他特征。公园的布局基本保留了原有地形，而且通过在高处种植乔木、在低处保留草甸的方式，强化了原有空间。公园的位置和条件，最终使得公园被分为两部分：东部更具活力，更人工化，风景优美；而西部则树林茂密，更自然。

除了中央公园的影响，金门公园也被视为探索加州地域风格的一种有益尝试（Streatfield，1976）。斯特里特菲尔德（Streatfield）认为霍尔为公园东部做的第一版规划，"只是对中央公园的简单模仿，空间结构不清晰"；1872年完成的调整方案，结合了场地的空间特征、美国西海岸的生活需求，并考虑了沙丘的修复问题——展示出比奥姆斯特德更深的对植被演替规律的认识。

在沙丘防治方面，霍尔在1871年咨询了澳大利亚、英国、法国、荷兰、普鲁士等国的相关部门，他发现法国加斯科尼地区的海岸（Gascony coast）沙丘与旧金山的最为相似。他基于那里的经验，在太平洋沿岸（Ocean Beach）建设了防风木栅；为了便于植物生根，将稻草固定在沙丘上，在其上种植具有固氮功能的羽扇豆。在靠近海岸风力最大的地方，还使用了从法国进口的草席来固定沙丘。此外，还利用客土和马粪对沙土进行表层土壤改良。一旦流沙被固定下来，就在其上种植刺槐和松树，以进一步稳定沙丘，之后其他植物就可以在这个区域扎根生存了。

公园东北部的林地（2013年12月）

# 4. 管理和使用

## 4.1 管理机构

金门公园自1899年以后就由旧金山游憩与公园管理委员会进行管理。该委员会的7名委员均由旧金山市的市长直接任命，任期4年。自2011年以来，该委员会被分为3个分支，即资金、运营和动物园联合委员会（www.sfrecpark.org）。旧金山全市被分为7个公园服务区，每个区均有一个经理。金门公园属于七大分区之一，公园的管理由一名园长负责，下设三名分区主管。所有的维护工作都由雇员负责。2013年公园共有50名园丁、7名主管、14名保安和4名苗木专家。[3]相对历史而言，雇员人数已大幅下降，1977年时，公园中的园丁有133名；1994年时有70名（Royston等，1998）。

## 4.2 资金来源

如旧金山其他公园一样，金门公园由城市财政直接支持。除此之外，公园中的设施产生的收入也作为公园运行经费的有效补充。新的公园总规也指出，按实际购买力计算，公园资金正在逐年减少。因此，20世纪90年代以后，公园一直在寻求更多的经费来源。举措包括建立了一个非营利性的保护组织、建立了专门税收区，以及债券发行计划等。尽管如此，预计未来的运维资金缺口总额将达到3亿美元之多。[4]

## 4.3 使用情况

旧金山游憩和公园管理局没有开展公园使用情况的调查。公园总规估计20世纪90年代中期，公园游客约在每年1100万—1500万人次之间。其中一半为旧金山居民，四分之一是湾区其他部分的居民，另外四分之一则来自湾区以外。目前每年访客估计稳定在1800万人次。公园治安总体良好，仅限于个别盗窃案件。[5]

# 5. 展望

旧金山游憩与公园管理委员会于1998年10月正式批准了新一版公园总体规划。这是一份非常详尽而全面的规划，至今仍是公园管理的基础。这个总规还整合了1980年的森林更新计划和1985年的交通规划。总规将公园界定为"既是一个历史性的休闲空间，也是一个现代化的城市公园"（Royston等，1998），要在二者之间实现平衡。公园的目标是"保护金门公园向旧金山、湾区及各地访客传递文化、自然、休憩资源的贡献，将金门公园塑造成国家的一项重要文化资源"；总规力求"保持原设计概念的完整性，并提供足够的弹性，以应对社会需求的演变"。

在公园的林区部分，几乎所有的树木都是在30年之内种下的，这导致所有林木树龄相近、老化时间趋同，例如，仅1885年就种植了15.6万株乔灌木。1980年的调查发现，33000棵乔木已经或正在死去，而87%的受胁迫乔木都在公园西部的森林区。"森林更新计划"的目标是构建树龄结构合理的森林，以25—30年为一阶梯进行林木的更新。1983年3月，开始了首批3000株乔木的更新种植，并建设了新的灌溉系统。"森林更新计划"计划每年更新大约1000棵乔木。原先造林时选用了许多加州其他地区以及地中海气候型的多种植物形成混交林，以便应对恶劣的场地条件；更新造林的骨干树种则为蒙特雷柏和蒙特雷松，二者皆为蒙特雷半岛（Monterey peninsula）的乡土树种。蓝桉（*Eucalyptus globulus*）则不再使用，虽然其生长良好，但容易形成生物入侵，防火性也很差。[6]

公园本质上是一个"独特的人工森林"，公园管理需要解决的主要问题是水——特别是旧金山史上最为干旱的2013年。灌溉用水主要是抽取地下水，但2021年以后就不能再使用地下水。未来公园的灌溉用水将主要采用城市中水。[7]

夏朗草坪（2013年12月）

## 6. 小结

　　金门公园过去和现在都处于城市的边缘——是一个海边的"中央公园"。它比纽约中央公园更大，二者有着许多共同点。金门公园同样有一个狭长的场地，它的场地条件极具挑战性。霍尔赋予其东部田园般、奥姆斯特德式的风格，而西部则是人工森林。它的建设过程经常受到预算削减和经费短缺的影响。与穿越纽约中央公园的道路往往下沉不同，穿越金门公园的道路与公园内部交通平交。霍尔对这一异常困难的场地的务实态度，产生了相当显著的效果："尽管金门公园后续的发展面临这样那样的问题，但其设计充分体现了生态概念，毫无疑问是19世纪最重要的公园设计之一"（Streatfield，1976）。

　　金门公园虽然仍然非常受欢迎，但它经常造成交通拥堵；依旧面临资金不足的问题，导致严重的养护滞后。尽管它也是以生态工程为基础的公园建设的一个卓越案例，但直到今天，仍然有人质疑是否有必要维持这样一个巨大、偏远的大型公园。显然当今时代不能产生类似的公园。如果没有政府以外来源的资金支持，维护这样一个公园将会非常困难。但金门公园对旧金山历史的重要性，以及持续受市民喜爱，使得这份坚持物有所值。

## 注释

1. 主要参考自Clary，1984；Babal，1993；Young，2004。

2. 主要参考自Clary，1984；Young，2004。

3. 参考自2013年12月23日与金门公园主任埃里克·安德森（Eric Anderson）的会谈。

4. 参考自2013年12月23日与埃里克·安德森的会谈。

5. 参考自2013年12月23日与埃里克·安德森的会谈。

6. 参考自2013年12月23日与埃里克·安德森的会谈。

7. 参考自2013年12月23日与埃里克·安德森的会谈。

# 第27章 "翡翠项链"公园系统，波士顿

（Emerald Necklace，Boston）

（1100英亩/445公顷）

## 1. 引言

　　"翡翠项链"是由九个各具特色的公园组成的一个线性公园系统。从波士顿市中心到近郊的富兰克林公园，它们像宝石一样散布在一条11公里长的U形绿带上，状若一条项链。靠近城市的3个公园建设于1643—1856年间；靠外的6个公园则是由弗雷德里克·劳·奥姆斯特德及他的事务所在1878—1895年间设计的（1895年奥氏正式退休）。[1]奥姆斯特德设计的6个公园直接或通过"公园道"（parkways）相连，这种风格也是他在纽约和布鲁克林一直倡导的。这9个公园分布在波士顿市和布鲁克莱恩市（Brookline）的土地上，两市以马迪河（Muddy River）为界。

　　奥姆斯特德在波士顿的作品被称为他"最复杂的设计"，"公园与城市的边界相互纠缠；这一公园系统以公园道为纽带、以公园为节点，与城市骨架融为一体"（Sutton，1971）。令人感叹的是，如美国几乎所有城市公园一样，"翡翠项链"公园系统难逃社会经济周期的影响，在20世纪的100年中历经沉浮。如20世纪30年代大萧条时期公园的衰败和凋敝；二战后的郊区化潮流；60年代的种族冲突和社会动荡；60年代和70年代的高速公路通往市中心；80年代地方政府的财政困境；过去30年后工业化城市的再城市化以及进入21世纪后公共资金的进一步削减等。

　　奥姆斯特德研究专家查尔斯·贝弗里奇（Charles Beveridge）回忆到，当他"在20世纪60年代开始研究奥姆斯特德的时候，对（'翡翠项链'公园系统）的忽视是非常严重的"（Bennett，1999）。建筑史专家萨顿（S. B. Sutton）说到"立交桥、高速公路造成对可达性的破坏，以及肆意破坏、疏于管理等情形，严重破坏了奥姆斯特德设计中最突出的流畅性和由此产生的史诗感"（Sutton，1971）。20世纪80年代，扎采夫斯基（Zaitzevsky）描写富兰克林公园时写道"公园近几十年来缺乏维护，已造成除了植物景观外，奥氏当年的设计几乎已毁坏殆尽"（Zaitzevsky，1982）。1970年公共花园之友（Friends of the Public Garden，主要针对内三园）和1998年"翡翠项链"保护协会（主要针对外六园）的成立，可谓雪中送炭，提供了有益的补救。

## 2. 历史

### 2.1 翡翠项链的产生

1630年，欧洲人在现波士顿地区建立了马萨诸塞湾殖民地，当时的殖民点选择了便于防御、易于保护港口的半岛上。[2]半岛靠陆地一侧群山环抱，东面则与大西洋相接。当时港湾周边的土地现已大多成为波士顿的城市用地；布鲁克莱恩和剑桥地区，彼时还是潮汐淹没的滩涂和盐沼。到1645年，城内的所有沼泽均已被排干；到1777年，半岛上大部分沼泽都已被填平；到1850年，波士顿的人口已增至13.7万人。半岛以东的南海湾地区的清淤和填平，在19世纪上半叶完成。占地80公顷的后湾地区（Back Bay）清淤填平工程，于1857年动工，1894年完工，当时的人口约为50万。

占地19公顷的波士顿公园（Boston Common），于1634年建立。波士顿公园当时被称为"共有地"，是波士顿人共有的牧场，也被普遍认为是北美最古老的城市公园。波士顿公园的第一条人行道修建于1675年；第一条有行道树的林荫道（Tremont Street Edge），于1728年建成；到1795年，公园的周边都已被林荫道覆盖。1830年在公园中放牧的行为被禁止，开展了大量地形整理的工作，此后开始在公园中大量栽植树木。起初用作冰场的青蛙塘（Frog Pond）修建于1848年。

1895年，波士顿公园以及相邻的波士顿公共花园（Public Garden），由于修建美国的第一条地铁线而被开挖，其产生的大部分挖方被用于填平整理后湾公园（Back Bay Fens）的土地。地铁完工后，公园在1910年到1913年间进行了修复，修复工程是在奥姆斯特德设计事务所（Olmsted Firm）的指导下进行的。但是到了现行管理计划开始的年代（1989年），波士顿公园里原来遍布的成行成列的行道树和林荫道格局已经逐渐淡化。

占地10公顷的波士顿公共花园，原是一片泥沼。1804年查尔斯街（波士顿公园和公共花园坐落于查尔斯街两侧）建成后，使得填平这块场地变得可能。1839年，一群园艺爱好者被允许使用这块场地，进而使场地变成一个公共花园。他们任命英国园艺师约翰·卡德尼斯（John Cadness）来负责这一项目。到1847年其活动开始停滞，1856年波士顿政府收回了这块场地，并效仿纽约中央公园，举办了公园设计的竞赛。最终获奖的方案，是建筑师乔治·米查姆（George F. Meacham，1856—1927年）设计的名为"阿灵顿"的方案，该方案保持了原有的场地布局。

联邦大道（Commonwealth Avenue）向西延续了公共花园的轴线，长度达1.6公里，宽60米，大约跨过九个街区。大道中央的车道现已改为步行道。如公共花园一样，联邦大道也是利用填海改造的土地建设的，时间约为1856年

后湾公园（2013年11月）

波士顿公园（2013年11月）

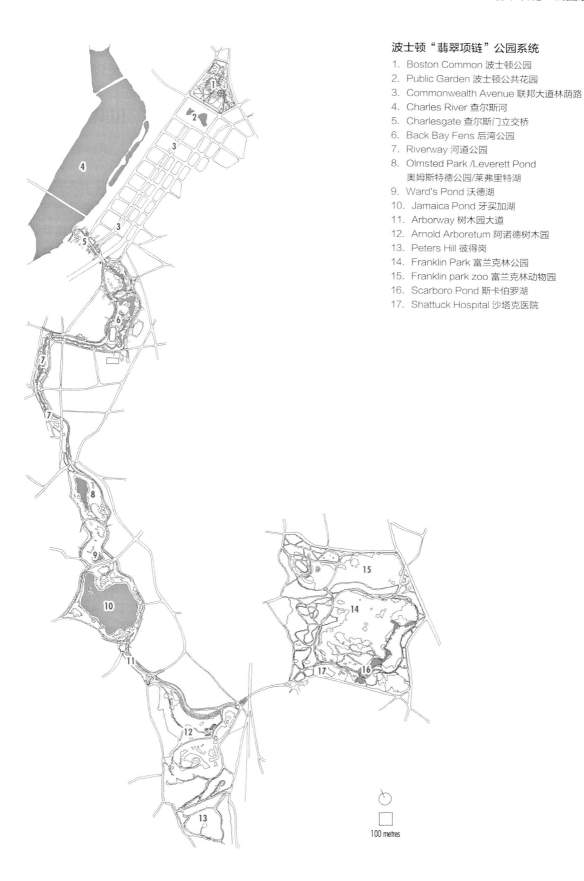

**波士顿"翡翠项链"公园系统**

1. Boston Common 波士顿公园
2. Public Garden 波士顿公共花园
3. Commonwealth Avenue 联邦大道林荫路
4. Charles River 查尔斯河
5. Charlesgate 查尔斯门立交桥
6. Back Bay Fens 后湾公园
7. Riverway 河道公园
8. Olmsted Park /Leverett Pond
  奥姆斯特德公园/莱弗里特湖
9. Ward's Pond 沃德湖
10. Jamaica Pond 牙买加湖
11. Arborway 树木园大道
12. Arnold Arboretum 阿诺德树木园
13. Peters Hill 彼得岗
14. Franklin Park 富兰克林公园
15. Franklin park zoo 富兰克林动物园
16. Scarboro Pond 斯卡伯罗湖
17. Shattuck Hospital 沙塔克医院

100 metres

到19世纪80年代左右。联邦大道由亚瑟·吉尔曼（Arthur Gilman，1821—1882年）设计，其风格会让人联想到巴黎奥斯曼的林荫大道。直到大萧条时期，这个区域一直是波士顿最时尚的住宅区。直到现在，联邦大道两侧的建筑仍然保留了19世纪晚期的建筑风格。

波士顿持续的城市发展，以及东海岸其他城市大型公园的建设（特别是纽约中央公园和展望公园），使波士顿产生了很大的建设公园的呼声。1875年通过了一项《公园法案》（Park Act），法案规定波士顿市长可以任命三名委员，他们有权在波士顿市域范围内获取土地，推动公园建设（Zaitzevsky，1982）。这一法案也授权邻近的城镇可以建立公园委员会。最终只有布鲁克莱恩有效利用了这一法案。就在这一法案出台过程中的政治纷争日益激烈之时，也有人对于什么是波士顿最理想的公园计划表达了一系列意见。工程师欧内斯特·W.鲍迪奇（Ernest W. Bowditch，1850—1918年）提出的计划是其中对法案影响最深远的一个。他在1874年提出、1875年修改完善的计划，是对他前合伙人罗伯特·莫里斯·科普兰*观点的扩展和深化。鲍迪奇提出建立一个占地2160公顷的相互连通的公园体系，既包括城市水源地的"郊野公园"，也包括一系列完整的城市公园。

与此同时，奥姆斯特德在1870年接受了波士顿附近的洛厄尔学院（Lowell Institute）邀请，做了题为"公园与城镇扩张"（Public Parks and the Enlargement of Towns）的主题演讲。尽管奥姆斯特德的演讲产生了很大反响和影响，他也不断地就波士顿多个公园的设计方案做过指导和咨询，但直到1878年，他才得到后湾公园设计的正式委托，真正直接地参与波士顿的公园建设。1876

年4月，三位首届公园委员之一的查尔斯·达尔顿（Charles H. Dalton）曾邀请奥姆斯特德到访波士顿，并对若干潜在的公园场地进行考察（Zaitzevsky，1982）。达尔顿是公园委员会计划和工作报告的撰写者，奥姆斯特德访问后不久，公园计划和报告就正式出版。该计划要求兴建市中心区公园和郊区公园，并建设一系列连接它们的公园道。这一计划于1876年6月得到批准，在长达一年的资金中断之后，1878年逐渐启动了公园的筹集资金、购买土地等工作。"1878—1895年间，波士顿公园系统的计划……由于各种原因逐渐改变和深化……与1876年的计划对比，只保留了大体框架"（Zaitzevsky，1982）。

后湾（沼泽）公园（Back Bay Fens）占地约40公顷，位于马迪河两岸，1878年3月由政府收回用于公园建设。当时，场地被上游排放的污水严重污染；而后湾地区填埋造地后，又造成排水困难。场地经常受到上游洪水的冲击，而下游又是恶臭熏天、毫无生气的泥沼，用奥姆斯特德的话说"遍及整个马萨诸塞州，恐怕找不到更不适于作公园的场地了"（Beveridge和Hoffman，1997）。波士顿公园委员会决定为后湾公园举办一个设计竞赛来确定设计师。虽然有23人参与竞标，但奥姆斯特德并没有参与。中标人是花商格伦德尔（Hermann Grundel），但他的方案被普遍认为是"幼稚"和无用的。委员会决定弃之不用，然后在1878年12月正式委托奥姆斯特德着手设计。奥姆斯特德的首要目标是改善卫生条件，创造一个"貌似自然的沼泽景观，同时适合周边城市发展的区域"（Zaitzevsky，1982），本质上是一块滞留洪水的湿地。

随着1910年查尔斯河筑坝的完成，1921年和1925年，风景园林师亚瑟·舒特勒夫（Arhtur

---

*　罗伯特·莫里斯·科普兰（Robert Morris Copeland，1830—1874年），曾参与过纽约中央公园的设计竞标。——译者注

Shurtleff，1870—1957年）同奥姆斯特德设计事务所对后湾公园进行了重新设计。但似乎大部分的设计都没有实施，奥姆斯特德的原始设计也没有保留多少。后来，场地上陆续建设了运动设施、胜利花园、战争纪念碑等。对后湾公园影响最大的建设是20世纪60年代90号州际高速公路上查尔斯门（Charlesgate）立交桥的建设。这一工程导致奥姆斯特德精心设计的联邦大道和后湾公园之间的联系被破坏。

河道公园（Riverway）面积约11公顷，是奥姆斯特德的马迪河提升设计的下游部分。马迪河原是一条狭窄、蜿蜒的潮汐小河，是后湾沼泽的一部分。后湾地区的填平使得河水迅速盐化、沼泽化，滋生蚊蝇且植物杂乱生长。这一地区是布鲁克莱恩公园委员会（在1875年《公园法案》的基础上，于1880年成立）最关切的问题，三名委员之一的查尔斯·斯普拉格·萨金特（Charles Sprague Sargent，1842—1927年）当时正与奥姆斯特德合作阿诺德树木园（Arnold Arboretum）的设计和建设工作。奥姆斯特德在1880年年末提交了马迪河项目（布鲁克莱恩段*）的首版方案，提出将原有不断摆动的河道稳定下来。而在19世纪70年代，布鲁克莱恩曾反对波士顿的吞并而保持独立行政区，这使得他们在土地征收方面远比波士顿迅速，因而马迪河西岸的改造也早于东岸（波士顿段）。

奥姆斯特德公园（Olmsted Park）原称"莱弗里特公园"（Leverett Park）**，1930年改为现名。它占地约72公顷，是马迪河提升项目的上游部分。在19世纪90年代，莱弗里特湖（Leverett Pond）以西布鲁克莱恩的部分增加了面积，而湖以西草地也被划入公园。公园南部的牙买加湖（Jamaica Pond）位于"翡翠项链"的中间位置，是波士顿地区最大和最深的湖。牙买加湖及周边一圈的公园道、步道等绿地共有52公顷，其中28公顷为水域、24公顷为陆地，在1848年之前是波士顿的主要水源地。而在1894年被改造为公园前，就已经是波士顿的休闲胜地——主要活动是滑冰和划船。奥姆斯特德在1894年对公园进行了设计。

阿诺德树木园建于1878年到1893年。公园的一大部分（约85公顷）由本雅明·布西（Benjamin Bussey）于1842年捐赠给哈佛大学，用于建设一个农学院。1868年，公园倡导者、业余园艺师詹姆斯·阿诺德（James Arnold）捐赠10万美元成立了以农业或园艺目的的信托公司。到1872年，他与哈佛大学达成一致，将资金用于在布西捐献的土地上建设一座植物园。同年，公园委员萨金特被任命为植物园的主任，之后他一直担任这一职务，直到1927年离世。1874年，萨金特写信给奥姆斯特德，提出波士顿对公园的热切期盼，可以通过波士顿市解决土地整理的问题后，由哈佛大学来进行植物的收集和管理。当时，"除了植物园的教育科研功能外，萨金特和奥姆斯特德都希望将其营造成适合场地地形和现状植物的自然状态"（Zaitzevsky，1982）。1882年，波士顿市与哈佛大学签署协议，市政府以每年1美元的价格向哈佛大学购买这片土地（Marcus，2002），他们还同时购买了相邻的几块土地，然后将土地整理后整体租给哈佛大学，租期为999年。土地平整改造工程于1883年开始，到1885年，萨金特细致的种植方案最终敲定。1886年开始树木种植，公园建设工程到1893年完成。目前，树木园面积总计107公顷，奥姆斯特德当时设计的道路

---

\* 马迪河是波士顿与布鲁克莱恩的界河，两岸分属两市。——译者注

\*\* 公园北部有一湖名为"莱弗里特湖"（Leverett Pond），在改造前是一片牛栏密布的沼泽。——译者注

系统几乎完整地保留了下来。

富兰克林公园（Franklin Park），宛如一块巨大的宝石挂在翡翠项链的末端，也与中央公园和展望公园一起被认为是奥姆斯特德设计的最好的三个公园之一。奥姆斯特德认为富兰克林公园是他公园设计思想的集大成者，"设计富兰克林公园的目的，是为了让城市中生活的人们，可以便捷地享受到乡村的风景"（Beveridge和Hoffman，1997）。公园所在的场地于1881年由政府完成收购。1885年时，公园由原名（West Roxbury）改为"富兰克林公园"，目的是希望获得本杰明·富兰克林*基金**的资助（Newton，1971）。最终，虽然公园没有得到这一资助，但还是保留了"富兰克林公园"这一名字。公园的设计方案在1886年1月完成，公园被设计为两部分，135公顷的"郊野公园"（Country Park）和67公顷的"前园"（Ante Park）——在公园边缘容纳娱乐活动的区域。奥姆斯特德描述公园场地"崎岖不平，难以处理"，"很难与优雅的城市环境融合"；但他也写道"无论在波士顿市内还是附近其他地方，都很难找到如此纯净、令人愉悦的乡村风貌"。

1893年到1897年的经济危机对富兰克林公园的发展造成了进一步的限制。"郊野公园"部分基本按照奥姆斯特德的方案实施（后续只做了一些修改，如增加了斯卡伯罗湖（Scarboro Pond）等，这些修改是1891年由奥姆斯特德设计事务所完成的）。但"前园"中的大部分设施当时都没有建设。19世纪90年代，郊野公园开始被非正式地用作高尔夫球场，这也是波士顿第一个和美国第二个高尔夫球场。富兰克林公园高尔夫球场在

20世纪一直广受欢迎，在1988—1989年间才花费130万美元进行改造升级。1954年，在公园西部建设了占地7公顷的沙塔克（Shattuck）医院。[3]公园的动物园于1911年开业，现在已成为国家级的动物园。奥姆斯特德设计的占地26公顷的"荒野"景区，在1897—1912年间发生了巨大的变化，奥姆斯特德引种的许多外来植物都被清除掉，"他从全世界范围内选择了大量植物材料，只要可以大量繁殖，他都尽量引入"（Beveridge和Rocheleau，1995）。

赫克舍（Heckscher）和罗宾逊（Robinson）将富兰克林公园描述为"被遗忘的公园"，并将其归因于"其只能得到当地社区的支持，而很难得到城市层面的资源"。"1975年，市议会曾否决了一项90万美元的拨款，理由是全市的税收不应被用在服务少数人的公园上"（Heckscher和Robinson，1977）。虽然富兰克林公园联盟（Franklin Park Coalition）在1975年成立后，局面已大有改观，但公园的日常维护仍然面临经费不足的窘境。

## 2.2 "翡翠项链"产生过程中的关键人物

奥姆斯特德显然在1878年到1895年间起到非常重要而杰出的作用。同样重要的是，约翰·查尔斯·奥姆斯特德（John Charles Olmsted，1852—1920年）的作用也不可忽视，他是弗雷德里克·劳·奥姆斯特德的侄儿和继子。1877年时，奥姆斯特德的健康状况已经比较差，那年年底，他获准去欧洲休养。在他离开前，纽约政府决定取消其中央公园主管的位置。奥姆斯特德1878年回到美国后，整个夏天都留在波士顿，与

---

\* 本杰明·富兰克林（Benjamin Franklin，1706年1月17日–1790年4月17日），美利坚开国三杰之一，领导美国独立战争，参与起草美国《独立宣言》和宪法。出生于美国马萨诸塞州波士顿，美国政治家、物理学家，同时也是出版商、印刷商、记者、作家、慈善家；更是杰出的外交家及发明家。——译者注
\*\* 本杰明·富兰克林在波士顿市设立了一个基金，用于他去世后100年间波士顿的建设。——译者注

波士顿公共花园（2013年11月）

河道公园中的教堂街桥和圆屋（2013年11月）

萨金特设计阿诺德树木园。他最终接受了为期三年的波士顿"顾问风景园林师"职位（Beveridge和Hoffman，1997）。1883年，奥姆斯特德将其设计事务所迁往布鲁克莱恩。

作为阿诺德树木园的园长和布鲁克莱恩公园委员，萨金特为"翡翠项链"做出了巨大贡献。他与奥姆斯特德在公园的作用和目的上高度一致，并终身践行（Schuyler，1986）。波士顿公园委员达尔顿于1876年主持了波士顿公园计划，并邀请奥姆斯特德参与公园系统的规划，同样做出了重要贡献。后来，他还担任了波士顿市和布鲁克莱恩市的总工程师。

## 3. 规划与设计

"翡翠项链"是一个相对细长的连续公园系统，它承载了非常复杂的功能，也展现了丰富的特征。波士顿公园和公共花园现在已成为波士顿市中心历史性、纪念性、商业性的公众性空间的一部分。凯文·林奇（Kevin Lynch）*曾在他的经典名著《城市意象》中写道："对于很多人来说，波士顿公园已成为他们认知的城市形象的核心

部分……一个环绕着高密度街区的巨大绿色空间，一个充满联想的、高度可达的、高度亲和的场所……一个任何人都可以扩展他对环境的认知和理解的城市核心"（Lynch，1960）。长期以来，这里一直是乔治·华盛顿、富兰克林·罗斯福、马丁·路德·金等发表演说等重大公共活动的场所，也曾是教皇约翰·保罗二世1979年在美国举行首次弥撒的场所。

波士顿公园的形态取决于其原有的地形地貌和在城市中所处的位置，纵横穿插的道路与外围大街四通八达，广场、运动场和停留空间遍布其间。波士顿公园起伏的地形和简洁、开放的乔草景观特征，与波士顿公共花园形成了鲜明的对比。公共花园常被称为"波士顿公共空间的贵妇人——市中心一块安静、优雅的绿洲"（Carr等，1992），其布局是规则式的轴线和8字形的湖泊组合而成，周围遍布花境。优雅的联邦大道保留了规则的建筑式构图，林奇指出，"后湾地区整齐的道路网格与美国其他城市没有什么不同，但正因为如此与联邦大道形成对比，赋予了波士顿特有的城市品质"（Lynch，1960）。但90号州际公路对联邦大道的切断，实在让人难以接受。

* 凯文·林奇（1918—1984年），美国杰出的城市规划专家，著有《城市意象》等书。——译者注

奥姆斯特德曾强调，他自己在后湾公园的工作更多是卫生工程，而不是设计的探索。自从1910年查尔斯河大坝建成以来，河流一直处于严重的淤积状态，河道被芦苇侵占，在大雨时经常有严重的洪水。近年来，公园附近的河岸边的芦苇已经被清理，大多数岸边都已恢复可达性。

河道公园比较狭窄，其中的道路也明显低于相邻的风景岛，这导致公园很难产生世外桃源的感受，反而更容易产生一种局促感，像在峡谷中行走。只有在靠近教堂街桥（Chapel Street Bridge）和圆屋（Round House Shelter）等附近河岸比较平坦的区域，公园才有令人放松的感觉。桥是奥姆斯特德营造公园氛围的一项重要手段。

从河道公园向奥姆斯特德公园过渡的区域被穿过城市的高速路打断，而奥姆斯特德公园则占地更大，一方面得益于19世纪90年代奥姆斯特德设计事务所扩大公园的要求，另一方面也得益于近年来莱弗里特湖西侧用地的划入。因此，相比河道公园，奥姆斯特德公园有足够的弹性来营造滨水、公园、风景道等多种空间感受。近年对原有桥梁的重建、道路重铺、树木补种和座椅等设施的增加（特别是公园属于布鲁克莱恩的部分），体现出很好的养护和维护水准。

沃德湖（Ward's Pond）和垂柳湖（Willow Pond）比公园系统南部的公园更为自然，牙买加湖是这两个湖的水源，资源很好。这一部分区域也受到地形起伏限制，与公园道之间的空间比较局促。但这种围合感，也形成与世隔绝的感觉。阿诺德树木园的状态则是一个维护状态良好、修剪精细的公园。阿诺德树木园和与之相连的富兰克林公园，的确有另一番天地的感觉。

奥姆斯特德一直知道富兰克林公园的区位缺陷，但他更坚信大型公园对每个城市都非常重要，因此他决定接受其区位上的不足。确实，富兰克林公园成为奥姆斯特德承载他对城市公园的全部理解和期望的载体。富兰克林在对公园方案的描述中说道："城市生活的多种'坏处'都已得到改善，花费在生产工作中的时间已大大减少，居民的平均寿命大大延长，享受生活的需求增加了"（Beveridge和Hoffman，1997）。奥姆斯特德还提出了建设大型城市公园的另一个理由——营造"乡野之美"可以作为调剂城市人工环境和压力的一种修复。这一观点也是他一直迷恋田园风光和坚持反城市观点的主要原因（Wilson，1984）。有观点认为，奥姆斯特德倾向于将富兰克林公园设计成流畅的、优美的、田园的郊野景观，在他发现场地的自然条件对上述目标风格有影响时，他依然坚持这种风格。

有人提出，"富兰克林公园在某种程度上，是奥姆斯特德为波士顿留下的应对纽约中央公园的遗产"（Kelly等，1981），也是一种在城市中体验完全没有城市生活影响的自然空间的尝试（Zapatka，1995）。富兰克林公园中"郊野园"设计巧妙地实现了奥姆斯特德的目标，创造出由茂密林地包围的平缓、流畅的草地空间。而"前园"的设计则很好地展示了如何将场地与田园风格矛盾之处融合起来。

## 4. 管理和使用

### 4.1 管理机构

"翡翠项链"公园系统的管理，与其建设历程一样，与多个政府机构有关——波士顿市、布鲁克莱恩市和马萨诸塞州的大都会区域委员会（Metropolitan District Commission，MDC）。波士顿市负责公园系统中大部分公园的管理，布鲁克莱恩则负责河道公园和奥姆斯特德公园位于马迪河西岸的部分。从1955年以来，MDC负责公园道的管理——尽管这些公园道属波士顿市所有。上述三个政府机构基于项目合作的模式共同管理整个公园系统，而波士顿市则同时作为项目资金的管理者出现。而正在实施的、位于芬威区

奥姆斯特德公园里的莱弗里特湖（2013年11月）

（Fenway）的耗资9200万美元的马迪河修复工程中，也得到联邦资金的支持，这一项目是与美国陆军工程兵部队合作的。

波士顿公园和游憩管理局很大程度上由市长直接管辖，市长有权任命管理局的局长和副局长（2012年时，该局有4名副局长）。虽然没有官方的代表公众的机构，但自1970年以来，波士顿公园和游憩管理局就开始与非营利性组织"公共花园之友"合作——最初作为意见表达团体，后来转变为行动性和募资组织。1998年以后，管理局又开始与"翡翠项链"保护委员会（Emerald Necklace Conservancy）合作。这些民间组织倾向于参与和投资一些特殊项目，而政府机构负责常规性的运营项目。

## 4.2　运维资金

公园与游憩管理局的经费受到严格限制，并经常被削减预算。1999年，全市的公园与游憩事务预算为1300万美元，主要来自财政资金。2012年时，全市的公园事务预算为1556万美元，其中41%用于公园的修剪和植物景观养护。整个公园系统并没有被列为单独的预算科目，但在波士顿市，从1987年起就将市域范围内的公园系统作为

一个独立的养护管理分区。

## 4.3　使用情况

公园和游憩管理局没有进行过使用者调查和访客数量统计，他们一般使用全美的平均名义数据来进行统计（约每年100多万人次）。由于公园中举办的活动逐年上升，因此访客数量正在逐年上升。如在2013年，富兰克林公园就举办了很多大型活动，其动物园在夏季的访客数量达到历史峰值——更多的家庭来访证明这个区域具有高度的安全性。

## 5.　公园规划

波士顿公园继续根据1990年由沃克-克鲁辛设计集团（Walker Kluesing Design Group）编制的管理规划（1996年修订）进行管理和运营。该规划建议增加投入、维护公共设施，以便于加强公园的历史遗迹保护，保持其历史特征。*该规划对于保护一个使用频度非常高的城市中心公园而言，仍然是非常实用的。

1989年，由沃尔姆斯利/普雷斯利（Walmsley/Pressley）公司编制的"翡翠项链"公园系统总体规划，于2001年正式通过。这是一个非常详尽、全面的规划。规划强调公园系统最重要的特征是其连续性，及为城市生活提供的世外桃源一般的场所（不管是100年前，还是今天）。该规划旨在强化奥姆斯特德构建一个整体公园体系的原意，同时也指出水环境与洪水、外来植物入侵和高速公路的切割是公园未来面临的主要问题。在1996年10月和1998年9月出现连续大雨造成的内涝情况后，公园与游憩管理局于1999年委托杰森·M. 科特尔（Jason M. Cortell）事务所和沃尔

---

＊　波士顿公园与公共花园一起在1987年成为美国国家历史地标。——译者注

姆斯利（Pressley）设计公司来编制河道公园和芬威地区的"环境提升总体规划"。规划包括防洪防涝、提升水质及改善马迪河生态环境等内容。后来，这一规划还成为2013年开始的、为期6年、耗资9200万美元的芬威地区环境整治项目的重要指导。

1991年，哈尔沃森景观设计公司（Halvorson Company）受托编制了富兰克林公园的总体规划，这一规划目前仍然指导该公园的发展。规划采取了类似于沃尔姆斯利/普雷斯利公司的方法，基于奥姆斯特德最初的设计理念来制定公园的指导原则。目标包括改善公园形象和安全性、完善功能、修复优美的植物景观和生态环境、保护场地的历史元素、保护公园的完整性等。按照1989年的价格水平估算，富兰克林公园总体规划实施的造价约为3170万美元。

"翡翠项链"公园系统保护协会一直将打通波士顿公园到海滨公园的联系、塑造完整的"项链"作为其愿景。但目前协会的资源主要集中在一系列特殊项目上，如修复奥姆斯特德公园的凯勒赫（Kelleher）月季园喷泉、清查阿诺德树木园里7000棵树木和林地情况，以及支持马迪河提升等项目。协会还发起和赞助志愿者清理计划、假释犯人参与公园维护、青年领导人计划等。

# 6. 小结

奥姆斯特德对"翡翠项链"公园系统的规划设计誉满天下。这是风景园林专业对复杂的排水问题和城镇规划要求的回应。奥氏在19世纪末所面临的许多问题，在20世纪和21世纪都仍未得到解决。公园系统面临的两个长期问题是经费短缺和机动车交通的指数级增长。机动车交通的威

胁，一是将奥姆斯特德的公园道系统变得嘈杂拥堵、影响行人穿行等；二是导致道路拓宽和高速公路的新建，造成公园系统连通性的破坏。经费短缺带来的对公园的忽视，在20世纪六七十年代达到顶点，这导致产生水污染日益严重、植物入侵、公园树木老化等问题，最终导致大多数公园面貌恶化。

波士顿和布鲁克莱恩从奥姆斯特德作为风景园林师开创性的远见和丰富的经验中受益匪浅。而奥姆斯特德也从两个城市提供的机会中所获良多。在这里，他有机会在其40年景观设计生涯中规划设计出最系统的公园体系；他有机会在富兰克林公园中展示他对公园真谛的最终理解；有机会将后湾公园作为排水和生物工程原理进行杰出展示；也有机会在波士顿建立延续100多年的设计王朝——奥姆斯特德景观设计事务所（Olmsted firm）*。虽然资源（资金）缺乏的问题一直困扰着"翡翠项链"公园系统，但值得庆幸的是，私人部门的捐赠和奉献已开始解决这一问题。

## 注释

1. "奥姆斯特德设计事务所"在1878年以后用来指代弗雷德里克·劳·奥姆斯特德与他的合伙人及继承者。

2. 本段主要参考自扎采夫斯基的文章（Zaitzevsky, 1982）及相关文献。

3. 这主要是政府部门间博弈的结果，而不是认识到景观对病人的康复作用。

---

\* 　奥姆斯特德景观设计事务所（1857—1979年），在20世纪早期曾是美国最大的景观设计公司。——译者注

# 第28章 森林公园，圣路易斯

（Forest Park, St Louis）

（1371英亩/555公顷）

## 1. 引言

圣路易斯森林公园的形态如实展现了三个主要历史时期的设计与建造的理念与特点。它结合了19世纪晚期美国的田园景观与学院派艺术〔也称布杂艺术（Beaux-Arts）〕/城市对称美学（city beautiful symmetry）〔摘自1904年路易斯安那贸易博览会（Louisiana Purchase Exposition）〕，以及20世纪末和21世纪初的复兴思潮。同时，这座公园也反映出圣路易斯市的兴衰和相对近期的城市复苏。与美国大多数城市一样，圣路易斯也经历了二战后人口严重萎缩和随之而来的犯罪率及失业率的上升。它1970年的人口比1920年还要少。对圣路易斯森林公园来说，城市规模较小（160平方公里）和公园面积巨大（全美十大城市公园之一）成为愈加凸显的矛盾。与此同时，2012年圣路易斯的人口统计为318172人，这使它成为全美人口规模排名第58位的城市和排名第19位的都市区（www.census.gov）。

尽管历史上也出现过设计脱节、拼凑和运营困难等问题，复兴森林公园的方法仍是一个值得称赞的案例，它展现了一个精于管理、合理推理的过程。它提出了切实可行的建议，特别是通过非营利组织"永远的森林公园"（Forest Park Forever），获得了公众的大力支持和大量私人投资。这种复兴的独特之处在于，它汇集了方方面面、截然不同的力量——来自动物园、博物馆、体育界人士、博物学家、园丁、市民和城市作家——在其他地方或在其他情况下，这些资源可能已经退到了各自的角落里，更倾向于把公园看作是把它们彼此分开的地方。而在圣路易斯，公园则是一个把它们相互关联在一起的地方。

## 2. 历史

### 2.1 公园的创立

圣路易斯森林公园于1876年6月正式开放，恰逢美国独立一百周年。它的故事要从退休的设菲尔德商人亨利·肖（Henry Shaw，1800—1889年）于1859年在圣路易斯塔树公园（Tower Grove）中修建的面向公共开放的热带植物园说起（Loughlin和Anderson，1986）。1863年4月，弗雷德里克·劳·奥姆斯特德和美国卫生委员会的部长先后拜访了公园。他们都同亨利·肖谈及了建立城市公园的可能性。此后不久，在1864年2月，密苏里州立法机关批准了在"城市以西至多350英亩

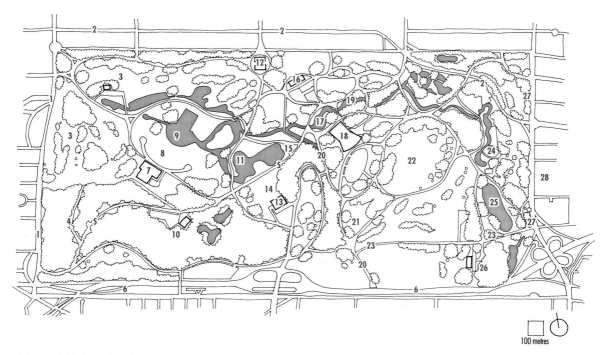

**圣路易斯森林公园平面图**

1. Skinker Boulevard 斯金克大道；2. Forest Park Parkway 森林公园大道；3. Probstein Golf Course 普洛布斯坦高尔夫球场；
4. Kennedy Forest 肯尼迪森林；5. Government Drive 政府山车道；6. Oakland Expressway 奥克兰高速公路；
7. St Louis Art Museum 圣路易斯艺术博物馆；8. Art Hill 艺术山；9. Emerson Grand Basin 爱默生大盆地；
10. St Louis Zoo 圣路易斯动物园；11. Post Dispatch Lake 邮报湖；12. Missouri History Museum 密苏里历史博物馆；
13. World's Fair Pavilion 世界博览会展厅；14. Government Hill/Kerth Fountain 政府山/克尔斯喷泉；15. Boathouse 船屋；
16. Visitor and Education Center 游客和教育中心；17. Nathan Frank Bandstand/Pagoda Circle 内森·弗兰克演奏台/宝塔圈；
18. Municipal Theater（The Muny）城市剧院（简称"Muny"）；19. Deer Lake 鹿湖；20. McKinley Drive 麦金利大道；
21. Jewel Box "珠宝盒"温室；22. Central Fields 中心区；23. Clayton Road 克莱顿路；24. Steinberg Rink 斯坦伯格溜冰场；
25. Jefferson Lake 杰斐逊湖；26. Planetarium 天文馆；27. Kingshighway Boulevard 金士威大道；
28. Barnes-Jewish Christian Hospital 巴恩斯犹太基督教医院

（142公顷）的土地上"建立城市公园的提案。但这提案在同年4月又被否决了，主要是因为如此一来，公园将造福于附近的土地所有者，而不是更需要公园的穷苦市民。1870年，房地产开发商希兰·W. 莱芬韦尔（Hiram W. Leffingwell，1800—1894年）提出建议，希望能由国家立法机关批准，在金士威（Kingshighway）大道以西建立一个1200公顷的公园。这项提议最终在1872年3月获得批准，但面积缩减至553公顷。它将通过设立"城市范围以外的特别征税区"来筹措资金。这时反对的声音仍然在持续，人们依旧认为这个公园太大、太远，无法顾及住在市中心附近的穷人（Loughlin和Anderson，1986）。

但莱芬韦尔和公园委员会开始着手为公园的建设购置土地，直到当地其他土地所有者提起诉讼，要求"宣布1872年的法案违宪"（同上：8）。密苏里最高法院于1873年4月的判决支持了土地所有者的抗议，但对大型公园的需求却依然存在。1874年3月，密苏里州立法机关分别通过在圣路易斯郡建立三个公园的三项法案，以及在与1872公园同一位置"为全圣路易斯郡（包括圣路易斯市）人民……兴建森林公园"的法案（同上：10）。郡测量员朱利叶斯·皮茨曼（Julius Pitzman，生卒1837—1900）以"调查工作精确细致"著称，他刚从"欧洲公园和花园研究之旅"（Birnbaum和Foell，2009：272，273）回来，就接到指示，要为这块土地做一个平面图（布局方案）。

当莱芬韦尔和公园委员会的其他特派员开始着手为公园的建设购置土地时，当地其他土地所有者却提起诉讼，要求"宣布1872年的法案违宪"（Loughlin和Anderson，1986）。尽管密苏里最高法院于1873年4月的判决支持了土地所有者的抗议，但对大型公园的需求却依然存在。1874年3月，密苏里州立法机关分别通过了在圣路易斯县建立三个公园的三项法案，以及与1872年获批公园在同一位置"为全圣路易斯县（包括圣路易斯市）人民……兴建森林公园"的法案（Loughlin和Anderson，1986）。县测量员朱利叶斯·皮茨曼（Julius Pitzman，1837—1900年）以"调查工作精确细致"著称，他刚从"欧洲公园和花园研究之旅"（Birnbaum和Foell，2009）回来，就接到指示，要为这块土地做一个平面图（布局方案）。

## 2.2　场地最初的形态与大小

皮茨曼最终确定的土地为553.13公顷，其中"超过46英亩（18.6公顷）的面积已经以公路的形式归入（圣路易斯）县"（Loughlin和Anderson，1986）。皮茨曼的测量范围虽然现在有大约100英亩（40公顷）的土地被道路及轻轨走廊占用或分隔，但仍被普遍认定为公园的边界范围。

根据描述，这片场地（遍布着）"森林、草场、果园、煤矿、耕地和奶牛场"（Loughlin和Anderson，1986），"以农场和煤矿为主"，佩雷斯河（River des Peres）"蜿蜒流过该地区的北部和东部地区，横贯东西的克莱顿路（Clayton Road）"穿过该地块（City of St Louis，1995）。大体来说，河流的北部和东部是草原，而南部和西部是森林。"反对者们却认为这个地形崎岖

的地方并不适合作为公园用地"，但其实相对来说，在煤炭产区中，这是一个十分宜人的待开发区域。皮茨曼（他从1867年开始便参与该地区一系列私人居住小区的建设）"断言其粗糙的原始特性将予以保留，并有助于形成独特的设计风格"（Birnbaum和Foell，2009）。

## 2.3　公园成立及初步设计阶段的关键人物

亨利·肖，无疑是最重要的，然后是莱芬韦尔，都是公园建立过程中的关键人物。洛夫林（Loughlin）和安德森（Anderson）指出，莱芬韦尔和彼得·格哈特（Peter Gerhart）曾担任过1872年法案的委员，并由县里提名，与约翰·奥法隆·法勒（John O'Fallon Farrar）一同成为后来1874年森林公园法案的委员。同时还有来自市里的提名人安德鲁·麦金利（Andrew McKinley）、安西尔·菲利普斯（Ansyl Phillips）和约翰·J. 菲茨威廉（John J. Fitzwilliam），以及一位民选官员、县法院的高级法官。其中，莱芬韦尔、麦金利和格哈特都从事房地产行业，菲利普斯是一位经纪人，菲茨威廉是一名银行家，法勒从事房地产和其他一些商业投资（Loughlin和Anderson，1986）。当然，这其中的含义是，他们对自己在公园附近所持资产的升值特别感

"珠宝盒"温室（2013年10月）

兴趣。但是，我们获悉"莱芬韦尔并没有从他的这些想法和工作中获利"（Loughlin和Anderson，1986）。

公园最初设计的主要人物，也是第一位管理者，是出生于德国并受过专业教育的"景观园艺师"马克西米利安·G. 克恩（Maximilian G. Kern，约1830—1915年）。克恩在移居美国之前曾在巴黎的杜伊勒里宫（Tuileries）工作。他和委员会主席麦金利与工程师皮茨曼和亨利·弗拉德（Henry Flad，1823—1898年，两人也同样出生于德国）以及建筑师西奥多·C. 林克（Theodore C. Link，1850—1923年）合作完成了这个设计，并于1876年1月1日提交给了县法院。它"被设计成适合驾马车游玩的公园，在蜿蜒的道路，每个转弯都能看到新的风景"（Loughlin和Anderson，1986）。这个设计方案能让人想到爱德华·安德烈（Édouard André，1840—1911年）于1872年在利物浦完成的曲线优美的塞夫顿公园（Sefton Park）。克恩的设计中包括沿着佩雷斯河道大量形状弯曲的水体，众多桥梁和绵延的行车道，而公园的东段，离城市最近的区域，被设计为"民众聚集和漫步的地方"（Loughlin和Anderson，1986）。

# 3. 规划和设计

## 3.1 位置

森林公园离圣路易斯市中心不算近。它的东部边缘距离密西西比河约4英里（6.4公里）。事实上，在选址和命名的时候，该场地位于城市边界以西2英里（3.2公里）处。1876年，圣路易斯市脱离了圣路易斯县，面积从18平方英里（47平方公里）扩大到62平方英里（161平方公里）。这也使得圣路易斯市接管了公园，并废除了专门的森林公园税。

洛夫林和安德森指出，到1901年，这个公园"已经开始实行"麦金利和克恩的计划，并且"促进了它周边（特别是在公园北部和西部）的社区和时尚住宅……的开发"（Loughlin和Anderson，1986）。到了1976年，"公园周围的土地已经非常昂贵，几乎所有的土地都被占用了"（Loughlin和Anderson，1986）。正如赫克舍和罗宾逊（Heckscher和Robinson）所言，"这个公园远离中央商务区，却被西、北、南三面的居民区紧紧簇拥"（Heckscher和Robinson，1977）。现在对其区位更准确的描述是，它毗邻（皮茨曼风格的）私人街道和北部的高速公路，被这些私人街道上的高端高层住宅和位于公园西侧的华盛顿大学所包围；往东是高耸的医院和金士威大道，往南是高速、多车道的奥克兰大道（I-64）。

## 3.2 场地形态与原始地貌

公园场地是一个大致东西方向的矩形，长约10700英尺（3260米），宽约4800英尺（1465米），东南角上伸出一个南北向的长2700英尺（820米），宽1600英尺（490米）左右的长方形小方块。这个小方块的大部分面积被金士威大道和I-64大道的立交桥所占据。剩下的部分用林荫大道与公园分隔开。公园的东北角也被建于20世纪50年代晚期的高速公路（现在被委婉地称为森林公园路）和与之相邻的于1993年竣工，连接兰伯特机场（Lambert Airport）与圣路易斯市中心的地铁轻轨切掉了。

蜿蜒的佩雷斯河及其支流塑造了场地的自然原始地形。河水自公园的西北角流入公园，在靠近公园中心时转向东北，再在公园东侧一路向东南弯折，最终消失在公园的东南角，而后奔向密西西比河。克恩把它描述为一股"狂野、捉摸不定的草原溪流，有时足以托起一艘尾轮轮船（stern-wheel steamer），而其他时候却几乎没有水"（Loughlin和Anderson，1986）。 在《1874年景观地图》（1874 Landscape map）中，这条河以

内森·弗兰克演奏台/塔圈（2013年10月）

克尔斯喷泉和世博廊咖啡厅（2013年10月）

北的区域被描述为树木繁茂的低洼地，而散布着间歇性支流的南岸地区则被描述为"树木繁茂的高地"，和"有着茂盛树林的山谷，一直向下延伸到河滩"（City of St Louis，1995）。这些支流（的河道）后来成了政府大道和麦金利大道的选线；它们之间的高地成了艺术博物馆、世界博览会展馆、"珠宝盒"温室（Jewel Box）和天文馆等建筑物的所在地。

## 3.3 公园的设计与再设计

克恩等人最初的设计是想让公园成为"无比浪漫美妙的风景，有蜿蜒的小径和行车道穿过幽深的森林，充满田园画意的土地被不规则的水体和自然的溪流所环绕"（City of St Louis，1995）。简而言之，一个对沃克斯和奥姆斯特德式的美国田园景观的翻版。但随后公园为召开1904年路易斯安那贸易博览会（以下简称"博览会"）而进行了重新设计。博览会之后公园进行了部分的恢复，然后从1976年开始，进行了一系列规划调整，最终在1995年汇总成一个总体规划，该工程在2004年——博览会百年纪念的时候已基本完成。

戴维·R.弗朗西斯（David R. Francis，1850—1927年，1885—1889年任圣路易斯市市长，1889—1893年任密苏里州州长）于1890年哥伦比亚博览会（Columbian Exposition）筹办之际，带领一个代表团赴华盛顿为圣路易斯市进行申办，并以森林公园作为举办场地（Loughlin和Anderson，1986）。由于弗朗西斯的坚持和努力，1899年1月，路易斯安那州选择圣路易斯作为其后第二届世界博览会（World's Fair）的举办地点。这届世界博览会的主题是纪念路易斯安那1803年购地案100周年，但正如1893年芝加哥的哥伦比亚博览会（为纪念哥伦布发现美洲400周年——译者注）一样，这届博览会也推迟了一年召开。来自国会、城市（财政）和民间捐款的500万美元，于1901年4月建立了路易斯安那贸易博览会公司（Louisiana Purchase Exposition Company，LPEC），并由弗朗西斯担任总裁。1901年6月，森林公园正式被选为博览会场地。

博览会实际上占据了公园西侧657英亩（265公顷）的土地，以及在斯金克大道（Skinker Boulevard）西侧租赁的615英亩（248公顷）私人土地。乔治·爱德华·凯斯勒（George Edward Kessler，1862—1923年）——另一位德国出生的风景园林师，以设计堪萨斯城市公园系统而闻名——被任命为博览会的场地设计师。凯斯勒深受（雷普顿风格的）帕克勒·穆斯柯王子（Prince Pückler-Muskau）如诗如画作品风格的影响，以及他口中的"将欧洲风格与美国景观相调和的，融合了新旧世界的不同特质的美丽城市画卷"（Culbertson，2000）。这届博览会的总体规划——也是"他最伟大的作品之一"——很大程度上受到了城市对称美学的影响。

展览建筑原本是临时性的，公园计划在展览结束后一年内完全恢复。但即便有这样的计划，为博览会所做的改造中仍包括了移除场地中大部分的树木；通过一条地下木质水渠疏浚污浊的佩雷斯河；为打造建筑地基而进行的大量土方工程，以及改造主湖，在卡斯·吉尔伯特（Cass Gilbert）设计的艺术宫［后来的艺术博物馆（Art Museum）］的轴线上形成一个巨大的对称式下沉花园。从1904年4月30日到12月1日，博览会接待了2000万人次的参观。是年10月，LPEC成立了一个"（公园）复原委员会"，由弗朗西斯出任主席。凯斯勒写信给委员会，建议除了艺术宫之外的所有建筑都应移除；贯通全园的河道（"现在已经不过是一条大型下水道了"）应该永久性地下埋；以前的林地应该换成大面积的草坪（Loughlin和Anderson，1986）。凯斯勒的这一提议契合了他的观点，即公园的使命是"为城市带来迷人的乡村风景和清新空气"（Culbertson，2000）。1905年1月，LPEC任命他来具体筹划这项工作。

艺术博物馆，除去其对称的侧厅部分，在1906年8月开放，但渠化河道的建设直到1911年才开始，并且直到20世纪20年代末也未能最终完成。LPEC试图在1907年11月将公园交还给城市。其间弗朗西斯和公园管理委员会主任菲利普·C. 斯坎伦（Philip C. Scanlan）之间出现了分歧，特别是关于为博览会移除的树木数量等问题。最终，在1909年4月，城市同意收回公园，条件是公司遵照1908年LPEC的委托，根据城市的需求，建造一座世界博览会展厅兼咖啡厅，并同意"花费至少20万美元为托马斯·杰斐逊（Thomas Jefferson）建造一座纪念碑"（Loughlin

和Anderson，1986）。纪念碑的落位极大地延伸了从艺术博物馆穿过公园的中央美术轴。

公园被移交后，凯斯勒被斯坎伦聘为园林部的风景园林师。他于1912年从堪萨斯城搬到了圣路易斯。德怀特·F. 戴维斯（Dwight F. Davis 1879—1945年）——网球运动员和戴维斯杯的捐助人，接替斯坎伦，从1911年起担任公园专员，开始了一段为期20年的休闲设施改进运动，在公园中增设了一系列的网球场、高尔夫球场、运动场和跑马道。他的职位名称后来改为公园与康乐专员，也呼应了这一系列的变革。同时，戴维斯还在1911年要求凯斯勒为公园进行种植规划，从政府山（Government Hill）上的花展到公园西南角栽种的树木和野花，并扩大了保留下来的树林，也就是现在的肯尼迪森林（Kennedy Forest）。

1913年，动物园部分从公园中分离出来。公园接受了雕像和喷泉等的捐赠。城市和公园的机动车使用量开始急剧增加，1929年提出的在公园现有体育设施、温室建筑和城市剧院（简称"Muny"）的基础上兴建体育场的建议却引发了市民抗议。1930年至1945年期间，由于经济大萧条和第二次世界大战，出现了"资金、人力和材料的短缺"。"珠宝盒"——一个装饰艺术风格的温室，因其中展示的奇花异草而得名，部分由公共工程管理局（PWA）资助，于1936年完工（2000年被列入国家历史遗迹名录，2002年翻新）。位于公园南侧的奥克兰高速公路也于1936年开通。

二战后的郊区化使整个城市的人口减少，税基缩小。1944年和1955年债券获准发行，但20世纪60年代的债券发行和增税措施未能获得足够的选民支持。1958年公园自行重组了园林、康乐及林业部，面对的是游客人数不断减少、破坏公物现象日益严重、罪案率居高不下，以及维修工作不断积压的困境。1971年动物园博物馆区（ZMD）成立，开始受益于圣路易斯市和县的物业税征收，从而建立了动物园、艺术博物馆和科学中心，比如从1983年开始资助的（亨利·肖）密苏里植物园（毗邻塔树公园），以及从1988年开始资助的密苏里州历史博物馆。公园本身的运营亮点是1957年的斯坦伯格溜冰场（Steinberg Skating Rink）建设所获得的一笔巨额私人捐款，但很快就遇到了运营上的困难。这期间增长最为显著的活动似乎是穿越公园的过境交通。

最后，在1976年，美国建筑师学会圣路易斯分会邀请了一个区域/城市设计援助小组（R/UDAT）来参观和评估这个公园。他们建议去掉公园中尽可能多的机动车交通，并实现公园的区域自治。这引发了政治上的争论。最终在1978年9月，市长詹姆斯·康威（James Conway）任命了一个总体规划顾问小组，小组由对公园发展最直言不讳的团体的代表组成。在那个时候，公园里到处都是公路和体育设施，大盆地和艺术山（Art Hill）之间遍布着高尔夫球洞。而后工作组提出的建议于1983年通过，但却几乎没有得到执行。唯一显著的变化是"道路迁出、重新铺装和回填了邮报湖（Post-Dispatch Lake）周围的潟湖"（City of St Louis，1995）。情况直到1986年"永远的森林公园"（这一组织）的建成，以及1995年（仍然是现在的）森林公园总体规划的制定和实施，才出现了重大转机。

"永远的森林公园"（FPF）是一个非营利性的倡导组织，它旨在与城市持续合作，"从现在到永远，恢复、维护和维持森林公园，使之成为美国最伟大的城市公园之一"（FPF使命宣言）。公园于1993年开始着手"1995年总体规划"（1995 Master Plan）的编制，以对1983年以来的规划工作做出修订，目标是寻求"一种全面且有效的办法，来满足所有公园使用者的需求"（City of St Louis，1995）。这是一个具有极高的包容性的过程，参与其中的包括约翰·霍尔（John Hoal，后来的圣路易斯开发公司的城市设计总监）领导的

专业团队；由市长小弗里曼·博斯利（Freeman Bosley Jr）任命的由67位成员组成的总体规划委员会（开会约20次）、19人组成的执行委员会（会议超过50次）、25次公开会议和另外100次与特定利益集团举行的会议。

总体规划的目标十分清晰。主要是为"公园及其使用者创造出丰富多彩、综合利用、环境健康的未来"，吸引更多的公民和游客，体现圣路易斯的多元文化，为特殊活动提供庆典场地，使所有使用者都能享受安全友好的环境与良好的休闲体验。"设计方法"是基于"人文生态系统设计理论"（human-ecosystem design method）[由约翰·莱尔（John Lyle，1934—1998年），加州大学理工学院波莫纳分校景观建筑学教授倡导]，以提供"全面的公园体验"；实现"人与自然过程的共生"；遵循"可持续设计原则"（City of St Louis，1995），与时代精神十分契合。

在设计意图方面，最主要的两个概念是，首先"根据公园的自然条件和人造设施勾勒出一条核心轴线（基本上顺应了佩雷斯河和公园中断崖的走向）；其次，提供一个主要的市民……聚会场所……修复公园中心地带的大盆地、艺术山和邮报湖地区"，并配以一系列的"地标、场地、街区和道路"（City of St Louis，1995）。从设计干预的角度来看，旗舰项目（flag-ship project）是在地下管道河顶重建了佩雷斯河的拟像，用一系列不同的水体贯穿整个公园，在大盆地和邮报湖中维持恒定的水位，同时将引入系统的市政供水水量减半（PPS，2000；Hazelrigg，2004）。这条新流入的河道虽然是人工修建的，但因其栖息地价值而被归为国家保护的水道，现在被视为大河绿道步道系统（Great Rivers Greenway Trail System）的重要组成部分，一条沿着密西西比河支流的休闲路线。

其他一些依照总图概念完成的示范性项目包括大盆地、邮报湖、政府山和艺术山的修复，

爱默生大盆地和艺术山（2013年10月）

鹿湖自然区富有野趣的溪流（2013年10月）

圣路易斯艺术博物馆（2013年10月）

由HOK事务所策划牵头，由SWT事务所实现了丹·凯利（Dan Kiley）自20世纪80年代以来对艺术博物馆前部空间进行的设计；城市剧院前宝塔圈（Pagoda Circle）的修复由OVS公司（Oehme, Van Sweden）和其合作伙伴完成；黑尔·欧文（Hale Irwin）高尔夫服务公司重新设计了27洞的普洛布斯坦（Probstein）高尔夫球场；富有历史韵味的草甸、沼泽白橡林和河岸种植的修复也由OVS公司和当地种植专家达雷尔·莫里森（Darrel Morrison），及土壤科学家马克·费尔顿（Mark Felton）一同完成（Hazelrigg, 2004）。作为该项目的一部分，其他修葺一新的"地标和场所"还包括斥资110万美元的世界博览会展厅（World's Fair Pavilion）/咖啡厅、"珠宝盒"温室、船屋、游客和教育中心。此外，密苏里历史博物馆于2000年扩建，艺术博物馆于2013年6月开放了由大卫·奇普菲尔德（David Chipperfield）设计的扩建部分。

## 3.4　公园现状

近一时期，一系列令人印象深刻的工作创造出令人惊讶的节点和景观雏形，几乎掩盖了二十多年前公园破败的旧时光景。但在这之下，公园整体的面貌依然呈现出一种令人不悦的混杂——它既没有田园风格的疏朗纯粹，也没有精致整体的城市风光——看起来比照菜单点菜更随意。尽管已经拆除了许多机动车道，梳理并延伸了游步道和自行车道，它仍然是一个流线冗长、布局松散的公园。自2011年起，由公园ZMD、城市和"永远的森林公园"组织共同出资设立了夏季无轨电车观光环线，连接起公园中主要的景点。

这个公园也正在成为野生动物保护区。密西西比河是候鸟迁徙的必经之路，公园里现已发现的鸟类多达200多种。鹿、狐狸、火鸡和鹌鹑经常出没。一场对公园内所有物种进行的生物普查（Bio Blitzes）——24小时的密集调研展现出十分惊人的生物多样性，那里有超过600种植物物种，包括濒临灭绝的密歇根百合（密歇根百合属）和一种濒临灭绝的荚蒾属物种。

# 4.　管理，资金和使用

## 4.1　管理组织

森林公园仍归圣路易斯市所有和经营……由公园、康乐及林业部管辖（www.stlouismo.gov）。但该部愿意协同"永远的森林公园"组织和ZMD机构，以继续迄今为止非常成功的这种合作关系。ZMD得到了圣路易斯市和县的支持，但公园却没有得到县政府的支持。但是，在1995年的总体规划实施后，城市森林公园与"永远的森林公园"组织结成同盟，一起为他们的"重现光辉"运动筹集了9400万美元。在2003年底之前，这个数字已经突破了1亿美元（Hazelrigg，2004）。

"永远的森林公园"组织拥有7500名成员和1100名志愿者，目前拥有500多英亩（200多公顷）的公园，包括170英亩（69公顷）的重建自然保护区。他们采用了区域管理系统——类似于中央公园和密苏里州植物园（Missouri Botanical Garden）的配备——分区作业的园丁们与公园部门的工作人员和志愿者一起工作。剩下的850英亩（344公顷）左右的面积是由市政府或其经营者（如高尔夫球场）直接管理的，公园内共计14000棵树由5位园林部门的树木学家管理。

## 4.2　资金

公私合作的募资渠道运转良好。"永远的森林公园"组织于2013年开始了为期五年的一项活动，旨在筹集3000万至1.3亿美元的基本建设资金和1亿美元的捐赠基金。这场运动包括购买城市发行的3000万美元的森林公园永久债券，以提高城市再投资的流动性。这种创造性的融资手段来自2007年巴恩斯犹太基督教医院（Barnes-Jewish Christian Hospitals，BJC）的一项操作。城市批准了医院在金士威大道以东一块土地上的长期租赁及地面建设（医院已在地下修建了停车场），作为回报，BJC以每年200万美元的租金投入公园的信托基金，而每年另外的180万美元则来自"永远的森林公园"组织。实际上，"永远的森林公园"组织早已补上了1876年圣路易斯市脱县后留下的资金缺口，这给公园带来了更多的财政稳定性，但尚不如动物园-博物馆区那么稳定——自1971年以来，动物园-博物馆区一直由两家机构（圣路易斯市和圣路易斯县）共同出资。

## 4.3　使用情况

当然，很难十分精确地统计这样一个完全开放的大型城市公园的参观人数。但通过定期进行的交通调查，和聘请专业调研人员提供的数据显示，2013年采集的年均游客访问量是1300万人次，其中600万人次造访了公园内的机构，如动物园。[1] 在那之前的统计数据是每年1200万人次。1995年的总规建议的年均游客量是1000万人次，而在1894年的时候，这个数字还只有250万人次（City of St Louis，1995）。洛夫林和安德森给出的20世纪70年代时的数字是每年450万人次（Loughlin和Anderson，1986）。这些数据清楚地表明了一点，那就是游客数量在不断增加。

### 4.4　治安情况

森林公园已经逐渐呈现出抑制违法案件发生的良好态势。公园中绝大多数的违法行为都是顺手牵羊，比如偷车，而非伤人事件。2013年，有两名马上护林员和四名骑警上岗。这是一种十分友善的安保形式，骑警的数量还有望继续增加。

## 5.　未来规划

目前为基础设施建设募集的3000万美元资金，允许公园进行一些必要但不那么吸引眼球的改进，包括重新铺装城市剧院上层停车场（它目前只是一片柏油浇成的海洋）以及中心场地，增加及改善卫生间和饮水机——以应对需求量（主要来自慢跑者和自行车骑手）的逐年增长；永不停歇的道路维护，以及改善杰斐逊湖的水循环系统等。与此同时，人们偶尔也会提出对遛狗公园和飞盘高尔夫等设施的需求，并提醒经理们，不能仅仅止步于20世纪90年代中期制定的计划工作，公园迟早都要迎来一场更为长远的规划。

## 6.　小结

圣路易斯森林公园的历史展示了过去一个半世纪以来大多数"美国田园"城市公园所遭遇的艰难历程。尽管它在过去20年间通过公私合营获得了"惊人比例"的投资，从而实现了复苏，但它仍然是两种截然不同的设计血统的融合—— 一个尽管精心培育、体格强健、惹人喜爱，但依然是风格混杂的四不像。与圣路易斯的第二大公园塔树公园不同，它的设计风格不够纯粹统一，因此无法列入国家历史遗迹名录。它被描述为"形态和进程上的大拼盘"（physicaland programmatic pot-pourri），而回避了这样一个问题：我们是否能"找到一种方法，将19世纪的公园带入21世纪，而不是裹足不前，频频回顾"（Hohmann，2004）。无论如何，圣路易斯森林公园拥有超强的人气和令人艳羡的管理组织。同时，从历史背景中解放出来，也使得公园的规划者和管理者能够更加游刃有余地协调各种矛盾与多样性。对于这样一个大型公园来说，在不减少其文化或娱乐成分的情况下，圣路易斯森林公园已足够成为环境修复项目中的典范。

### 注释

1. 2013年，动物园收购了奥克兰大道南侧的土地，以取代原来的南停车场，并在大道上架起一座桥梁。这将使动物园扩大到目前的停车场区域。

# 第29章 阿姆斯特丹森林公园

（Amsterdamse Bos）

（2470英亩/1000公顷）

## 1. 引言

阿姆斯特丹森林公园可能是20世纪世界上最大的城市公园。公园在20世纪20年代就开始被阿姆斯特丹人构思，最终被纳入1935年的《城市扩张总体规划》（General Expansion Plan）之中。如同荷兰的许多景观一样，它完全是一个人造景观。公园的建设工作从20世纪30年代开始，当时政府为了应对经济危机，启动了创造工作计划，森林公园的建设即为其中之一。公园的建设绝大部分为人力完成。这也导致"阿姆斯特丹人与'他们'的树木"之间情感纽带的形成，"许多阿姆斯特丹人还记得他们的父亲或祖父们——甚至有些亲历者还健在——是如何用他们的双手挖掘划船比赛水道\*"的（Daalder，1999）。森林公园的最后一棵树在1970年才最终种下。

后来，通过并入纽瓦梅尔（Nieuwe Meer）北部的部分土地，公园的面积达到1000公顷（从最初的935公顷），目前的规划方案延续了在城市肌理中形成绿楔的原则。公园的西侧为阿姆斯特

丹国际机场——史基浦机场（Schiphol Airport），东侧和南侧则为高密度的城市开发区。1935年的《城市扩张总体规划》中曾设想："阿姆斯特丹要拥抱城市周边的景观"（Wagenaar，2011），负责鹿特丹城市总规的维特韦恩（W. G. Witteveen）对其评价很高，因为该规划珍视了"人们对自然、阳光、水景日益增长的需求，民众渴望娱乐和运动体验"。阿姆斯特丹森林公园的现行规划和管理政策，也以解决民众这一需求为目标。

森林公园的面积与市中心老城区（环形运河围合）的面积大致相当。虽然公园奠基之初主要依照实用性的标准来设计，但后来逐渐衍生出更为诗意的田园风格。公园的设计是"一个由教授、植物学家、生物学家、工程师、建筑师、社会学家和城市规划师组成的均衡的团队"的成果（Jellicoe和Jellicoe，1987）。当时的方案——森林公园规划——目的是"为休憩娱乐快速营造一座森林"（Stedelijk Beheer Amsterdam，1994）。方案按照森林、开放空间、水体三等分的原则进行规划，是对沃克斯和奥姆斯特德的"美国风景

---

\* 即Bosbaan，阿姆斯特丹森林公园划船水道，是一个人工湖，1928年的阿姆斯特丹奥运会曾在此举办。——译者注

100 metres

## 阿姆斯特丹森林公园

1. Nieuwe Meer 纽瓦梅尔湖；2. Tennis Centre 网球中心；3. Bosbaan 森林公园划船赛道；4. Ringvaart 环形运河；
5. Grote Vijver 大湖；6. Grote Speelweide 圆形大草坪；7. Speelvijver 儿童游乐场；8. Central Hill 中央山；
9. Sport Park 体育公园；10. Kleine Vijver 小湖；11. Burgemeester-Colijnweg 考林大街；
12. Event Space 节事大草坪；13. Schinkelbos 辛克博斯公园；14. De Poel 普尔湖；15. Park Office 公园办公区

园"的致敬。因此，为了给场地排水，需要大量的土方工程和排水设施；为了营造地域性森林景观，需要进行大量的植物种植工作；为了创造水体、为游憩活动提供场地，需要大量的场地清理工作。最终，公园形成了350公顷的森林（约占总面积的39%），230公顷的草地（约占总面积的26%），165公顷的水体（约占总面积的18%），以及70公顷的滨水区（约占总面积的8%）和9%的运动场、道路、停车场用地。

## 2.　历史

### 2.1　成为公园的时间和缘由

"著名的'三大运河计划'*实施以后，阿姆斯特丹一直发展得非常有序"（Chadwick，1966）。但到了18世纪中期，当时被运河环绕的城区建筑用地已经不够了。1866年，城市总工程师范·尼夫特里克（van Niftrik）制定了一个城市发展规划，规划中"第一次明确了城市公园布局"。这可能受到了奥斯曼对巴黎的改造计划的影响。这一规划要求"在城市的四周布局公园，明确要在城市南部布局一个公园，西南部布局两个公园"，其中之一就是冯德尔公园（参见第14章）。快速的城市发展及其对民众健康的影响，催生了1901年的《住宅法案》（Woningwet Law），法案要求"在房屋建设和土地利用方面需要进行重大的变革"（Polano，1991）。

出于对生活品质问题的思考，生物学家、教师雅克·P. 泰瑟（Jac P. Thijsse，1865—1945年）在1908年倡议，"应该为阿姆斯特丹市民建设一个便于散步游憩的公园系统"（Woudstra，1997）。他的建议之一是"在纽瓦梅尔附近滨河一带风景优美，适于建设一个森林公园"（Polano，

公园办公区及野花草地（2012年7月）

1991）。致力于"为每个人创造可以方便接触自然"的泰瑟，与建筑师/规划师亨德里克·佩特鲁斯·贝尔拉格（Hendrik Petrus Berlage，1856—1934年）合作，开始在20世纪初10年代共同解决阿姆斯特丹的公园和开放空间不足的问题。

但"直到1921年发生的两件大事，才从根本上抑制了城市的无序增长"（Polano，1991）。一是住宅法案带来的一系列变化，使得城市规划师不再只是简单地画出道路，而是深入地规划土地利用方式；二是附近的沃特格拉夫斯梅尔（Watergraafsmeer）、斯洛滕（Sloten）等地区并入阿姆斯特丹，使阿姆斯特丹的城市面积扩大了四倍，这意味着贝尔拉格在1914—1915年的规划中许多超过了城市边界的公园，变得可行。

德国汉堡市和汉堡城市公园（参见第20章）的"总设计师"弗里茨·舒马赫（Fritz Schumacher），在1924年7月在阿姆斯特丹举行的一个国际规划会议上，发表了关于城市发展的演讲。他提倡景观应被设计为"一个渗透到城市中的开放空间网络……并将郊区与城区联系起来"（Chadwick，1966）。从那时起到1928年，各方为阿姆斯特丹和森林公园提出了大量规划

---

*　17世纪阿姆斯特丹市中心开凿的三条运河：绅士运河（Herengracht）、皇帝运河（Keizersgracht）和王子运河（Prinsengracht）。——译者注

方案，其中包括公共工程局长博斯（A.W.Bos）在1924—1926年间编制的《阿姆斯特丹总体规划方案》（Schemaplan Groot Amsterdam）。这一方案大部分来源于泰瑟和贝尔拉格的方案（从未被批准）。博斯方案建议在纽瓦梅尔湖以南修建一个大型公园，正是森林公园规划的雏形。1928年11月，阿姆斯特丹市政府批准了这一方案，并同意了公园的选址。1929年是经济大萧条的开始，当年1月，组建了"森林公园委员会"（Boschcommissie，又称"博斯委员会"）以着手公园的设计建设工作。

划艇赛道（2012年7月）

## 2.2  公园设计时的规模和场地条件

当时指定的公园范围约895公顷，坐落于圩田之上——由低于海平面的低地填埋而成，通过堤坝防治倒灌和洪水（Balk，1979）。这片区域由纽瓦梅尔湖附近的若干块洼地和泥炭沼泽组成。夏季该区域的水位比阿姆斯特丹平均水位低4.6—4.7米，比海平面低4米。当时，位于现在史基浦机场和阿姆斯特尔芬（Amstelveen）之间的堤坝两侧的高差就达4.5米。整个场地由数百块狭长的圩田组成，场地东北部的圩田呈南北向排列，而西部的圩田则呈西北向东南排列（Balk，1979）。这种肌理是在1858年到1925年的多次围海造地和泥炭开采的过程中形成的（Berrizbeita，1999）。当时，晒干的泥炭是主要的燃料来源。泥炭的开采留下了沟壑和凹凸不平的地貌。圩田的土壤成分极丰富，包括黏土、沙粒、泥炭和砂壤土等。圩田的地下水位相对连通，意味着整个公园的地下水位可以统一调控。但为了符合树木生长的需求，整个公园的地下水位需要控制在地面以下1—1.5米。

## 2.3  公园建立过程中的关键人物

1931年5月，森林公园委员会公布了关于森林公园的研究报告。当年颁布的《住宅法案》支持了森林公园的土地征收。公园的规划方案由阿姆斯特丹公共工程局的城镇规划处负责；而公园的方案设计，则在科内利斯·范·埃斯特伦（Cornelis van Eesteren，1897—1988年）的领导下进行。范·埃斯特伦"是风格派的一名干将，荷兰先锋派的一面旗帜，他在现代主义运动中贡献卓著……他认为，城市规划作为一门学科，最终要解决实际问题"（Wagenaar，2011）。公用事业工程处负责方案的实施，园艺处负责向规划处和公用事业管理处提供咨询和建议。范·埃斯特伦与规划师/风景园林师雅各帕·穆德（Jacopa Mulder，1900—1988年）是提出设计策略的关键人物。

范·埃斯特伦、穆德、泰瑟和森林公园委员会的委员们广泛考察了英国的多个公园、汉堡的城市公园，以及维也纳、布达佩斯和慕尼黑等地的公园。《英国皇家建筑师学会期刊》（RIBA Journal）记载，范·埃斯特伦"主要负责景观规划的工作"，他还曾是"国际现代建筑协会（CIAM）*的最后一任主席"（RIBA Journal，

---

\*  国际现代派建筑师的国际组织（Congrès International d'Architecture Modern，CIAM），1928年在瑞士成立。发起人包括勒·柯布西耶、沃尔特·格罗皮乌斯、阿尔瓦·阿尔托等。最初只有会员24人，后来发展到100多人。1959年停止活动。——译者注

1938）。范·埃斯特伦曾向风景园林师毕豪沃（J. T. P. Bijhouwer，1898—1974年）咨询森林公园的规划。毕豪沃的设计理念是"回归自然与本土艺术"，这也是荷兰景观设计思想的一种核心理念。如泰瑟就曾提出"自然沼泽应该加以保存，人工种植越少越好"；而阿姆斯特丹植物园园长范·拉伦（A. J. van Laren）则主张"景观种植应遵循植物地理学原则"（Woudstra，1997）。

## 3. 规划和设计

### 3.1 位置

1935年森林公园总体规划（博斯方案）获得批准，也作为阿姆斯特丹《城市扩张总体规划》的第一个启动项目。森林公园北入口距离阿姆斯特丹中央火车站（Central Station）仅6公里，因此被作为插入城市的五个绿楔之一，成为禁止开发区域。直到今天，森林公园仍然是阿姆斯特丹感受"自然"的重要场所。由于它的成功，阿姆斯特丹在20世纪70年代又建设了两个类似的公园——城西部的斯巴恩伍德公园（Spaarnwoude）和北部的特维斯科公园（Twiske）。斯巴恩伍德公园的主要功能为休闲游憩，并成为住宅区和西边码头区之间的缓冲区。特维斯科公园位于城市北部沃特兰（Waterland），属于圩田景观，更多定位于感受自然的区域。如同斯巴恩伍德公园的缓冲功能一样，森林公园也因位于不断扩张的史基浦国际机场和东部的阿姆斯特尔芬之间，起到越来越重要的缓冲作用。机场的存在，成为保护和保留公园的重要依据。但在20世纪10年代对横穿公园的A9高速公路的拓宽以及日益繁忙的机场，对公园也不断地产生影响。

同时，森林公园的存在也支撑了阿姆斯特尔芬的房产和资产价格高于平均水平。20世纪90年代，公园的东北角被批准用于（私营的）网球中心的建设，作为平衡措施，公园向西南辛克圩田（Schinkelpolder）进行了扩展。向西南扩展的首期面积约40公顷〔辛克博斯公园

马道（2012年7月）

（Schinkelbos）]，总共计划扩展70公顷，以建设一个深入兰斯塔德"绿心"——兰斯塔德是指包括阿姆斯特丹、鹿特丹、海牙和乌得勒支等城市在内的城市群；"绿心"是指这些城市之间保留的巨大生态、农田、水域等空间——的"生态廊道"。兰斯塔德城市群包含了荷兰的若干最重要的城市，共有600多万人口，约占荷兰全国人口的40%以上。《阿姆斯特丹2040年愿景规划》（Structural Vision: Amsterdam 2040）中，已提出进一步扩大阿姆斯特丹森林公园，将纽瓦梅尔湖以北的150公顷生态空间并入森林公园。[1]

## 3.2　公园的发展

公园的修建开始于1934年。首批工作包括把这零散的圩田整合成一块，以及为绿化种植、降低土壤地下水位而修建了排水沟。整个场地以15—25米间距布设直径6厘米的渗排管，总共铺设了约300公里之长。场地排水系统设计成流入人工水道，水道与泵站相连接，通过水泵将水排到场地西侧的环形运河（Ringvaart）。场地的地下水位情况非常复杂，在划艇赛道（Bosbaan）以北的水位为-4.5米，而纽瓦梅尔地区的地下水位为-0.6米，水闸两侧的水位差达到3.9米，这就要求对地下水位进行操控，以确保排水系统正常运转。另一条穿过场地的人工水道，比划艇赛道还要低，约-5.5米。

划艇赛道的开挖工程也于1934年开始，与此同时，还修建了看台和水闸、船屋。1937年，长约2200米、宽72米的划艇赛道完工，由威廉明娜女王（Queen Wilhelmina）剪彩。1964年，赛道被拓宽到92米；到2001—2002年，赛道被进一步拓宽到118米。挖掘水道和其他水体的土方，（主要）通过人工搬运，在公园中央堆砌了一座16米高的山体。公园的植物景观营造——主要原则是建设由乡土树种组成的大面积林地——从1937年开始，直到1967年完成大部分造林工作。

划艇赛道（2012年7月）

## 3.3　原设计概念

森林公园总体规划要求公园"应具备社会价值，满足民众各类活动和休闲的需求"（Woudstra，1997），规划也强调自然对休闲游憩的重要性（DRO，1994）。场地的设计"不是简单地套用传统的公园设计形式……风景园林专业的学生可能会愉快地发现，森林公园的设计并没有太多墨守成规之处"（RIBA Journal，1938）。"阿姆斯特丹森林公园的功能性基础非常明确，是考虑其美学和社会价值的出发点"（Chadwick，1966）。但也有观点认为方案"对'场所精神'的考虑有所不足，是对地域性景观的一种破坏"（Berrizbeita，1999）。相反的观点则认为，"森林公园是'在城市环境中独特的景观'，'巧妙地满足了大众的运动和休闲需求'"（Polano，1991）。那么，阿姆斯特丹森林公园的产生到底是纯粹实用主义的产物？还是对典型困难立地条件的荷兰地域性解决途径？

　　森林公园中"草坪的尺度和优美的多样地形空间"很容易让人想起雷普顿的作品（*RIBA Journal*，1938），而雷普顿的设计讲究"对场所精神的挖掘"（Hunt，1992），但也有不少观点对此提出异议：

- 设计师想在这样一个几乎完全平坦、低于海平面的人工场地上获得"场所精神"是极其困难的。根据植物地理学进行植物景观设计，更多是场地条件使然。
- "看到公园将挖方堆砌为山体，就知道范·埃斯特伦和穆德牢牢掌控着设计方案"，"这是一个展现建设和可持续造林过程的设计方案"（Hargreaves，2007）。
- 或者，正如荷兰设计评论家巴特·卢茨玛（Bart Lootsma）所说："我们（荷兰人）已经懂得不再把景观看作是一个既成事实，而是无数努力和积极作为的结果"（Lootsma，1999）。在阿姆斯特丹森林公园务实的开端之后带来的种种力量，产生的不仅仅是新的景观，还有更令人激动的东西。

## 3.4　空间布局、交通系统、地形和种植设计

　　狭长、标志性的森林公园划艇赛道分割出公园北部区域，也是北部的主要吸引力。划艇赛道东西向的布局切割了圩田南北向的原有肌理。森林公园的其他运动区，如体育公园和网球中心等，也都位于公园的北部和东部，因为这些区域可达性更好，可以高效地分流人群。还有一个对场地布局产生重要影响的要素，即东西向横穿公园的考林大街（Burgemeester Colijnweg），这条路与高架的A9高速公路并行，作为A9的辅路存在。这条路修建于原圩田之间的堤上，同北侧的划艇赛道共同将场地切割为三段。南部区域由于

阿姆斯特尔芬的快速发展，访客更为密集。高速路旁原来为飞机紧急迫降砍伐出的长方形场地，现在被用于人群集中活动场地，包括音乐会等噪声较大的活动都可在此举行。[2]

　　中部区域的林地和草坪布置，主要以大湖（Grote Vijver）和小湖（Kleine Vijver）为核心。小湖南侧和西侧放射状布置了两块大型草地；大湖西南侧的轴线上布置了一块圆形的草坪和儿童游乐场，西侧则布置了一个露天剧场。南部区域中，更多的是水道和小型开阔草地。靠近纽瓦梅尔湖和普尔湖（Poel）周边的沼泽，已被当作自然保护区进行管理。

　　公园的交通系统主要依次考虑了行人、自行车骑行者和骑马者的需求。2009年时，公园内部交通系统中包括137公里的步行道、51公里的自行车道以及23公里的骑马道，而机动车道只有14公里。公园的主入口与主要人流的方向一致，在公园的北部和东部。公园内的机动车道和停车场基本都布局在公园的边缘部分。步行道、自行车道和骑马道巧妙地穿插于林地和空地之间，当行进在道路的时候，可以感受到开放与遮蔽、明亮与幽暗之间非常戏剧化的对比。

　　按照规划，乡土植物一直是阿姆斯特丹森林公园标榜的重要特色，因此投入了大量资源用于降低地下水水位。植物景观建设之时，富含黏土的原生土壤通过混入泥炭而进行了改良。最初种植的树木配置时，阔叶树占到95%，针叶树占5%。适合土壤立地条件的自然顶级群落应该是由欧洲白蜡和荷兰榆组成的，但由于考虑到荷兰榆树病（Dutch elm disease）的风险，故而没有大量使用荷兰榆。在公园北部，树种组合主要基于西北欧的自然森林种类，由35%的橡树、20%的山毛榉、15%的欧洲白蜡、10%的槭树和20%的桦树、鹅耳枥、杨树等其他树种组成。在公园南部则使用了一些外来树种。在森林建植初期，种植间距在1米左右，使用了很多速生树种，如

桤木和杨树等，以起到保护树种的作用，为未来的主导树种提供防风等保护功能。5年过后开始对保护树种重剪，15年后伐除这些速生树种。之后每4年对现状树木进行一次疏伐；40—50年以后，对留存树木进行树种筛选，并最终达到平均每公顷80至100棵的密度。

## 4.　管理和使用

### 4.1　管理机构

阿姆斯特丹森林公园由阿姆斯特丹市政府完全拥有，并负责管理——即使只有不到20%的面积位于阿姆斯特丹市范围内。公园的大部分面积位于阿姆斯特丹以东的阿姆斯特尔芬和南侧的阿尔斯梅尔（Aalsmeer）。森林公园由市政府下属的社会发展局（Dienst Maatschappelijke Ontwikkeling，DMO，即Department of Social Development）负责管理。公园管理处有大约50名现场工作人员，大部分在2005年修建的、位于公园北部西南角的办公楼里工作。公园管理处负责公园的管理、维护以及公共服务。管理处下设三个部门：绿化组；游客信息和活动协调组；战略发展组。2009年通过的"公园维护计划"中提出，为了提升水系水质、维修道路（约占总道路面积的12%）、改造运动场地、树木养护等工作，需要进一步加大资源投入。目前，森林公园正在逐渐由资源驱动的管理模式向需求驱动的管理模式转变。

### 4.2　资金来源

1999年时，公园的常规养护运营预算约合500万欧元，其中77%来自阿姆斯特丹市政府；10%来自体育委员会，用于维护森林公园中的划艇赛道和体育公园；13%来自公园内活动和特许经营权的收益。2014年，公园预算约680万欧元，其中590万欧元（约占总额的87%）来自阿姆斯特丹市政府，90万欧元来自公园经营收益。

2011年，公园支出中，270万欧元（41%）用于人员薪资，190万欧元（28%）用于材料和维护费用，170万欧元（24%）用于建设工程（主要用于改造）。目前有两个问题比较突出，一是体育项目的收益过低，二是阿姆斯特尔芬市的投入过低——有30%的公园访客来自该市。阿姆斯特尔芬市曾在2013年一次性为公园投入100万欧元，正在考虑将小额经常性年度资助列入财政预算。

### 4.3　使用情况

森林公园每年都进行常规性的访客统计，指标包括访客数量、访客来源、活动类型和对公园的建议等。20世纪30年代森林公园总体规划编制时考虑的访客数量是平均每日74000人，高峰期访客每日90000到100000人，最大瞬时访客为70000人，以及每日50000辆自行车的访问量。到1985年时，工作日和周末的平均访客数（考虑季节）分别为5000—10000人次/每天和10000—20000人次/每天。最大访客数约在45000—50000人次/每天。[3]

1997年时，每年约450万人次到访公园，比1985年增加50万人次。65%的访客居住在阿姆斯特丹，而30%的访客来自阿姆斯特尔芬。几乎所有的访客都居住在森林公园周边10公里的范围内。60%的阿姆斯特丹居民声称每年平均7次到访森林公园。大多数访客到森林公园的活动为徒步、骑行、日光浴；对大多数访客而言，"自然"是吸引他们到访森林公园的主要原因。[4]到现在，访客的来源、行为模式没有太大变化，但访问量还在继续增加。2010年时，年度的访客量已达到600万人次，单日的最大访客量达到14.5万人次。与冯德尔公园相比，森林公园的这些数据均较低，这是因为其不同的定位和服务功能，但数据显示森林公园的热度正在稳步攀升。森林公园的犯罪率几可忽略不计，公园中有7名全天候执勤的骑警。[5]2013年，4年一度的荷兰最佳公

圆形大草坪旁停着的自行车（2012年7月）

由公园望向纽瓦梅尔湖（2012年7月）

园调查，将阿姆斯特丹森林公园评为7.9分，其被评为"阿姆斯特丹最受喜爱的绿色空间"。

# 5.　公园的计划

## 5.1　城市规划

《阿姆斯特丹2040年愿景规划》中"虽然仍把首都作为发展的核心，但规划已经考虑了整个周边地区（兰斯塔德）"（Wagenaar，2011）。《阿姆斯特丹2040年愿景规划》将大型开放空间作为控制城市形态的重要手段。《阿姆斯特丹2040年愿景规划》的主要方向有：

- 拓展城市中心：以吸引更多的商业集聚和游客。
- 促进景观空间和城市空间的融合：保护和提升类似阿姆斯特丹森林公园这样的"绿楔"。
- 激活滨水空间：提升IJ河和IJ湖的价值和活力。
- 城市南翼的国家化：包括扩建史基浦机场，加强城市东南部的发展（www.amsterdam.nl / wonen-leefomgeving）。

总之，《阿姆斯特丹2040年愿景规划》将在保护森林公园的同时，给公园带来西侧（机场）和东侧、南侧（城市）的发展压力。尽管如此，公园在纽瓦梅尔湖北部增加的150公顷，仍会加强这个巨大的城市"绿楔"，并加强公园与城市的联系。

## 5.2　公园管理

从森林公园的角度来说，阿姆斯特丹市1994年通过的一个管理计划中，强调了公园总的管理哲学，在坚持"以休憩及自然保护为目的的可持续性管理模式"的同时，寻求根据不同的功能和生态空间创造更多的差异性。该计划将公园分为4种分区和管理模式：

- 休闲娱乐区：在公园中部、北部和东部，在此区域休闲活动和人类活动位于最高优先级。
- 自然游憩区：公园西部，管理的目标是优先保障"自然中游憩"的人群需求。
- 自然保护区：在纽瓦梅尔湖、普尔湖（de Poel）、辛克博斯公园（Schinkelbos）附近，自然保护优先于游憩功能。
- 城市边缘区：公园东部靠近城市界面的区域，这个区域人的使用功能再次居于重要地位，同时通过茂密的森林形成与城市环境的鲜明对比。

提升公园自然度的措施还包括：

- 林分结构优化，以获得更好的树木年龄结构，覆盖更长的周期。

- 改造滨水空间，将河流渠道两侧的林木疏伐，以获得更多的生境多样性。
- 在草坪区进行放牧，在一定区域（100公顷）内散养高原牛，以提供一个可以自然演化、实现草本群落更替的环境。

2009年开始实施"公园维护计划（阶段性）"，2012年4月阿姆斯特丹市政府批准了《森林公园规划（2012—2016年）》。原有的森林公园规划和政策主要关注森林的保护和发展，而新的规划主要聚焦于如何迎合社会的需求。这一宗旨也体现在管理模式上，新的规划将森林公园分为三个区：自然区——主要是公园比较偏僻的区域、滨水的区域；活动区——在东部和北部，大多数运动设施和场地都分布在这一区域；休憩区——适于休闲活动的区域。新规划也更多强调可持续性问题；提升运动设施的使用频率，促进探索性休闲活动；举办更多的节事活动；鼓励私人赞助和参与公园的发展；促进永久性艺术装置的建设。总之，新的森林公园规划体现对其"城市森林公园"的角色认知——作为城市的一部分——"近在咫尺的世外桃源"（Gemeente Amsterdam，2011）。

## 6.　小结

阿姆斯特丹森林公园的存在，折射出荷兰景观中"城市的"、"自然的"环境，有更多人为因素的影响。几乎所有的景观皆为人造。荷兰景观的产生是一个适应人类需求、按照人类生活方式来营造的生产空间和生态空间的工程技术过程。距阿姆斯特丹森林公园开始建设已过去80多年，但其仍然处于建设过程中——一个不断计划地、结合管理的设计过程。公园正在变得更加

富有诗意，也仍是城市扩张和集约化发展的重要战略要素。

阿姆斯特丹森林公园最初的规划和设计，为公园可以不断迭代和进化提供了重要基础。地形、地下水位和水在场地中的运动，都需要精妙的操控。公园中央堆出的山体在早期作为重要的景观点，随着公园的后续开发，其重要性已经下降。成熟的大树森林和大块成片的间伐空地的对比，已经越来越受到访客的关注和喜爱。公园的交通系统成功地将机动车控制在公园边缘，同时很好地促进了自行车的使用；自行车线路规划和专用道的修建，与景观空间的结合非常完美，骑行期间可以获得非常丰富和高品质的景观感受。林荫道和茂密的、自然化的森林形成鲜明对比，提醒人们公园完全是由人工修建而成。近年来，公园的管理策略已经回归到强调其社会角色的重要性。阿姆斯特丹森林公园作为一个靠近城市中心、处于人工造地和人工森林环境中的大型休闲设施，无疑是20世纪大城市民主价值的体现，也必将在21世纪继续成为一个卓越的示范。

## 注释

1. 参考自2012年7月4日在森林公园与简-彼得·范德泽（Jan-Peter van der Zee）、阿斯特丽德·克鲁舍尔（Astrid Kruisheer）和埃弗特·米德尔贝克（Evert Middelbeek）的会谈。

2. 参考自2012年7月4日与简-彼得·范德泽等人的会谈。

3. 引自巴特曼（J. W. Butterman）在1987年8月做的问卷调查。

4. 基于1999年6月25日在森林公园与范奥斯滕（R. L. A. van Oosten）会谈时获得的信息。

5. 数据由2012年7月4日与简-彼得·范德泽等人会谈时获得。

# 第30章　明尼阿波利斯公园系统

（Minneapolis Park System）

（6744英亩/2729公顷）

## 1. 引言

明尼阿波利斯拥有"美国位置最佳、设计最棒、维护和管理最佳的公园系统"（Garvin，2011）。在2013年，明尼阿波利斯公园系统在公共土地信托基金会（Trust forPublic land）举办的美国公园评比中得到81分（满分100），在美国最大的50个城市的公园中位列第一。尽管明尼阿波利斯公园系统与波士顿"翡翠项链"公园系统相比认知度偏低，其设计师克利夫兰［H. W. S.（Horace William Shaler）Cleveland，1814—1900年］没有那么知名，但其可谓被完全低估了。

明尼阿波利斯公园系统主要分为两部分："环形公园带"及相连的公园道，和外延的邻里公园系统（大约每6个街区一个邻里公园）。环形公园带及公园道系统，与"翡翠项链"公园系统类似，是一个与城市环境和社会环境融为一体的开放空间网络。二者都以水系为基础，将水的

风景和游憩价值利用得淋漓尽致，同时也很好地利用了自然地形组织地表排水。

明尼阿波利斯公园系统的成功受益于其管理机构是直接选举、拥有独立财税权的实体——明尼阿波利斯公园与游憩委员会（Minneapolis Park and Recreation Board，MPRB）。MPRB有权发行债券、征收税赋和土地。因此，公园系统可以得到充分的保护、尊重和持续发展。到2013年，公园系统占地2729公顷（包括土地和水体），由197个公园实体组成，包括82公里长的环形公园带和88公里长的公园道，50个邻里游憩中心（对该地漫长、寒冷冬季的气候类型具有非凡意义），7个高尔夫球场，47个室外滑冰场，以及396个多功能运动场地（MPRB，2013）。公园系统还包括面积为4.4公顷的明尼阿波利斯雕塑公园，并参与沃克艺术中心（Walker Art Center）的运营管理。与之相比，1906年时公园系统的面积约732公顷，而1936年的面积则为2121公顷。

连接群岛湖（Lake of the Isles）和卡尔霍恩湖（Lake Calhoun）的水道（2013年10月）

群岛湖（2013年10月）

## 2. 历史

### 2.1 成为公园的缘由

在莱文沃思（Leavenworth）上校*1819年到达明尼阿波利斯地区，或1820年斯内林堡（Fort Snelling）建成的时候，这一地区还没有被开发（Wirth，1945）。1856年明尼阿波利斯建立城镇的时候，人口约1555人。到1872年时，人口增长到21014人；1887年人口就达到143423人。随着人口的增长，当地舆论开始呼吁建设公园。1883年4月，市议会授权建立了明尼阿波利斯公园管理委员会，这一委员会一直到1967年才改组为公园和游憩管理委员会。查尔斯·洛林（Charles M.Loring，1833—1922年），出生于缅因州的商人、社会活动家，成为首届委员会的主席。也是他作为明尼阿波利斯城市发展促进会的主席，在1876年邀请克利夫兰来参观明尼阿波利斯，并在促进会做演讲。公园管理委员会成立后，委托克利夫兰于1883年6月提交了"明尼阿波利斯城市公园及公园道体系建议书"（简称"公园体系建议书"），这一文件也是该市公园系统规划设计的雏形。明尼阿波利斯"在城市发展开端就得到

风景园林师的帮助，并获得巨大的益处"，这在美国是绝无仅有的（Sachs，2013）。

明尼阿波利斯贸易委员会在1883年1月的决议指出："要在明尼阿波利斯建设美国最好、最漂亮的公园和林荫道系统"，这样做也会带来"我们城市地产价值增值成百上千万美元"（Wirth，1945）。公园委员会也在1883年4月24日的会议上，富有远见地同意洛林聘请克利夫兰的要求。克利夫兰认为"虽然公园建设的开始还需要很多时间"，但他建议公园委员会应该"立即开始收储土地"。后来，这一建议也成为公园委员会制订政策的重要基石。坚持收储土地这一原则非常重要，土地所有者将土地捐赠出来修建公园，可以获得相应的减税，且其剩下的土地还会因为公园建设带来土地增值。与直接购买相比，这种方式更易获得多方共赢。

1883年再次来到明尼阿波利斯时，克利夫兰已经60多岁。他提出的"公园体系建议书"对明尼阿波利斯以及圣保罗的城市发展产生了深远的影响。克利夫兰的建议书是一份激进的、愿景式的文件，很可能受到奥斯曼（Haussmann）和阿尔方德（Alphand）的巴

---

\* 亨利·莱文沃思（Henry Leavenworth，1783—1834年），美国19世纪早期军人，建立了堪萨斯州的莱文沃思堡，后发展为莱文沃思县，位于堪萨斯州东北部。——译者注

洛林公园（2013年10月）

黎规划及奥姆斯特德的波士顿"翡翠项链"公园系统规划（1878—1895年）的影响，以及芝加哥1871年10月大火后的城市重建规划的影响（Tishler，1989）。同时，建议书的思路也与在密西西比河畔圣安东尼瀑布（St Anthony Falls）附近面粉厂和木材厂业主的心声一致。1891年3月，克利夫兰关于公园道系统的想法，得到了负责公园建设的特别委员会的支持和扩展。这个委员会的主席是威廉·弗维尔（William W. Folwell，1833—1929年），他提到明尼阿波利斯市"对于建设公园体系而言，只拥有不到三分之一的土地"。委员会倡导"明尼阿波利斯应该在其力所能及的范围内，成为美国的魅力之城"。这种呼吁在早期给了公园建设明显的推动力。在明尼阿波利斯市建立这个非凡的公园体系的过程中个人宣传、公众支持、政治信念和专业努力都共同发挥了重要作用。

## 2.2　公园相关的关键人物

显然，公园系统建立和设计过程中的关键人物包括洛林、弗维尔和克利夫兰。此外，另一个重要人物是公园主管西奥多·沃斯（Theodore Wirth，1863—1949年）——1906—1935年任明尼阿波利斯公园主管。

相对于其功绩来说，克利夫兰得到的认可是很不足的——"作为风景园林行业中奉献毕生的实践者和先行者，克利夫兰在专业领域受到的关注如此之少，是不可原谅的"（Newton，1971）。克利夫兰于1814年出生于马萨诸塞州的兰开斯特（Lancaster）。他的父亲是一个海运商人，母亲是一个活跃的基督教唯一神教派教徒，对进步教育非常感兴趣。19世纪30年代，克利夫兰的父亲在古巴哈瓦那任副领事，他在此居住数年（Newton，1971）。克利夫兰后来成为一名测量员，并曾有一

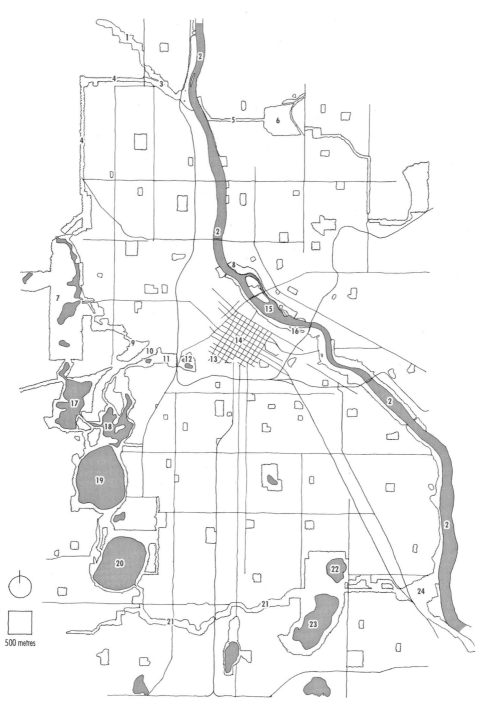

## 明尼阿波利斯公园系统总平面图

1. Shingle Creek 卵石溪；2. Mississippi River 密西西比河；3. Webber Park 韦伯公园；

4. Memorial Parkway 胜利纪念公园道；5. St Anthony Parkway 圣安东尼公园道；6. Columbia Park 哥伦比亚公园；

7. Theodore Wirth Park 西奥多·沃斯公园；8. Boom Island Park 繁荣岛公园；9. Bryn Mawr Meadows 布林莫尔草地；

10. Cedar Lake Trail 雪松湖漫步道；11. Sculpture Garden 雕塑公园；12. Loring Park 洛林公园；

13. Peavey Plaza 皮维广场；14. Downtown Minneapolis 明尼阿波利斯市中心；15. St Anthony Falls 圣安东尼瀑布；

16. Mill Ruins Park 磨坊遗址公园；17. Cedar Lake 雪松湖；18. Lake of the Isles 群岛湖；

19. Lake Calhoun 卡尔霍恩湖；20. Lake Harriet 哈里特湖；21. Minnehaha Creek 明尼哈哈溪；

22. Lake Hiawatha 海华沙湖；23. Lake Nokomis 诺科米斯湖；24. Mineehaha Park 明尼哈哈公园

段时间醉心于美国西部和印第安人——朗费罗的《海华沙之歌》（The Song of Hiawatha）*描述的充满魅力的西部。19世纪30年代，克利夫兰完成了他的第一次西部之旅，到伊利诺伊州做铁路勘察测绘的工作（Haglund，1976）。这段经历使得他开始厌恶北美网格式、规则式的城市开发模式，"对这种在如画的自然环境采用这种粗暴而专制建设方式而感到不安"（Neckar，1995）。

19世纪40年代早期，克利夫兰在新泽西伯灵顿开始实践科学种田，也向安德鲁·杰克逊·唐宁（Andrew Jackson Downing，1815—1852年）的《园艺家》（The Horticulturist）投稿。那个时代，不少知识分子和专业人士都选择科学的农业实践，其中就包括奥姆斯特德和罗伯特·莫里斯·科普兰（Robert Morris Copeland）。同上述两人一样，克利夫兰后来也逐渐转向"风景园林"领域。1854年，他搬到了波士顿，与科普兰合作。1855年，两人得到委托，设计马萨诸塞州康科德城（Concord）的"沉睡谷公墓"（Sleepy Hollow Cemetery），彼时著名诗人爱默生**也是该公墓筹备委员会的一员。这一项目也使克利夫兰一度想做一名专业的"墓地规划师"（Sachs，2013），这反而阻碍了他获得其他项目。克利夫兰于1867年离开马萨诸塞州前往纽约，并与奥姆斯特德与沃克斯结识，成为展望公园的管理人员。1869年，克利夫兰搬到了芝加哥，继续与奥姆斯特德和沃克斯合作芝加哥"南部公园体系"（Haglund，1976）。但到1870年，克利夫兰与奥姆斯特德分道扬镳。他决定待在美国中西部，但

他"早期与奥姆斯特德的关系，给他们带来了长久的友谊和相互尊重"（Tishler，1989）。

19世纪70年代，克利夫兰开始与土木工程师威廉·弗兰奇（William French）合作。芝加哥大火***后，他们获得大量公共重建项目的委托，也包括类似巴黎那样的林荫道设计。同时，他们也与明尼阿波利斯市和圣保罗市建立了联系。早在1872年，克利夫兰就已经开始"敦促两个城市的政府，应意识到当地具有非凡的自然条件，有充分的条件和潜力打造一个公园系统"（Newton，1971）。他在明尼阿波利斯市和圣保罗市进行演讲，并与弗兰奇得到许多项目委托（Haglund，1976）。克利夫兰早期在圣保罗市的项目橡树园公墓（Oakland Cemetery），被评价为"解决地形限制的杰作——很好地利用自然地形营造景观的氛围"（Neckar，1995）。

克利夫兰的《适合西部需要的景观设计学》（Landscape Architecture as Applied to the Wants of the West）出版于1873年。那一年的经济萧条影响了他的业务，也推迟了他回到明尼阿波利斯的时间。直到1876年受到洛林的邀请以后，克利夫兰才又一次来到明尼阿波利斯。他的著作中"强调了风景园林师在充斥着投机者、铁路建设、爆发增长的城镇和不断开垦自然草原的自耕农的地区，是多么的重要"（Tishler，1989）。非同寻常的是，"在如此早的著作中，就将风景园林师这一新职业的追求和专业技术如此全面地阐述出来"（Newton，1971）。克利夫兰将风景园林描述为"将土地的特点与人们对文明的需求，以

---

* 亨利·沃兹沃斯·朗费罗（Henry Wadsworth Longfellow，1807—1882年），19世纪美国最伟大的浪漫主义诗人之一。在1855年写成美国第一部歌颂印第安人的长篇史诗《海华沙之歌》，歌颂了印第安民族传说中的半人半神的传奇式人物海华沙，抒发了对草创美洲大陆的历史拓荒者的赞颂之情。——译者注
** 拉尔夫·沃尔多·爱默生（Ralph Waldo Emerson，1803—1882年），生于波士顿。美国思想家、文学家，诗人。爱默生是确立美国文化精神的代表人物。美国前总统林肯称他为"美国文明之父"。——译者注
*** 芝加哥大火，1871年10月8日，一场大火烧了几天几夜，把市区8平方公里的地区统统烧毁，伤亡惨重，这就是美国历史上有名的芝加哥大火。——译者注

最方便、最经济、最优雅的方式呈现的艺术"（Cleveland，1873），他批评那种"不考虑土地的地形地貌特点"、"不去保护原有自然特征，而这些极为珍贵的特征终究有一天会成为赋予场地明确而独有的特点"的"布局城市"方式。克利夫兰指出，密西西比河是"自然给予明尼阿波利斯最伟大的自然特征"。

克利夫兰的设计方案很大程度上得益于洛林（时任首位明尼阿波利斯公园管理委员会主席）的支持。洛林甚至在数年间放下自己的生意，致力于监督第一批公园的建设，以至于在1883—1885年间，他成了实际上的公园主管。直到1884年威廉·莫尔斯·贝里（William Morse Berry）被任命为公园主管，这种局面才得以改变。贝里曾在芝加哥南部公园项目中为克利夫兰充当工程主管（Neckar，1995）。1886年，克利夫兰将自己的公司和家都从芝加哥搬到明尼阿波利斯。

基于设计施工一体化的模式，克利夫兰得以很快地实施公园计划。过快的工程进度，甚至带来了公园委员会的担忧，他们请奥姆斯特德来明尼阿波利斯考察公园建设的情况。奥姆斯特德对工程建设没有提出异议，但他也观察到公园系统中"没有一个大型单体公园"（Neckar，1995），这恰与克利夫兰的观点针锋相对。1869年时克利夫兰就说过"波士顿并不需要中央公园，而是需要对周边乡村进行一系列改造提升"（Zaitzevsky，1982）。观点的争议并不重要，洛林、克利夫兰、贝里的通力合作已为公园系统的打造奠定了坚实的基础。

克利夫兰也得到了弗维尔的大力支持，弗维尔当时任明尼苏达大学（University of Minnesota）的首任校长（1869—1884年），他曾委托克利夫兰为明大做校园设计（Smith，2013）。弗维尔也曾在1889—1907年任公园管委会委员，其中八年任主席。他曾富有远见地提出"环形公园带"（Grand Rounds）并为其定名——这一体系也成为后来历任公园委员会和公园主管的奋斗目标；他也曾指出"聘请克利夫兰这样一位美国公园设计的大师为明尼阿波利斯服务，已经成为这个城市最伟大的财富"。克利夫兰后来一直为明尼阿波利斯的公园项目工作，直到80岁才退休。他于1900年12月去世，享年85岁。

但从历史的角度来看，真正实现克利夫兰的设想、将整个公园系统融为一体的，是1906—1935年任明尼阿波利斯公园主管的西奥多·沃斯。沃斯推动新建和扩建了一系列公园，这些公园都成为如今公园系统的核心部分，如格伦伍德公园（Glenwood Park）的扩建（1938年改名为"西奥多·沃斯公园"）、胜利纪念公园（Victory Memorial Parkway）、卡姆登公园［Camden Park，现韦伯公园（Webber Park）］等。沃斯的新建项目将"环形公园带"向北延伸，并向东达到密西西比河，将明尼阿波利斯市中心完全环绕。他曾指出"大约95%的公园湖区都在南城，其中又有80%在西南角"（Wirth，1945）。他也致力于将各类场地转变为公园绿地、提供更多游乐场地、广泛的园艺种植等。其他在任期间增建重大项目的公园主管还包括罗伯特·鲁赫（Robert Ruhe，1966—1978年在任）、戴维·费舍尔（David L. Fisher，1981—1999年在任）。鲁赫扩展了公园游憩的维度，建设了37个游憩中心和14个新公园。更具合作性的费舍尔与沃克艺术中心合作，创造了雕塑公园（1988年开业），并推动"环形公园带"在1998年列入美国国家风景道（National Scenic Byway）*名录。

---

*   美国国家风景道，是指具备"考古、文化、历史、自然、游憩和风景"六大价值的道路。美国国家风景道计划（National Scenic Byways Program，NSBP）系1991年由众议院通过的，旨在保护上述风景优美、资源独特但较少被使用的道路，以促进其周边的旅游和经济发展。——译者注

## 3.　规划与设计

　　克利夫兰在给明尼阿波利斯的忠告中敦促"要保护好适宜做公园的用地，以免这些土地被占用，或者由于价格太高只能选择偏远的土地"。他还建议公园管理委员们"把目光放到一百年以后，预见到城市人口达到百万之时，设想他们需要的是什么？他们将足够富足，可以买来任何东西，但却买不来早已失去的机遇"（Wirth，1945）。他可能是从在芝加哥南部公园系统的工作经历中产生这一想法的，当时获得的用来建设公园和林荫道的土地，便远离当时的芝加哥城区（Cranz，1982）。克利夫兰推崇林荫道，他将其视为阻隔火灾蔓延的屏障，这可能也是受奥斯曼改造巴黎的影响，以及他在芝加哥工作的经历。

　　克利夫兰主张为整个公园系统制定一个总体规划。他提出"应在密西西比河两岸布置宽阔的林荫道，一直向南到明尼哈哈瀑布（Minnehaha Falls）；应沿明尼哈哈溪（Minnehaha Creek）的若干原有湖泊，创造一系列连续的湖滨公园和公园道"（Wirth，1945）。这些湖泊包括阿米莉亚湖［Lake Amelia，现在的诺科米斯湖（Lake Nokomis）］、莱斯湖［Rice Lake，现在的海华沙湖（Lake Hiawatha）］、哈里特湖（Lake Harriet）、卡尔霍恩湖（Lake Calhoun）和更北边的群岛湖（Lake of the Isles）和雪松湖（Cedar Lake）。其规模和"尺度足以令人惊骇……而克利夫兰提出的公园系统的确随着城市发展而成长"（Sachs，2013）。上述公园及公园道是明尼阿波利斯公园系统的核心，而沃斯在1921年完成了北部公园道的新建，并在1930年在明尼哈哈溪实现公园系统的"会师"。其后他将规划能力和协商技巧倾注在公园系统的东北侧——那里仍然是公园系统"缺失的一环"——增加了连通"环形公园带"与滨河区域、城市中心区域的公园道

明尼哈哈瀑布（2013年10月）

连接线。Claes Oldenberg and Coosje van Bruggen

　　克利夫兰也建议在明尼阿波利斯市中心建设一个小型的"中央公园"［现在的洛林公园（Loring Park）］。他也建议这些公园应该相互联系，并通过鱼骨状的林荫道系统与那些湖泊相连。他表现出对"林荫道或景观道系统"的偏爱，不喜欢"一系列不连续的开放空间和广场"（Wirth，1945）。他设计的公园系统因"由超过20英里（32公里）的公园道将城市中心包围起来"，75%的公园道距离市中心不超过2英里（3.2公里），全部的公园道都在距市中心4英里（6.4公里）的范围内——"设计方案中所有的公园和公园道的总面积小于1000英亩（405公顷）"。

　　这一方案听起来可能不那么野心勃勃，但要知道1880年明尼阿波利斯的人口只有不到5万

位于雕塑公园和洛林公园之间的艾琳·希克森·惠特尼大桥（Irene Hixon Whitney Bridge）（2013年10月）

皮维广场（2006年9月）

人，而克利夫兰当时建议建设公园的地方都离城市中心区非常远。实际上，即使到现在明尼阿波利斯市的人口也没达到100万——2010年时其人口为382578人——但整个明尼阿波利斯-圣保罗都会区的人口将近350万人。克利夫兰设计了公园系统早期的很多重要公园和公园道，这些项目都保留了源自其自然特征、位置、建设或管理方式等赋予的个性和特征。公园系统中许多湖泊的边缘都布置了公园道，原则是实现高度亲水性的同时，保持最低干扰度。在这一原则下形成了一种典型的布局模式：水体-滨水植物-休息区域-2.4米宽的步行/慢跑道-0.3米宽的缓冲带-2.4米的自行车道-缓冲带和4.8米宽的机动车道（部分道路包含2.4米宽的停车港湾）。

明尼阿波利斯公园系统中主要的单体公园包括明尼哈哈公园、"湖链"（Chain of Lakes）、西奥多·沃斯公园（Theodore Wirth Park）和洛林公园等。明尼哈哈公园的焦点是明尼哈哈溪上16米宽的明尼哈哈瀑布，溪水从瀑布以西35公里的明尼哈哈湖流入此处的密西西比河。朗费罗曾在《海华沙之歌》中赞美明尼哈哈瀑布，虽然他本人并未到过此处。[1]明尼哈哈瀑布水流的不断冲刷，在树木繁茂的河谷里形成了一个令人印象深刻的大坑，水流的侵蚀和冲击也造成了沉积岩层的裸露。20世纪90年代的大量工程恢复了公园设

施的生机，并调整了步行交通体系，降低了其环境影响。

哈里特湖、卡尔霍恩湖、群岛湖和雪松湖——合起来就是赫赫有名的"湖链"，25000年前这里曾是密西西比河的故道。其流域大部分为开发地块，面积约2835公顷。他们是克利夫兰设计方案中最重要的部分，目前也仍然是公园系统的重要组成。联系住宅区和湖泊的公园道及其中的自行车道、步行道/慢跑道是明尼阿波利斯城市的典型形象。但每个湖泊都有其自身的特点和功能。1911年到1925年间，从卡尔霍恩湖疏浚出140万立方码（107万立方米）的淤泥，其中一部分用于修建湖滨的堤岸和滩涂（Wirth，1945）。哈里特湖比卡尔霍恩湖低2.1米，但两湖一直没有打通，这也被认为是哈里特湖保持良好水质的原因（Hagen，1989）。[2]早在1880年克利夫兰在编制"公园体系建议书"时，由马匹拉的轨道车就已铺设到哈里特湖，使之成为一个热门的野餐圣地。

群岛湖是城市中第一个开展疏浚和填埋工程的大湖。在1889年开工之前，群岛湖由40公顷的水面、27公顷的沼泽和4个小岛组成。工程大约挖出了50万立方码（38万立方米）的淤积物，使水面扩大为49公顷，清除掉了沼泽和两个岛。[3]工程的实施营造出精致的景观，使得其周边成为

明尼阿波利斯雕塑公园中的雕塑——汤匙上的樱桃，艺术家克拉斯·奥尔登堡（Claes Oldenberg）与库斯耶·范·布吕根（Coosje van Bruggen）设计（2006年9月）

房地产开发的热点地区。20世纪90年代末期，为了解决季节性的水位涨落问题实施了自然修复工程，但收效甚微。

雪松湖面积约77公顷，是城市主要湖泊中唯一私人参与公园建设的湖泊。1991年到1997年间，雪松湖向西到圣路易斯帕克（St Louis Park）郊区和沿雪松湖小径（Cedar Lake Trail）向东到密西西比河河滨的开发，为明尼阿波利斯公园系统增加了重要的一环（Harnik，2010）。这也是公共部门和私人部门将废弃地转变和修复为一个公园的非凡案例。雪松湖公园道及周边的公园绿地占地总计19公顷，这些土地原来大多数均是火车道和货物站场，当时还是在明尼阿波利斯和圣保罗之间承担货物运输，以及从达科他州向西雅图、波特兰的港口运煤的单线铁路。明尼阿波利斯公园与游憩管理委员会（MPRB）当时没有足够的资金来收购和修复这些土地，也没有对这个项目给予足够的重视，但也没有阻止推动

这个项目的坚定、富有想象力的市民组织。项目仅用6年完成，也充分证明了坚定的市民组织与开放的政府组织之间合作的高效。

西奥多·沃斯公园占地300公顷，是明尼阿波利斯公园系统最大的单体公园，也是最具多样性的一个。其多样的地形为营造高尔夫球场、冬季的滑雪场等提供了条件。公园中也包括一系列小型湖泊，成为"湖链"的一部分。不像环形公园带上的其他公园、湖泊和公园道，沃斯公园不是居住区附近的组团绿地，其作为大型公园具有标准、完备的城市公园设施，也有着类似其他大型公园面临的问题，如高速路和铁路对公园的切割等。但西奥多·沃斯公园养护得非常好，因此成为公园系统强有力的支撑，弥补了公园系统的不足，为城市提供了周年性的户外设施和景观类型。

除了公路和铁路造成的阻隔外，沃斯公园也可以通过布林莫尔草地（Bryn Mawr Meadows）、雕塑公园到达洛林公园；从雪松湖则可以沿雪

明尼阿波利斯雕塑公园的花境和廊架（2013年10月）

松湖小径到达洛林公园。面积约15公顷的洛林公园是公园系统中，由克利夫兰设计的最早的公园之一。该公园以"中央公园"的名义于1883年11月开工，由洛林负责项目的监督管理工作。1890年，公园被命名为"洛林公园"。据说公园最初的设计方案是营造一个观赏性游园，包括一个"8"字形的人工湖、一个中央花卉展示区，以及环绕人工湖的缓坡和曲折迂回的园路。在地形整理工程开始后，对方案进行了调整，目的是想营造一个种植乡土灌木、体现野趣的小岛来作为视觉焦点（Neckar，1995）。公园还在中央部分修建了一个小屋（1889年），并于1906年增建了一个凉亭。

洛林公园与和它同时代的公园一样，随着时间的流逝，也经历了不断的增建和修缮。20世纪60年代，公园西侧94号州际公路的修建对公园产生了严重影响。公园管理委员会耗费多年才一小块一小块地购买土地，打造出公园的西部区域。这也导致为了连通洛林公园和雕塑公园，修建了横跨94号公路的极富诗意的惠特尼大桥（Whitney Bridge）。该桥由西雅·阿玛贾尼（Siah Armajani，1939—）*设计。洛林公园在20世纪90年代进行了改造，由著名风景园林师戴安娜·巴莫里（Diana Balmori，1932—2006）**设计。连接洛林公园和明尼阿波利斯市中心的洛林绿道（Loring Greenway）于20世纪70年代修建，由风景园林师M. 保罗·弗里德伯格（M. Paul Friedberg，1931—）***设计。这条绿道连接着坐落于尼克雷特林荫道（Nicollet Mall）西南端的，

---

\*　西雅·阿玛贾尼（Siah Armajani），伊朗裔美国雕塑家、建筑师。——译者注

\*\*　戴安娜·巴莫里，（Diana Balmori Ling，1932—2016年），美国著名风景园林师、城市规划师，景观设计公司Balmori Associates的创始人。著名建筑师西萨·佩里（Cesar Pelli）之妻。——译者注

\*\*\*　M. 保罗·弗里德伯格（M. Paul Friedberg，1931—），美国著名风景园林师，毕业于康奈尔大学。M. Paul Friedberg和Partners设计事务所创始人。——译者注

弗里德伯格设计的颇具争议的皮维广场［Peavey Plaza，于2013年1月入选美国国家历史遗迹名录（National Register of Historic Places）］。尼克雷特林荫道直接指向城市的货栈区和密西西比河边的老工业区。明尼阿波利斯于2013年12月委托詹姆斯·科纳（James Corner）景观设计事务所对该林荫道进行改造设计。

明尼阿波利斯公园系统连接着居住区和城市中心区，但在保持高度可达性的同时，还保留了自然状态和风貌。这是一个线性的、有着丰富水体资源的公园系统。克利夫兰的设计理念为"以表达场地本真特质为目标"（Newton，1971），这一信条与他对传统城市布局方式的厌恶、重视公园对城市土地价值的作用、珍视水体的景观价值和游憩功能等共同创造了这一伟大的公园系统。他"将使城市拥有这样一件艺术作品，从而成为这样一些人——为崇高的目的而不是挣钱奉献出他们的一生——的适宜的住处，他们在其中度过一生的宏伟美景将激励和维持他们的奋斗和努力"（Neckar，1995）。

# 4. 管理和使用

## 4.1 管理组织

明尼阿波利斯公园与游憩管理委员会（MPRB）的成功归结于三个主要方面：一是其委员是由市民直接选举而不是任命的；二是其资金主要来源于专项地产税，充足而有保障；三是委员会在公园项目的规划和实施过程中，非常强调当地居民的参与。

委员会由9名委员组成，委员通过选举产生，任期4年（委员任期交错）。其中6名委员从6个区产生，另外3名则在全市层面选出。在明尼阿波利斯，公园的土地归MPRB（而不是政府）所有，MPRB还拥有公园的管辖权、维护权和项目政策制定的权力，整个公园系统的财务权也由

MPRB控制。实际上，除了选民，只有两方可以对MPRB的日常活动产生影响，一是明尼阿波利斯市市长，自1975年以后，该市市长就被授权在委员会议案没有多数通过（三分之二赞成）的情况下拥有否决权；另一个是明尼苏达州，州财政为MPRB提供了约10%—15%的年度财政预算。

## 4.2 资金来源

2014财年中，直接由MPRB收取的地产税达到4861.6万美元。当年整个明尼阿波利斯的地产税为2.817亿美元，MPRB收取的地产税占全市的17.3%。从MPRB的角度看，其2014年预算达到6605万美元。其中，地产税占到其年度预算的72.1%；另外13.6%来自地方政府的补贴，14.3%来自各项收费、罚款等。在2014年，明尼阿波利斯的纳税人还投票通过了一项总额1011000美元的特别税，用于树木的保护和造林——1998年荷兰榆树病爆发时，也征收过一次总额达610万美元的特别税。MPRB的年度预算是指常规性的支出预算，不包括新项目的建设经费。开放空间的常规维护方面，市政府负责黑色基础设施，包括道路、自行车道等；MPRB负责绿色基础设施，包括绿地、行道树等。2014年的年度预算中，人员薪酬及福利：44515674美元；运行费：18015931美元；财务成本3510351美元。

## 4.3 使用情况

1967年，为了协调明尼阿波利斯-圣保罗都会区的交通、基础设施等规划和战略问题，成立了明尼阿波利斯大都会区议会。整个都会区的"地区公园系统"包含了占地23800公顷的公园，及480公里长的公园道。这些绿地共由10个区域机构管理，其中MPRB是最大的一个。大都会区议会每年都进行公园使用情况统计。2012年，MPRB管辖的公园共迎来1522万人次的到访，其中"湖链"公园区访客达到536万人次。而整个

大都会区公园系统的访客量达到4580万人次，比2011年提高4%。

## 5. 展望

2004年成立的非营利性组织——明尼阿波利斯公园基金会（Minneapolis Park Foundation），将"维护和促进这一世界级的公园遗产"作为自己的使命（www.mplsparksfoundation.org）。2004—2008年，基金会的募资聚焦于社区公园的提升。近年来，该组织更多地参与了如明尼阿波利斯滨河开发计划（Minneapolis Riverfront Development Initiative，MRDI）等战略性项目，该项目以促进城市北部滨河地区的新公园建设为目标。基金会在2010—2011年组织了一次设计竞赛，选出TLS景观设计事务所（Tom Leader Studio）*完成的"河流优先"方案，旨在修复河流生态，将人群更多地引入滨河地区，复兴"塑造城市个性的自然特征"。

这一计划是对1987年开放的西河公园道（West River Parkway）和繁荣岛公园（Boom Island Park），1992年开放的、由迈克尔·V. 瓦尔肯伯格设计的雕塑公园，1993年开放的石拱桥（Stone Arch Bridge）公园道，2001年开放的磨坊遗址公园（Mill Ruins Park），以及2007年开放的水力公园（Water Power Park）和私人出资兴建的金牌公园（Gold Medal Park）等一系列公园的延伸。这些公园标志着传统的滨河工业带的消亡，以及自20世纪90年代以来持续的人口增长（特别是市中心）。这些项目也是对明尼阿波利斯提出的2025年规划中，在市中心吸引增加7万人口的目标的回应。对明尼阿波利斯公园系统而言，另一个正在实施的战略目标是MPRB完善"环形公园带"的计划——在城市东北侧的明尼苏达大学和高尔夫球场（Gross Golf Course）之间弥补上"缺失的一环"。这也正是对克利夫兰对公园观点的一种延续，"公园是提升土地价值的催化剂，更是支撑城市的框架"。

## 6. 小结

明尼阿波利斯公园系统仍处在不断发展中。它强大的生命力和对城市的巨大效益，不能简单地归因于某一单一因素。它是老一辈明尼阿波利斯人远见卓识，建立了独立的公园委员会，信任、接受、执行了克利夫兰的设计方案的结果。它的成功来自维持了经济和土地所有权的独立性，更来源于参与者和市民的合作精神。正如弗维尔在1898年描述的一样，100年后的一切证明了远见的价值。1998年，"环形公园带"被列入国家风景道名录，成为全美第一个被列入的完整的城市公园道。今天，明尼阿波利斯公园系统在这个城市的发展和日常生活中，有着不可或缺的作用，也必将对未来持续产生不可估量的影响。

### 注释

1. 这首歌写道"爱大自然的紫绕，爱草地的阳光，爱森林的阴影，爱树枝间的风的叶……"。

2. 1905年，卡尔霍恩湖和列群岛湖的水位下降，1911年7月开凿的运河将它们连接起来。雪松湖和群岛湖之间的水路连接在1913年完成，雪松湖的水位下降了约5英尺（1.5米）。

3. 克利夫兰（Cleveland）评论说："纽约中央公园建成十年后，紧邻公园的物业估值增加了超过5400万美元，其产生的税赋足以覆盖公园建设的全部费用"（Wirth，1945）。

---

\* 汤姆·里德创立的景观设计事务所，美国著名景观事务所之一。——译者注

# 后 记

本篇后记的体例与书中案例研究的体例保持一致，均包括历史总览、公园设计和建设相关的主要人物、公园的规划设计方案、负责公园开发建设的人物、公园现状的管理机构或组织、公园经费的来源以及公园的使用情况、犯罪情况和未来展望等。

## 1. 历史

### 1.1 公园的产生

现代公园最早是为了满足公众需求，由皇家花园或猎苑转变而来。英王查理一世（1625—1649年在位）在1635年开放了海德公园；查理二世（1660—1685年在位）在王朝复辟的1660年开放了圣詹姆斯公园。到1818年，莱内（Lenné）受托将蒂尔加滕公园重新设计为公共用途。对公园的需求，克里斯蒂安·希施菲尔德（Christian Cay Lorenz Hirschfeld，1742—1792年）曾写道，公园是"社会各阶层都需要的休憩和精神提升的空间"（Schmidt，1981）。这种需求同样反映在英国1833年成立的"公共休闲特别委员会"（Select committee of public walks），也影响了拿破仑三世对巴黎的改造规划，包括将皇家猎场为公

众使用而重新设计、新建公园（如肖蒙山公园）等。为了与英国1851年世界博览会相抗衡，拿破仑三世还主导了一系列展示法国技术进步的展览。

欧洲的公园模式对美国的公园发展产生了很大的影响。社会关怀同样是公园兴起的一大原因，在最早产生公园的纽约，安德鲁·杰克逊·唐宁等人就是基于公园对公共健康和"教化作用"的益处而推动公园建设的，这也导致美国城市公园的迅速发展。后来，公园建设对周边土地价值的促进作用被进一步广为熟知——最早在摄政公园和伯肯黑德公园的建设中得到证明——这进一步促进了美国田园式"游乐公园"的发生。在美国，公园最终演变为文明的时髦象征，以及国家自豪感的标志。同时，公园也为大型活动提供了承载空间，如1893年举办的芝加哥哥伦比亚世界博览会，1894年在金门公园举办的加利福尼亚冬至国际博览会，以及1904年在圣路易斯森林公园举办的路易斯安那交易博览会和奥运会等。

在20世纪的欧洲和北美，公园的功能目的也出现了改变，由优雅的上流社交场所，转变为更具活力的休闲空间。20世纪早期的公园范例，如汉堡城市公园、玛丽亚·露易莎公园、格兰特公园等，已从唐宁、奥姆斯特德、沃克斯等的自然

风景式公园，演变成更多采取几何式布局。建于一战之前的玛丽亚·露易莎公园原是为西班牙-美洲博览会主办场地而设计的（博览会由于战争推迟到1929年）；二战之前的其他的大型公园如1934年重新设计的纽约布莱恩特公园、1929年设计的阿姆斯特丹森林公园等，都是经济萧条时期为创造工作岗位而开展建设的项目。二战以后的城市公园，有的是以社会关怀为主，如佩里公园（1967年开放）；也有很多则是建立在工业废弃地之上，如北杜伊斯堡景观公园；还有是为了带动周边地块的地产开发，如巴黎的贝西公园、雪铁龙公园，以及2012年伦敦伊丽莎白女王奥林匹克公园等。对污染场地的再利用——如阿姆斯特丹西煤气厂公园，工业遗址再利用——高线公园，以及人工城市环境的利用——如约克维尔公园、高速公路公园、布莱恩特公园、格兰特公园（北部）等类型的项目，都越来越变得常见。

城市公园也常变成文化活动的中心——如拉维莱特公园、北杜伊斯堡景观公园、西煤气厂公园。还有很多城市公园正变成热门的旅游景点（虽然市民不一定希望）——如奎尔公园、高线公园、纽约中央公园（特别是公园南部）、柏林蒂尔加滕公园（主要是东部）、温哥华斯坦利公园等——这些公园已被界定为“旅游目的地公园”。然而，大型城市公园的两个基本功能——促进人民精神和身体健康以及提升房地产价值（奥姆斯特德提出）——仍旧得到广泛认同。此外，大型城市公园也一直有着应急避险场地的功能——如金门公园在旧金山1906年大地震以及汉堡城市公园在二战后发挥的作用一样。正如我们观察到的一样，现在对于将过去破坏或浪费的土地转变为具有休闲娱乐和生态价值的空间的需求，正在不断增长。

## 1.2　设计时的场地条件

有人总结过，被选择作城市公园的地块，往往是“不适于作商业或住宅建筑的场地，或无法在城市发展中很好利用的场地”，“官员们内心中常常把公园认为是城市活动以外的空间”（Sutton，1971）。这一观点在一定程度上是符合实际的，纽约中央公园及本书中涉及的许多公园，都或多或少存在类似情况。许多曾经的皇家公园，如圣詹姆斯公园、蒂尔加滕公园、伯肯黑德公园、路易丝公园等，都曾饱受排水或其他地理条件的困扰；芝加哥格兰特公园则是在1871年芝加哥大火后倾倒废弃物场地之上建立；肖蒙山公园曾是石膏矿，也曾是宰马场和垃圾堆；摄政公园也曾在二战期间成为倾倒建筑垃圾的场地。

流经北杜伊斯堡景观公园的埃姆舍河，在公园建设之时曾是一条被严重污染的河流，当时不得不引导进入地下渠道，渠道之上现状是一条清洁的人工水系。类似的，圣路易斯森林公园也有一条排污河道——佩雷斯河，也是将其改入地下渠道。伊丽莎白女王奥林匹克公园的主设计师乔治·哈格里夫斯写道：“20世纪的公园……几乎都是坐落在受限场地——废弃、污染、被遗忘……往往平坦、缺乏植被或自然元素，且靠近市中心”（Wirth，1945）。

## 1.3　公园创立的关键人物

城市公园的历史也是一部不求回报、无私付出的历史。虽然有的公园推动者的确从周边的地产开发中受益（如斯坦利公园），但大多数的公园推动者（从希施菲尔德到“高线公园之友”）都是为公众发声，进而引领社会风潮。如伯肯黑德公园的威廉·杰克逊（William Jackson），纽约中央公园的唐宁（Downing）、布莱恩特（Bryant）和奥姆斯特德，展望公园的詹姆斯·斯特拉纳汉（James Stranahan），保护了格兰特公园免于开发的蒙哥马利·沃德（Montgomery Ward），支持袖珍公园、捐建佩里公园的威廉·佩里，高速公路公园的詹姆斯·埃利斯，高线公园的约书亚·戴维和罗伯特·哈蒙德等。

一些政治人物也在城市公园建设中起到重要作用。如在巴黎，拿破仑三世、奥斯曼联手创造了巴黎的公园和开放空间系统；而在20世纪末，密特朗（推动拉维莱特公园建立）和希拉克（推动雪铁龙公园和贝西公园建立），界定了巴黎21世纪的城市公园风格。类似地，在芝加哥，市长戴利坚定支持在格兰特公园旁兴建千禧公园；英国首相托尼·布莱尔与伦敦市长利文斯通合作，为伦敦带来了奥运会，也通过奥林匹克公园为利河河谷地带带来了全新的生活。近年来，文化大亨唐·梅耶尔（Ton Meijer）夫妇对阿姆斯特丹西煤气厂公园、丹尼尔·比德曼对布莱恩特公园等公园改造的推动，产生了新的公园倡导和管理模式。

## 1.4　公园设计的关键人物

本书介绍的城市公园，大体上是极具天赋的风景园林师与明智而高度支持的委托者，在详细、系统的项目提要指导下完成的。例如，约克维尔公园的项目提要，就对最终获选设计方案形成了清晰而全面的指导作用。值得指出，公园设计成功的先决条件是坚持不懈，而设计的完整呈现的关键是连续性。这在展望公园、明尼阿波利斯公园系统、汉堡城市公园、路易丝公园，以及后来的北杜伊斯堡景观公园、西煤气厂公园（拉茨和古斯塔夫森都对公园建设完成之后的发展做了长远的规划）等例子中特别明显。

# 2.　规划与设计

## 2.1　位置

公园衍生于周围的环境，并与周围的环境形成共生关系。公园坐落于城市中，是城市的一部分（当然，也有位于城市以外的公园），但也是逃离城市的场所。如纽约中央公园主管道格·布隆斯基描述为"城市生活的世外桃源"（Blauner，2012），其与周围城市环境的对比所言非虚；而高线公园设计的原则之一，是展示和眺望纽约的城市景观及哈德逊河。虽然上述两个公园与周围城市环境形成了互相促进的关系，但更证实了简·雅各布斯的观点"相比对邻里的提升，公园更直接、更容易受到周围邻里的影响"（Jacobs，1961）。克朗普顿就曾提到过，公园也可能对周边物业价值产生负面影响，"在高度开发的、存在问题的公园附近，反而会不胜其扰"（Crompton，2000）。如复兴之前的布莱恩特公园就是这样；西雅图高速公路公园附近曾有一个安置难民的旅馆，也产生类似的效果。而肖蒙山公园在屈米眼中是被鄙夷的落伍公园，但这个公园却在夏日夜晚和周末吸引着比拉维莱特公园更多的访客，原因就是周边的户外开放空间极度缺乏。

## 2.2　公园场地的形状和自然形态

在解释公园对周边地产价值的促进作用时，克朗普顿写道："对物业税量级的决定性影响因素，就是公园的周长或边缘的长度"（Crompton，2000）。这类似于为促进野生动物多样性的生态交错带最大化理论。如中央公园、金门公园和冯德尔公园均为狭长的长方形，这些公园的设计也都着重考虑了房地产开发的需求。可对比的是基本为圆形的摄政公园，圆形的周长对围合地段而言应该是最短的，这可能是由于公园原为皇家狩猎场，而圆形所需的围栏是最少的。北美的公园，特别是大型公园，基本都被方格网状的地块和道路包围。代表性的例外是展望公园，该公园的地块基本由不适于建设和开发的土地组成，而并非对形状有所预设。就场地自然形态而言，公园的设计者们也经常需要面对废弃的、不适合开发的土地。

## 2.3  设计概念

雷普顿/纳什和帕克斯顿、莱内、奥姆斯特德和沃克斯、克利夫兰、阿尔方德等人创立的田园式风格，对19世纪风行的"休闲公园"设计风格影响至深。这一时期的设计总体基于尽量排除周围城市影响的原则，力图营造世外桃源，以形成自然景色为主的景观来均衡地布置水体、草地和林地的布局。旧金山金门公园和圣路易斯森林公园是这种模式的放大版，而冯德尔公园则是其缩小版。到了20世纪早期，汉堡城市公园等公园仍然保持了水体、草地和林地三种要素的配置——虽然其布局是几何式的。类似的，20世纪30年代设计的阿姆斯特丹森林公园，也以地域性的方式运用了上述三种要素。在芝加哥格兰特公园中，采取学院派的手法，将城市与密歇根湖交织在一起；而在玛丽亚·露易莎公园中，采取网格化布局的纪念坛形式对公园空间进行了组织。这些先例在后来的雪铁龙公园、贝西公园中，都以主题花园的形式得以再现。

本书介绍的大多数公园项目中，对设计关注最核心的一点，即设计对环境条件是如何回应的。这些项目展现了一种基于场地特有、原生的自然和文化特征进行理解、转译和表达的设计方法，也就是"先思考场地上有什么，而不是可以放置什么"（Greenbie，1986）。帕克斯顿在进行伯肯黑德公园设计时"至少在场地上走了30英里（48公里）"，对场地"了如指掌"（Colquhoun，2006）；奥姆斯特德之所以介入中央公园设计，就是因为他对场地非常熟悉；普罗沃斯特介绍他的工作方法，对待场地"要区分成两种：一种有躯体、有灵魂、有活力，具备某种特质，对这样的项目，设计师要保持谦逊；而另一种场地则没有特别之处，需要强烈地介入"（Provost，2002）。类似地，拉茨在设计北杜伊斯堡景观公园时"非常的务实"，他回忆"在现场设计工作

营阶段，拉索斯（Lassus）曾打趣设计师'什么都没有设计'"（Diedrich，1999）。

## 2.4  空间结构、交通系统和植物景观

公园的平面布局可以简单分为两大类，一种是几何式的（不管是网格状还是轴线布局），另一种是田园风格、自然式的。几何式布局常常受建筑师青睐，如舒马赫主导的汉堡城市公园，或网格化的贝西公园、拉维莱特公园；如普罗沃斯特设计的许多公园，包括雪铁龙公园，都是具有"方向性"的景观，与周边城市肌理紧密结合。

而浪漫的田园式布局——从雷普顿/纳什设计的伦敦圣詹姆斯公园、摄政公园和帕克斯顿的伯肯黑德公园等原型衍生而来，成为奥姆斯特德和沃克斯的灵感来源。这也在莱内重新设计的蒂尔加滕公园或路易丝公园的平面布局中有所体现，如路易丝公园围绕湖泊的8字形环路，即与圣詹姆斯公园有相似之处。包括在冯德尔公园，通过将水体的尽头隐藏起来，创造更大的空间感和河流般的景观。

亨特提出"风景式园林的本质是移动，在景观中步移景易，人的感受也是动态的"（Hunt，2013）。这一点在伯肯黑德公园、中央公园和展望公园的马车道系统中得以体现。在圣詹姆斯公园、摄政公园的水体外围以及冯德尔公园、路易丝公园中的人行环路，可以在呈现景观的同时，为人们提供安全的、直接的、慢节奏体验公园之美的条件。奥姆斯特德在1866年给明尼阿波利斯公园委员会的一封信中写道："享受公园的至佳景色应在步行中体验……要把那些乘马车来的人从车上吸引下来去步行体验"（Wirth，1945）。如布朗和沃尔特·迪士尼（Walt Disney）一样，奥姆斯特德喜欢将公园内的景观和城市分隔开来。但近代以来，中央公园周围的建筑越来越密集、越来越明显，特别是哥伦布环岛（Columbus Circle）附近的高层住宅，已对中央公园造成持

续的大面积遮荫（St John，2013）。

位于城市路网中的公园，其步行道系统——如格兰特公园，往往被高速公路严重干扰，这对人行交通而言往往成为难以调和的问题。格兰特公园中的BP大桥、明尼阿波利斯公园系统中的希克森·惠特尼大桥、西雅图高速公路公园以及波士顿的"大开挖"项目，都是提升人行交通环境的范例。其他几何式布局的公园，如贝西公园、雪铁龙公园、北杜伊斯堡景观公园等，都采用了划分一系列小型花园的方式来组织空间结构。

摄政公园中的植物园一直都以宿根花卉景观而著称。巴黎的一系列公园、北杜伊斯堡景观公园以及奥多夫（Oudolf）在格兰特公园、高线公园、西煤气厂公园和伊丽莎白女王奥林匹克公园的植物景观设计，体现了自20世纪90年代中期以来出现的一个重要潮流——草花景观的兴起。与此同时，近年来在公园设计中还越来越强调可持续性设计的原则，如伊丽莎白女王奥林匹克公园设计强调的"同一个地球"倡议，以及圣路易斯森林公园、斯坦利公园、蒂尔加滕公园，都提出了除了生物多样性以外的目标，力争使这些大型公园成为多功能的生态资源。

## 2.5　公园发展过程中的关键人物

著名风景园林师迈克尔·范·瓦尔肯伯格（格兰特公园中麦琪戴利公园的设计者）曾说过"实际上，建公园其实不贵，长久地维持养护公园才昂贵"（*Landscape Architecture*，September 2009）。而维持公园运营，恐怕才是公园委托方和管理者真正着眼的地方。本书中的许多公园都展示了公园管理者的奉献付出和长期服务，与设计师的高超技巧对公园的成功都是不可或缺的。

公园的延续性问题更多要靠管理者，如爱德华·坎普（Edward Kemp）——曾于1843—1891年间任伯肯黑德公园主任；詹姆斯·斯特拉纳汉——曾于1860—1882年间任展望公园委员会主席；约翰·麦克拉伦——1890—1943年任金门公园主任；约阿希姆·柯尔驰（Joachim Költzsch）——过去20多年（20世纪90年代到21世纪10年代）任路易丝公园主任；塔珀·托马斯（Tupper Thomas）——1980—2011年间任展望公园主任，以及丹尼尔·比德曼，从1980年以来就深度介入布莱恩特公园的管理。

# 3. 管理、资金和使用情况

## 3.1　管理机构

公园的公共-私人合作管理模式，最早是在纽约创造出来的。如为中央公园创立的"中央公园委员会"（Central Park Conservancy）、展望公园的"展望公园联盟"（Prospect Park Alliance）、布莱恩特公园的"布莱恩特公园组织"以及高线公园的"高线之友"（Friends of High Line）等。有评论说"布莱恩特公园的修复和复兴，标志着政府-私人合营时代的开始，这一机制为公共空间的发展提供了保障和资金来源"（www.asla.org/2010awards）。纽约市政府保留着这些公园的所有权，而上述非营利管理机构则拥有不同程度的财务独立性，并采取私人部门的管理和筹集资金技巧来实施对公园的管理和运营。类似的还有，圣路易斯的"永远的森林公园"组织，也在公园的筹资、管理和维护过程中发挥着越来越重要的作用。本书中介绍的美国和加拿大的其他城市公园，大部分还保留传统的政府直接管理模式，但也在资金筹措和管理决策方面越来越受公众参与的影响。甚至在芝加哥和明尼阿波利斯这样的城市（公园资金主要来自专项税收，非常有保障），也逐渐形成了公众参与的体系和意见传达的渠道。

在这一点上，玛莎·施瓦茨（Martha Schwartz）曾在1999年点评道"设计公园是一件政治性多于艺术性的活动——并非竞选、筹资之类的政治，而是公众沟通、意见集合和群体利益诉求之类的政治"（Bennett，1999）。英国风景园林师乔安娜·吉本斯（Johanna Gibbons）说："我们做的不是咨询，而是直接参与。"吉本斯将设计咨询的过程视为"自上而下的过程"，最后会"演变成一种公共关系活动，重点是人们需要看到他们无数次关注的问题得到解决"（*LI Journal*，Spring，2013）。

阿姆斯特丹西煤气厂公园通过特殊的政策安排，由一家私人公司租借（部分，主要是主办活动的场地）并负责运营，以提供更好的公共效益。这种模式与布莱恩特公园的模式有相似之处，也可能是西欧在私人部门参与公园管理最激进的一个案例。但同时，即使最高冷的英国皇家公园管理局——负责圣詹姆斯公园、摄政公园，以及伊丽莎白女王奥林匹克公园等伦敦各个皇家公园的机构——也开始吸纳民间机构（各类公园之友之类的组织）组成管理委员会，以倾听民众对于公园管理的诉求和声音。巴黎的公园管理——包括法国政府负责的拉维莱特公园以及巴黎市政府管理的公园——都是相对不透明的，如市政府拥有这些公园的所有权，而各区则负责公园的维护运营。德国也存在类似的尴尬情况，蒂尔加滕公园和汉堡城市公园也都由市政府所有，而运营维护则依赖所在的区。

与之相比，路易丝公园和北杜伊斯堡景观公园是由市政府所属的非营利性组织负责运营和管理，而西班牙的两个公园——奎尔公园和玛丽亚·露易莎公园，则直接由市政府管理和运营。与之类似的，伯肯黑德公园也由地方议会拥有和管理，但需要受提供修复资金机构的监督。阿姆斯特丹森林公园由阿姆斯特丹市政府直接管理，而冯德尔公园则由隶属于阿姆斯特丹的南区政府管理。

## 3.2 资金来源

虽然"基于公共利益的角度，使用公共资金来建设公园是顺理成章的"（Carr等，2013），但哈格里夫斯认为"在美国，由公共资金投资建设的公共开放空间正变得越来越稀有"（*Landscape Architecture*，September，2009）。明尼阿波利斯和芝加哥均有着为公园建设和运营征收专项税的传统，但即便在这两个城市，明尼阿波利斯也成立了明市公园基金会（Minneapolis Park Foundation），而芝加哥千禧公园的建设运营资金则大部分来自私人部门的捐赠。在纽约，类型丰富的公园则更是公共-私人资金合作的模范，"共和党看到中央公园的成功后，更坚信政府运营公园是不适合的"（Pearlstein，2008），而自由派则视这种趋势为缓慢的私有化和士绅化。

伦敦的皇家公园长期以来都是由英国政府出资维持的，这在欧洲很常见，巴黎的拉维莱特公园、伦敦的伊丽莎白女王奥林匹克公园等都是政府出资维持。但自2008年"金融危机"以后，随着公共开支的削减，欧洲的公园很明显已不能再单独依靠政府资金来维持，需要向美国的公园学习。

实际上，抛开其历史地位和设计风格，伯肯黑德公园的历史可能代表了地方政府资金维持的公园的命运——特别是比较贫穷的地区，这类公园需要日复一日地从地方政府经费中争取资金。另一个问题是政治博弈中政府会倾向于短期内可以产生较高影响力的项目，例如塞维利亚在推动"都市阳伞"（Metropol Parasol）*项目过程中，就从玛丽亚·露易莎公园等公园中削减运营经费以支持该项目。因此，欧洲的城市公园与美国一样，不可避免地需要寻求其他的资金和收入来源——如主办活动、特许经营权转让、提供停车

---

* 都市阳伞（Metropol Parasol），是塞维利亚的大型广场改造项目，建筑面积近5000平方米，高度为28.5米，号称是世界上最大的木制建筑。由德国建筑师于尔根·迈耶-赫尔曼设计。——译者注

位等收费，以及慈善捐赠和志愿者服务项目等。

## 3.3　使用情况

虽然对于公园的公共投资有一个明显的下降趋势，但对于公园的使用也在明显的上升。本书介绍的大多数公园都没有进行常规的、全面的访客统计，但进行过访客统计的公园，其统计结果都显示在过去15年间，公园的访客数量都出现了大量的增长。在一些项目中（如冯德尔公园），数字的增长非常惊人。这一结果可归根于多种因素。但可以设想，举办活动可以带来收入，收入可以用于公园改造提升；改造投资可以吸引更多访客，更多访客会使人提升在公园中的安全感；更安全的公园会吸引更多人住在公园附近，这也会带来公园周边地产价值的提升，进而促使公园周边的居民更愿意对公园的提升和维护提供资金支持。客观上，公园访客提升的原因也包括越来越多的人居住在大城市的中心、对城市和公园的营销和宣传、旅游业的发展等，甚至仅仅是"城市公园又变成了非常酷的地方"（www.grist.org）。

另一些非常重要的趋势包括在许多公园中都发现女性访客比例提升，这反映了对公园安全性的认可；即使是一些特大型的公园，虽然调查反映更多访客是乘车到达，但大多数访客都期望居住或工作在公园附近、步行可达的范围内；公园对于少数族裔而言仍然是非常重要的聚会和休闲场所（这些群体使用公园的人数相对较多）。对于类似奎尔公园这样的公园，外来游客人数远超本地访客，则会对外地游客收取参观门票（奎尔公园是8欧元）。访客人数大增还带来一系列额外效应，如对各类活动限制的增加和公园管理难度的提高。

## 3.4　公园中的犯罪情况

公园作为避难所的概念似乎深深植根于我们的心灵中，与相邻街道上发生同样的犯罪相比，

在公园内发生的犯罪会更具传播性和社会冲击力（Ward Thompson，1998）。20世纪60年代到70年代，纽约中央公园的犯罪率的确相对比较高，但社会对其不安全印象的由来，更与高密度的媒体报道有关。1973年的《纽约时报》"不同寻常地报道了中央公园发生的4起谋杀案中的3起，而同时期，却只报道了纽约市1676起谋杀案中的20%"，反映出犯罪故事的传播比真实更重要（Rosenzweig和Blackmar，1992）。这种情况也在纽约和北美其他公园中得到印证，特别是布莱恩特公园、展望公园、格兰特公园（芝加哥）、高速公路公园（西雅图）和斯坦利公园（温哥华）等。[1]基于"熙熙攘攘的公园更安全"的原则，需要实现快速的警方反应和更高的访客人数；基于"干净的场所更安全"的原则，需要在公园管理上更严格；这些做法都可以弱化公园的不安全感。

## 4.　展望

在20世纪90年代有一个明显的趋势，许多公园特别是大型风景式公园，开始利用其历史地位作为支点，来撬动公园复兴的资金。这一情形在沃德·汤普森（Ward Thompson）对美国东北部的七个代表性公园（包括中央公园和展望公园）的调查中也有所反映，每个公园的计划都提出："要保持原有设计精神和设计意图，但也都提出要在公园的细节上进行提升"（Ward Thompson，1998）。1998年的金门公园改造总体规划中也提出"保留原有设计的完整性，但也要适应社会发展的需求"。而如展望公园的管理者塔珀·托马斯（Tupper Thomas）所说，当时她的角色主要是"平衡历史保护与日益增长的休憩需求以及生态完整性之间的矛盾"。[2]同时期，伯肯黑德公园则聚焦于如何保护"公园的艺术性问题"（Parklands Consortium，1999a）；蒂尔加滕公园的问题则是重新建设历史上的欧椴树小径；巴黎则是用修复

肖蒙山公园来迎接新世纪；玛丽亚·露易莎公园也正要开展其历史遗迹的修复工作。

近年的公园规划则更具战略性，其管理也变得更有前瞻性，更具市场导向。"景观都市主义学者"詹姆斯·科纳（James Corner）曾说过"当代的重点显然是大型公园更加强调连接性、整体性和连续性，以努力提供更大的公园系统，人们可以步行、骑自行车、跑步，并且由于区域规模和连通性，生态系统可以茁壮成长"（*Landscape Architecture*，September，2009）。同时，在被认为是"都市景观主义"的一个代表，《阿姆斯特丹2040年愿景规划》将公园作为高密度居住区的关键组成，来对城市进行营销，以吸引新的商业投资和新的市民。公园曾经被更多地与城市环境做对比，而现在公园更多被视为对城市未来至关重要的"绿色斑块"。这与将诸如奎尔公园之类的地点视为"鲜活的纪念碑"或与玛丽亚·露易莎公园被视为"鲜活的博物馆"的看法一直并存着。

与此同时，公园内的大型筹款活动受到更多的重视，特别是"摇滚音乐会"和冬季活动等；此外，受到重视的还有生态健康、人类健康以及对特定少数群体提供的设施，艺术品的提供以及对游客行为的规范。阿姆斯特丹一直积极推动西煤气厂公园"文化创业"和开放阿姆斯特丹森林公园的紧急降落场地举办大型演唱会等文化活动。伊丽莎白女王奥林匹克公园和展望公园也在2013年举办了大型的演唱会等演出。

但是，也许与重大事件的举办直接冲突，许多公园继续提升它们的生态系统质量——特别是大型公园，如金门公园、圣路易斯森林公园、中央公园和阿姆斯特丹森林公园。阿姆斯特丹森林公园仍然被认为强调"以休憩和自然保护为目标的生态管理"。伊丽莎白女王奥林匹克公园的设计和管理突出了"同一个地球"的原则，将公园作为一个功能性的景观，起到"控制水位和洪水、限制河岸侵蚀、创造一系列连通的栖息地、确保易于管理和维护"（Hopkins和Neal，2013）。该公园还包括设计的野花草甸，体现"自然与文化概念之间针锋相对的对话"（Hitchmough和Dunnett，2013）。或许更令人惊讶的是——鉴于屈米对任何绿色事物的蔑视——拉维莱特公园是根据《联合国21世纪议程》（United Nations Agenda 21）可持续发展原则来规划和管理的。

自从18世纪以来，城市公园对人类健康的益处一直是永恒的主题。后来，特别是由于西方世界肥胖和人口老龄化对健康服务的需求，公园作为锻炼和户外休息时间的地方变得越来越重要。这在"走向健康之路"（Walking the Way to Health）项目［由"自然英格兰"（Natural England）组织创立］在伯肯黑德公园实施得到反映。即使网络虚拟生活越来越重要，公园作为身体和心理健康的重要性仍将会继续存在下去。同时，也出现了在公园中为年轻人提供设施的问题。彼得·拉茨（Peter Latz）在北杜伊斯堡景观公园中，呼应了常常被忽视的青少年活动需求。雪铁龙公园和格兰特公园里的麦琪戴利公园的改造也设计了专门针对青少年的设施。

希施菲尔德在他的名著《园林艺术理论》（Theorie der Gartenkunst，1785）中引用了卢梭的概念：园林中应使用"国家和民族的英雄，而不是神话人物"（Schmidt，1981）。这一时期开始在大量的园林中使用雕像，特别是德国和美国的早期公园中。近年以来，公园中的艺术品更为多元和普遍，如冯德尔公园中的毕加索雕塑作品，或者雕塑公园——如明尼阿波利斯雕塑公园。而布莱恩特公园20世纪90年代的管理者原来意图在公园中避免布置艺术品，也在2013年改变了这一立场。同时，奎尔公园和高线公园也因其超高的人气而深受其害，游客人数经常超过承载极限而导致公园暂时关闭入口；奎尔公园已开始对非居民游客收取门票，高线公园也正在考虑这一问题。因此，汉堡市政府的旅游部门将汉堡城市公园从旅游景点的清单中移除了。[3]与之相反的，阿姆斯特丹和曼海姆则将城市公园当作城市对外宣传和营销的重要手段。

## 5. 结语

随着全球人口的城市化进程不断提高，城市公园会变得越来越重要。公园是在对自然景观模拟基础上营造的，它们过去常被拿来与城市做对比。但现在，生态公园更有可能被视为后工业城市生态和经济有机体的组成部分。公园还将继续作为寻求心灵安慰的场所，公众集会的场所，慰藉心灵创伤的场所，令人敬畏的场所，极具魅力的场所，避世静心的场所，游戏的场所，"让人们摆脱日常生活"的场所。它们将继续成为人类和各种生物在城市中的栖息地。与城市一样，公园不断被建设、重建、成长，随着时间的推移而不断变化，也总是被人所需要。与城市一样，公园也永远不会被终结……

## 6. 注释

1. 考利（Colley，2013）指出：在1979年，由于大量的诸如《妇女在公园附近被抢劫》或《男子在展望公园附近被枪杀》等误导性的新闻报道和耸人听闻的标题，"展望公园"个人感觉似乎比街道上更危险。

2. 引自在2000年4月25日与展望公园主管塔珀·托马斯（Tupper Thomas）的会谈。

3. 引自在2012年7月17日与海诺·格鲁纳特（Heino Grunert）的会谈。

# 附录　按设计建设时间的公园名单

| 建设时间（年） | 公园名称 | 公园规模 | 章节 |
|---|---|---|---|
| 1811 | 摄政公园，伦敦 | 135公顷/334英亩 | 19 |
| 1827 | 圣詹姆斯公园，伦敦 | 35公顷/86英亩 | 11 |
| 1833 | 蒂尔加滕公园，柏林 | 220公顷/544英亩 | 22 |
| 1845 | 伯肯黑德公园，默西塞德郡 | 58公顷/143英亩 | 16 |
| 1858 | 中央公园，纽约 | 843英亩/341公顷 | 24 |
| 1864 | 肖蒙山公园，巴黎 | 24.7公顷/61英亩 | 10 |
| 1864 | 冯德尔公园，阿姆斯特丹 | 47公顷/116英亩 | 14 |
| 1866 | 展望公园，纽约布鲁克林 | 585英亩/237公顷 | 23 |
| 1871 | 金门公园，旧金山 | 1019英亩/412公顷 | 26 |
| 1876 | 森林公园，圣路易斯 | 1371英亩/555公顷 | 28 |
| 1878 | "翡翠项链"公园系统，波士顿 | 1100英亩/445公顷 | 27 |
| 1883 | 明尼阿波利斯公园系统，明尼阿波利斯 | 6744英亩/2729公顷 | 30 |
| 1886 | 斯坦利公园，温哥华 | 405公顷/1000英亩 | 25 |
| 1900 | 奎尔公园，巴塞罗那 | 17公顷/42英亩 | 9 |
| 1910 | 城市公园，汉堡 | 151公顷/373英亩 | 20 |
| 1911 | 玛丽亚·露易莎公园，塞维利亚 | 39公顷/96英亩 | 12 |
| 1915 | 格兰特公园，芝加哥 | 320英亩/130公顷 | 18 |
| 1935 | 阿姆斯特丹森林公园，阿姆斯特丹 | 1000公顷/2470英亩 | 29 |
| 1967 | 佩里公园，纽约 | 4200平方英尺/390平方米 | 1 |
| 1970 | 路易丝公园，曼海姆 | 41公顷/101英亩 | 13 |
| 1972 | 高速公路公园，西雅图 | 5.2英亩/2.1公顷 | 3 |
| 1983 | 拉维莱特公园，巴黎 | 55公顷/136英亩 | 15 |
| 1987 | 雪铁龙公园，巴黎 | 15公顷/37英亩 | 8 |
| 1988 | 布莱恩特公园，纽约 | 6英亩/2.4公顷 | 4 |
| 1992 | 约克维尔公园，多伦多 | 0.36公顷/0.9英亩 | 2 |
| 1992 | 贝西公园，巴黎 | 13.5公顷/33英亩 | 6 |
| 1992 | 北杜伊斯堡景观公园，北杜伊斯堡 | 180公顷/445英亩 | 21 |
| 1998 | 西煤气厂文化公园，阿姆斯特丹 | 14.5公顷/36英亩 | 7 |
| 2004 | 高线公园，纽约 | 6.7英亩/2.7公顷 | 5 |
| 2009 | 伊丽莎白女王奥林匹克公园，伦敦 | 102公顷/252英亩 | 17 |

# 参考文献

Sources referred to in more than one chapter are listed under the 'General' heading below; sources appearing only in a specific chapter are listed under that chapter's heading.

## 导言

Alex, W. (1994) *Calvert Vaux: Architect and Planner*. New York: Ink, Inc.

Amidon, J. (2005) *Moving Horizon: The Landscape Architecture of Kathryn Gustafson and Partners*. Basel: Birkhäuser.

Anderson, E. (2011) *The Cosmopolitan Canopy: Race and Civility in Everyday Life*. London and New York: W. W. Norton.

Baljon, L. (1992) *Designing Parks*. Amsterdam: Architectura & Natura Press.

Bennett, P. (1999) 'Dance of the Drumlins', *Landscape Architecture*, 89, 8 (August), pp. 60–7, 90.

Beveridge, C. E. and Hoffman, C. F., eds (1997) *The Papers of Frederick Law Olmsted: Supplementary Series Volume 1 – Writings on Public Parks, Parkways, and Park Systems*. Baltimore: Johns Hopkins University Press.

Beveridge, C. E. and Rocheleau, P. (1995; rev. edn 1998) *Frederick Law Olmsted: Designing the American Landscape*. New York: Universe Publishing.

Birnbaum, C. A. (1996) *Guidelines for the Treatment of Cultural Landscapes*. Washington, DC: US Secretary of the Interior.

Birnbaum, C. A. and Foell, S. S., eds (2009) *Shaping the American Landscape*. Charlottesville and London: University of Virginia Press.

Blauner, A., ed. (2012) *Central Park: An Anthology*. New York/London: Bloomsbury.

Burke, E. (1757; 1990 edn) *A Philosophical Enquiry into the Origin of our Ideas of the Sublime and Beautiful*. Oxford: Oxford University Press.

Carr, E. (1988) *Three Hundred Years of Parks: A Timeline of New York City Park History*. New York: City of New York Parks and Recreation.

Carr, E., Eyring, S. and Wilson, R. G., eds (2013) *Public Nature: Scenery, History, and Park Design*. Charlottesville and London: University of Virginia Press.

Carr, S., Francis, M., Rivling, L. G. and Stone, A. M. (1992) *Public Space*. Cambridge: Cambridge University Press.

Chadwick, G. F. (1966) *The Park and the Town*. London: Architectural Press.

Clark, C. (1958) 'Transport – Maker and Breaker of Cities', *The Town Planning Review*, xxviii, 4 (January), pp. 237–50.

Cleveland H. W. S. (1883) *Suggestions for a System of Parks and Parkways for the City of Minneapolis* for Minneapolis Park and Recreation Board.

Colley, D. P. (2013) *Prospect Park: Olmsted and Vaux's Brooklyn Masterpiece*. New York: Princeton Architectural Press.

Colquhoun, K. (2006) '*The Busiest Man in England*': *A Life of Joseph Paxton, Gardener, Architect and Victorian Visionary*. Boston: David R. Godine.

Conway, H. (1996) *Public Parks*. Princes Risborough, Bucks, UK: Shire Publications.

Corner, J., ed. (1999) *Recovering Landscape*. New York: Princeton Architectural Press.

Cranz, G. (1982) *The Politics of Park Design*. Cambridge, MA: MIT Press.

Cranz, G. and Boland, M. (2004) 'Defining the Sustainable Park: A Fifth Model for Public Parks', *Landscape Journal*, 23, 2, pp. 102–20.

Crompton, J. L. (2000) *The Impact of Parks and Open Spaces on Property Values and the Property Tax Base*. Ashburn, VA: National Recreation and Park Association.

Crompton, J. L. (2007) *The Impact of Parks and Open Spaces on Property Values*. www.cprs – California Park and Recreation Society.

Cullen, G. (1971) *The Concise Townscape*. London: Architectural Press.

Curl, J. S. (2006) *A Dictionary of Architecture and Landscape Architecture*, 2nd edn. Oxford: Oxford University Press.

Czerniak, J. and Hargreaves, G., eds (2007) *Large Parks*. New York: Princeton Architectural Press.

Diedrich, L. (1999) 'No Politics, No Park: The Duisburg-Nord Model', *Topos*, 26 (March), pp. 69–78.

Domosh, M. (1996) *Invented Cities – The Creation of Landscape in Nineteenth Century New York and Boston*. New York: Yale University Press.

Fleming, J., Honour, H. and Pevsner, N. (1999) *The Penguin Dictionary of Architecture and Landscape Architecture*, 5th edn. Middlesex, UK: Penguin Books.

Francis, M. (2001) 'A Case Study Method for Landscape Architects', *Landscape Journal*, 20, 1, pp. 15–29.

Gadamer, H-G. (1964) 'Aesthetics and Hermeneutics', in D. E. Linge (ed.; 1976), *Hans Georg-Gadamer: Philosophical Hermeneutics*, trans. D. Linge. Berkeley and Los Angeles: University of California Press.

Garreau, J. (1991) *Edge City: Life on the New Frontier*. New York: Anchor Books.

Garvin, A. (1996) *The American City: What Works, What Doesn't*. New York: McGraw Hill.

Garvin, A. (2011) *Public Parks: The Key to Livable Communities*. New York and London: W. W. Norton.

Garvin, A. and Berens, G. (1997) *Urban Parks and Open Space*. Washington, DC: Urban Land Institute.

Goldberger, P. (1999) 'Zone Defense – Is Donald Trump unstoppable?', *The New Yorker*, 22 February and 1 March, pp. 178–9.

Goode, P. and Lancaster, M. (1986) *The Oxford Companion to Gardens*. Oxford: Oxford University Press.

Graff, M. M. (1985) *Central Park – Prospect Park: A New Perspective*. New York: Greensward Foundation.

Greenbie, B. (1986) 'Restoring the Vision', *Landscape Architecture*, 76, 3 (May/June), pp. 54–7.

Hall, T. (1997 – 2010) *Planning Europe's Capital Cities*. Abingdon, UK and New York: Routledge.

Hargreaves, G. (2007) 'Large Parks: A Designer's Perspective', in Czerniak, J. and Hargreaves, G., op. cit., pp. 120–73.

Harnik, P. (2010) *Urban Green: Innovative Parks for Resurgent Cities*. Washington, DC: Island Press.

Heckscher, A. and Robinson, P. (1977) *Open Spaces: The Life of American Cities*. New York: Harper & Row.

Hitchmough, J. and Dunnett, N. (2013) 'Design and Planting Strategy in the Olympic Park, London' *Topos*, 83 (June), pp. 72–7.

Hopkins, J. and Neal, P. (2013) *The Making of the Queen Elizabeth Olympic Park*. Chichester, England: John Wiley and Sons Ltd.

Hunt, J. D. (1992) *Gardens and the Picturesque*. Cambridge, MA: MIT Press.

Hunt, J. D. (2012) *A World of Gardens*. London: Reaktion Books.

Hunt, J. D. (2013) 'The Influence of Anxiety', in Carr, E. et al. (eds), op. cit., pp. 13–26.

Jackson, J. B. (1994) *A Sense of Place, A Sense of Time*. New Haven: Yale University Press.

Jacobs, J. (1961) *The Death and Life of Great American Cities*. New York: Vintage Books.

Johnson, J. (1991) *Modern Landscape Architecture: Redefining the Garden*. New York: Abbeville Press.

de Jong, E., Lafaille, M. and Bertram, C. (2008) *Landscapes of the Imagination: Designing the European Tradition of Garden and Landscape Architecture 1600–2000*. Rotterdam: NAi Publishers.

Kaplan, R. and Kaplan, S. (1989) *The Experience of Nature: A Psychological Perspective*. Cambridge: Cambridge University Press.

Kellert, S. R., Heerwagen, J. H. and Mador, M. L., eds (2008) *Biophilic Design: The Theory, Science and Practice of Bringing Buildings to Life*. Hoboken, NJ: John Wiley.

Kelly, B. (1981) *Art of the Olmsted Landscape*. New York: New York Landmarks Preservation Commission.

Kelly, B., Guillet, G. T. and Hern, M. E. W. (1981) *Art of the Olmsted Landscape*. New York City Landmarks Preservation Commission.

Knuijt, M., Ophius, H. and van Saane, P., eds (1993) *Modern Park Design: Recent Trends*. Amsterdam: THOTH Publishers.

Lachmund, J. (2013) *Greening Berlin: The Co-production of Science, Politics, and Urban Nature*. Cambridge, MA: MIT Press.

*Landscape Architecture* (2009) 'Dialogues', 99, 10 (September), pp. 56–65.

Latz, P. (2013) 'Open Space in Times of Affluence', *Topos*, 84 (October), pp. 104–7.

Legates, R. T. and Stout, F., eds (1996) *The City Reader*. London: Routledge.

Lippard, L. (1997) *The Lure of the Local*. New York: New Press.

Lynn, R. and Morrone, F. (2013) *Guide to New York City Urban Landscapes*. New York and London: W. W. Norton.

Mann, W. A. (1993) *Landscape Architecture: An Illustrated History in Timelines, Site Plans and Biography*. New York: John Wiley.

Marron, C., ed. (2013) *City Parks – Public Places, Private Thoughts*. New York: HarperCollins.

Meyer, E. K. (1991) 'The Public Park as Avante-garde (Landscape) Architecture: A Comparative Interpretation of Two Parisian Parks, Parc de la Villette (1983–1990) and Parc des Buttes-Chaumont (1864–1867)', *Landscape Journal*, 10, 1 (Spring), pp. 16–26.

Miller, S. C. (2003) *Central Park, an American Masterpiece*. New York: Harry N. Abrams Inc.

Morris, A. E. J. (1994) *A History of Urban Form*, 3rd edn. London: Prentice Hall.

Newton, N. (1971) *Design on the Land*. Cambridge, MA: Belknap Press of Harvard University.

O'Malley, T. and Treib, M., eds (1995) *Regional Garden Design in the United States*. Washington, DC: Dumbarton Oaks.

Parklands Consortium (1999a) *Birkenhead People's Park Restoration and Management Plan: Volume I – Survey and Analysis*.

Pearlstein, S. (2008) 'When Progress is a Walk in the Park', *Washington Post*, 20 August.

Project for Public Spaces, Inc. (2000) *Public Parks, Private Partners: How Partnerships are Revitalizing Public Parks*. New York: Project for Public Spaces.

Repton, H. (1803) *Theory and Practice of Landscape Gardening*, in Nolen, J., ed. (1907) Repton's *Sketches and Hints on Landscape Gardening* and *Theory and Practice of Landscape Gardening*. Boston, MA: Riverside Press.

Richards, G., ed. (2001) *Cultural Attractions and European Tourism*. Cambridge, MA: CABI Publishing.

Rosenzweig, R. and Blackmar, E. (1992; paperback edn 1998) *The Park and the People: A History of Central Park*. Ithaca, NY: Cornell University.

Royal Parks Agency (2013) *The Royal Parks Annual Report and Accounts 2012–13*. London: Royal Parks Agency.

Rybczynski, W. (1999) *A Clearing in the Distance: Frederick Law Olmsted and North America in the Nineteenth Century*. Toronto: HarperCollins Canada.

Sachs, A. (2013) *Arcadian America: The Death and Life of an Environmental Tradition*. New Haven and London: Yale University Press.

Schama, S. (1995; paperback 1996) *Landscape and Memory*. New York: Vintage Books/Random House.

Schmidt, H. (1981) 'Plans of Embellishment: Planning Parks in 19th Century Berlin', *Lotus International*, 30, 1, pp. 80–9.

Schuyler, D. (1986) *The New Urban Landscape*. Baltimore: Johns Hopkins University Press.

Scott, A. O. (1999) 'American Pastoral', Review of Witold Rybczynski's *A Clearing in the Distance* in *Metropolis* (August/September). New York: Bellerophon Publications Inc, p. 101.

Soja, E. W. (2000) *Postmetropolis: Critical Studies of Cities and Regions*. Oxford: Blackwell Publishing.

St John, W. (2013) 'Shadows Over Central Park', *New York Times*, 28 October.

Starkman, N. (1993) 'Deux Nouveaux Parcs à Paris', in *Paris Projet Numéro 30–31: Éspaces Publics*. Paris: Édition BRES, pp. 88–9.

Steenbergen, C. and Reh, W. (2011) *Metropolitan Landscape Architecture: Urban Parks and Landscapes*. Bussum, The Netherlands: THOTH Publishers.

Sutton, S. B. (1971; 1997 edn) *Civilizing American Cities: Frederick Law Olmsted Writings on City Landscapes*. New York: Da Capo Press.

Taylor, P., ed. (2006) *The Oxford Companion to the Garden*. Oxford: Oxford University Press.

Teyssot, G. and Mosser, M., eds (1991) *The History of Garden Design*. London: Thames and Hudson.

Tishler, W. H., ed. (1989) *American Landscape Architecture: Designers and Places*. Washington, DC: The Preservation Press.

Tishler, W. H., ed. (2000) *Midwestern Landscape Architecture*. Urbana and Chicago: University of Illinois Press.

Treib, M. (1995) 'Must Landscapes Mean? Approaches to Significance in Recent Landscape Architecture', *Landscape Journal*, 14, 1 (Spring), pp. 47–62.

Tschumi, B. (1987) *Cinegram Folie: Le Parc de la Villette*. Princeton, NJ: Princeton Architectural Press.

Wagenaar, C. (2011) *Town Planning in The Netherlands since 1800*. Rotterdam: 010 Publishers.

Ward Thompson, C. (1998) 'Historic Parks and Contemporary Needs', *Landscape Journal*, 17, 1, pp. 1–25.

Webber, M. M. (1964) 'Urban Place and the Non-place Urban Realm', in M. M. Webber et al. (eds), *Explorations into Urban Structure*. Philadelphia: University of Pennsylvania Press.

Weilacher, U. (1996) *Between Landscape Architecture and Land Art*. Basel and Boston: Birkhäuser.

Whyte, W. H. (1980) *The Social Life of Small Urban Spaces*. Washington, DC: Conservation Foundation.

Wilson, A. (1991) *The Culture of Nature: North American Landscape from Disney to the Exxon Valdez*. Toronto: Between the Lines.

Wilson, W. H. (1989; paperback edition 1994) *The City Beautiful Movement*. Baltimore: Johns Hopkins University Press.

Wirth, T. (1945) *Minneapolis Park System 1883–1944: Retrospective Glimpses into the History of the Board of Park Commissioners of Minneapolis, Minnesota and the City's Park, Parkway and Playground System*. Minneapolis: Board of Park Commissioners.

Young, T. (2004 – paperback edn 2008) *Building San Francisco's Parks, 1850–1930*. Baltimore: Johns Hopkins University Press.

Zaitzevsky, C. (1982) *Frederick Law Olmsted and the Boston Park System*. Cambridge, MA: Belknap Press of Harvard University.

## Websites

www.census.gov – United States Census Bureau.

www.grist.org/cities/the-new-revolutionaries-landscape-architects-reinvent-urban-parks (accessed 2012-05-18)

www.landrestorationtrust.org.uk/community/whoweare (accessed 2014-03-06)

www.washingtonpost.com/wp-dyn/content/story/2008/08/20 (accessed 2014-03-11)

## 第1章 佩里公园，纽约

Birnie, W. A. H. (1969) 'Oasis on 53rd Street', *Reader's Digest* (January). Pleasantville, NY: Reader's Digest Association, pp. 173–4.

Decker, A. (1991) 'Country Gentleman', *Process Architecture*, 94 (February). Tokyo: Process Architecture, pp. 20–3.

Kayden, J. (2000) 'Plaza Suite', *Planning*, 66, 3 (March), pp. 16–19.

Kim, M. Y. (1999) in Bennett, P. 'Playtime in the City', *Landscape Architecture*, 89, 9 (September), pp. 86–93, 137–8.

Kim, M. Y. (2013) in Hilderbrand, G. 'You Must Engage', *Landscape Architecture*, 103, 8 (August), pp. 74–81.

*Macleans Magazine* (1990) 'William Paley: 1901–1990', 103, 45 (November 5), p. 58.

Paley, W. S. (undated) 'Statement by William S. Paley', provided by Philip J. Boschetti of The Greenpark Foundation, 25 August 1989.

Seymour, W. N. Jr, ed. (1969) *Small Urban Spaces*. New York: New York University Press.

Tamulevich, S. (1991) 'Mr. Zion Finds Utopia', *Process Architecture*, 94 (February). Tokyo: Process Architecture, pp. 6–11.

Zion, R. L. (1969) 'Parks Where the People Are – The Small Midtown Park', in Seymour, W. N. Jr. (ed.), op. cit., pp. 73–8.

## 第2章 约克维尔公园，多伦多

Berton, P. (1993) 'The Archer and The Rock: What Have We Learned?', *The Toronto Star*, 11 September, p. F3.

City of Toronto Parks and Recreation Department (1991) *Cumberland Park Design Competition*, July.

City of Toronto Parks and Recreation Department (1994) *A Walk through the Village of Yorkville Park*, June.

Griswold, M. (1993) 'Box Set: Cumberland Park', *Landscape Architecture*, 83, 4 (April), pp. 66–8.

Hume, C. (2012) 'Pieces of Canada', *Landscape Architecture*, 102, 9 (September), pp. 164–73.

Monsebraaten, L. (1993) 'Between a Rock and a Green Space', *The Toronto Star*, 29 January.

Smith, K. (1999) *Project Fact Sheet*, April.

*Websites*

www1.toronto.ca/wps/portal/contentonly (accessed 2014-02-17)

www.asla.org/2012awards/034 (accessed 2014-02-17)

www.bloor-yorkville.com/About-Us (accessed 2014-02-17)

## 第3章 高速公路公园，西雅图

Danadjieva, A. (1977) 'Seattle's Freeway Park II: Danadjieva on the Creative Process', *Landscape Architecture*, 67, 5 (September), pp. 383, 404–5.

Halprin, L. (1966) *Freeways*. New York: Reinhold Publishing Corporation.

Hines, S. (2005) 'Contested Terrain', *Landscape Architecture*, 95, 5 (May), pp. 114–25, 146–7.

McIntyre, L. (2007) 'In Dubious Battle', *Landscape Architecture*, 67, 5 (March), pp. 36–45.

Marshall, M. (1977) 'How the Impossible Came to Be', *Landscape Architecture*, 67, 5 (September), pp. 399–403.

Project for Public Space (2005) *A New Vision for Freeway Park* (January).

Roberts, P. (1993) 'Freeway Park: Still an Icon, but a Few Glitches at 25', *Landscape Architecture*, 83, 2 (February), pp. 54–7.

Robertson, I. M. (2012) 'Replanting Freeway Park: Preserving a Masterpiece', *Landscape Journal*, 31, 1 and 2, pp. 77–99.

Thompson, J. W. (1992) 'Master of Collaboration', *Landscape Architecture*, 82, 7 (July), pp. 64, 68.

Walker, P. and Simo, M. (1994) *Invisible Gardens: The Search for Modernism in the American Landscape*. Cambridge, MA: MIT Press.

*Websites*

www.ci.seattle.wa.us/parks/parkboard (accessed 1999-11-22 and 2013-12-17)

www.seattle.gov/parks/legacy (accessed 2013-12-18)

## 第4章 布莱恩特公园，纽约

Berens, G. (1997) 'Bryant Park, New York City', in Garvin, A. and Berens, G., op. cit. pp. 45–57.

Goldberger, P. (1992) 'Bryant Park, An Out-of-Town Experience', *New York Times*, 3 May, Section 2. p. 34.

Goldberger, P. (1999) 'Face-Lift Department', *The New Yorker*, 8 November, p. 34.

Kahn, E. (1992) 'Panacea in Needle Park', *Landscape Architecture*, 82, 12 (December), pp. 60–1.

Kent, F. (2004) 'When Bad Things Happen to Good Parks', *Landscape Architecture*, 94, 11 (November), pp. 164–72.

Olin, L. (2007) 'One Size Rarely Fits All', *Landscape Architecture*, 97, 3 (March), pp. 138–40.

Thompson, J. W. (1997) *The Rebirth of New York City's Bryant Park*. Washington, DC: Spacemaker Press.

*Websites*

www.asla.org/2010awards/403 (accessed 2014-2-18)

www.brvcorp.com/about-dan (accessed 2014-2-18)

www.bryantpark.org/about-us (accessed 2014-2-18)

## 第5章 高线公园，纽约

Bowring, J. (2009) 'Lament for a Lost Landscape', *Landscape Architecture*, 99, 10 (October), pp. 128–7.

David, J. and Hammond, R. (2011) *High Line: The Inside Story of New York City's Park in the Sky*. New York: Farrar, Straus and Giroux.

Gerdts, N. (2009) 'The High Line', *Topos*, 69 (December), pp. 16–23.

Gillette, J. (2013). 'Review of LaFarge, A. (2012) [op. cit.]', *Landscape Architecture*, 103, 1 (January), p. 114.

Goldberger, P. (2011) 'Miracle above Manhattan', *National Geographic*, 221, 4 (April), pp. 122–37.

Gordinier, J. (2011) 'Walking on Air', *New York Times*, 26 August.

LaFarge, A. (2012) *On the High Line*. New York: Thames and Hudson.

Minutillo, J. (2011) 'Walk the Line', *Azure Design Magazine* (September), pp. 102–7.

Moss, J. (2012) 'Disney World on the Hudson', *New York Times*, 21 August 2012.

Nobel, P. (2004) 'Let it Be', *Landscape Architecture*, 94, 12 (December), pp. 148–6 (reproduced from *Metropolis*, October 2004)

Richardson, T. (2012) 'The Line of Beauty', *Gardens Illustrated* (January), pp. 45–9.

Ulam, A. (2004) 'Taking the High Road', *Landscape Architecture*, 94, 12 (December), pp. 62–9.

Ulam, A. (2009) 'Back on Track,' *Landscape Architecture*, 99, 10 (October), pp. 90–7, 99–109.

*Websites*

www.nyc.gov – Press Release 194–11: 7 June 2011 (2013-06-12)

www.thehighline.org (accessed May/June 2013)

www.whitney.org/About/NewBuilding (accessed 2014-02-27)

## 第6章 贝西公园，巴黎

Arnold, F. (1998) 'Parc de Bercy in Paris', *Topos*, 22 (March), pp. 87–93.

Diedrich, L. (1994) 'Le Jardin de la Mémoire: Out of budget, out of mind?,' *Topos*, 8 (September), pp. 74–80.

Dumont, M-J. (1994) 'L'époque Apur, vingt-cinq ans d'histoire', *L'Architecture d'Aujourd'hui*, 295 (October), pp. 64, 66.

Ferrand, M., Feugas, J-P., Huet, B., Le Caisne, I. and Le Roy, B. (1993) 'Remémoration', in *Paris Projet Numéro 30–31: Éspaces Publics*. Paris: Édition BRES, p. 150.

Holden, R. (1998) 'Where landscape comes first', *Architects' Journal*, 207, 22, pp. 37–9.

Huet, B. (1993) 'Park Design and Urban Continuity', in Knuijt, M. et al., op. cit., pp. 18–35.

Mairie de Paris (1981) Étude APUR 1981: 'Les éspaces verts de Paris, situation et projets'. Unpaginated.

Mairie de Paris (1999) 'Bercy en Trois Siécles', *Expositions: Bercy – la Genèse d'un Grand Parc* Exhibition Report. Unpaginated.

Micheloni, P. (1993) 'Le Parc de Bercy et son Quartier' in *Paris Projet Numéro 30–31: Éspaces Publics*. Paris: Édition BRES, pp. 122–33.

Rebois, D. (1994) 'Bercy: un morceau policé', *L'Architecture d'Aujourd'hui*, 295 (October), pp. 69–71.

## 第7章　西煤气厂文化公园，阿姆斯特丹

Bonink, C. and Hitters, E. (2001) 'Creative Industries as Milieux of Innovation: The Westergasfabriek Amsterdam', in Richards, G., op. cit., pp. 227–40.

de Kruijk, M. (2012) *Westergasfabriek: Meeting Place for Refreshing Ideas*. Singapore: Asia-Europe Foundation. Unpaginated.

Hinshaw, M. (2004) 'Amsterdam Opens a New Culture Park', *Landscape Architecture*, 94, 11 (November), pp. 60–71.

Koekebakker, O. (2003) *Westergasfabriek Culture Park: Transformation of a Former Industrial Site in Amsterdam*. Rotterdam: NAi Publishers.

Westergasfabriek BV and Amsterdam West District Council (2011) *The Green Manifesto: Vision for the Westergasfabriek 2025*.

### *Websites*

www.archined.nl/en/news/the-park-is-open (accessed 2013-01-16)

www.creativecities.nl/P92UKCV (accessed 2013-01-15)

www.drawingtimenow.com (accessed 2013-01-15)

www.nemo.pz.nl/pdf/walkaboutrouteinfo (accessed 2013-01-15)

www.project-westergasfabriek.nl/english (accessed 2013-01-15)

www.thebestinheritage.com/presentations/2011/westergasfabriek (accessed 2013-01-15)

www.vanderleelie.hubpages.com/hub/westergasfabriek (accessed 2013-01-16)

## 第8章　雪铁龙公园，巴黎

Bédarida, M. (1995) 'French Tradition and Ecological Paradigm', *Lotus*, 87, pp. 6–31.

Clément, G. (1995) 'Identity and Signature', *Topos*, 11 (June), pp. 85–95.

Ellis, C. (1993) 'Parc André Citroën: The Rage in Paris', *Landscape Architecture*, 83, 4 (April), pp. 59–64.

Garcias, J-C. (1993) 'Un Lustre Après, Le Concours Citroën Revisité', in *Paris Projet Numéro 30–31: Éspaces Publics*. Paris: Édition BRES, pp. 100–14.

Madden, K. (2006) 'One Day, Two Paris Parks', *Landscape Architecture*, 96, 2 (February), pp. 126–8.

Mairie de Paris (1993) Le Parc André-Citroën: un parc à decouvrir. Paris: Direction des Parcs, Jardins et Éspaces Verts.

Provost, A. (1991) 'Parc André Citroën à Paris', *La Feuille du Paysage*, 10 (June), p. 2.

Provost, A. (1998) 'Dans la pente/On the Slope', *Pages Paysages*, 7, pp. 132–7.

Provost, A. (2003) 'Interview with Gérard Mandon (October 2002)', *Studies in the History of Gardens and Designed Landscapes*, 23, 2 (April–June), pp. 204–11.

Schäfer, R. (1993) 'Parc André-Citroën, Paris', *Topos*, 2 (January), pp. 76–9.

Starkman, N., ed. (1993) 'Entretien avec les Lauréats', in *Paris Projet Numéro 30–31: Éspaces Publics*. Paris: Édition BRES, pp. 116–18.

### *Website*

www.equipement.paris.fr/parc-andre-citroen-1791 (accessed 2014-02-03)

## 第9章　奎尔公园，巴塞罗那

Broughton, H. (1996) *Architects' Journal*, 203, 25 (27 June), p. 27.

Carandell, J. P. and Vivas, P. (photos) (1998) *Park Güell: Gaudí's Utopia*, text in English. Menorca: Triangle Postals SL.

Gabancho, P. (1998) *Park Güell Guide*. Barcelona: Ajuntament de Barcelona.

Kent, C. and Prindle, D. (1993) *Park Güell*. New York: Princeton Architectural Press.

Liz, J. (2012) *Park Güell Photo Guide*, English Language edn. Menorca: Triangle Postals SL.

Luiten, E. (1997) 'The Show is Over: Barcelona's Parks', *Topos*, 19 (June), pp. 83–9.

de Sola-Morales, I. (1991) 'The Park Güell, Barcelona (1900–1914)', in Teyssot, G. and Mosser, M., op. cit., pp. 438–41.

## 第10章　肖蒙山公园，巴黎

Beneš, M. (1999) Lecture at conference *Thinking about Landscape* at Graduate School of Design, Harvard University, April.

da Costa Meyer, E. (2013) 'Mass-Producing Nature', in Carr, E. et al. (eds), op. cit. pp. 73–86.

Hôtel de Ville (1999) *Communiqués Conférence de press du 05 Novembre 1999: La Restauration du parc des Buttes-Chaumont*.

Komara, A. (2004) 'Concrete and the Engineered Picturesque: The Parc des Buttes-Chaumont (Paris, 1867)', *Journal of Architectural Education*, 58, 1 (September), pp. 5–12.

Komara, A. (2009) 'Measure and Map: Alphand's Contours of Construction at the Parc des Buttes-Chaumont, Paris 1867', *Landscape Journal*, 28, 1, pp. 22–39.

Loyer, F. (1989) 'Le Paris d'Haussmann', in Cohen, J-L. and Fortier, B. (Exhibition Directors), *Paris: La Ville et ses Projets*. Paris: Éditions Babylone/Pavillon de l'Arsenal.

Marceca, M. L. (1981) 'Reservoir, Circulation, Residue: J-C. A. Alphand, Technological Beauty and the Green City', *Lotus*, 30, pp. 56–79.

Merivale, J. (1978) 'Charles-Adolphe Alphand and the Parks of Paris', *Landscape Design*, 123 (August), pp. 32–7.

Robinson, W. (1883) *The Parks and Gardens of Paris*, 3rd edn. London: John Murray.

Russell, J. (1960) *Paris*. London: B. T. Batsford.

Vernes, M. (1984) 'Cities and Parks in Opposition', *Architectural Review*, 175, 1048, pp. 56–61.

Vernes, M. (1989) 'Au Jardin comme a la Ville: 1855–1914 – le Style Municipal', in *Parcs & Promenades de Paris*. Paris: Les Editions du Demi-Cercle, p. 15.

von Joest, T. (1991) 'Haussmann's Paris: A Green Metropolis?', in Teyssot, G. and Mosser, M., op. cit., pp. 387–98.

*Website*

www.equipment.paris.fr/parc-de-buttes-chaumont-1757 (accessed 2014-01-29)

## 第11章　圣詹姆斯公园，伦敦

Colvin and Moggridge (1996) *St James's Park Management Plan* for The Royal Parks Agency. March. Unpublished.

Darley, G. (1985) 'The Plight of the Royals', *Architects' Journal*, 182, 50, pp. 22–5.

Jellicoe, G. A. (1970) *Studies in Landscape Design, Volume III*. London: Oxford University Press.

Land Use Consultants (1981) *Historical Survey of St James's Park* for Department of Environment. July. Unpublished.

Lang, S. (1951) 'St James's Park: The Rise and Threatened Decline of a Model Landscape', *Architectural Review*, 110, 659 (November), pp. 292–305.

Department of Culture Media and Sport (DCMS) (2013) Royal Parks Management Agreement 2012–15. April.

Stroud, D. (1984) *Capability Brown*. London: Faber and Faber.

Summerson, J. (1963; 1980 edn) *The Classical Language of Architecture*. London: Thames and Hudson.

Woodbridge, K. (1981) 'Great Thinking Machines', *Lotus International*, 30, 1, pp. 2–9.

*Websites*

www.greenflagaward.org (accessed 2013-10-31)

www.london.gov.uk/priorities/environment/vision-strategy/working-partnership/royal-parks (accessed 2013-10-30)

www.royalparks.org.uk/about-us/management-and-governance (accessed 2013-10-30)

www.royalparks.org.uk/documents/the-royal-parks/publications/royal-parks-visitor-research-report-2009 (accessed 2013-10-30)

www.supporttheroyalparks.org (accessed 2013-10-30)

## 第12章　玛丽亚·露易莎公园，塞维利亚

Assassin, S. (1992) *Séville: l'exposition ibéro-américaine 1929–30*. Paris: Institut Francais d'Architecture/NORMA.

Casa Valdés, Marquesa de (1973; English Language edn 1987) *Spanish Gardens*. London: Antique Collector's Club.

de Canales López-Obrero, F. G. (2003) *El Parque de María Luisa: Restauración y Rehabilitación de Glorietas*. Seville: Empresa de Transformación Agraria, S.A.

Forestier, J. C. N. (1924) *Gardens: A Note-book of Plans and Sketches*, translated from French by Fox Helen Morgenthau. New York/London: Charles Scribner's Sons.

García-Martin, M. (1992) *El Parque de María Luisa de Sevilla*. Barcelona: Gas Natural SDG, S.A.

Gimeno, J. A. M. et al. (1999) *Guia de los Parques y Jardines de Sevilla*. Seville: Ayuntamiento de Sevilla.

Imbert, D. (1993) *The Modernist Garden in France*. New Haven/London: Yale University Press.

Lejeune, J-F. (1996) 'The City as Landscape: Jean-Claude Nicolas Forestier and the Great Urban Works of Havana 1925–30', *The Journal of Decorative and Propaganda Arts*, 22, pp. 150–85.

Lejeune, J.-F. and Gelabert-Navia, J. (1991) 'Jean-Claude Nicolas Forestier: The City as Landscape', in *The New City Foundations*. Miami: University of Miami School of Architecture.

Mantero, R. S. (1992) *A Short History of Seville*. Madrid: Sílex Ediciones.

Movellán, A. E. (2010) *Arquitectura del Regionalismo en Sevilla 1910–35*. Seville: Diputacion de Sevilla.

Pérez, J. I. (2003) 'Parques y jardines. Una conservación compleja', in de Canales López-Obrero, op. cit., pp. 27–41.

## 第13章　路易丝公园，曼海姆

Eisenhuth, K. (1991) Transcript of lecture by former *Geschäftsführer* (Manager) of Stadtpark to Mannheim Evening Academy and People's High School, 13 October.

*Garten und Landschaft* (1975) 'Summary', 5/75 (May), pp. 336–8.

Grebe, R. (1975) 'Von der planung zur Realisation: 6 Jahre Planen und Bauen für die Bundesgartenschau Mannheim (From the Planning to the Realization: 6 Years to Plan and Construct for the Federal Garden Show in Mannheim)', *Garten und Landschaft*, 5/75 (May), pp. 288–93.

Panten, H. (1987) *Die Bundesgartenschauen: Eine blühende Bilanz seit 1951* (The Federal Garden Shows: A blossoming product since 1951). Stuttgart: Verlag Eugen Ulmer GmbH & Co.

Schmidt-Baumler, H. (1975) 'Die Bundesgartenschau, Mannheim 1975', *Landscape Architecture*, 65, 1 (January), pp. 40–50.

Wagenfeld, H. (1975) 'Ziel: Freiräume für die Stadt (Objective: Open Space for the City)', *Garten und Landschaft*, 5/75 (May), pp. 301–7.

*Websites*

www.basf.com/group/corporate/site-ludwigshafen (accessed 2014-01-17)

www.foerderkreis-luisenpark.de/verein (accessed 2014-01-17)

www.luisenpark.de (accessed 2014-01-17)

www.mannheim.de/en (accessed 2014-01-17)

## 第14章　冯德尔公园，阿姆斯特丹

Amsterdam Oud Zuid (2001) *Vondelpark: Renovatie en Beheerplan (Renovation and Management Plan)*. Amsterdam: District of Amsterdam South.

Lauwers, C., Ponteyn, B. and van Zanen, K. (2011) 'Structural Vision: Amsterdam 2040', *Plan Amsterdam*, 01/2011. Amsterdam: Dienst Ruimtelijke Ordening (Department of Physical Planning)

Steenbergen, C. and Reh, W. (2011) 'Vondelpark, Amsterdam 1865', Steenbergen, C. and Reh, W., op. cit., pp. 257–88.

### Websites

www.amsterdam.info/parks/vondelpark (accessed 2013-01-07)

www.iamsterdam.com/en-GB/living/city-of-amsterdam/amsterdam-city-districts/stadsdeel-zuid/oud (accessed 2013-05-16)

## 第15章　拉维莱特公园，巴黎

Barzilay, M., Hayward C. and Lombard-Valentino, L. (1984) *L'Invention du Parc*. Paris: Graphite Editions/Établissement Public du Parc de la Villette (EPPV).

Berrizbeitia, A. and Pollak, L. (1999) 'Bamboo Garden', in *Inside Outside: Between Architecture and Landscape*. Gloucester, MA: Rockport Publishers, pp. 62–7.

Cadoret, A.-V. and Lagrange, F., eds (1996) *Guides Gallimard: Paris La Villette*. Paris: Éditions Nouveaux-Loisirs.

Établissement Public du Parc et de la Grande Halle de la Villette (undated) *Le Site de la Villette: Repères Chronologiques 1970–1997*. Paris.

Établissement Public du Parc et de la Grande Halle de la Villette (2013) *Agenda 21 du Parc de la Villette* (Édition 2013).

Gough, P. (1989) 'Gough in Paris', *Architects' Journal*, 190, 2 (July), pp. 24–9.

Hardingham, S. and Rattenbury, K. (2012) *Supercrit #4: Bernard Tschumi Parc de la Villette*. Abingdon, Oxon and New York: Routledge.

Jellicoe, G. (1983) 'Park Futures', *Architects' Journal*, 178, 51 and 52 (December), pp. 56–9.

Latz, P. (2012) 'Kein Vorbild moderner Landschafts-architektur – ein Zwischenruf', *Garten + Landschaft*, 122, pp. 16–17.

Tiévant, S. (1996) *Pratique et Image du Site de la Villette*. Paris: Centre d'Étude et de Récherche sur les Pratiques de l'Éspace (CEPRE), (December), p. 48.

Treib, M. (1999) Lecture at conference *Thinking about Landscape* at Graduate School of Design, Harvard University, April.

Tschumi, B. (1996) *Architecture and Disjunction*. Cambridge, MA: MIT Press.

### Website

www.villette.com/en/about-the-park/who-are-we (accessed 2014-01-27)

## 第16章　伯肯黑德公园，默西塞德郡

Beckett, P. and Dempster, P. (1989) 'Birkenhead Park', *Landscape Design*, 185, pp. 24–7.

Brindle, D. (2012) 'Graph of Doom: A Bleak Future for Social Care Services', *The Guardian*, 15 May.

Kinsella, S. (2014) *Life Expectancy in Wirral*. Wirral Council Performance and Public Health Intelligence Team (January).

Lyons, B. (2012) *Visitor Survey 2012*. University of Liverpool.

North West Tourist Board (1992) *Visitor Survey 1992* (November).

Olmsted, F. L. (1852) *Walks and Talks of an American Farmer in England*. New York: George P. Putnam.

Smith, A. (1983) 'Paxton's Park', *Architects' Journal*, 178, 51 and 52 (21/28 December), pp. 48–51.

Wirral Council (1991) *Birkenhead Park Management Plan*. Department of Leisure Services and Tourism (May).

Wirral Council (2013) *Birkenhead Park Management Plan 2012–2017 (Updated February 2013)*. Department of Parks and Countryside.

### Websites

www.ainsleygommonarchitects.co.uk/projects (accessed 2014-02-13)

www.theguardian.com/society (accessed 2014-02-12)

## 第17章　伊丽莎白女王奥林匹克公园，伦敦

Carmona, M. (2012) 'The London Way: The Politics of London's Strategic Design', in Littlefield, D., op. cit., pp. 36–43.

Corner, J. (2013) 'Park as Catalyst', in Hopkins and Neal, op. cit., pp. 262–3.

Hargreaves, G. (2013) 'A Post-Industrial Picturesque', in Hopkins and Neal, op. cit., pp. 116–19.

Hartman, H. (2012) 'Olympic Park, Stratford', in Littlefield, D., op. cit., pp. 60–5.

Higgins, D. (2013) 'Squaring the Circle between Local and National Interest', in Hopkins and Neal, op. cit., pp. 66–9.

Hone, D. (2013) 'Time was of the Essence', in Hopkins and Neal, op. cit., pp. 236–7.

Littlefield, D., ed. (2012) 'London (Re)Generation', *Architectural Design*, 82, 1 (January/February).

London 2012 (2009) *London 2012 Sustainability Plan: Towards a One Planet 2012*, 2nd edn. London: London Organising Committee of the Olympic and Paralympic Games.

LLDC (2012) *London Legacy Development Corporation Business Plan 2012/13–2014/15* (May). London: Olympic Park Legacy Company Ltd.

LLDC (2013) *London Legacy Development Annual Report and Accounts 2012/13* (September). London: LLDC.

ODA (2013) *Annual Report and Accounts 2012–13* (July). London: The Stationery Office.

Price, S. (2013) 'Layering Horticulture and Ecology across the London 2012 Gardens', in Hopkins and Neal, op. cit., pp. 154–7.

Prior, J. and Hanway, B. (2013) 'Masterplanning the Ecological Superstructure', in Hopkins and Neal, op. cit., pp. 46–9.

Rice, L. (2012) 'The Power of the Image', in Littlefield, D., op. cit., pp. 98–101.

Tomlinson, S. (2012) 'Centring on the Olympic Fringe', in Littlefield, D., op. cit., pp. 103–7.

*Websites*

www.blog.museumoflondon.org.uk/the-history-of-the-olympic-site (accessed 2013-09-30)

www.building.co.uk/news/edaw-unveils-lea-valley-olympic-masterplan (accessed 2013-10-03)

www.hargreaves.com/firm (accessed 2013-10-04)

www.hitchmough-2012-olympic-park.group.shef.ac.uk (accessed 2013-10-03)

www.legacy.london.gov.uk/mayor/planning/lower-lea-valley (accessed 2013-10-04)

www.londonlegacy.co.uk/the-park and www.londonlegacy.co.uk/about-us (accessed 2013-10-01)

www.londonmedicine.ac.uk/health-economy/life-expectancy (accessed 2013-10-04)

www.news.bbc.co.uk/2/hi/uk_news/politics/4656527 (accessed 2013-10-03)

www.olympic.org/london-2012-summer-olympics (accessed 2013-10-01)

www.ons.gov.uk/ons/rel/disability-and-health-measurement (accessed 2013-10-04)

www.worldlandscapearchitect.com/london-2012-olympic-park-london-uk-lda-design-with-hargreaves-associates (accessed 2013-09-26)

www.worldlandscapearchitect.com/2012-london-olympics-legacy-south-park-james-corner-field-operations (accessed 2013-10-21)

## 第18章　格兰特公园，芝加哥

Bachrach, J. S. (2009) 'Front Yard for All: The History of Grant Park', in Macluso, T. et al., op. cit., pp. 11–48.

Bachrach, J. S. (2012) *The City in a Garden: A History of Chicago's Parks*, 2nd edn. Chicago: Center for American Places at Columbia College.

Chicago Park District (1992a) *Grant Park Design Guidelines*.

Chicago Park District (1992b) *National Register of Historic Places Form for Grant Park*.

Chicago Park District (1998) *CitySpace: An Open Space Plan for Chicago*.

Chicago Park District (1999) *Welcome to Grant Park*.

Chicago Park District (2002) *Grant Park Framework Plan*.

Chicago Park District (2013) *Chicago Park District 2014 Budget Summary*.

Cremin, D. H. (2013) *Grant Park: The Evolution of Chicago's Front Yard*. Carbondale and Edwardsville: Southern Illinois University Press.

Gilfoyle, T. J. (2006) *Millennium Park: Creating a Chicago Landmark*. Chicago and London: University of Chicago Press.

Hasbrouk, W. R. (1970) Introduction to Reprint of *Plan of Chicago by Daniel H. Burnham and Edward H. Bennett*. New York: Da Capo Press.

Huebner, J. (2007) 'Image of the Crowd: A Monumental Artwork Mills around Chicago's Grant Park', *Landscape Architecture*, 97, 10 (October), pp. 126–31.

Kamin, B. (2004) 'A People's Park for the Future', in Kamin, B. (2010) *Terror and Wonder: Architecture in a Tumultuous Age*. Chicago: University of Chicago Press, pp. 43–9.

Kent, C. (2011) *Millennium Park Chicago*. Evanston, IL: Northwestern University Press.

Kitt Chappell, S. A. (2004) 'Chicago Hope', *Landscape Architecture*, 94, 9 (September), pp. 88–95.

Lindke, L. (2006) 'Millennium Park in Chicago', *Topos*, 55, pp. 30–5.

Macluso, T., Bachrach, J. and Samors, N. (2009) *Sounds of Chicago's Lakefront: A Celebration of the Grant Park Music Festival*. Chicago: Chicago's Books Press.

Michael Van Valkenburgh Associates, Inc. (undated) *Design Principles North Grant Park*. Chicago Park District.

Wille, L. (1991) *Forever Open, Clear and Free: The Struggle for Chicago's Lakefront*, 2nd edn. Chicago: University of Chicago Press.

Wolfe, G. R. (1996) *Chicago In and Around the Loop*. New York: McGraw Hill.

*Websites*

www.chicagoparkdistrict.com/about-us (accessed 2013-11-27)

www.chicagoparkdistrict.com/assets (accessed 2013-11-27)

## 第19章　摄政公园，伦敦

Colvin and Moggridge (1998) *Regent's Park Landscape Management Plan* for The Royal Parks Agency (April). Unpublished.

Crook, J. M. (2001) *London's Arcadia: John Nash and the Planning of Regent's Park*. Fifth Annual Soane Lecture 2000.

Repton, H. (1795) *Sketches and Hints on Landscape Gardening*, in Nolen, J. (1907), op. cit.

Royal Parks Review Group (1993) Report on The Regent's Park (April). London: UK Department of Environment.

Saunders, A. (1969) *Regent's Park*. New York: Augustus M. Kelley Publishers.

Slavid, R. (1999) 'Staging Open Air's Renewal', *Architects' Journal*, 210, 8, p. 8.

Such, R. (2009) 'The Opposite of Starchitecture', *Landscape Architecture*, 99, 12 (December), p. 20.

Summerson, J. (1980) *The Life and Work of John Nash*. Cambridge, MA: MIT Press.

## 第20章　城市公园，汉堡

City of Hamburg (2010) *Grünes Netz Hamburg: Freiraumverbundsystem*. Hamburg: Behörde für Stadtentwicklung und Umwelt.

De Michelis, M. (1981) 'Il verde e il rosso/The red and the green – Park and city in Weimar Germany' in *Lotus International*, 30, pp. 105–17.

De Michelis, M. (1991) 'The Green Revolution: Leberecht Migge and the Reform of the Garden in Modernist Germany', in Teyssot, G. and Mosser, M, op. cit., pp. 409–20.

Gothein, M. L. (1928) *A History of Garden Art: Volume II*, repr. 1979. New York: Hacker Art Books.

Grout, C. (1997) 'Der Stadtpark als politisches Symbol/The city park as political symbol', *Topos*, 19 (June), pp. 14–18.

Haney, D. H., ed. and trans. (2013) Introduction to Migge, L. (1913), *Garden Culture of the Twentieth Century*. Washington, DC: Dumbarton Oaks.

Jefferies, M. (2011) *Hamburg: A Cultural History*. Northampton, MA: Interlink Books.

Maass, I. (1981) 'People's Parks in Germany', *Lotus International*, 30, pp. 123–8.

Pogacnik, M. (1991) 'The Heimatschutz Movement and the Monumentalization of the Landscape', in Teyssot, G. and Mosser, M., op. cit., pp. 463–5.

Pohl, N. (1993) 'In Which the Spirit of the *Volkspark* also...', in Knuijt, M. et al., op. cit., pp. 70–89.

Reitsam, E. (1996) '*Porträt* of Fritz Schumacher', *Garten + Landschaft*, 106 (May), pp. 37–40.

Steenbergen, C. and Reh, W. (2011) 'Stadtpark Hamburg 1902', in Steenbergen, C. and Reh, W., op. cit., pp. 329–53.

Umbach, M. (2009) *German Cities and Bourgeois Modernism 1890–1924*. Oxford: Oxford University Press.

Vernier, A. (1981) 'Milk, meadow, water, brick: Story of the Hamburg Stadtpark', *Lotus International*, 30, pp. 98–103.

### Website

www.stadtparkverein.de (accessed 2014-01-13)

## 第21章　北杜伊斯堡景观公园，北杜伊斯堡

Dahlheimer, A. (1999) *IBA '99 Finale: Short Information* (in English). IBA Emscher Park. Unpaginated.

Geuze, A. (1993) 'Dynamic Modern Times', in Knuijt, M. et al., op. cit., pp. 46–9.

IBA Emscher Park GmbH (1990) Position Paper *Ecological Construction*.

Latz, P. (1993) '"Design" by Handling the Existing' in Knuijt, M. et al., op. cit., pp. 90–101.

Latz, P. (1998) Transcript of lecture at Harvard University, provided by Anneliese Latz (April).

Latz, P. (2001) 'Landscape Park Duisburg-Nord', in Kirkwood, N. (ed.), *Manufactured Sites: Rethinking the Post-Industrial Landscape*. London and New York: Spon Press, pp. 150–61.

Lubow, A. (2004) 'The Anti-Olmsted', *New York Times Magazine*, 16 May.

Pehnt, W. (1999) 'Changes Have to Take Place in People's Heads First', *Topos*, 2 (March), pp. 16–23.

Reiß-Schmidt, S. (1999) 'The Ruhr Region and the Siedlungsverband Ruhrkohlenbezirk (SVR)', *Planning in Germany*, Special Bulletin '99 for 35th Congress of International Society of City and Regional Planners (ISOCARP), pp. 32–43.

Schmidt, A. S. (1994) 'The Role of the Landscape Architect in the Emscher Park', translated summary, *Garten + Landschaft*, 104 (July), p. 39.

Schwarze-Rodrian, M. (1999) 'Intercommunal Co-operation in the Emscher Landscape Park', *Topos*, 26 (March), pp. 53–9.

Weilacher, U. (2008) *Syntax of Landscape: The Landscape Architecture of Peter Latz and Partners*. Basel, Boston and Berlin: Birkhäuser.

Winkels, R. and Zieling, G. (2010) *Landschaftspark Duisburg-Nord: From Ironworks to Theme Park*. Duisburg: Mercator-Verlag.

Zlonicky, P. (1999) 'The Emscher Park International Building Exhibition – Goals, Changes, Achievements', *Planning in Germany*, Special Bulletin '99 for 35th Congress of ISOCARP.

### Websites

www.duisburg-marketing.de/en/ueberuns (accessed 2014-01-21)

www.en.landscahftspark.de/the-park (accessed 2014-01-20)

www.metropoleruhr.de/en (accessed 2014-01-21)

## 第22章　蒂尔加滕公园，柏林

Balfour, A. (1999) 'Octagon', in Corner, J., op. cit., pp. 87–100.

Enke, R. (1999) *Berlin: Open City. The City on Exhibition*. Berlin: Nicholaische Verlagsbuchhandlung.

Lachmund, J. (2013) *Greening Berlin: The Co-production of Science, Politics, and Urban Nature*. Cambridge, MA: MIT Press.

Ladd, B. (1997) *The Ghosts of Berlin: Confronting German History in the Urban Landscape*. Chicago: University of Chicago Press.

Roland Berger Strategy Consultants (2011) *European Capital City Tourism* (November). Vienna.

Schäfer, R. (1999) 'Berlin Planning Departments Restructured', (Short Cuts), *Topos*, 28 (September), p. 107.

TOPOS/gruppe F (2012) *Strategisches Rahmenkonzept für den Verflechtungsbereich des Großen Tiergraten* (Strategic Concept for the Greater Tiergarten).

von Buttlar, F. (1985) 'Parks in the City', *Garten + Landschaft*, 95 (April), pp. 44–50.

von Krosigk, K. (1995) *Garden Guide – Grosser Tiergarten* (English). Berlin: Museumspädagogischer Dienst (Museum Education Service) Berlin und Senatsverwaltung für Stadtentwicklung und Umweltschutz (Department of City Planning and Environmental Protection). Unpaginated.

von Krosigk, K. (1999) *Gartenkunst Berlin – 20m Jahre Gartendenkmalpflege in der Metropole*/Garden Art of Berlin – 20 years of Conservation of Historic Gardens and Parks in the Capital. Berlin: Landesdenkmalamt und Verlag Schelzky & Jeep.

Wendland, F. (1996) *Der Berliner Tiergarten – Vergangenheit und Zukunft* (An Item of the Past and Future), in *Landesdenkmalamt Berlin – Monuments Office of the State of Berlin*. Berlin: *Landesdenkmalamt Berlin* and Schelzky & Jeep.

Wörner, R. and Wörner, G. (1996) *Landesdenkmalamt Berlin – Monuments Office of the State of Berlin*, op. cit.

### Websites

www.berlin.de/berlin-im-ueberlick/politik/verwaltung.en (accessed 2014-01-11)

www.stadtentwicklung.berlin.de/planen/foren_initiativen/tiergartendialoge (accessed 2014-01-08)

## 第23章　展望公园，布鲁克林，纽约

Fahim, K. (2010) *Returning Prospect Park to the People*, from www.nytimes.com/2010/04/06/nyregion/06tupper (accessed 11.12.2013)

Kowsky, F. R. (1998; paperback edn 2003) *Country, Park & City: The Architecture and Life of Calvert Vaux*. New York and Oxford: Oxford University Press.

Krauss, N. (2013) 'Prospect Park, Brooklyn', in Marron, C. (ed.), op. cit., pp. 280–94.

Lancaster, C. (1967; 1988 edn) *Prospect Park Handbook*. New York: Greensward Foundation.

Prospect Park Alliance (2011) Annual Report for 2011.

Prospect Park Alliance (2012) Annual Report for 2012.

Schwartz, A. (2003) 'An Improved Prospect', *Landscape Architecture*, 93, 7 (July), pp. 77–85, 108–10.

Simpson, J. (1981) 'Prospect Park', in *Art of the Olmsted Landscape: His Works in New York City*. New York: New York Landmarks Preservation Commission.

Toth, E. and Sauer, L. (1994) *Saving Brooklyn's Last Forest: The Plan for Prospect Park*. New York: Prospect Park Alliance.

## 第24章    中央公园，纽约

Buford, B. (1999) 'Lions and Tigers and Bears: Camping in Central Park', *The New Yorker*, 23 and 30 August, pp. 102–8.

Central Park Conservancy (1985) *Rebuilding Central Park: A Management and Restoration Plan*.

Central Park Conservancy (1999/2012) *Annual Reports for 1999 and 2012*.

Central Park Conservancy (2011) *Report on Use of Central Park* (April).

Harden, B. (1999) *New York Times*, 22 November.

Heckscher, M. H. (2008) *Creating Central Park*. New York: Metropolitan Museum of Art and New Haven/London: Yale University Press.

Kelly, B. (1982) 'The Rehabilitation of Central Park, New York', *Landscape Design*, 139 (August), pp. 32–4.

Miller, S. C. (2009) *Seeing Central Park: The Official Guide to the World's Greatest Urban Park*. New York: Abrams.

Miller, S. C. (2011) *Strawberry Fields: Central Park's Memorial to John Lennon*. New York: Abrams.

Rogers, E. B. (1987) *Rebuilding Central Park*. Cambridge, MA: MIT Press.

Stewart, I. R. (1981) 'The Fight for Central Park', in Kelly et al., op. cit.

Tatum, G. B. (1991) Introduction to Dover Edition of Downing, A. J. (1865) *Landscape Gardening and Rural Architecture*, 7th edn. New York: Orange Judd/Dover Editions.

Tatum, G.B. (1994) Introduction to Alex, W., op. cit., pp. 1–31.

### Websites

www.centralparknyc.org (accessed 2000-04-28)

www.nytimes.com/2012/10/24 (Foderaro, L.) 'A $100 Million Thank-you for a Lifetime's Central Park Memories' (accessed 2012-12-24)

www.nytimes.com/2013/10/17 (McKinley, J. C.) 'Man gets 30-Year Sentence for Raping Bird-Watcher in Central Park' (accessed 2013-10-16)

## 第25章    斯坦利公园，温哥华

City of Vancouver (1995) *Vancouver Greenways Plan* (October).

City of Vancouver (2012) *West End Community Profile*.

City of Vancouver (2013) *2014 Capital and Operating Budget*.

Conn, H. (1997) 'The Origins of Stanley Park', in Davis, C. (ed.) (1997), *The Greater Vancouver Book: An Urban Encyclopaedia*. Surrey, BC: Linkman Press.

Johnston, E., ed. (1982) 'Great Parks of the World: Stanley Park: Part II', *Parks and Recreation Resources Magazine* (January).

Kheraj, S. (2013) *Inventing Stanley Park: An Environmental History*. Vancouver: UBC Press.

MacLaren Plansearch (1991) *Stanley Park — A Sense of Place*. Volume 1, Issue 1 (September).

MacMillan Bloedel Ltd Woodland Services (1989) Stanley Park Regeneration Program Folio 1: Forest Management Plan for Vancouver Board of Parks and Recreation.

Martin, L. and Seagrave, K. (1982) *City Parks of Canada*. Oakville, ON: Mosaic Press.

Parks Canada (2002) *Stanley Park National Historic Site: Commemorative Integrity Statement*.

Paterson, D. (1995) 'Regional Design: Some Principles', *Landscape Architecture*, 84, 4 (April), p. 73.

Stanley Park Ecology Society (SPES) (2010) *State of the Park Report for the Ecological Integrity of Stanley Park*.

Stanley Park Task Force (1992) *Final Report* (May).

Steele, R. M. (1993) *Stanley Park*. Surrey, BC: Heritage House.

Urban Systems Ltd. (1996) *Stanley Park Transportation and Recreation Report*.

Vancouver Board of Parks and Recreation (2007) *Stanley Park Restoration Plan*.

### Websites

www.data.vancouver.ca/datacatalogue/censusLocalareaProfiles 2001 and 2011 (accessed 2014-01-06)

www.stanleyparkecology.ca (accessed 2014-01-06)

www.tourismvancouver (accessed 2014-01-06)

www.vancouver.ca/parks (accessed December 1998 and 2014-01-06)

## 第26章    金门公园，旧金山

Babal, M. (1993) *Golden Gate Park Master Plan Background Report: Historical Element* for San Francisco Recreation and Parks Department (February).

Clary, R. H. (1984) *The Making of Golden Gate Park: The Early Years 1865–1906*, 2nd edn. San Francisco: Don't Call it Frisco Press.

Clary, R. H. (1987) *The Making of Golden Gate Park: The Growing Years 1906–1950*. San Francisco: Don't Call it Frisco Press.

Laurie, M. (1992) 'The Urban Mantelpiece', *Landscape Design*, 216 (December), pp. 21–2.

Royston Hanamoto Alley and Abey (1998) *Golden Gate Park Master Plan* for San Francisco Recreation and Park Department (October).

Streatfield, D. C. (1976) 'The Evolution of the California Landscape', *Landscape Architecture*, 66, 3 (March), pp. 117–26, 170.

Young, T. (1994) 'Trees, the Park and Moral Order: The Significance of Golden Gate Park's First Plantings', *Journal of Garden History*, 14, 3, pp. 158–70.

Young, T. (2004; paperback edn 2008) *Building San Francisco's Parks, 1850–1930*. Baltimore: Johns Hopkins University Press.

*Website*

www.sfrecpark.org/about/recreation-park-commission
(accessed 2014-02-26)

## 第27章　"翡翠项链"公园系统，波士顿

Bennett, P. (1999) 'Image of a City', *Landscape Architecture*, 89, 6 (June), p. 105.

Boston Parks and Recreation Department with Boston Landmarks Commission (1993) *Official Guide to the Nine Parks of Boston's Emerald Necklace*.

Boston Parks and Recreation Department (2013) *2012 Annual Report*.

Cortell, J. M. and Associates with Pressley and Associates (1999) *Emerald Necklace Environmental Improvements Master Plan* (January). Boston Parks and Recreation Department.

The Halvorson Company (1991) *Master Plan for Franklin Park*.

Lynch, K. (1960) *The Image of the City*. Cambridge, MA: MIT Press.

Marcus, J. (2002) *The Complete Illustrated Guide to Boston's Public Parks and Gardens*. New York: Silver Lining Books.

O'Connell, K. A. (2001) 'Mending the Necklace', *Landscape Architecture*, 91, 7 (July), pp. 36–41, 90–3.

Steenbergen, C. and Reh, W. (2011) 'Emerald Necklace Boston 1876', in Steenbergen, C. and Reh, W., op. cit., pp. 289–325.

Walker Kluesing Design Group (1996) *Boston Common Management Plan* for Boston Parks and Recreation Commission.

Walmsley/Pressley (1989) *Master Plan for the Emerald Necklace*.

Zapatka, C. (1995) *The American Landscape*. New York: Princeton Architectural Press.

*Websites*

www.cityofboston.gov/parks (accessed 2013-11-20)
www.emeraldnecklace.org (accessed 2013-11-20)
www.friendsofthepublicgarden.org (accessed 2013-11-20)

## 第28章　森林公园，圣路易斯

Bennett, P. (1998) 'The Park Process: A Master Plan for St Louis's Forest Park seeks a "Total Park Experience"', *Landscape Architecture*, 88, 1 (January), pp. 26–31.

City of St Louis (1995) *Forest Park Master Plan* (December). St Louis: Community Development Commission.

Culbertson, K. (2000) *George Edward Kessler: Landscape Architect of the American Renaissance* in Tishler, W. H. (ed.), op. cit., pp. 99–116.

Hazelrigg, G. (2004) 'A River Runs Through It . . . Again', in *Landscape Architecture*, 94, 4 (February), pp. 108–17.

Hohmann, H. (2004) 'It's a Pale Shadow of a Real Functioning River', *Landscape Architecture*, 94, 4 (February), p. 115.

Loughlin, C. and Anderson, C. (1986) *Forest Park*. Columbia, MI: The Junior League of St Louis and University of Missouri Press.

PPS (2000) 'Forest Park Forever', in Project for Public Spaces, Inc, op. cit., pp. 79–84.

*Websites*

www.census.gov/popest/data/cities/totals/2012/index (accessed 2013-10-21)

www.forestparkforever.org/files/Memories_and_History_by_the_Decade (accessed 2013-10-24)

www.stlouis-mo.gov/government/departments/parks/parks/Forest-Park (accessed 2013-10-24)

## 第29章　阿姆斯特丹森林公园

Balk, J. Th. (1979) *Een Kruiwagen vol Bomen*. Amsterdam: Stadsdrukkerij van Amsterdam.

Berrizbeita, A. (1999) 'The Amsterdam Bos: The Modern Park and the Construction of Collective Experience', in Corner, J., op. cit., pp. 186–203.

Daalder, R. (1999) *Het Amsterdamse Bos – Bos voor de Toekomst* in *StadenGroen*, Jaargang 2, Nummer 1 (February). Amsterdam.

Dienst Publieke Werken – Public Parks Service of Amsterdam (Undated) Guidebook *het Amsterdamse Bos – the Amsterdam Forest Park*.

DRO, Amsterdam (1994) *Een groenstructuur met een hoofdletter*. Jaargang 12, Nummer 113 (December).

DRO, Amsterdam (2010) *Amsterdam Pocket Atlas* (September).

Gemeente Amsterdam (2011) *Bosplan 2012–2016* (November).

Jellicoe, G. and Jellicoe, S. (1987) *The Landscape of Man*. London: Thames & Hudson.

*Journal of the Royal Institute of British Architects* (1938) 'The Amsterdam Boschplan', 45, Third Series, 14 (23 May) pp. 681–9 (article acknowledged making free use of article by Dr Ing T. P. Byhouwer in the Dutch architectural journal *de 8 en Opbouw*, No 2, 1937).

Lootsma, B. (1999) 'Synthetic Regionalization: The Dutch Landscape Toward a Second Modernity', in Corner, J., op. cit., pp. 250–74.

Polano, S. (1991) 'The Bos Park, Amsterdam, and Urban Development in Holland', in Teyssot, G and Mosser, M., op. cit., pp. 507–9.

Stedelijk Beheer Amsterdam (1994) *Amsterdamse Bos: Visitors' Information on Forestry Practice*.

Woudstra, J. (1997) 'Jacobus P. Thijsse's Influence on Dutch Landscape Architecture', in Wolschke-Bulmahn (ed.), *Nature and Ideology: Natural Garden Design in the Twentieth Century*. Washington DC: Dumbarton Oaks.

*Websites*

www.amsterdam.inf/parks/amsterdamse-bos/history (accessed 2014-01-23)

www.amsterdam.nl/wonen-leefomgeving/structuurvisie/structural-vision-am (accessed 2014-01-23)

## 第30章　明尼阿波利斯公园系统

Cleveland H. W. S. (1873) *Landscape Architecture as Applied to the Wants of the West*. Chicago: Jansen, McLurg and Co/Pittsburgh: University of Pittsburgh Press (reprinted 1965, Lubove, R., ed.).

Hagen, K. (1989) *Parks and Wildlands*. Minneapolis: Nodin Press.

Haglund, K. (1976) 'Rural Tastes, Rectangular Ideas, and the Skirmishes of H.W.S. Cleveland', *Landscape Architecture*, 66, 1 (January), pp. 67–70, 78.

Minneapolis Park and Recreation Board (2008) *Missing Link Development Study Report*.

Minneapolis Park and Recreation Board (2013) *Annual Budget Report for 2013*.

Neckar, L. M. (1995) 'Fast-Tracking Culture and Landscape: Horace William Shaler Cleveland and the Garden in the Midwest', in O'Malley, T. and Treib, M., op. cit., pp. 69–98.

Smith, D. C. (2008) *City of Parks: The Story of Minneapolis Parks*. Minneapolis: The Foundation for Minneapolis Parks.

Tishler, W. H. (1989) 'H.W.S. Cleveland', in Tishler W. H., op. cit., pp. 24–9.

## Websites

www.downtownmpls.com (accessed 2013-12-04)

www.parkscore.tpl.org/city.php (accessed 2013-11-29)

www.metrocouncil.org (accessed 2013-10-17)

www.minneapolisparks.org (accessed 2013-12-04)

www.mplsparksfoundation.org (accessed 2013-12-04)

www.startribune.com/local/blogs/217960131 (accessed 2013-12-03)

# 图片来源

- 波林·博德特（Pauline Boldt）：P46
- 贝琳达·陈（Belinda Chan）：封面图，P7（底图），30（底图），31，32，34，38（顶图及底图），39，40，41，42，223，224（顶图），229（底图），231，233，235，247
- 玛塞拉·伊顿（Marcella Eaton）：P7（顶图），13，14，17，33，44，50，52，55，56（顶图及底图），63，66，67，84，85（顶图及底图），89，90，91，101，103，107（底图），109，110，111，117，118，119，121，131，136，140，145，146，148，149，150，158，160，177（顶图），184，189，191，192，196（顶图），202，203，215，216，224（中图），232，238，249，250，257，260，262，264，265，268，269，271，286，287，290，291
- 帕特里克·海耶斯（Patrick Hayes）：P94
- 马丁·琼斯（Martin Jones）：P6，9，92，183，193，234，237，241
- 彼得·尼尔（Peter Neal）：P152
- 艾伦·泰特（Alan Tate）：P15，16，18，19，21，22，23（顶图及底图），25，29，30（顶图），36，37（顶图及底图），38（顶图），38（顶图及底图），53，54，60，61，62，70，72，73，74，75，78，80，81，82（顶图及底图），83，93（顶图及底图），98，100，102，107（顶图），108，112，114，124，125，127，128，130，134，135，142，143，144，154，156，157，164，165，166，168，170，171，172，176，177（底图），178，179，181，186，187，188（顶图及底图），196（底图），197，198，199，201，204，208，209，210，211，212，213，218，219，220，229（顶图），242，243，245，246，248，255，256，258，275，276，277，279，280，281，285，294，295，296，299，300，301，302，303

公园的平面图中，除P42，58，64，126，155，274页图由肖恩·斯坦科维奇（Shawn Stankewich）绘制外，其余均由彼得·西里（Peter Siry）绘制。

（页码均为原书页码）

# 译后记

以公园为代表的公共开放空间，是现代城市的重要标志。一方面，公园的发展是城市化到一定阶段的必然产物。人们聚集在城市中，除了生产、工作，还需要休息、娱乐、获得身心健康，也就是劳动力的再生产。在18世纪欧洲和北美的城市化过程中，城市公园的出现主要就是为了提供休憩空间和改善公共卫生条件。

另一方面，城市的发展也带来多样化的需求和生活方式，与自然地貌、气候条件等进一步塑造公园的形态。每一个时代都会产生体现其时代精神和特质的代表性城市公园。在21世纪的今天，城市公园已不再简单是城市中的绿色斑块，更与周边的城市产生紧密而复杂的互动关系，甚至参与塑造了城市的性格、风貌和文化，进而反过来对市民的生活方式产生影响。

对时下的中国城市而言，城市公园也已成为城市发展水平的一个切片，是城市竞争力的一个重要体现。随着过去20年城市化大潮的洗礼，中国兴建了大量城市公园。当前，中国的城市化过程逐渐转向精明发展、城市更新为重点；地方政府面临着不断增大的财政压力；而大量的城市公园面临着功能提升、经费不足、缺乏运营等问题。本书作者在过去20年间跟踪研究了世界30多个经典城市公园的发展，提供了不少值得借鉴的经验，这正是本书在中国当下的现实意义。

与此同时，我在规划设计实践中经常发现，新建成的公园处于最佳状态。而公园并不是静态的，使用多年之后，许多公园会变得面目全非。在考察那些拥有一定历史的公园时，我常常想知道这些公园原来是什么样的，经历过什么样的变化，其背景和深层的原因又是什么。但这些问题又很难从实地考察中得到答案。本书介绍公园历史的部分，恰恰给了我们上述问题的线索，也是我在翻译过程中觉得最有趣的部分。

在获得中国建筑工业出版社的邀请后，我们组织了一个翻译团队开始艰苦工作，历时近2年完成了本书的翻译。其中，贾培义负责第1—9、11、12、14—16、24、26章以及致谢、前言、后记等章节，陆晗负责第13、17、18、21—23、25、28章，李春娇负责第27、29、30章，郭峥负责第10、19、20章。此外，蔡依吟在第4、6、8章，曹盛欣在第16章的翻译过程中，也提供了重要的帮助。之后，在部分译者和出版社责任编辑董苏华、张鹏伟老师的共同努力下，又对全书进行了多次的校对和修改。非常感谢董苏华、张鹏伟老师给予的支持、理解和辛勤工作。感谢中国建筑工业出版社多年来在专业外版书领域的耕耘和付出。

本书涉猎极广，相关历史背景、人物、事件、地名以及专业名词众多，译者虽力求准确，但误解和表达不当之处在所难免，敬祈读者原谅并指正。

译者
于北京花家地　放庐

坎伯兰街/安大略湿地/廊架（2009年8月）

20英尺（6米）高的瀑布（2011年11月）

混凝土峡谷（2012年9月）

从第六大道一侧鸟瞰布莱恩特公园和纽约公共图书馆（2013年5月）

与铁轨结合、延伸入草丛的预制铺装（2013年5月）

浪漫花园（2013年9月）

嬉水池（2012年7月）

中央草坪和温室（2013年9月）

广受欢迎的女先知庙（2009年9月）

从南部俯视公园（2013年7月）

皇家公园极具特色的躺椅（2013年7月）

青蛙喷泉（2013年7月）

库策池塘上的小游艇（2012年7月）

公园河湖系统的局部（2012年7月）

2013年的乌尔克运河（2013年9月）

船屋与瑞士桥（2013年7月）

奥运会期间的湿地剧场和赛事直播（2012年7月）

白金汉喷泉（2013年10月）

步道花园（2013年8月）

从南部看城市公园的景观视线（2012年7月）

将循环水注入水渠（2013年9月）

从法萨内里大街看向胜利纪念柱（Siegessäulle）（2013年4月）

大军广场的拱门（2013年5月）

中央公园池塘和公园东南角的城市景观（2013年5月）

展望角（2013年7月）

斯托湖上的中国亭（2013年12月）

后湾公园（2013年11月）

圣路易斯艺术博物馆（2013年10月）

明尼阿波利斯雕塑公园的花境和廊架（2013年10月）

马道（2012年7月）